Klaus Roth

Chemische Delikatessen

GESELLSCHAFT DEUTSCHER CHEMIKER

Klaus Roth

Chemische Delikatessen

WILEY-VCH Verlag GmbH & Co. KGaA

Autor

Professor Dr. Klaus Roth
Institut für Chemie und Biochemie
Freie Universität Berlin
Takustraße 3
14195 Berlin

Die Kapitel *Pasteur und die Weinsäure*
und *Emil Fischers Strukturaufklärung der
Glucose* entstanden unter Mitarbeit von
Dr. Simone Hoeft-Schleeh

1. Auflage 2007

**Alle Bücher von Wiley-VCH werden sorgfältig
erarbeitet. Dennoch übernehmen Autoren, Herausgeber und Verlag in keinem Fall, einschließlich des
vorliegenden Werkes, für die Richtigkeit von
Angaben, Hinweisen und Ratschlägen sowie für
eventuelle Druckfehler irgendeine Haftung**

**Bibliografische Information der Deutschen National-
bibliothek**
Die Deutsche Nationalbibliothek verzeichnet diese
Publikation in der Deutschen Nationalbibliografie;
detaillierte bibliografische Daten sind im Internet über
<http://dnb.d-nb.de> abrufbar.

© 2007 WILEY-VCH Verlag GmbH & Co. KGaA, Weinheim

Satz   TypoDesign Hecker GmbH, Leimen
Druck   betz-druck GmbH, Darmstadt
Bindung   Litges & Dopf Buchbinderei GmbH,
Heppenheim
Titelbild   Peter Mück GrafikDesign, Wächtersbach
Umschlaggestaltung   Himmelfarb, Eppelheim
Wiley Bicentennial Logo   Richard J. Pacifico

Printed in the Federal Republic of Germany

Gedruckt auf säurefreiem Papier.

Sonderausgabe der Gesellschaft Deutscher Chemiker,
www.gdch.de
Buchhandelsausgabe erhältlich unter:
ISBN   978-3-527-31984-8

*Für Annelie, die mich beim Schreiben
meiner Geschichten unterstützte,
und für Tim, Benjamin, Jan-Paul und Justus,
die mich davon abhielten.*

Geleitwort

Die Gesellschaft Deutscher Chemiker (GDCh) ist mit über 27.000 Mitgliedern aus Hochschule, Industrie, Behörden und freier Tätigkeit die bei weitem größte chemiewissenschaftliche Fachgesellschaft Kontinentaleuropas. Zu ihren wichtigsten Anliegen gehört die Förderung des Wissens und des Verständnisses von Chemie in der breiten Öffentlichkeit. Zwar hat auch in der allgemeinen Wahrnehmung die Erkenntnis, dass chemische Zusammenhänge eine wichtige Grundlage unseres Alltags darstellen, ohne die viele Annehmlichkeiten des täglichen Lebens nicht möglich wären, in den vergangenen Jahren deutlich zugenommen. Dennoch sind weitere Anstrengungen nötig, um die große Bedeutung, die chemische Prozesse in vielen Bereichen haben - gerade in solchen, wo wir es nicht vermuten -, stärker im Bewusstsein zu verankern.

Die im vorliegenden Buch von Klaus Roth beschriebenen „chemischen Delikatessen", ein „best of" der regelmäßig in der Rubrik „kurios, spannend, alltäglich" der GDCh-Zeitschrift *Chemie in unserer Zeit* erscheinenden Essays, sind hierzu besonders gut geeignet. Auf unterhaltsame und informative Weise nimmt der Autor den Leser mit auf eine Reise zu den unterschiedlichsten Schauplätzen, in denen die Chemie eine gewichtige Rolle spielt. Dabei spannt Klaus Roth einen weiten Bogen, der die Beschreibung chemischer Prozesse ebenso umfasst wie Anekdoten aus dem Wissenschaftsbetrieb und Bemerkungen zu Äußerungen unserer Politprominenz. Man erfährt viel Neues und Überraschendes - so etwa über das chemische High-tech Produkt Weihnachtskerze oder die komplexe Biochemie, die Pesto so schmackhaft macht - und bekommt ganz nebenbei einen Eindruck von der Vielseitigkeit chemischer Abläufe.

Die Entscheidung, dieses Buch für eine Sonderausgabe der GDCh auszuwählen, fiel daher nicht schwer, und ich hoffe, das Buch gefällt den Lesern ebenso gut wie mir. Last but not least ein herzliches Dankeschön an alle am Entstehen dieses Buches Beteiligten, angefangen beim Autor Klaus Roth über das Team bei Wiley-VCH bis hin zur GDCh-Öffentlichkeitsarbeit.

Quelle: GDCh

Viel Spaß beim Lesen!

Prof. Dr. Wolfram Koch
Geschäftsführer der Gesellschaft Deutscher Chemiker

Vorwort

Chemische Delikatessen? – Allerdings!

In der Vorstellung vieler Menschen vertragen sich Chemie und alles, was mit dem Essen zusammenhängt, nicht: „In mein Essen kommt mir keine Chemie", ist eine im Alltag oft gehörte Meinung. Und da spricht der Autor dieses Buchs nicht nur vom üblichen Essen, sondern bringt die Chemie sogar mit Delikatessen in Verbindung: ein Widerspruch an und in sich? Keineswegs! Der Chemiker weiß, dass Nahrungsmittel ausschließlich „aus Chemie" bestehen, dass sie Chemikalien sind - anorganische und organische, einfache und komplizierte. Ohne das unendlich komplexe Chemikaliengemisch „Nahrungsmittel" würde unser Leben rasch vorbei sein und wir hätten ganz sicher keine Zeit, Essen und Trinken, die bekanntlich zur Lebensfreude nicht unwesentlich beitragen, zu genießen.

Aber Delikatessen, ist das nicht ein wenig weit hergeholt? Nun, das Wort - man sieht es ihm leicht an - kommt aus dem Lateinischen, vom Adjektiv *delikat*, und dieses geht auf *delicare* gleich *anlocken*, *ergötzen* zurück.

Und genau das beabsichtigt und erreicht die hier vorliegende Sammlung von Aufsätzen, die ursprünglich in der Zeitschrift „Chemie in unserer Zeit" erschienen sind. Einige der Beiträge haben unmittelbar etwas mit dem Essen zu tun: die über Pesto, Schokolade und Espresso (und danach noch ein Gläschen Absinth?) etwa. Wenn der Autor über den einzigartigen Duft schreibt, der aufsteigt, wenn wir das Pesto unter die dampfende Pasta heben, läuft einem gleich das Wasser (auch eine Chemikalie: die wohl wichtigste!) im Munde zusammen und man denkt ganz sicher nicht an die Chemie. Aber der Mensch ist neugierig und will wissen und eben auch über wohlriechende Moleküle, die diesen Duft verursachen.

Aber es sind nicht nur die Nahrungsmittel, die angesprochen werden: Der Mensch lebt nicht vom Brot allein, und so ist es nur konsequent, dass hier auch „food for thought" geboten wird, die Chemie, die hinter vielen Alltagsdingen und Phänomen steckt - die Chemie des Luftballons etwa, oder die der Fingerfarben oder die, die hinter dem Erhalt unseres Wissens - auch des hier präsentierten - durch Abwendung des Papierzerfalls steckt. Ob in der Tat „Alles Chemie ist" (Liebig), ist eine sehr schwer zu beantwortende Frage. Aber Chemie ist ganz sicher das materielle Substrat, die stoffliche Basis, auf der sich „Alles" abspielt. Und darüber zu lernen und zu wissen, steht einem (nach)denkenden Menschen wohl an.

Wie so viele Wörter hat auch das Wort *delikat* einen Bedeutungswandel durchlaufen. Bevor es als Synonym für *köstlich* Einzug in die Sprache hielt, stand es für *heikel* (um 1600). Auch hier ist die Verknüpfung zur Chemie offenkundig: Die Chemie ist janusköpfig, sie hat nicht nur die bisher angesprochenen angenehmen, die Lebensqualität steigernden Aspekte, sondern erzeugt auch schwerwiegende, manchmal überaus leidvolle Probleme. Diesen weicht der Autor, wie er in einem Kapitel über die Contergan-Katastrophe zeigt, nicht aus, die kaum erträglicher wird, wenn man etwas über die Etymologie von „Delikatessen" weiß.

Der schon erwähnte Justus von Liebig hat durch seine berühmten „Chemischen Briefe" im 19. Jahrhundert nicht nur sehr viel für das Ansehen der Chemie getan - darum ging es eigentlich erst in zweiter Linie -, sondern er hat einen wesentlichen Beitrag zur naturwissenschaftlichen Bildung der Allgemeinheit geleistet. Seine Briefe wurden begierig gelesen und eifrig diskutiert - möge den Rothschen „Delikatessen" ein ähnlicher Erfolg beschieden sein.

Quelle: GDCh

Professor Dr. Henning Hopf
Ehem. Präsident der
Gesellschaft Deutscher Chemiker

Inhalt

Alltägliche

Chemische

Delikatessen

Von Vollmilch bis Bitter, edelste Polymorphie

Schokolade macht glücklich und ist ein Fest für die Sinne. Welch ein Genuss: vom glänzenden Dunkelbraun der Tafel und dem satten Knacken beim Abbrechen eines kleinen Stücks, über den Duft, der Erinnerungen an die Geborgenheit der Kindheit zurückruft, bis zur ersten Berührung mit der Zunge, dem langsamen Zergehen der Schokolade und dem wohligen Kleben der bitter-süßen Schmelze am Gaumen ...

... All das lässt unsere Seele schnurren. Quelle dieses Glücks ist der tropische Kakaobaum, den Linné voller Begeisterung Theobroma cacao nannte, Speise der Götter. Versuchen wir hinter das Geheimnis dieser Göttergabe zu kommen, wobei eines schon vorweg gesagt sei: Schokolade ist die einzige Polymorphie, die schmeckt.

Der Kakao ist eine Entdeckung der Olmeken, einer Hochkultur, die zwischen 1500 und 400 v. Chr. in den küstennahen Tropenwäldern im südlichen Mexiko lebte und bereits 600 v. Chr. ein als *kakawa* bezeichnetes Getränk konsumierte [1]. Mehr noch, sie waren die Ersten, die den Kakaobaum anbauten. Kakao spielte auch später bei den Mayas und Azteken eine wichtige Rolle, war aber nur Wohlhabenden und Privilegierten vorbehalten. Kakao wurde bevorzugt aufgeschäumt getrunken und abwechslungsreich zubereitet (Abbildung 1). Neben Maismehl wurden Blüten und verschiedene Gewürze, vor allem Chilipulver und Vanille zugesetzt.

Über die erste Begegnung der Europäer mit Kakao gibt es viele Legenden [2]. Meist kommt dabei Hernando Cortez ins Spiel, dem Montezuma das Getränk aus goldenen Bechern angeboten haben soll [3]. Erstmals urkundlich belegt ist ein Gastgeschenk einer Delegation guatemaltekischer Dominikaner-Mönche und adliger Mayas bei Prinz Philipp von Spanien im Jahr 1544 [4]. Das daraus gebraute Getränk dürfte Philipp kaum geschmeckt haben, denn der Kakao wurde mit Wasser und ohne Zuckerzusatz hergestellt und schmeckte bitter. Die einfallsreichen Köche des spanischen Hofs experimentierten mit der braunen Bohne und kreierten schließlich ein wohlschmeckendes Getränk mit zunächst geheim gehaltener Rezeptur. Erst Jahrzehnte später sickerte das Geheimnis der Zubereitung durch: Rohe Kakaobohnen wurden über einem kleinen Feuer geröstet und die Hülsen von den Kernen abgelöst. Die Kerne wurden zerrieben und vorsichtig geschmolzen und mit feinpudrigem Zucker, getrocknetem Mark von Vanilleschoten und Zimt versetzt. *„Dann muss man es mahlen wie zuvor, aber kraftvoller und länger, bis alles gut miteinander verbunden ist und aussieht, als sei es nur Kakao."* [5]

Auf dieser kulinarischen Basis eroberte der Kakao die europäischen Adelskreise, denn er brachte alle Voraussetzungen für ein edles „in"-Getränk mit: er war exotisch, sündhaft teuer, schwierig zuzubereiten und ihm wurde eine aphrodisische Wirkung nachgesagt.

Für das damals zubereitete Getränk würden wir uns heute kaum begeistern. Einmal war der Kakao vergleichsweise grob gemahlen und schmeckte deswegen „sandig". Der hohe Fettgehalt der Bohnen machte ihn recht unverdaulich, und er musste ständig aufgeschlagen werden, damit sich weder das Fett noch die festen Bestandteile absetzten. Von der uns vertrauten Tafel Schokolade war man noch weit entfernt [6]. Verfolgen wir daher eine heute gewachsene Kakaobohne vom Baum in die Schokoladenfabrik.

Auf der Kakao- Plantage [7]

Der bis zu 15 m hohe Kakaobaum wächst ausschließlich am Äquator zwischen dem nördlichen und südlichen 15. Breitengrad, allerdings nur bei ausreichender Feuchtigkeit und Temperaturen nicht unter 16 °C. Hauptlieferanten für Deutschland sind heute die Elfenbeinküste (58,7 % des deutschen Imports 2004), Ghana (11,2 %), Nigeria (8,2 %), Ecuador (6,9 %) und Papua-Neuguinea (2,2 %) [8]. Drei Varietäten werden angebaut: *Criollo*, eine sehr empfindliche und gegen Schädlinge anfällige Pflanze, die jedoch besonders hochwertigen Kakao ergibt, *Forastero* ursprünglich aus der Amazonasregion und *Trinitario*, eine Kreuzung aus *Forastero* und *Criollo*. Der Gesamtweltmarkt beläuft sich jährlich auf ca. 2,5 Millionen Tonnen, wobei *Criollo* einen Marktanteil von 3 %, *Forastero* 85 % und *Trinitario* 12 % haben.

Die melonenähnliche Kakaofrucht mit einer Länge zwischen 10 und 30 cm wächst direkt aus dem Stamm und den großen Ästen hervor und enthält neben dem Fruchtfleisch etwa 30-50 mandelförmige Bohnen, genau die Menge, die zur Herstellung einer Tafel Schokolade benötigt wird.

Würde man die unbehandelten Kakaobohnen rösten, wäre das Ergebnis enttäuschend, sie würden weder nach Schokolade riechen, noch schmecken. Das hochgeschätzte Kakaoaroma entwickelt sich nur aus fermentierten Bohnen. Gleich nach der Ernte (Abbildung 3) werden die Früchte aufgeschlagen und die Bohnen mit anhängendem Fruchtfleisch angehäuft oder in belüftete Kisten geschüttet oder im Freien ausgebrei-

Abb. 1 *Der Kakao der Mayas. Für die Mayas war der Schaum des Kakaos das Beste. Zu seiner Herstellung wurde das Getränk mehrfach aus großer Höhe umgeschüttet. Kakao wurde in vielen Variationen zubereitet, jedoch immer ohne Zucker. In dieser Darstellung aus dem Kodex Nuttall (um 1050 n.Chr.) hält der König einen Becher schäumenden Kakao, der ihm von seiner Braut überreicht wurde.*

Abb. 2 *Die Tasse Schokolade (Gemälde von François Boucher 1703-70) Schokolade war im Barock und Rokoko „in". Kredenzt wurde das heiße Getränk in einer speziellen Kanne mit seitlichem, hölzernen Griff, der chocolatière. Durch die mit einem Deckel verschließbare große Öffnung konnte die Schokolade mit einem Löffel aufgerührt werden, um ein Absetzen von festen Bestandteilen zu verhindern. Das teure Getränk durfte das Dienstpersonal nur zubereiten, aber nicht selbst trinken. Voller Verständnis lässt Mozart in „Cosi fan tutte" seine Despina jammern:*
Welch schauderhaftes Leben führt man als Kammermädchen.
Eine Stunde schon wart' ich mit dem fertigen Frühstück.
Und genieße von ihrer Schokolade nur die Düfte.
Schmeckt sie mir nicht so gut, wie meiner Herrschaft?
Ja gewiss, schöne Damen, für sie ist das Trinken, für mich das Zusehen.

Ernte

Kakaopulver

Gießen

Aufschlagen

Zucker
Milchpulver
weitere
Zutaten

Mischen,
Walzen,
Conchieren

Fermentieren

Presskuchen **Kakaobutter**

Trocknen

Pressen

Rösten, Mahlen

Kakaomasse

Abb. 3 *Schokoladenherstellung vom Baum zur Schokoladentafel*

tet und z.B. mit Bananenblättern abgedeckt. Nach wenigen Stunden setzt die Fermentation ein. In einer beeindruckenden mikrobiologischen Choreographie bauen in den ersten 24 Stunden Hefezellen die Glucose zu Ethanol ab, anschließend gewinnen Laktobazillen die Oberhand und produzieren Milchsäure. Die freiwerdende Wärme lässt die Temperatur auf über 37 °C steigen und schafft ideale Bedingungen für Essigsäurebakterien, die nach ca. 88 Stunden vorherrschen [9]. Die exotherme Oxidation von Alkohol und Milchsäure zu Essigsäure lässt die Temperatur auf über 50 °C steigen und den pH-Wert auf Werte < 5 sinken, so dass alle Gärungsprozesse und die Keimung der Bohne gestoppt werden. Der Verlauf dieser Fermentationsphase lässt sich am erst ansteigenden, dann nachlassenden Essigsäuregeruch von außen verfolgen.

Während der Fermentation bilden sich die Aromavorstufen für die spätere Röstung. Zwei proteinspaltende Enzyme bauen ein kakaospezifisches Speicherprotein ab, und die dabei entstehenden Bruchstücke

(Oligopeptide) reagieren bei der späteren Röstung mit Zuckern zu den charakteristischen Aromastoffen [10].

Nach der mehrtägigen Vergärung werden die Bohnen auf Matten ausgebreitet und ein bis zwei Wochen in der Sonne getrocknet. Während des Trocknens verlieren sie Feuchtigkeit und einen großen Teil der Essig- und Milchsäure. Nach dem Trocknen sind die Kakaobohnen versandfähig, allerdings sind sie wegen ihrer Bitterkeit immer noch ungenießbar.

In der Schokoladenfabrik

Nach der Anlieferung und Qualitätskontrolle werden die Bohnen ein bis zwei Stunden geröstet. Bei 100-120 °C schmilzt das Fett in den Bohnen und in diesem „Lösungsmittel" reagieren unzählige Inhaltsstoffe unter katalytischer Hilfe von Metallionen und den aus Polysacchariden bestehenden Zellwänden. Sensorisch bedeutend ist der Abbau polyphenolischer Gerbstoffe, wodurch der herbe, zusammenziehende Geschmack gemildert wird. Beim Rösten verdampfen Wasser und einige unvorteilhaft riechende Verbindungen wie Essig-,

Propion- und iso-Buttersäure. Das eigentliche chemische Wunderwerk des Röstens ist jedoch die Metamorphose der muffig riechenden in verführerisch duftende, dunkelbraune Kakaobohnen. Unter den harschen Bedingungen reagieren Aminosäuren und reduzierende Zucker in einer nichtenzymatischen Bräunungsreaktion, der Maillard-Reaktion [11]. Die chemischen Prozesse sind äußerst komplex, da viele Reaktionskaskaden parallel ablaufen und die entstehenden Zwischen- und Endprodukte hochreaktiv sind und mit- und unter-

TAB. 1 ZUSAMMENSETZUNG VON KAKAOMASSE [37]

Bestandteil	%
Kakaobutter	54,0
Eiweiß	11,5
organische Säuren	9,5
Cellulose	9,0
Polyphenole	6,0
Wasser	5,0
Mineralstoffe und Salze	2,6
Theobromin	1,2
Zucker	1,0
Koffein	0,2

ABB. 4 DAS KAKAOAROMA: DIE STOFFKLASSEN UND DIE TOP-TEN

Stoffklasse	Anzahl
Kohlenwasserstoffe	49
Alkohole	34
Aldehyde	26
Ketone	29
Carbonsäuren	62
Ester	39
Lactone	6
Ether	4
Schwefelverbindungen	23
Phenole	9
Furane	27
Acetale	7
Nitrile und Amide	7
Amine	41
Pyrrole	16
Pyridine	16
Pyrazine	94
Oxazole	15
Epoxide, Pyrone, Coumarine	6
andere	16

schweißig — malzig — fruchtig

$CH_3-(CH_2)_4-CHO$ grün

erdig, bohnig

$CH_3-(CH_2)_4-CH=CH-CHO$ fettig, wachsig

fleischartig — kartoffelchipartig

$CH_3-(CH_2)_5-CH=CH-CHO$ grün, fettig

DIE INHALTSSTOFFE VON SCHOKOLADE

oben links: Kakaobutter besteht im wesentlichen aus nur drei verschiedenen Fettmolekülen: 40% POS, 25% SOS und 20% POP, wobei die mittlere Hydroxylgruppe des Glycerins immer mit O = Ölsäure und die äußeren Hydroxylgruppen mit Palmitinsäure (P) oder Stearinsäure (S) verestert sind.

oben Mitte: Rohrzucker ist ein Disaccharid, in dem ein Molekül Glucose (Traubenzucker) mit einem Molekül Fructose (Fruchtzucker) verknüft sind. Strukturell charakteristisch sind die vielen polaren Hydroxylgruppen.

oben rechts: Lecithin ist streng genommen Phosphatidylcholin (2), jedoch bezeichnet man in der Lebensmittelchemie auch ein Gemisch von verschiedenen Phosphatiden als Lecithin (Zusatzstoff E 322). Lecithin aus Sojabohnen mit verschiedenen Resten (Cholin = Lecithin, Phosphatidylethanolamin = Kephalin, Phosphatidylserin und Inosit = Phosphatidylinosit)

Hauptbestandteile

POS
$R_1 = -(CH_2)_{14}-CH_3$
$R_2 = -(CH_2)_7-CH=CH-(CH_2)_7-CH_3$
$R_3 = -(CH_2)_{16}-CH_3$

SOS
$R_1 = -(CH_2)_{16}-CH_3$
$R_2 = -(CH_2)_7-CH=CH-(CH_2)_7-CH_3$
$R_3 = -(CH_2)_{16}-CH_3$

POP
$R_1 = -(CH_2)_{14}-CH_3$
$R_2 = -(CH_2)_7-CH=CH-(CH_2)_7-CH_3$
$R_3 = -(CH_2)_{14}-CH_3$

Kakaobutter

Rohrzucker (**1**)
β-D-Fructofuranosyl-α-D-glucopyranosid

R = langkettige Alkylreste
R_1 = $-CH_2-CH_2-\overset{\oplus}{N}(CH_3)_3$ (**2**)
R_1 = $-CH_2-CH_2-\overset{\oplus}{N}H_3$

Lecithin (**2**)
Phosphatidylcholin

Alkaloide

Theobromin (**3**)   Coffein (**4**)

Aromazusatzstoff

Vanillin

Polyphenole

Quercitin

$R_1 = OH$ $R_2 = $ H = (+)-Catechin
$R_1 = $ H $R_2 = OH$ = (-)-Epicatechin

Gallussäure

Dimere des Catechins bzw. Epicatechins

einander reagieren [12]. Dabei entstehen all die Aromastoffe (Abbildung 4) und auch polymere, dunkelbraune Verbindungen, die der gerösteten Kakaobohne das einzigartige Aroma und die typische Farbe verleihen.

Rösten, Braten und Backen sind chemische Umsetzungen von komplexen Naturstoffgemischen unter extrem harschen Bedingungen. Kein Wunder also, dass das Resultat komplex ist. Allerdings läuft die Maillard-Reaktion auch unter milderen und kontrollierten Bedingungen ab, z.B. bilden sich bereits beim Erhitzen einer wässrigen Lösung von Glucose und einer Aminosäure wie Threonin, Leucin oder Glutamin in Richtung Schokolade riechende Aromastoffe [13].

Nach dem Rösten werden die Bohnen grob gebrochen und die Schalen entfernt. In Mühlen und Walzen werden dann die noch intakten Zellstrukturen der Kakaobohnenkerne zerstört und das darin enthaltene Fett freigesetzt. Nach ausgiebigem und vielstufigem Walzen entsteht schließlich die Basis *aller* Kakao- und Schokoladenprodukte, die Kakaomasse (Tabelle 1).

Diese riecht und schmeckt zwar nach Schokolade, aber bis zu einer knackig-leckeren Tafel ist noch ein langer Weg, der im Laufe vieler Jahre durch das kongeniale Zusammenwirken von Ingenieuren, Chemikern und *chocolatiers* entdeckt wurde. 1828 markiert den Beginn der modernen Schokoladenproduktion, als der holländische Chemiker Coenraad Johannes van Houten ein Verfahren zum teilweisen Auspressen des Fetts aus Kakaomasse (Fettgehalt > 50%) patentierte. Das als Kakaobutter bezeichnete abgepresste Kakaofett wird abgetrennt und der zurückbleibende braune Presskuchen (Fettgehalt 20%) zu dem uns heute vertrauten Kakaopulver zermahlen (Abbildung 3) [14].

Zu van Houtens Zeiten war nur Kakaopulver von Interesse, die abgepresste Kakaobutter war Abfallprodukt. 1847 kreierte die englische Firma Fry&Sons eine feste Essschokolade aus Kakaomasse, Zucker und *zu-*

sätzlich zugesetzter Kakaobutter. Die neue Rezeptur erlaubte erstmals das Gießen sehr dünner, elegant wirkender Schokoladentafeln. Diese *„Chocolat Délicieux à Manger"* war die erste moderne Tafel Schokolade, und sie wurde sofort ein Riesenerfolg. Da zu ihrer Herstellung mehr Kakaobutter als Kakaomasse nötig war, schoss der Preis für Kakaobutter [15] in die Höhe. Umgekehrt wurde Kakaopulver billig und für viele erschwinglich, Kakao wurde ein Volksgetränk!

Einen kaum zu überschätzenden Schritt in der Qualitätsverbesserung verdanken wir dem Schweizer Rudolphe (Rudi) Lindt (1855-1909) [16]. Er baute einen muschelförmigen Trog

aus Granit, die *conche,* in dem die Kakaomasse zusammen mit den anderen Zutaten wie Zucker und Kakaobutter durch Granitrollen hin und her bewegt wurde (Abbildung 5). Die Reibungswärme lässt die Schokoladenmasse schmelzen, und beim Anschlagen der Rolle am Rand spritzt die flüssige Masse über die Walzen hinweg zurück in das Becken [17].

Das Conchieren scheint auf den ersten Blick nur eine weitere mechanische Bearbeitung zu sein, bei dem die in der Kakaobutter verteilten festen Kakaobohnenpartikel auf eine Größe von unter 20 µm zermahlen und gleichzeitig mit einer Schicht Kakaobutter umhüllt werden. Die festen

ABB. 5 | DAS HERZ JEDER SCHOKOLADENFABRIKATION: DIE CONCHE

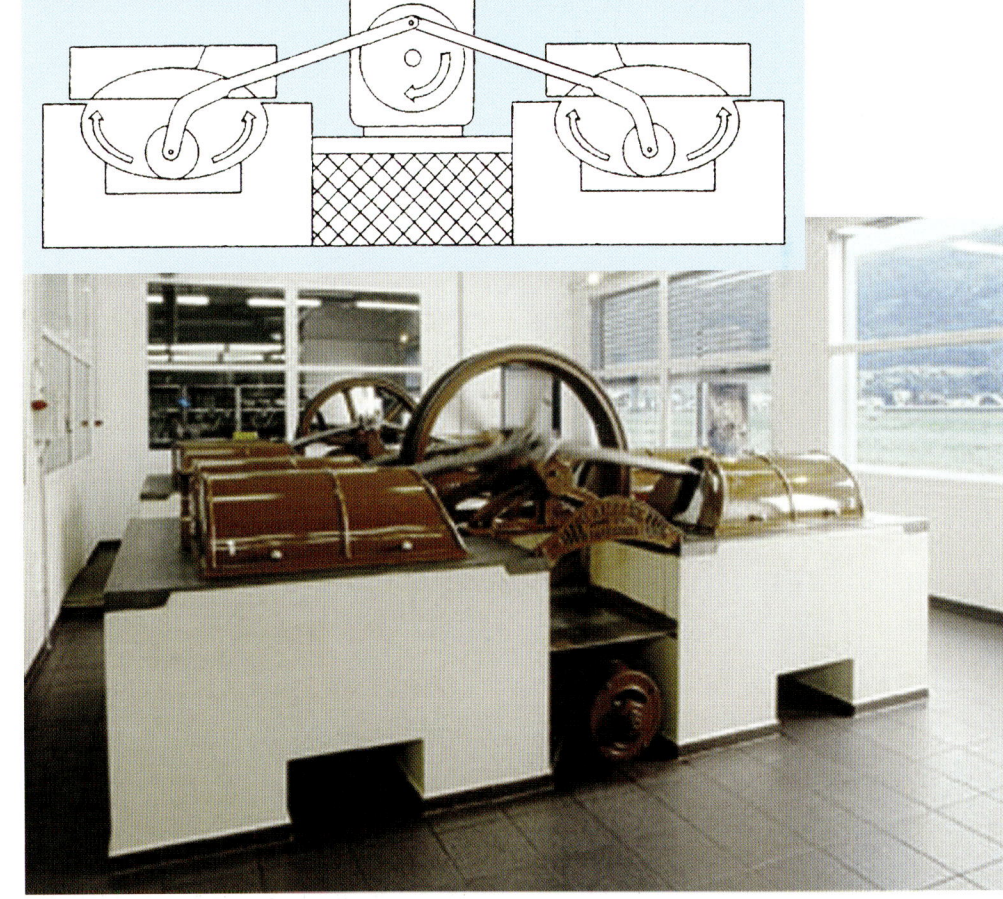

Die Idee des Schweizer confiseurs Rudolphe Lindt war genial einfach: durch die Längstbewegung einer Granitrolle in einem muschelförmigen Trog wird die Schokoladenmischung homogenisiert. An den Umkehrpunkten der Rollen spritzt die flüssige Schokolade hoch, wird innig belüftet und unerwünschte flüchtige Verbindungen werden ausgetrieben. Die hier abgebildete Conchiermaschine der Fa. Felchlin(Schwyz) arbeitet ohne externe Heizung, nur mit Reibungswärme, wodurch der Conchierprozess besonders gut kontrolliert werden kann.

ABB. 6 | WECHSELWIRKUNG ...

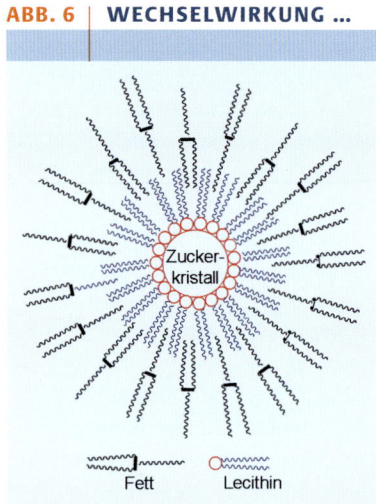

... von Lecithin mit Zuckerkristallen und Fett. Die Oberfläche der kleinen Zuckerkristalle (Zentrum) ist durch die Hydroxylgruppen des Rohrzuckers polar, so dass sich die Lecithin-Moleküle mit ihrem polaren Rest (roter Kreis) dort anlagern. Die zwei unpolaren Reste des Lecithins (blau) ragen in die entgegengesetzte Richtung und binden an die unpolaren Fettmoleküle. Insgesamt werden die polaren Zuckerkristalle in der Fettphase emulgiert.

Abb. 7 *Schokolade in der Kristallform V und VI. In guter Schokolade muss die Kakaobutter in der Kristallform V auskristallisiert sein. Nur diese Form löst sich leicht aus der Gussform und zeichnet sich durch die knackige Härte und den edlen Glanz aus. Die thermodynamisch stabilste Kristallform VI dagegen löst sich nur schlecht von der Gussform ab, die Schokolade ist weich und die Oberfläche unappetitlich stumpf. Die chemische Zusammensetzung beider Kristallformen ist selbstverständlich gleich.*

Partikel werden dadurch von unserer Zunge nicht mehr als Teilchen gespürt [18] oder anders ausgedrückt: vor Lindt schmeckte die Schokolade sandig, nach dem Conchieren zerging sie sahnigweich auf der Zunge. Das Conchieren verbesserte aber nicht nur das Zungengefühl, sondern auch das Aroma. Aus chemischer Sicht erscheint dies unverständlich, denn welchen Einfluss sollte eine mechanische „Rock 'n Roll"-Bewegung auf das Aroma haben? Erst bei genauerem Betrachten wird dies klar: Zum einen vergrößert sich bei der Zerkleinerung der festen Kakaopartikel die Oberfläche, so dass die in den Partikeln eingeschlossenen Aromastoffe in das umgebende Fett diffundieren können; das Aroma wird intensiver. Schließlich treibt das mechanische Belüften der warmen, flüssigen Schokoladenmasse flüchtige Verbindungen mit unerwünschten Aromaeigenschaften wie Essig-, Propion- und *iso*-Buttersäure zusammen mit der restlichen Feuchtigkeit durch eine Art Wasserdampfdestillation heraus.

Insgesamt hat also das auf den ersten Blick rein mechanische Behandeln der Schokoladenmasse in der *conche* erhebliche Auswirkungen auf die Aromabildung und Konsistenz der Schokolade. Kurzum: Ohne Conchieren gäbe es keine hochwertige Schokolade und auch heute noch ist die *conche* das Herzstück jedes Schokoladenherstellers (Abbildung 5) [19].

Seit den Dreißiger Jahren des letzten Jahrhunderts wird der Schokoladenmasse beim Conchieren Lecithin als Emulgator zugesetzt. Lecithin ist chemisch Phosphatidylcholin (**2**), das z.B. in Sonnenblumenkernen, Raps, Mais oder Eigelb vorkommt. In der Lebensmitteltechnik versteht man unter Lecithin jedoch nicht **2** allein, sondern eine Mischung verschiedener Phospholipide (s. S. 6). In Schokolade wird fast ausschließlich Lecithin aus Sojabohnen verwendet.

Schon ein Zusatz von nur 0,1-0,3% Lecithin reduziert die Viskosität der geschmolzenen Schokoladenmasse auf ein Zehntel. Ein struktureller Vergleich zwischen Lecithin und den beiden Hauptbestandteilen der Schokolade, Kakaobutter und Zucker, verdeutlicht die Ursache dieses Effektes.

Kakaobutter ist ein typisches Fett: die drei Hydroxylgruppen des dreiwertigen Alkohols Glycerin ($HOCH_2$-$CH(OH)$-CH_2OH) sind mit den drei am häufigsten vorkommenden langkettigen Fettsäuren Palmitinsäure $CH_3(CH_2)_{14}COOH$, Stearinsäure $CH_3(CH_2)_{16}COOH$ und Ölsäure $CH_3(CH_2)_7$-$CH=CH(CH_2)_7$-$COOH$ verestert. Während die Fettsäuren in den meisten Fetten über die drei Positionen des Glycerins relativ statistisch verteilt sind, also immer ein Gemisch vieler unterschiedlicher Moleküle darstellen, besteht Kakaobutter nur aus drei verschiedenen Verbindungen. Die Ölsäure ist immer an der mittleren 2-Position und die Palmitin-

TAB. 2 | POLYMORPHE FORMEN VON KAKAOBUTTER

Kristallform [45]	Entstehungsbedingungen	Schmp. [°C]
I	schnelles Abkühlen der Schmelze	17.3
II	rasches Abkühlen der Schmelze mit 2 °C/min	23.3
III	Kristallisieren der Schmelze bei 5-10 °C wandelt sich in II bei 5-10 °C um	25.5
IV	Kristallisieren bei 16-21 °C	27.3
V	langsames Kristallisieren der Schmelze	33.8
VI	aus Form V nach mehreren Monaten bei RT	36.3

Kakaobutter kann in sechs verschiedenen Kristallformen kristallisieren, die sich in der Anordnung und Packung der Fettmoleküle unterscheiden. Die polymorphen Formen bilden sich bei unterschiedlichen Kristallisationsbedingungen. Die thermodynamisch stabilste Form VI zeigt eine stumpfe Oberfläche und ist weich, nur die Form V zeigt die vom Verbraucher geschätzte Härte und Glanz.

oder Stearinsäure an den 1- und 3-Positionen des Glycerins gebunden.

Zucker in Schokolade ist Rohrzucker (Saccharose), ein Disaccharid mit einer komplexen Struktur, die durch viele Hydroxylgruppen charakterisiert wird. Durch die Hydroxylgruppen ist Rohrzucker sehr polar, löst sich leicht in Wasser, ist aber fast unlöslich in Fetten.

Alle Bestandteile des Lecithins sind gleich aufgebaut: Glycerin ist mit zwei unpolaren (lipophilen) Fettsäuren und einer polaren, geladenen (hydrophilen) Phosphatgruppe mit einem variablen Rest verestert. Nach Zugabe von Lecithin zur Schokoladenmasse binden dessen *polare* Gruppen an die *polaren* Hydroxylgruppen auf der Oberfläche des Zuckerkristalls, so dass der Kristall von einer geschlossenen Lecithinschicht umhüllt ist. Die beiden *unpolaren* Fettsäurereste des Lecithins binden an die *unpolaren* Fettsäurereste des umgebenden Kakaofetts. Insgesamt werden dadurch die polaren und fettunlöslichen, kleinen Zuckerkristalle über eine Zwischenschicht von Lecithinmolekülen im Fett wesentlich besser emulgiert. Die Viskosität nimmt ab (Abbildung 6).

Polymorphismus und die Lust am „Knack"

Schokolade ist einzigartig, bei Raumtemperatur fest und bei Körpertemperatur flüssig. Dabei handelt es sich jedoch nicht um ein einfaches Kristallisieren und Schmelzen, sondern Kakaobutter ist polymorph und kann in mehreren Kristallformen auskristallisieren, die unterschiedliche physikalische Eigenschaften wie Glanz, Härte und Schmelzpunkt haben (Tabelle 2).

Kakaobutter kann in sechs polymorphen Formen kristallisieren, die entsprechend ihrer Stabilität bezeichnet werden (I – VI) [20]. Die chemische Zusammensetzung ist in allen Formen identisch, nur sind die Fettmoleküle im Kristall unterschiedlich angeordnet.

Feinschmecker akzeptieren Schokolade nur in der Kristallform V, denn nur diese zeigt den edlen Oberflächenglanz, die knackige Härte und das angenehme Schmelzen im Mundraum. Der Schokoladenhersteller muss nun das physikalisch-chemische Kunststück fertigbringen, die Schokolade *nicht* in der thermodynamisch stabilsten Form VI, sondern in der etwas energiereicheren Form V auszukristallisieren. Gelingt das nicht, ist die Schokolade aus drei Gründen praktisch unverkäuflich: 1. Die Oberfläche ist stumpf und zeigt ein an Eisblumen erinnerndes Muster. Dies macht die Schokolade optisch unattraktiv (Abbildung 7). 2. Im Vergleich zu Form V mit einem Schmelzpunkt von 33,8 °C zergeht die Kristallform VI wegen ihres höheren Schmelzpunktes von 36,2 °C nur sehr langsam auf der Zunge und vermittelt ein grobes, sandiges Zungengefühl. 3. Die Kristallform VI ist weich und zeigt keinen „Knack". Im Vergleich zur Form V ist der Biss in eine Tafel der Form VI nicht knackig, sondern erinnert an eine Wachskerze.

Damit die Schokolade ausschließlich in Form V kristallisiert, muss der Kristallisationsprozess durch einen raffiniert ausgeklügelten Temperaturverlauf (Tempern) gesteuert werden. Die Schokolade wird zunächst bei 50 °C aufgeschmolzen, dann zur optimalen Kristallkeimbildung von Form V mit 1 °C/min auf 22 °C abgekühlt und für einige Minuten auf dieser Temperatur gehalten, damit sich genügend Kristallisationskeime bilden. Anschließend wird mit 4 °C/min wieder auf 31 °C erwärmt, damit die thermodynamisch instabilen Kristallkeime insbesondere der Form IV schmelzen [21]. Die genaue Temperaturkontrolle ist hierbei ausschlaggebend, ein Grad zuviel oder zuwenig entscheidet über die Produktqualität [22]. Anschließend wird abgekühlt, wobei die Abkühlungsgeschwindigkeit von der Schokoladensorte und Rezeptur abhängt.

Die Ursache für die geringere Stabilität der Kristallform V liegt in der relativ lockeren, mit Hohlräumen versehenen Packung der Fettmoleküle [23]. Die Kristallform V ist auch im

Alles Kakao: Von der Frucht zum Pulver.

Festkörper bestrebt, sich in die stabilere Form VI umzulagern. Dieser Prozess läuft bei Raumtemperatur zwar langsam ab [24], begrenzt aber die Haltbarkeit von Schokolade auf einige Monate. Deswegen sollte Schokolade immer kühl (15-18 °C) aufbewahrt werden. Bei höheren Temperaturen (z.B. in der Sonne oder im aufgeheizten Kofferraum) läuft die unerwünschte Phasenumwandlung V → VI rasch ab, noch schneller bei unbeabsichtigtem Schmelzen und anschließender Abkühlung. Dann ist alle Mühe des Herstellers umsonst gewesen: die Schokolade ist stumpf, weich und schmilzt nur sehr langsam im Mund.

Über den richtigen Genuss

Der in einem Stück Schokolade versteckte Genuss eröffnet sich nur demjenigen, der in Muße, aber mit klarem Verstand und wachen Sinnen dafür bereit ist. Das In-sich-Hineinstopfen einer 100 g Tafel bei gleichzeitigem Telefonieren degradiert auch die edelste Schokolade zum dumpfen Sättigungsmittel. Liegt die zu genießende Schokolade noch im Kühlschrank, sollten wir gar nicht erst anfangen, sie auszupacken, denn Scho-

KAKAO-GRUNDREZEPT

Das Schokoladen-mädchen Jean-Etienne Liotard (um 1745) Dresdner Gemäldegalerie

Zwar kann Kakao mit Nesquick & Co. bequem mit Wasser zubereitet werden, aber für Genießer ist das Resultat zu süß und der volle Kakaogeschmack wird durch andere Zutaten wie Milchpulver überdeckt. Das folgende Grundrezept ist kinderleicht und das Resultat hervorragend. Selbst bereiteter Kakao krönt manchen Winterabend, vor allem aber eignet er sich zum Aufpäppeln kleiner und großer Patienten nach Erkältungskrankungen oder „Seelenschmerz".

Zutaten:
1/2 Liter Milch
4 Teelöffel Kakaopulver
2 Teelöffel Zucker

Das Kakaopulver in einem Schüsselchen mit dem Zucker vermischen, von der kalten Milch 4 Esslöffel abnehmen und dazugeben und glatt rühren. Die restliche Milch erhitzen, die angerührte Masse zugeben und kurz aufkochen. Vor dem Servieren kann das Getränk mit einem Schneebesen kurz aufgeschäumt werden. Je nach Geschmack kann der heiße Kakao mit Chilipulver, Zimt oder echter Vanille gewürzt und mit Zucker nachgesüßt werden.

Erläuterung: Die nahe liegende Herstellungsmethode wäre die direkte Zugabe von Kakaopulver und Zucker in heiße Milch und anschließendes Umrühren. Leider geht das schief, denn die Kakaoteilchen sind durch ihren Fettgehalt hydrophob und klumpen zusammen. Dabei schließt das unbenetzte Kakaopulver viele kleine

Luftbläschen ein, steigt auf und bildet auf der Milchoberfläche eine zusammenhängende, trockene Pulverschicht. Das Benetzen dieser Schicht und das Zerdrücken der Klumpen mit einem Löffel ist mühsam und zeitaufwendig; trotzdem bleiben im Kakao immer noch kleine Klumpen. Deswegen rührt man das gesamte Kakaopulver in wenig Milch ein. Obwohl sich nun auch beim Rühren Klumpen bilden, führt die langsame Zerteilung des Pulvers zu einer starken Zunahme der Viskosität, die angerührte Masse wird immer dickflüssiger.

Genau das ist der Trick: rührt man jetzt mit einem Löffel, wirken viel stärkere Scherkräfte und brechen die noch vorhandenen Klümpchen auseinander. Diese dickflüssige, glatte Suspension lässt sich schließlich leicht in der heißen Milch gleichmäßig verteilen, der sämige, aber klumpenfreie Kakao ist fertig. Mit diesem physikalischen Trick werden alle Pulver klumpenfrei in großen Mengen Flüssigkeit suspendiert, z.B. Stärke zum Andicken von Soßen, Gelatine in Wasser etc.

Im Laufe der langen Geschichte dieses Getränks sind unendlich viele Rezepte ausprobiert worden. Der große Brillat-Savarin sagt dazu: „Fügt man zu Zucker, Zimt und Kakao noch das berückende Aroma der Vanille, so erreicht man das Nonplusultra von Vollkommenheit, bis zu der diese Mischung sich hinaufentwickeln lässt. Auf dieses kleine Quartett haben Geschmack und Erfahrung die Vielheit der Ingredienzen zurückgeführt, die man dem Kakao versuchte einzurühren, etwas Pfeffer, Beißbeere, Anis, Ingwer und andere, die man nacheinander ausprobierte."

kolade sollte wie ein guter Rotwein gelagert und genossen werden, bei Temperaturen von 15-18 °C.

Beim vorsichtigen Auspacken sollte man zunächst mit Respekt und Dankbarkeit an die vielen Hände denken, von der Plantage bis zum *Chocolatier*, die aus den bitteren Bohnen dieses wunderbare Produkt entstehen ließen. Zu allererst sollten sich unsere Augen am edlen Glanz und der satten Farbe erfreuen. Dann erst wird das erste Stück abgebrochen und ein satter „Knack" verkündet uns die reine Kristallform V. Nach dem optischen und akustischen kommt der Geruchssinn an die Reihe. Atmen wir den herrlichen Duft der Schokolade ruhig, aber tief ein und freuen uns auf die folgenden Genüsse.

Nach dieser sensorischen Ouvertüre legen wir das erste Stück Schokolade auf unsere Zunge. Sollte das Stück zu groß geraten sein, zerkleinern wir es vorsichtig mit ein, zwei Bissen, aber um Gottes Willen nicht

hinunterschlucken, dann wäre alles verloren, denn im Magen sind keine Geschmacks- und Geruchsneuronen. Mit jedem Hin- und Herschieben der Schokoladenstückchen tastet die Zunge als extrem empfindliches Tastorgan die glatte Schokoladenoberfläche ab. Feste Bestandteile mit einem Durchmesser von mehr als 20 µm würde unsere Zunge sofort als unangenehme Sandigkeit verschrecken.

Nun überrascht uns die geschmolzene Schokolade mit ihrer nicht-Newtonschen Fließeigenschaft. Vereinfacht ausgedrückt verhält sich Schokolade wie Ketchup [25]: Aus einer vorsichtig umgedrehten, geöffneten Flasche läuft kein Ketchup heraus (hohe Viskosität); dies ändert sich nach mehrmaligem Schütteln (Schubspannung) der Flasche, das Ketchup fließt dünnflüssig (niedrige Viskosität) heraus. Eine solche Änderung der Viskosität durch mechanische Kräfte (Schubspannung) bezeichnet man als nicht-Newtonsches Fließver-

halten [26]. Wenn ein Stück Schokolade auf der Zunge schmilzt, bleibt es zunächst formstabil und verläuft nicht. Drückt die Zunge diese hochviskose Flüssigkeit gegen die Gaumenplatte, wird die Schokolade durch die mechanische Beanspruchung dünnflüssig, ergießt sich über die Zungen- und Gaumenoberfläche und ihre süß-bittere Geschmackskomposition erfasst endlich den fünften Sinn, den Geschmackssinn.

Den eigentlichen Höhepunkt erreicht der Schokoladengenuss erst mit dem Schmelzen. Durch den unpolaren Charakter haftet eine dünne Schokoladenschicht auf der gesamten Oberfläche der Zunge und des Gaumens und wird auch bei mehrfachem Schlucken vom wässrigen Speichel nicht abgelöst. Aus dieser dünnen Schicht steigen bei Temperaturen > 35 °C die flüchtigen Aromastoffe auf, erfüllen den Mundraum, steigen in die Nasenhöhlen auf, und binden dort an die Rezeptoren der Geruchsneuronen, die nach der Signalverar-

beitung im Gehirn in uns das schöne Geruchsempfinden erzeugen. Aus der dünnen Schokoladenschicht auf Zunge und Gaumen löst der wässrige Speichel stetig Bitterstoffe und Zucker und sorgt für einen lang anhaltenden bitter-süßen Grundton. Erst wenn der Nachgeschmack langsam nachlässt, sollten wir uns langsam auf das nächste Stück freuen.

Schokolade gibt es in vielen Qualitäten, die hochwertigsten davon werden als *Grand-Cru*-Schokoladen bezeichnet [27]. Die Unterschiede zwischen einem industriellen Massenprodukt und einer *Grand-Cru*-Schokolade kann jeder durch Probieren selbst genüsslich erfahren. So wie Weinkenner von Château d'Yquem oder Mouton-Rothschild Rotweinen schwärmen, bekommen schokophile Gourmets einen verklärten Blick beim Gedanken an die sanftwürzige Schokolade von Max Felchlin aus dem Kanton Schwyz, die aus madegassischen *trinitario*-Bohnen durch 72-stündiges Conchieren hergestellt wurde und leichte Anklänge an Zedernholz und Nelken zeigt, oder sie schwärmen von Michel Cluizels Schokoladenkreation aus Bohnen von der Maralumi-Plantage in Neuguinea ohne (!) Zusatz von Lecithin, die sich durch ein würziges Aroma mit frischen Noten nach grünen Bananen und roten Johannisbeeren und einem langen Abgang mit an Havanna-Tabak anspielenden Nuancen auszeichnet. Der Schokoladen-Novize mag diese bildreiche Beschreibungen für völlig abgehoben halten, aber auch hier geht Probieren über Studieren. Erfreulich dabei ist, dass im Gegensatz zu Rotweinen selbst die edelsten *Grand-Cru*-Schokoladen nicht alle Welt kosten [28].

Ist Schokolade gesund? [29]

Bereits in den mittelamerikanischen Hochkulturen wurde Kakao gegen eine Vielzahl von Erkrankungen eingesetzt. Durch Mischung mit anderen Heilpflanzen entwickelten die Azteken eine Vielzahl von Heilmitteln, z.B. gegen Infektionen, Durchfall und Husten [30]. Nach der Eroberung

DAS SCHOKOLADEN-REINHEITSGEBOT

Im 19. Jahrhundert wurden Kakao und dessen Produkte in erheblichem Maße mit billigen Streckmitteln wie Kakaobohnenschalen, Kartoffelstärke, Mehl, Sand, Kreide, Ziegelsteinpulver, Gips, Talk, Mineralöl und sogar mit Mennige (Bleioxid) versetzt. Erst 1933 wurde die ersten Verordnungen über Kakao- und Kakaoerzeugnisse (KVO) in Deutschland erlassen, in denen die zugelassenen Inhaltsstoffe gesetzlich festgelegt wurden. Mit der heute geltenden KVO aus dem Jahr 2003 mussten einige Kompromisse eingegangen werden, um eine Harmonisierung in der EU zu erreichen [44]. Neben den traditionellen Bestandteilen Kakaomasse, Kakaobutter, Lecithin und Vanille dürfen heute bis zu 5% des (sehr teuren) Kakaobutteranteils durch bestimmte andere pflanzliche Fette (z.B. Palmfett) ersetzt werden. Dieser kakaofremde Fettzusatz war in einigen EU-Ländern schon immer erlaubt. Da dies zu einer Qualitätsverminderung führen kann, muss der Zusatz kakaofremder Fette auf der Packung deklariert werden.

TAB. | TYPISCHE ZUSAMMENSETZUNGEN VERSCHIEDENER SCHOKOLADEN:

Schokolade	Kakaomasse %	Kakaobutter %	Milchpulver %	Zucker %
Milch	15	15	20	50
Vollmilch	30	10	25	35
Halb- oder Zartbitter	50	5	0	45
Bitter	60	0	0	40

Mittelamerikas hat Europa ab der zweiten Hälfte des 16. Jahrhunderts Kakao als medizinisches Heilmittel übernommen. Kakao förderte den Appetit und wurde bei körperlicher und seelischer Schwäche (Depressionen) zur Anregung, gleichzeitig bei „Hyperaktivität" zur Beruhigung empfohlen. Kakao war ein populäres Mittel gegen viele Erkrankungen der inneren Organe, vom „schwachen Magen" über die „Anregung der Nieren" und „schwachen Urinfluss" bis zur Stärkung des Darms, gegen Verstopfungen und Hämorrhoiden. In vielen überlieferten Rezepten wurden die eigentlichen Heilpflanzen dem Kakao zugemischt, so dass Kakao lediglich zur leichteren Verabreichung und Geschmacksverbesserung diente.

Wie wird Kakao und Schokolade aus heutiger Sicht bewertet? Betrachten wir die einzelnen Bestandteile.

Antioxidantien: Kakaobohnen enthalten mit bis zu 18% des Trockengewichts einen ungewöhnlich hohen Anteil von Polyphenolen wie Catechin, Epicatechin und deren oligomere Abkömmlinge (s. S. 6) sowie Catechinester der Gallussäure,

Quercitin und weitere Polyhydroxyverbindungen [29,31]. Diese Verbindungen sind sehr gute Radikalfänger und scheinen als Antioxidantien Schutz gegen kardiovaskuläre Erkrankungen und Krebs zu bieten [32]. Tierversuche legen dies zumindest nahe, aber als bewiesen kann dies nicht angesehen werden.

Fett: Schokolade als Pflanzenprodukt enthält kein Cholesterin [33]. Obendrein haben zahlreiche Studien gezeigt, dass Stearinsäure und Kakaobutter den Cholesterinspiegel nicht anheben und artherosklerotische Krankheiten nicht fördern [34]. Es ist aber möglich, dass dies für Hochrisikogruppen nicht gilt, d.h. für Patienten mit extrem hohen Cholesterinspiegel.

Koffein und Theobromin: Theobromin (3) und Koffein (4) wirken stimulierend auf das Zentralnerven- und Herz-Kreislauf-System, wobei Theobromin wesentlich schwächer wirkt. In vernünftigen Mengen genossen, führen die in Schokolade oder Kakao enthaltenen Alkaloidmengen nicht zu nachweisbaren physiologischen Effekten [35]. Im Gegensatz zum Menschen bauen einige Tierarten Theobromin nur langsam ab. Bei

DIE MÖGLICHEN STIMMUNGSMACHER IN SCHOKOLADE

Tryptophan ist eine natürliche Aminosäure, die in allen proteinhaltigen Nahrungsmitteln enthalten ist, die vom Körper in Serotonin umgewandelt werden kann. Serotonin ist ein Neurotransmitter, der die Informationsweiterleitung zwischen zwei

benachbarten Nervenzellen gewährleistet. Serotonin zeigt eine breit gefächerte physiologische Wirkung, wegen seines stimmungsaufhellenden Effekts wird es umgangssprachlich auch als „Glückshormon" bezeichnet.

2-Phenylethylamin ist in höheren Konzentrationen pharmakologisch wirksam und strukturell eng verwandt mit dem Neurotransmitter Dopamin, dem anregend wirkenden Ephedrin sowie den synthetischen Abkömmlingen Amphetamin und Ectasy.

Tryptophan   Serotonin "Glückshormon"   2-Phenylethylamin   Amphetamin   Dopamin   Ectasy

extrem hohen Dosen kann dies zu Schädigungen führen. Akute Theobromin-Vergiftungen werden vor allem bei Hunden beobachtet, die mit zu viel Schokolade verwöhnt wurden. Erbrechen, Durchfall und Herzrasen sind die ersten, meist unterschätzten Symptome, die in seltenen Fällen auch zum Tod des Tieres führen können [36].

Mineralstoffe: Kakao ist reich an Mineralstoffen und aus dieser Sicht ein wertvolles Nahrungsmittel. Mit 10,5 mg Eisen in 100 g ist Kakao das eisenreichste Nahrungsmittel überhaupt [37].

Migräne: Bei einigen Menschen kann Schokoladengenuss einen Migräneanfall auslösen. Hier stand zunächst Phenylethylamin als Auslöser im Verdacht, da es in Tierversuchen eine gefäßverengende Wirkung zeigte. Allerdings ist die Konzentration von Phenylethylamin in Kakaoprodukten viel zu gering, um einen physiologischen Effekt zu erzielen. Dieser Widerspruch konnte in einer Doppelblindstudie mit prädisponierten Patienten aufgeklärt werden. Danach beruht die Korrelation zwischen Schokoladengenuss und Migräne allein darauf, dass in dieser Patientengruppe Stress und Menstruation sowohl Migräne als auch das Verlangen nach Schokolade *gleichzeitig*

auslösen. Ein Ursache-Wirkungs-Zusammenhang konnte ausgeschlossen werden [37].

Andere Nebenwirkungen: Der in Schokolade enthaltene Zucker ist für Diabetiker gesundheitsschädlich und kann zudem bei mangelnder Mundhygiene zu Karies führen. Mit einem Nährwert von über 500 kcal/100 g kann übermäßiger Schokoladengenuss zu Übergewicht und den damit verbundenen gesundheitlichen Problemen führen.

Fazit: In jedem Jahr werden weltweit über eine Million Tonnen Schokolade verzehrt. Trotzdem geistert das medienwirksame Vorurteil, dass Schokolade unserem Körper nur „leere" Kalorien [38] liefert und der Zuckeranteil und die gesättigten Fettsäuren gesundheitsschädlich sind. Viele Untersuchungen haben aber gezeigt, dass Schokolade weder den Cholesterin-, noch die enthaltene gesättigte Stearinsäure den Fettspiegel im Blut erhöht. Schokolade enthält viele Mineralstoffe und ist reich an polyphenolischen Antioxidantien, deren gesundheitsfördernde Wirkung gesichert ist. Insgesamt kann und darf in vernünftigen Mengen genossene Schokolade ein zwar kalorienreicher, aber besonders wohlschmeckender und wertvoller Teil einer ausgewogenen Ernährung sein.

Sex, Drugs and Chocolate

Immer wieder werden drei Eigenschaften der Schokolade kolportiert: sie wirke beruhigend, verhelfe zu einem Hochgefühl und wirke aphrodisisch. Eine Umfrage unter US-College-Studentinnen bringt es auf den Punkt: Schokolade ist beruhigend, erotisch, himmlisch, unwiderstehlich, geheimnisvoll, sättigend, sexy und sündhaft [30]. So wundert es nicht, dass Menschen in vielen Lebenssituationen ein großes Verlangen nach Schokolade empfinden. Einmal drückt dies den Wunsch nach dem Geschmack und dem wohligen Gefühl beim Schmelzen auf der Zunge aus, zum anderen könnte es aber auch physiologische Gründe haben. Mehrere Theorien wurden vorgeschlagen, z.B. die Steigerung des Serotoninspiegels, die Wirkung von Theobromin und Phenylethylamin und Mangel an Magnesium [37]. Die Ergebnisse von unzähligen experimentellen Studien ergeben ein ziemlich verworrenes Bild:

Die Aufnahme der natürlichen Aminosäure Tryptophan (Infokasten oben) kann die Konzentration von Serotonin im Zentralnervensystem erhöhen. Serotonin ist ein Neurotransmitter und überträgt Signale zwischen zwei Nervenzellen. Die Höhe des Serotoninspiegels hat daher weit-

reichende physiologische Konsequenzen, u.a. auch die Veränderung der Stimmung. Stark vereinfachend wird Serotonin als „Glückshormon" bezeichnet. Der Tryptophangehalt von Schokolade ist jedoch viel zu gering, um einen physiologischen Effekt zu erzielen.

Koffein und Theobromin, beides physiologisch wirksame Verbindungen, kommen in Kakao und Schokolade in viel zu geringen Konzentrationen vor, um die Stimmungslage zu beeinflussen.

Phenylethylamin ist eine hochwirksame Verbindung, die strukturell den Amphetaminen [39] nahesteht. Da Phenylethylamin im Körper sehr schnell abgebaut wird und die Konzentration in Schokolade sehr gering ist, kann ein physiologischer Effekt ausgeschlossen werden.

Besonders überzeugend ist in diesem Zusammenhang eine Studie von Michener und Rozin [40], wonach das krankhafte Verlangen nach Schokolade auch nach Gabe aller physiologisch wirksamen Bestandteile des Kakaos nicht nachließ. Die Sehnsucht nach Schokolade scheint demnach nicht physiologisch, sondern eher psychologisch begründet zu sein, als Sehnsucht nach dem körperlich-sinnlichen Genuss beim Verzehr von Schokolade. Dies wird durch die Erfahrungen bestätigt, dass der Schokoladenverbrauch in Phasen emotionalen Stresses und besonders bei Frauen in der prämenstrualen Phase ansteigt. Da Schokolade emotionale Hochgefühle induzieren kann, besteht bei prädisponierten Menschen die Gefahr der Abhängigkeit [41].

Die immer wieder kolportierte aphrodisische Wirkung des Kakaos beruht auf Berichten der spanischen Eroberer Mittelamerikas. Obwohl keine aphrodisisch wirkende Substanz im Kakao nachgewiesen werden konnte und Historiker die entsprechenden Beschreibungen für maßlos übertrieben halten, ist der Glaube daran in der Bevölkerung fest verankert. Offensichtlich ist es dieser unerschütterliche Glaube, der beim Genuss von Kakao oder Schokolade bis

dahin unterdrückte Fantasien freisetzt, die dann tatsächlich anregend wirken [42]. In der Werbung wird diese Fantasie gekonnt in Bild und Ton umgesetzt. Erotik und Schokolade gehen eine verführerische Verbindung ein und regen den Appetit an. Worauf? Der Feinschmecker genießt und schweigt.

Zusammenfassung

Alexander von Humboldt hatte Recht: „Kein zweites Mal hat die Natur eine solche Fülle der wertvollsten Nährstoffe auf einem so kleinen Raum zusammengedrängt wie gerade bei der Kakaobohne". Ob nun einige Inhaltsstoffe der Schokolade unsere Stimmung in besonderer Weise heben, ist ungewiss und auch unerheblich, denn mit einem langsam schmelzenden, auf der Zunge zergehenden Stück Schokolade im Mund muss die Stimmung steigen. Völlig zu Recht widmet daher der große Gourmet Brillat-Savarin in seinem Opus „Die Physiologie des Geschmacks" von 1826 der Schokolade genauso viel Platz wie dem Trüffel, dem König der Pilze [43].

Von über einer Million auf der Erde wachsenden Pflanzenarten haben zwei die Fantasie der Menschen in ganz besonderer Weise angeregt: der Kakaobaum (Theobroma cacao) und der Wein (Vitis vinifera). Wenn wir ein Stück Schokolade auf unserer Zunge zergehen lassen, genießen wir eines der ältesten Kulturgüter der Menschheit, dessen Geschichte bei den Olmeken begann und über das schaumige Kakaogetränk der Azteken bis zur modernen Grand Cru-Schokolade reicht.

Beim Genuss sollten wir auch der unzähligen Wissenschaftler, Ingenieure und Chocolatiers gedenken, die aus der bitteren Bohne dieses wunderbare Produkt erschufen. Die aufregende Chemie dabei, beginnend mit den natürlichen Inhaltsstoffen der Kakaobohne über die chemischen Veränderungen beim Fermentieren und Rösten bis zum Conchieren und Kristallisieren beweist uns erneut: erst die Chemie macht überirdische Genüsse möglich.

Danksagung

Ich danke Dr. Peter Fryer, University of Birmingham, Prof. C. Bolte, FU Berlin, dem Imhoff-Schokoladen-Museum in Köln, dem Info-Zentrum Schokolade des Bundesverbandes der deutschen Süßwarenindustrie in Leverkusen, den Firmen Reichmuth von Reding und Felchlin, Schwyz für die Hilfe bei den Recherchen und dem Überlassen von Bildmaterial.

Literatur und Anmerkungen

[1] Bei Ausgrabungen in Colha (Yucatán) wurden mehrere Gefäße gefunden, und Gefäß #13 muss früher Kakao enthalten haben, da Theobromin nachgewiesen werden konnte und keine andere Pflanze Mittelamerikas dieses Alkaloid enthält. *siehe* W. J. Hurst et al., *Nature,* **2002,** *418,* 289.

[2] Hier sollen die vielen Histörchen nicht noch einmal nacherzählt werden. Die folgenden Ausführungen basieren auf den fundierten Studien der Anthropologen Sophie und Michael D. Coe, die mit „The True History of Chocolate" (1996, Thames and Hudson, London) eine spannende und kompetente Darstellung dieses komplexen Gebiets vorgelegt haben.

[3] Diese Darstellung beruht auf den Berichten eines Zeitzeugen, Bernal Diaz del Castillo. Da er seine Erinnerungen erst als über 80-Jähriger niederschrieb, ist eine gewisse Vorsicht geboten. „... von Zeit zu Zeit brachten sie ihm eine Tasse aus feinem Gold, mit einem gewissen aus Kakao bereiteten Getränk, das, wie sie sagten, gut für den Erfolg bei Frauen sei." Die Trinkgefäße waren mit Sicherheit nicht aus Gold, sondern ausgehöhlte, gelbe Kürbisse und auch die aphrodisische Wirkung von Kakao dürfte mehr der Wunschfantasie des greisen Spaniers entsprungen sein.

[4] Die Mayas und später die Azteken bereiteten aus Kakaobohnen vor allem ein Getränk, aber auch Breie oder Grützen zu. Gewürzt wurde mit Anis, Piment, Vanille oder Chili und mit Maismehl wurde angedickt.

[5] Dies ist das Basisrezept. Je nach Mode und Geldbeutel wurden weitere Zutaten hinzugefügt: Moschus, Ambra, Jasminblüten, Gewürze wie Nelken, Chilipfeffer, schwarzer Pfeffer und Anis sowie verschiedene Nüsse und sogar berauschende Zauberpilze. Siehe „The True History of Chocolate", S. und M. D. Coe, **1996,** Thames and Hudson, London.

[6] Die Begriffe Kakao und Schokolade werden teilweise synonym verwendet. Dies ist von der Wortherkunft auch

berechtigt, denn die Olmeken sprachen von „kakawa" und die Azteken von „xocoatl". Im Deutschen ist heute mit Kakao meist das Pulver und das daraus bereitete Getränk, mit Schokolade die Tafel Essschokolade gemeint, allerdings ist auch der Begriff „heiße Schokolade" für das Kakaogetränk üblich.

[7] Eine für Laien geeignete Einführung in die Schokoladenherstellung findet sich unter www.quarks.de/schokolade/

[8] www.infozentrum-schoko.de/ fs08_a.html, www.quarks.de/schokolade/schokolade.pdf

[9] R.F. Schwan und A.E. Wheals, *Crit. Rev.Food Sci. Nutr.* **2004**, *44*, 205.

[10] Hierbei handelt es sich um eine Asparagin- und eine Serin-Protease, die das Kakao-Speicherprotein Vicilin(7S)-Klasse-Globulin successive zu kleineren Oligopeptiden aufspalten. Siehe Untersuchungen der Gruppe von B. Biehl et al.: *Food Chem.* **1994**, *49*, 173 und *J.Sci.Food Agric.* **2002**, *82*, 728 und dort zitierte Literatur.

[11] M. Angrick und D. Rewicki, *Chem. unserer Zeit*, **1980**, *14*, 149.

[12] Die ablaufenden Prozesse entsprechen im Prinzip denen der Kaffee-Röstung, siehe K. Roth, *Chem. unserer Zeit*, **2003**, *37*, 215 und 280.

[13] G. Tannenbaum, *J.Chem.Educ.* **2004**, *81*, 1131; *Lessons in Chocolate*, G. Tannenbaum, **1993**, Flinn Scientific Inc., Batavia, USA.

[14] Van Houten hatte noch eine weitere brillante Idee: vor oder nach der Röstung können die Kakaobohnen mit wässriger Lauge („Dutching") behandelt werden. Die Erhöhung des pH-Wertes von etwa 5,4 auf 7,0 ergibt ein milder schmeckendes, dunkleres und leicht in Wasser oder Milch verteilbares (aber nicht lösliches!) Kakaopulver. Erschrecken Sie also nicht, wenn heute auf Kakaopulververpackungen die Säureregulatoren Kaliumcarbonat und Natriumhydroxid auftauchen.

[15] Dies ist bis heute so geblieben, Kakaobutter ist das teuerste Pflanzenfett.

[16] Was wäre Schokolade ohne die Schweizer: der Chemiker Henri Nestlé (1814-1890) entwickelte ein Herstellungsverfahren für Milchpulver, das Daniel Peter (1836-1919) erstmals der Kakaomasse zusetzte und daraus 1879 nach jahrelangen Tüfteleien die erste Tafel Milchschokolade goss.

[17] Das Conchieren wird in der Praxis in drei Stufen durchgeführt, wobei die in jeder Phase zunehmende Zerkleinerung, Vermengung und Umhüllung der festen Bestandteile mit Kakaobutter zur weiteren Abnahme der Viskosität führt.

[18] Dazu ein Bild: zwei Toastscheiben können kaum gegeneinander bewegt werden. Bestreicht man beide Scheiben mit Butter, geht dies problemlos.

[19] In der industriellen Schokoladenproduktion werden heute Conchiermaschinen mit rotierenden Schaufeln verwendet. Von kleineren Produzenten hochwertiger Schokoladen wird aber weiterhin die traditionelle *conche* (Längstreibe) nach Lindt verwendet.

[20] *The Science of Chocolate*, S.T. Beckett, **2000**, Royal Soc.Chem., London.

[21] P. Fryer und K. Pinschower, *MRS Bull.* **2000**, 25. www.mrs.org/publications/bulletin; J. Kleinert-Zollinger, Ullmann's Encyclopedia of Industrial Chemistry, 5th edition, Vol. A7, **1986**, 23, VCH, Weinheim.

[22] Hobby-Chocolatiers ist es kaum möglich, Schokolade zu tempern. Durch Einrühren kleiner fester Schokoladenraspeln zur abkühlenden Masse können Kristallisationskeime der Form V zugefügt werden und durchaus gute Ergebnisse erzielt werden. Die Zugabe von Kristallisationskeimen ist bewährtes Verfahren der präparativen Chemie und einige neuere Verfahren bei der industriellen Schokoladenkristallisation basieren darauf.

[23] R. Peschar et al., *J. Phys.Chem. B*, **2004**, *108*, 15450.

[24] Zugabe von Milchfetten verzögert die Umwandlung, so dass die V-VI Umwandlung in Milchschokolade seltener beobachtet wird.

[25] Feinschmecker mögen mir diesen Vergleich verzeihen.

[26] Wasser und Lösungsmittel zeigen eine von mechanischer Beanspruchung unabhängige Viskosität (Newtonsche Flüssigkeiten). Im Gegensatz dazu nimmt die Viskosität von Ketchup, Schokolade, Blut

und Malerfarben z.B. beim kräftigen Rühren ab (nicht-Newtonsche Flüssgkeiten).

[27] *Grand Cru* = großes Gewächs. Im Burgund ist dies die höchste und im Bordeaux die zweithöchste Qualitätseinstufung von Rotweinen. Bei Schokolade soll dieser Begriff die Herkunft von Edelkakaobohnen (*Criollo* und *Trinitario*) aus einem begrenzten Anbaugebiet, die besonders sorgfältige Fermentierung, Selektion und Röstung ausdrücken. Die Hersteller sind kleine und mittelständische Betriebe, die ihre Produkte aufwendig und nach traditioneller und zeitaufwendiger Art herstellen. Selbstverständlich werden nur ausgesuchte Zutaten wie hochwertige Kakaobutter und Bourbon-Vanille und keine kakaofremden Fette verwendet. Die Verweilzeiten in der *conche* werden der gerösteten Bohne angepasst und häufig auf der Packung mit angegeben.

[28] Produkte der Firma Felchlin, Kanton Schwyz (www.felchlin.com) vertreibt in der Schweiz Reichmuth von Reding (rvr@rvrtee.ch) und in Deutschland die Betty Tea Company (www.betty-darling.de). In Paris zeigt Michel Cluizel seine Produkte in der 201 rue Saint Honoré. Edelschokolade sind im guten Fachhandel und über das Internet erhältlich (z.B. www.kaffeeshop24.de und www.schokoladengourmet.com).

[29] Eine detaillierte Übersicht gibt: A. T. Borchers et al., *J.Med. Food* **2000**, *3*, 77.

[30] T.L. Dillinger et al., *J.Nutr.* **2000**, 2057S.

[31] A. T. Borchers et al., *J.Med. Food* **2000**, *3*, 77; L.J. Porter et al., *Phytochemistry* **1991**, *30*, 1657.

[32] C. Heiss, *J.Amer.College.Cardiol.*, **2005**, *46*, 1276; Eine Zunahme der Flavanoide im Blut wird allerdings nur nach dem Genuss von Bitterschokolade, nicht aber von Milchschokolade beobachtet. Siehe M. Serafini et al. *Nature*, **2003**, *424*, 1013 und **2004**, *426*, 788.

[33] Durch den Zusatz von Milchpulver enthalten Milchschokoladen geringe Mengen Cholesterin.

[34] Dies gilt bei einer ansonsten ausgewogenen Ernährung.

[35] Theobromin ist als Alkaloid physiologisch nicht unwirksam. So lässt nach siebentägiger Gabe von 500mg/kg Theobromin die Spermienproduktion männlicher Ratten nach. Um diese Dosis zu erreichen, müsste ein Mann allerdings 50 (!) Tafeln Schokolade am Tag verzehren.

[36] M.U. Eteng et al. *Plant Foods Hum. Nutr.* **1997**, *51*, 231; Die toxische Dosis für Hunde liegt bei 100 mg/kg Körpergewicht. Ein Hund von 10 kg erreicht diesen Wert nach Fressen einer Tafel Bitterschokolade (http://vetmedicine.about.com). Die *American Society for the Prevention*

of Cruelty for Animals hält sogar nur Mengen von höchstens 20 mg/kg für vertretbar.

[37] Mit einer Ausnahme: Currypulver ist noch eisenreicher. Siehe S. Schenker, *Nutr. Bull.* **2000**, *25*, 303.

[38] Kalorienreiche Lebensmittel, die wenig oder keine essentielle Nährstoffe, wie Vitamine und Mineralstoffe enthalten.

[39] Einige Derivate des 2-Phenylethylamins zeigen stimulierende Wirkungen (Weckamine). Die erste Verbindung dieser Reihe war das Amphetamin (2-Amino-1-phenylpropan), weitere Vertreter sind das Pervitin und die Modedroge Ecstasy.

[40] W. Michener und P. Rozin, *Physiol. Behav.* **1993**, *56*, 419.

[41] Schokoladensucht ist eine Essstörung, die nur mit professioneller Hilfe klinisch oder in Selbsthilfegruppen behandelt werden sollte. Siehe www.nakos.de und www.oa.org (in Englisch)

[42] Höhepunkt aller erfundenen Geschichten dürfte das Fest des Marquis de Sade gewesen sein, auf dem gewaltige Mengen von Schokoladenplätzchen gereicht wurden. Dieser Genuss soll zu einer Massenorgie geführt haben, auf der mehrere Gäste an zuviel Liebe starben. Angeblich wurde den Schokoladenplätzchen auch Spanische Fliege (eigentlich ein Käfer) zugesetzt.

[43] Physiologie des Geschmacks. J.A. Brillat-Savarin, Erstauflage 1826, **1979**, Insel Verlag.

[44] www.theobroma-cacao.de/wirtschaft/gesetze.htm

[45] In der Fettindustrie werden zur Unterscheidung der verschiedenen polymorphen Formen römische Zahlen, in der Schokoladenbranche griechische Buchstaben verwendet.

Da schwelgen Naschkatzen ...

Quelle: www.infozentrum-schoko.de (Info-Zentrum Schokolade in Leverkusen)

Die Chemie des Luftballons

Mit ihrem literarisch-musikalischen Kleinod (s.u.) [1] trällerte Alda Noni die Deutschen kurz vor Kriegsende ins ferne Märchenland. Der Luftballon, das einzige Transportmittel ins Land vieler Kinderträume, stammt ursprünglich aus der Pflanze Hevea brasiliensis. Aber die Umwandlung des weißen, cremigen Naturstoffs in einen bunten Luftballon bedarf göttlicher Hilfe. Nur Vulcanus, der Gott des Feuers und gleichzeitig ein begnadeter Chemiker, kann solch ein Wunder vollbringen. Seine Tricks haben wir bis heute nicht ganz durchschaut, aber versuchen wir, ihm ein wenig auf die chemische Spur zu kommen.

Der Luftballon ist streng genommen ein Pflanzenprodukt, denn seine Hülle wird aus Latex, einem milchigen Saft gewonnen, den einige Pflanzen bei äußerer Verletzung absondern, z.B. auch unser Löwenzahn (*Taraxacum officinale*). Die südamerikanischen Indios stellten schon Jahrhunderte vor Kolumbus aus dem „weinenden Baum" (kau-utschu oder cahu-chu) einen elastischen und was-

„Kauf dir einen bunten Luftballon und mit etwas Phantasie fliegst Du in das Land der Illusion und bist glücklich wie noch nie."

serabweisenden Werkstoff her. Sie hatten nämlich beobachtet, dass Latex nach längerem Stehenlassen koaguliert und sich auf der Oberfläche eine dichte Schicht sammelt, die abgeschöpft und dann getrocknet oder geräuchert werden konnte. Das Produkt bezeichnete man als Kautschuk [2] und den Baum als Kautschukbaum (*Hevea brasiliensis*) [3].

Kolumbus soll auf seiner zweiten Expeditionsreise nach Haiti (1493-96) an einem Spielball die Eigenschaften des Kautschuks als erster Europäer entdeckt haben [4]. Erkannt wurde sein Potential aber erst zweihundert Jahre später. Der französische Forscher Charles Marie de la Condamine berichtete detailliert über die Herstellung des Kautschuks und ab Mitte des 18. Jahrhunderts wurde Kautschuk nach Europa exportiert.

Kautschuk hatte attraktive Eigenschaften: plastisch verformbar, begrenzt elastisch und völlig wasserundurchlässig. Nachteilig stand dem vor allem die Temperaturempfindlichkeit gegenüber: in der Kälte wird Kautschuk spröde und brüchig und in der Hitze verliert er seine Form und wird klebrig. Trotz dieser Nachteile fanden sich Anwendungen. Der englische Chemiker Joseph Priestley nutzte um 1770 die Klebrigkeit auf originelle Weise: er radierte damit Bleistiftstriche weg [5] und der schottische Stoffhändler Charles Macintosh klebte zwei Stoffbahnen zusammen und nähte daraus ab 1830 wasserdichte Regenmäntel [6].

Der erste große Luftballon

Am 1. Dezember 1783 startete Jacques Charles zum Jungfernflug seiner „*La Charlière*". Den Ballon ummantelte ein Netz, an dem ein kleines Boot hing (Abbildung 1). Die zum Bau verwendete Seide wurde mit einer Lösung von Kautschuk in Terpentin bestrichen und dadurch nach dem Trocknen einigermaßen gasdicht gemacht. Der Ballon wurde mit dem 1766 von Henry Cavendish entdeckten Wasserstoff gefüllt, der 14mal leichter war als Luft [7]. Charles stieg

Abb. 1 *1783, das magische Jahr der Luftballons*

Im Jahr 1783 ließen die Gebrüder Montgolfier drei Heißluftballons aufsteigen, den ersten unbemannt, den zweiten mit einem Schaf, Huhn und einer Ente und schließlich den dritten, am 21. November, mit zwei französischen Adeligen an Bord. Für die Brüder Montgolfier war Rauch die Ursache des Auftriebs und so verbrannten sie zum Start viele stark qualmende Strohballen. Im gleichen Jahr experimentierte auch der Physikprofessor Jacques Charles mit Ballons, die mit Wasserstoff gefüllt waren. Das Befüllen zog sich über vier Tage hin, kein Wunder, denn der benötigte Wasserstoff wurde durch Übergießen einer halben Tonne Eisenschrott mit 225 kg Schwefelsäure erzeugt. Am 1. Dezember 1783 hob der erste gasgefüllte, bemannte Ballon „La Charlière" in den Tuilerien vom Boden ab, an Bord der Erbauer und sein Mitarbeiter Robert. Nach einer kurzen Zwischenlandung in 43 Kilometer Entfernung stieg Charles zur ersten Alleinfahrt in einem Ballon auf.
Durch moderne Technologie, insbesondere verbesserten Materialien, können heute große Strecken im Ballon zurückgelegt werden. 1999 gelang Bertrand Piccard und Brian Jones in knapp 20 Tagen die erste Nonstop-Erdumrundung und 2002 schaffte dies Steve Fossett in einer Alleinfahrt in 13 Tagen und 12 Stunden [28].

mit seinem Mitarbeiter bei den Pariser Tuilerien auf und legte eine Strecke von 43 Kilometern zurück. Nach einer Zwischenlandung stieg er zur ersten Alleinfahrt auf über 2000 m auf.

Einer der vielen Zuschauer dieses großen Ereignisses war Benjamin

Franklin, der Botschafter der noch jungen Vereinigten Staaten von Amerika. Auf die Frage, zu welchem Zweck die vorgestellte Erfindung dienen könnte, antwortete der 77jährige mit seiner berühmten Gegenfrage: *„Und welchen Zweck hat ein neugeborenes Kind?"*

Der erste kleine Luftballon

Den ersten kleinen Spielzeug-Luftballon stellte Michael Faraday 1824 für seine Gasexperimente an der Royal Institution in London her [8]. Dazu legte er zwei runde dünne Kautschukscheiben übereinander und presste die Kanten zusammen, die dadurch gasdicht verklebten. Dann bestäubte er das Innere mit Mehl, damit die Innenflächen nicht miteinander verklebten [9].

Der englische Gummifabrikant Thomas Hancock griff Faradays Idee auf und vertrieb ab 1825 *Do-it-yourself*-Bastelsätze für Luftballons. Man blies mit einer Spritze eine konzentrierte, zähflüssige Lösung von Kautschuk in Terpentin zu einer kleinen Blase auf und ließ sie trocknen. Dieser Urvater unserer Luftballons hatte wenig mit unseren heutigen gemein. Die Luftballons waren teuer, die Oberfläche klebte unangenehm, sie rochen stark nach Terpentin und waren nur wenig temperaturstabil. Bis daraus die modernen Luftballons mit ihrer schönen Farbe, dem geringen Gewicht und ihrer Haltbarkeit wurden, dauerte es rund 150 Jahre – und natürlich gelang dies nur mit Hilfe der Chemie.

Was ist Kautschuk? [10]

Michael Faraday bestimmte 1826 die elementare Zusammensetzung des Kautschuks mit C_5H_8 und Williams konnte 1860 bei der vorsichtigen Zersetzung von Kautschuk einen bei 36°C siedenden Kohlenwasserstoff gleicher Bruttozusammensetzung isolieren, den er Isopren nannte [11]. Die strukturelle Verwandtschaft zwischen dem flüssigen Isopren und dem Feststoff Kautschuk war völlig unklar. Erst mit Hermann Staudingers 1920 vorgestelltem Konzept der Mak-

KAUTSCHUK

Abb. 2 Kautschuk und Zusatzstoffe

Kautschuk ist ein natürliches Polymer aus Hevea brasiliensis und besteht aus Isopren-Bausteinen (1). Die Doppelbindungen im Kautschuk (2) sind cis-konfiguriert [13]. Zum Transport muss das Latexkonzentrat auf der Plantage mit Konservierungsstoffen wie Zink-Dialkyldithiocarbamat versetzt gemacht werden. Nur mit einem zugesetzten Antioxidants wie dem Phenolderivat (4) als Alterungsschutz können lagerfähige und länger nutzbare Luftballons hergestellt werden. Vor der Vulkanisation zugesetzte Beschleuniger wie Tetramethylthiuramdisulfid erlauben eine drastische Erniedrigung der Vulkanisationstemperatur. Erst dadurch erreicht der Luftballon die notwendige Elastizität.

romoleküle wurde Kautschuk als ein Polyisopren angesehen [12]. Kautschuk ist ein kettenförmiges Polymer des Isoprens (2-Methyl-1,3-butadien **1**), wobei die im Makromolekül **2** verbliebenen Doppelbindungen cis-konfiguriert [13] sind (Abbildung 2).

Vulkanisation: ein alchimistisches Wunder mit göttlicher Hilfe

Die bis Anfang des 19. Jahrhunderts ausgetüftelten Anwendungen wie Regenmäntel und Radiergummis dürfen nicht darüber hinwegtäuschen, dass an einen breiten technischen Einsatz des Naturkautschuks nicht zu denken war. Naturkautschuk erlangte wirklich erst Bedeutung mit der von Charles Goodyear 1839 entdeckten Vulkanisation (Infokasten S. 20).

Im einfachsten Fall wird bei der Vulkanisation eine Mischung aus Kautschuk und elementarem Schwefel auf über 200°C erhitzt. Bei dieser fast alchimistisch anmutenden Brutzelreaktion entsteht ein hochelastischer und zugfester Werkstoff. Ein Beispiel: wird ein Band Naturkaut-

schuk für 15 Minuten auf das 2,5fache seiner Länge gestreckt, zieht es sich danach in den nächsten 24 Stunden nur auf das 1,5fache der ursprünglichen Länge zurück, ein Streifen vulkanisierter Kautschuk hat in diesem Zeitraum schon längst wieder seine ursprüngliche Länge eingenommen [14].

Der Begriff Vulkanisation stammt vom englischen Gummifabrikanten Thomas Hancock und sollte verdeutlichen, dass der chemische Prozess nur mit Schwefel und hoher Hitze gelang, beides Attribute eines aktiven Vulkans, Heimat des Vulcanos, dem römischen Gott des Feuers. Die Benennung nach einem Gott ist wohl gerechtfertigt, denn die Vulkanisation ist auch aus heutiger Sicht ein fast überirdisches Wunder. Die Chemie jedenfalls ist komplex, da die Reaktionsbedingungen drastisch sind und viele Parameter eine Rolle spielen. Letztlich werden einige der Doppelbindungen durch Schwefel angegriffen (Abbildung 3) und es bilden sich Polyschwefel-Brücken zwischen den Isoprenketten, so dass ein vernetztes

CHEMIE BEIM VULKANISIEREN

Abb. 3 *Die Chemie der Vulkanisation*

Da die Geschwindigkeit der Vulkanisation nicht durch Radikalbildner, wohl aber durch Salze beschleunigt wird, kann von einem ionischen Mechanismus ausgegangen werden. Nach Elias [31] greift ein S_8-Ring unter Abspaltung eines Polyschwefelanions die Doppelbindung an. Das entstehende Kation reagiert mit einer zweiten Isopreneinheit unter Bildung eines Additionsprodukts und eines Carbokation. Mit diesem Carbokation beginnt der eigentliche Reaktions- *cyclus: es reagiert mit einem S_8-Ring und das entstehende Kation greift eine zweite Isopreneinheit elektrophil an. Die Reaktion mit einer weiteren Isopreneinheit liefert das über eine S_8-Kette vulkanisierte Produkt und ein Carbokation. Der Cyclus beginnt von vorn. Der Schwefelgehalt in der hochelastischen Luftballonmasse liegt unterhalb von 1%, so dass nur etwa jede 100. Monomereinheit vernetzt ist.*

dreidimensionales Makromolekül entsteht (Infokasten S. 20).

Seit Goodyears Entdeckung haben Generationen von Wissenschaftlern das Vulkanisationsverfahren verbessert, so dass heute Kautschuk nicht nur mit Schwefel, sondern mit einer Reihe von Zusatzstoffen zusammen erhitzt wird. Diese Zusätze machen zwar nur wenige Gewichtsprozente aus, jedoch verbessern sie die Qualität des Luftballons ganz entscheidend:

Schwefel: Die Zahl der vernetzenden Schwefelbrücken bestimmt die Härte des Produkts: bei Schwefelgehalten von über 35% erhält man stark vernetztes Hartgummi, bei Schwefelgehalten unter 5% Weichgummi. In dem vulkanisierten Kautschuk für Luftballons liegen die Schwefelgehal-

te unter 1%, damit auch Kinder die Ballons aufblasen können [15].

Beschleuniger und Aktivatoren: Schwefel ist relativ reaktionsträge und die Vulkanisierung verläuft selbst bei hohen Temperaturen langsam. Unter diesen Bedingungen werden die langen Isoprenketten teilweise abgebaut. Diese Hitzeschäden führen zu ungenügenden Festigkeitseigenschaften und einer geringen Alterungsstabilität. Durch Beschleuniger lassen sich die Vulkanisierungstemperatur und -zeit sowie die zugegebene Schwefelmenge drastisch reduzieren. Die geringere thermische Belastung erlaubt auch den Einsatz von organischen Pigmenten, wodurch erst die vielfältige Farbgebung möglich wird.

Viele industriell eingesetzte Beschleuniger verleihen den Vulkanisa-

tionsprodukten einen bitteren Geschmack und können deswegen für Produkte, die mit Lebensmitteln in Kontakt kommen, nicht verwendet werden. Für Luftballons hat sich das geschmacklose Zink-dialkyldithiocarbamat (*3*) bewährt [16]. Zur vollen Entfaltung der Beschleuniger werden Aktivatoren zugesetzt. Diese beschleunigen *nicht* die Vulkanisierung direkt, sondern Erhöhen die Wirksamkeit der Beschleuniger. Zinkoxid (3-5 Gew.%) hat sich als Aktivator besonders bewährt [17] und findet sich in vielen Gummiprodukten. Schließlich werden noch Fettsäuren zugegeben, die das Gesamtsystem Kautschuk-Schwefel-Beschleuniger-Zinkoxid unabhängig davon nochmals aktivieren [18].

Alterungsschutz: Alle elastischen Materialien verlieren nach Nutzung oder Lagerung ihre Elastizität und Reißfestigkeit. Verschiedene Faktoren beeinflussen diesen Alterungsprozess, z.B. mechanische Beanspruchung, Hitzeeinwirkung und Oxidationsreaktionen mit Sauerstoff und Ozon. Durch Zugabe von Radikalfängern können die Alterungsprozesse wirksam verlangsamt werden: ein vulkanisiertes Gummiband ohne Alterungsschutz zeigt nach einer Woche unter einer reinen Sauerstoffatmosphäre (21 bar, 70°C) nur noch 20%, nach Zugabe von 2 Gew.% Alterungsschutz aber noch 85 % seiner ursprünglichen Reißfestigkeit [19]. Für Luftballons, die von Menschen in den Mund genommen werden, sind nur einige Antoxidantien als Alterungsschutz-Zuschläge zugelassen, z.B. das Phenolderivat *4*.

Die Wiege des Luftballons: die Kautschukplantage

Die Herstellung eines Luftballons beginnt mit der Latexernte auf einer der großen Kautschukplantagen in Südostasien (Abbildung 4). Latex ist eine feine Dispersion von festen Kautschukpartikeln (0,1 µm Durchmesser) in Wasser (Feststoffanteil etwa 35 Gew.%), Tabelle 1. Jedes Partikel ist von einer Phospholipidhülle umschlossen, in der Hüllproteine ein-

gelagert sind. Von der Oberfläche ragen die Seitenketten vieler saurer Aminosäuren [20] der Hüllproteine in das umgebende Wasser. Da deren Carboxylgruppen teilweise dissoziiert sind, d.h. ein Proton abgespalten haben, sind die Kautschukpartikel nach außen hin negativ geladen und durch die elektrostatische Abstoßung zwischen den Kautschukpartikeln bleibt die Latex-Dispersion stabil.

Fast 90% des Latex werden gleich auf der Plantage zu Naturkautschuk weiterverarbeitet [21]. Mit Essigsäure wird der pH-Wert des Latex erniedrigt, so dass die Carboxylatgruppen auf der Oberfläche protoniert und elektrisch neutral werden. Sofort koagulieren die Kautschukpartikel und sammeln sich an der Oberfläche. Nach einiger Zeit wird die oben schwimmende halbfeste Schicht abgetrennt, zu Platten gewalzt und zum Trocknen aufgehängt. Dies ist der Rohstoff für die breite Produktpalette der gummiverarbeitenden Industrie, von der Kabelisolation bis zum Autoreifen.

Luftballons mit ihrer dünnen Hülle werden nach einem besonderen Verfahren hergestellt, der Tauchung. Diese Technik ist nicht neu, denn schon die Indios stellten Flaschen und Kopfbedeckungen durch mehrfaches Einstreichen hohler, tönerner Formen her. War die gewünschte Dicke erreicht, wurde die innere

Form zerschlagen und der wasserdichte Hohlkörper war fertig. Luftballons werden im Prinzip heute noch so hergestellt: eine Form wird in Latexlösung getaucht, getrocknet und dann weiterverarbeitet [21]. Zur heimischen Produktion [22] von Luftballons muss der Latex auf der Plantage aus Kostengründen konzentriert und wegen seiner Empfindlichkeit transportfähig gemacht werden.

Konzentrierung: Zur Erniedrigung des Wasseranteils wird der Latex durch Zentrifugieren auf einen Feststoffanteil von etwa 60 % erhöht, der Wasseranteil sinkt dementsprechend von 65% auf 40%.

Haltbarmachung: Zur Verhinderung einer Koagulation während des Transports wird der Latex auf der Plantage mit Ammoniak versetzt. Ein pH-Wert um 10 garantiert [21], dass die auf der Proteinhülle der Partikel außen liegenden Carboxylatgruppen deprotoniert, also negativ bleiben. Der hohe pH-Wert und die Zugabe von 0.04% Ammoniumlaurat [23] und 0.025% Zinkoxid/ Tetramethylthiuramdisulfid (**5**) [24] stabilisieren und konservieren den Latex gegen mikrobiologischen Zerfall.

Die Luftballonfabrik

An eine Luftballonhülle werden fast unerfüllbare Anforderungen gestellt: sie soll hauchdünn sein, damit der Ballon leicht ist und bei Gasfüllung kräftig nach oben steigt, sie muss gleichmäßig dick sein, damit der Ballon keine Schwachstellen hat und beim Aufblasen nicht frühzeitig platzt, sie muss elastisch sein, damit der Ballon mehrfach aufgeblasen werden kann, sie muss lagerfähig sein und der Ballon sollte viele Aufblasvorgänge vertragen, der Ballon muss leicht aufblasbar sein, die Hülle muss möglichst gasdicht sein, damit der Ballon lange unter der Zimmerdecke hängt, sie darf nicht abstoßend schmecken und auf keinen Fall gesundheitsschädigende Verbindungen abgeben, die Ballons sollen möglichst in allen schönen Farben erhältlich sein, wobei die Farbe gleichmäßig verteilt sein muss und schließlich

Abb. 4 *Latex-Gewinnung auf der Plantage*

Kautschuk wurde schon vor Kolumbus von den Indios aus dem Latex des wild wachsenden, bis 30 m hohen Kautschukbaums gewonnen. Obwohl wegen der Monopolstellung Brasiliens die Ausfuhr von Samen strengstens verboten war, schmuggelte 1876 der englische Biologe Henry Wickham 70 000 Samen nach England [29], aus denen im Londoner Botanischen Garten (Kew Garden) 2700 Setzlinge gezogen werden konnten. Dies war die Grundlage der riesigen Kautschukplantagen in den englischen Kolonien in Südostasien und noch heute dominieren Malaysia, Indien, Indonesien und Thailand den Weltmarkt.
Die Gewinnung von Kautschuk beginnt mit dem oberflächlichen Anritzen der Rinde von mindestens fünfjährigen Kautschukbäumen. Heute werden höchstens 180 Schnitte im Jahr gemacht und nach 8 Jahren beginnt man wieder beim ersten Schnitt, wo sich inzwischen die Rinde völlig regeneriert hat. Die täglich herauslaufende Latexmenge von 20-30 g sammelt sich in kleinen Bechern am unteren Ende des Einschnitts. Durch Züchtung konnte der Ertrag auf Werte von über 2000 kg/ha/a gesteigert werden.
Insgesamt werden beim Kautschuk heute noch ein Drittel der Gesamtmenge von 15.5 Mio. t/a durch Naturkautschuk abgedeckt [30], den Rest bilden Synthesekautschuke vor allem auf Styrol-Butadien- und Butadien-Basis.

Bestandteil	Anteil in Gew. %
Gesamt-Festkörpergehalt	41,5
Kautschuk	36,0
Aminosäuren und N-Basen	0,3
neutrale Lipide	1,0
Proteine	1,6
Phospholipide	0,6
Kohlenhydrate	1,5
Salze (K, P und Mg)	0,5
Wasser	58,5

TAB. 1 ZUSAMMENSETZUNG VON FRISCHEM LATEX AUS HEVEA BRASILIENSIS [21]

muss der Luftballon noch möglichst preiswert sein.

Mit Hochachtung kann festgestellt werden, dass seriöse Luftballon-Hersteller alle diese Forderungen tatsächlich erfüllen. Verfolgen wir den weiteren Herstellungsprozess:

Dem angelieferten Latexkonzentrat werden Schwefel, Beschleuniger, Aktivatoren und Alterungsschutz-Substanzen zugesetzt. Die genauen Rezepturen sind wohlgehütete Betriebsgeheimnisse, aus gutem Grund, denn das Latexkonzentrat ist zwar die stoffliche Basis, aber die Qualität des Luftballons bestimmen vor allem die Rezeptur und die dazu ausgetüftelten Verfahrensvorschriften. Die fertige Mischung wird durch leichtes Erwärmen für mehrere Stunden vorvulkanisiert. Dabei tritt bereits eine gewisse Vernetzung zwischen den Isoprenketten über Schwefelbrücken ein.

Dem vorvulkanisierten Latexkonzentrat werden anschließend die gewünschten organischen Farbpigmente untergemischt. Da Luftballons „mit der Mundschleimhaut in Berührung kommen", dürfen nach dem Lebensmittel- und Bedarfsgegenständegesetz nur besonders zugelassene Pigmente verwendet werden. Favorit in der Käufergunst ist dabei eindeutig ein kräftiges Rot.

Luftballons werden heute vollautomatisch hergestellt, wobei die Produktionszahlen beachtlich sind: die einzige in Deutschland produzierende Luftballonfabrik, die Firma Everts in Datteln, stellt an einem Tag bis zu 1 Million (!) Luftballons her (Infokasten S. 21).

Der Schnulleralarm

Da Luftballons in den Mund genommen werden, müssen die Hersteller eine ganze Anzahl von Rechtsvorschriften beachten. Ohne auf die Logik von Rechtsvorschriften und deren europäischer Harmonisierung einzugehen, dürfen Luftballons u.a. nur mit folgenden Vermerken verkauft werden:
Nicht geeignet für Kinder unter 3 Jahren.

DIE VULKANISATION

Die Entdeckung der Vulkanisation: ein glücklicher Zufall?

Die Entdeckung der Vulkanisation wird meist als glücklicher Zufall beschrieben. Der Erfinder Charles Goodyear [32] soll 1839 aus Versehen eine Mischung aus Kautschuk, Schwefel und Bleioxid auf den heißen Küchenherd verschüttet haben und zu seiner großen Überraschung entstand dabei eine hochelastische Masse. Der Komiker Bill Bryson witzelte [32]
„In Goodyear finden wir die wichtigsten Eigenschaften des typischen amerikanischen Erfinders wieder – blinder Glaube an sein Produkt, Jahre der Aufopferung und völlige Hingabe zu seiner Idee – mit einem charmanten Unterschied: er hatte nicht den leisesten Schimmer, was er tat"
Damit tut man Goodyear grobes Unrecht, denn in Wirklichkeit hatte er, besessen von der Idee, aus Rohkautschuk ein leistungsfähiges Material herzustellen, in jahrelangen Versuchen tausende verschiedener Rezepturen erfolglos ausprobiert. Er war ständig hoch verschuldet und vor allem seine Familie nahm größte persönliche Opfer auf sich, um seine Forschungsarbeiten zu finanzieren. Es ist richtig, die Entdeckung ist nicht das Resultat einer wissenschaftlichen Studie, aber probieren geht manchmal eben doch über studieren. Die Entdeckung war ihm zu gönnen, als Belohnung vor allem für seine Gabe, im entscheidenden Moment das geschenkte Glück auch genutzt zu haben.
Da Goodyear nicht genügend Geld für die Patentierung und Vermarktung seines Verfahrens hatte, suchte er Investoren für seinen „gegerbten" Gummi und sandte einige Proben an englische Industrielle. Eine dieser Proben bekam 1842 Thomas Hancock in die Hände. Hancock war ein erfolgreicher Fabrikant, der bereits seit 1820 erfolgreich Gummischnüre und Bänder produzierte, für deren Herstellung er eine völlig neuartige Verfahrenstechnik entwickelt hatte [33]. An der übergebenen Probe wäre es für Hancock durchaus möglich gewesen, den hohen Schwefelgehalt am Geruch oder durch Verbrennung nachzuweisen und somit Goodyears Trick zu erkennen. Nachgewiesen werden konnte das nicht! Auf jeden Fall entwickelte Hancock ein Alternativverfahren, bei dem Kautschukstreifen in geschmolzenen Schwefel eingetaucht wurden. Auf Vorschlag eines Freundes nannte er diesen Prozess „Vulkanisation" nach dem römischen Gott des Feuers. Hancock, ein tüchtiger Geschäftsmann ließ sein Vulkanisationsverfahren am 21. November 1843, acht Wochen vor Charles Goodyear (30. Januar 1844) patentieren [34].
Es schlossen sich zwischen beiden und auch anderen Konkurrenten endlose und unerfreuliche Patentprozesse an. Aus heutiger Sicht muss festgestellt werden, dass beide, Goodyear als Tüftler und Hancock als Ingenieur und Industrieller, den Grundstein für eine bis heute florierende Industrie legten [35].

Vulkanisation und Elastizität

Im Naturkautschuk sind die Polyisoprenketten stark miteinander verknäult. Die einzelnen, miteinander chemisch nicht verbundenen Ketten können aber relativ leicht, besonders bei erhöhter Temperatur, gegeneinander verschoben werden. Deswegen führt eine auf ein Werkstück aus Naturkautschuk wirkende äußere Zugkraft zu einer plastischen Verformung. Nach Wegfall der Zugkraft nimmt das Werkstück nicht vollständig seine alte Form an, da die Ketten nun in einer energetisch annähernd gleich günstigen Anordnung vorliegen. Naturkautschuk ist daher thermoplastisch, aber nicht sehr elastisch.
Bei der Vulkanisation werden die einzelnen Ketten miteinander chemisch über Schwefelbrücken chemisch vernetzt. Wirkt auf einen Werkstoff aus vulkanisiertem Kautschuk eine identische starke, äußere Zugkraft, findet nur eine geringe Verformung statt, da die Schwefelbrücken ein Auseinandergleiten der Polyisoprenketten verhindern. Nach Wegfall der Zugkraft geht der Werkstoff vollständig in seine ursprüngliche Form zurück. Vulkanisierter Kautschuk ist elastisch und nicht thermoplastisch.
Die Zahl der Schwefelbrücken zwischen den Polyisoprenketten bestimmt somit die Härte und die Elastizität des Werkstoffs. Technisch unterscheidet man Weichgummi mit einem Schwefelgehalt von unter 5% und Hartgummi mit einem Schwefelgehalt von etwa 40 %. Für hochelastische Produkte wie Luftballons liegt der Schwefelgehalt unter 1%.

Danksagungen

Ich danke Frau Dr. E. Vaupel vom Deutschen Museum in München, Dr. K.-H. Hellwich vom Beilstein Institut Frankfurt und vor allem Dr. Rainer Hotzelmann und Katrin Gille von der Fa. Everts Balloons in Datteln für ihre Mithilfe bei den Recherchen zu diesem Artikel. Dr. Hotzelmanns Vortrag auf einer Fortbildungsveranstaltung der GDCh war Ausgangspunkt für diesen Artikel. Carina und Dr. Hubertus Pohris, Marburg und der Firma Dutch Dipping Technologies, Almelo, Holland, danke ich für ihre Hilfe und die Überlassung von Fotomaterial.

HERSTELLUNG VON LUFTBALLONS

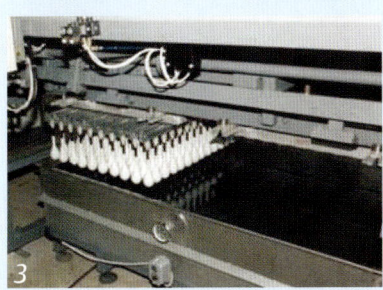

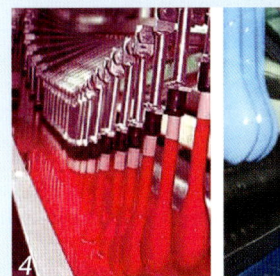

Produktion von Luftballons

Luftballons werden heute vollautomatisch in großen Anlagen hergestellt. Die Ausmaße solcher Maschinen liegen bei ca. 30 m Länge und können viele Hunderttausende von Luftballons täglich produzieren. Folgende Produktionsschritte werden dabei durchlaufen:

1. Reinigen der Formen

Die leeren Kunststoff-Formen werden in verschiedenen Reinigungsbädern sorgfältig gesäubert.

2. Koagulantbad

Ziel dieses Produktionsschritts ist es, auf die Formen eine dünne Schicht Koagulant aufzubringen, d.h. eine Substanz, die nach dem Tauchen in die Latexmischung die Kautschukpartikel möglichst feinkörnig und gleichmäßig koaguliert. Dabei haben sich Calciumsalze bewährt, da das zweifach positive Ion die negativen Ladungen der Carboxylatgruppen auf der Oberfläche der Kautschukpartikel ausgleicht und dadurch die elektrostatische Abstoßung zwischen den Kautschukpartikeln aufhebt [36]. Die Formen werden in eine Lösung des Koagulants eingetaucht und anschließend kurz angetrocknet.

3. Tauchen in Latex und Trocknen

Die mit einer gleichmäßigen Koagulantschicht überzogene Form wird in die Latexmischung eingetaucht und anschließend getrocknet. In der Latexmischung sind sämtliche Zusatzstoffe, Beschleuniger, Aktivatoren, Alterungsschutz und die Farbe enthalten. Hier zeigt sich einer der Vorteile der Vorvulkanisation: beim Trocknen ragen aus den Membranhüllen der vorvulkanisierten Latexpartikeln unpolare Polyisoprenketten heraus, die wie ein Klettverschluss schon jetzt verschiedene Kautschukpartikel locker miteinander verbinden.

Nun haben wir alles auf der Form in einer Schicht zusammen, die Substanzen für die Koagulation der Latexpartikel, die Latexpartikel selbst und alle Substanzen für die Vulkanisation.

4. Rändern

Luftballons lassen sich nur leicht aufblasen, wenn das Mundstück lippengerecht einen wulstigen Rand hat. Dazu wird der obere Rand der Latexmischung mit rotierenden Rollen etwas

von der Form gelöst und umgestülpt. Da die Latexschicht noch nicht durchvulkanisiert ist, kleben die einzelnen Schichten zusammen und bilden nach der Vulkanisation einen kompakten Ring.

5. Nachvulkanisieren

Nach einem weiteren Waschvorgang zur Entfernung von Koagulantresten erfolgt die eigentliche Vulkanisation. Besonders hier zeigen sich die Vorteile der zweistufigen Vulkanisation: Die Vorvulkanisation läuft bei leicht erhöhten Temperaturen ab und die Nachvulkanisation unterhalb von 120 °C. Erst diese geringe thermische Belastung erlaubt den Einsatz von organischen Pigmenten, so dass die Luftballons in so vielen schönen Farben hergestellt werden können.

Durch die geringe thermisch Belastung während der Vor- und Nachvulkanisation bleiben die langen Isoprenketten intakt. Dies führt zur hohen Reißfestigkeit der Ballonhülle.

Nach der Trocknung der vorvulkanisierten Latexschicht ragen aus der Membranhülle der Kautschukpartikel die Enden der Polyisoprenketten heraus. Bei der Nachvulkanisation werden deswegen viele Schwefelbrücken zwischen den Kettenenden von Polyisoprenmolekülen verschiedener Kautschukpartikel gebildet. Genau dies führt zur hervorragenden Elastizität von Luftballons.

6. Abnehmen

Nach dem Abkühlen werden die Ballons in Heißwasser und Seifenwasser gewaschen und anschließend mit rollenden Walzen maschinell von den Formen abgezogen. Nach einer sorgfältigen Qualitätskontrolle wird verpackt und die fertigen Luftballon sind versandfertig.

Warnung! Kinder unter 8 Jahren können an nicht aufgeblasenen oder geplatzten Ballons ersticken. Die Aufsicht durch Erwachsene ist erforderlich. Nicht aufgeblasene Ballons sind von Kindern fern zu halten. Geplatzte Ballons sind unverzüglich zu entfernen. Hergestellt aus Naturkautschuk.

Luftballons dürfen nach § 30 des Lebensmittel- und Bedarfsgegenstände-Gesetz (LMBG) keine gesundheitsschädlichen Substanzen abgeben. Da vor einigen Jahren im sogenannten Schnulleralarm erhöhte Konzentrationen von carcinogenen Nitrosaminen in Babysaugern festgestellt wurden, legte das Bundesamt für Risikobewertung (BfR) in Berlin (vormals Bundesinstitut für gesundheitlichen Verbraucherschutz und Veterinärmedizin, vormals Bundesgesundheitsamt) den Grenzwert für Nitrosamine in Babysaugern mit 10 µg/kg Schnullermasse verbindlich fest [25]. Folgende Überlegungen hatte das BfR angestellt: im schlimmsten Fall knautscht und saugt ein Säugling den gesamten Nitrosamingehalt eines 10 g schweren Schnullers heraus und darf dann höchstens 0,1 µg Nitrosamine aufgenommen haben. Beim Luftballon kann höchstens ein 10 cm² großes Mundstück vollständig ausgelutscht werden. Wenn dabei maximal 0,1 µg Nitrosamine aufgenommen werden dürfen und sich aus 1 kg Luftballonmasse eine Oberfläche von ca. 400 dm² ergibt, dann darf die Luftballonmasse höchstens 400 µg/kg Nitrosamine enthalten (BfR 26.3.2004). Das BfR sieht aber in seiner Studie, dass Luftballons nicht so intensiv und ausdauernd ausgelutscht werden wie Babyschnuller [26]. Bevor Ihnen nun beim Aufblasen eines Luftballons wegen der möglichen carcinogenen Wirkung Ihres Tuns die Luft wegbleibt, sollte Sie wissen, dass ein Erwachsener mit der täglichen Nahrung 0,2-0,3 µg Nitrosamine aufnimmt.

Wo aber kommen die Nitrosoamine im Luftballon überhaupt her? Viele Beschleuniger wie Tetramethylthiuramdisulfid (**5**) und die schon auf der Plantage zugesetzten Konservierungs-stoffe wie Zink-N,N-dialkyldithiocarbamat (**3**) werden im Laufe der Zeit und während der Verarbeitung zu Dimethylamin abgebaut. Dimethylamin reagiert mit Stickoxiden (NO und NO_2) aus der Atmosphäre zum carcinogenen Dimethylnitrosaminen ON-N(CH$_3$)$_2$. Da aber ohne Beschleuniger und Latex-Konservierungsstoffe Luftballons überhaupt nicht hergestellt werden können, wurde und wird nach Alternativen gesucht, die nicht zu carcinogenen Nitrosaminen führen [27].

Zusammenfassung

Kautschuk, ein klebriges Naturprodukt, von den brasilianischen Indios entdeckt, von Kolumbus bestaunt, erlangte erst durch Goodyears Vulkanisation praktische Bedeutung. Der Luftballon ist bestimmt nicht das wichtigste Produkt auf Kautschukbasis, aber vielleicht das Schönste. In einem modernen Luftballon mit seinem geringen Gewicht, seiner schönen Farbe, seiner gesundheitlichen Unbedenklichkeit und natürlich und vor allem mit seiner unglaublichen Elastizität spiegelt sich der Fleiß und Einfallsreichtum von vielen Generationen von Wissenschaftlern und Ingenieuren der Chemischen Industrie wider. Wenn wir also zum Höhepunkt eines Kindergeburtstages Luftballons zum Aufblasen in den Mund nehmen und durch Lungenkraft über ein paar Schwefelbrücken verknüpfte Polyisoprenketten recken und strecken, dann können wir auf dieses wunderbare Produkt stolz sein. Warum wir stolz sind, das sollten wir unseren Kindern erzählen – und den Moment genießen.

Literatur und Anmerkungen

[1] Schlagerfans können sich unter http://in-geb.org/Lieder/kaufdire.html von diesem langsamen Foxtrott aus dem deutschen Eisrevue-Film „Der weiße Traum" (1943) verzaubern lassen. Dieser Durchhaltefilm von Géza von Cziffra (Drehbuch und Regie) mit den Hauptdarstellern Olly Holzmann, Lotte Lang, Wolf Albach-Retty, Hans Olden und Oskar Sima spielte 31 Millionen Mark ein und war damit der erfolgreichste deutsche Schwarzweiß-film. Cziffra versuchte 1960 vergeblich diesen Erfolg mit dem Remake „Kauf Dir einen bunten Luftballon" mit Heinz Erhardt, Ina Bauer und Toni Sailer zu wiederholen.

[2] *Latex*: ursprünglich Milchsaft von kautschukliefernden Pflanzen, allgem. kolloidale Dispersionen von Polymeren in Wasser. *Kautschuk*: unvernetztes, aber vernetzbares Polymer mit gummielastischen Eigenschaften bei Raumtemperatur (DIN 53 501). Man unterscheidet heute Natur- und Synthesekautschuk. *Gummi* (*pl.* Gummis): vulkanisierte Natur- oder Synthesekautschuke; *Gummi* (*pl.* Gummen): pflanzliche Ausscheidungen von Polysacchariden, die an der Luft erstarren. Sie sind untoxisch und werden als Verdickungsmittel in Lebensmitteln verwendet. Typische Beispiele sind *Gummi arabicum*, *G. myrrhae*, *G. benzoe Siam* etc.

[3] Der Kautschukbaum gehört zur Familie der Wolfsmilchgewächse (*Euphorbiaceae*) und ist mit der bei uns heimische Sonnen-Wolfsmilch (*Euphorbia helioscopia*) verwandt, die beim Anschneiden einen bitteren, giftigen Latex absondert.

[4] Diese Geschichte wird unterschiedlich erzählt: mal war es eine hüpfende Kugel, mal ein wasserabweisender Regenumhang der Amazonas-Indianer und mal eine stinkende Fackel in Mexiko. Sicher ist nur, dass die spanischen Conquistadoren als erste Europäer den Kautschuk entdeckten.

[5] Das war die Geburtsstunde des Radiergummis (engl. „rubber" oder „Indian rubber"). Priestley war begeistert: *".., I have seen a substance that is perfectly suited to erase pencil lines by rubbing. E. Nairne, a London instrument maker, sells pieces of about half an inch of this product for three shillings."*

[6] Die sehr schweren „macs" reichten vom Hals bis zu den Füßen. Bei Hitze floss man vor Schwitzen weg und der Mantel wurde außen klebrig. Trotzdem ist noch heute der "*mac*" das englische Synonym für einen Regenmantel. In dem Beatles-Hit mit den strahlenden Barocktrompeten, "*Penny Lane*", heißt es in der 2. Strophe: *In the corner is a banker with a motorcar. The little children laugh at him behind his back, and the banker never wears a "mac"* – in the pouring rain – very strange.

[7] Bei seinen vorbereitenden Versuchen entdeckte Charles den Zusammenhang zwischen Temperatur und Volumen eines (idealen) Gases, in heutiger Schreibweise $V = const \cdot T$. Die Öffentlichkeit wurde erst nach Charles Tod durch Gay-Lussac auf dessen Entdeckung aufmerksam gemacht. In deutschsprachigen wird im Gegensatz zu englischsprachigen Lehrbüchern deswegen irrtümlich der lineare Zusammenhang zwischen Volumen und

Temperatur nicht als Charles-, sondern als Gay-Lussac-Gesetz bezeichnet.

[8] Wehmut muss jeden Chemiebegeisterten beim Gedanken ergreifen, dass Faradays öffentliche Vorlesungen in der Royal Institution so beliebt waren, dass wegen des Verkehrschaos der vor- und abfahrenden Pferdekutschen die Albemarle Street kurzerhand zur ersten Londoner Einbahnstraße erklärt werden musste.

[9] Faraday beschrieb seine „Beutel" (bags) wie folgt: „*The caoutchouc is exceedingly elastic. Bags made of it ... have been expanded by having air forced into them, until the caoutchouc was quite transparent, and when expanded by hydrogen they were so light as to form balloons with considerable ascending power*". siehe www.balloonhq.com/faq/history.html

[10] Unter www.irrdb.com informiert das *International Rubber Research and Development Board* sehr umfassend über alle Aspekte des Kautschuks.

[11] A. Gumboldt, *Chem.unser Zeit* **1969**, *1*, 41.

[12] H. Staudinger, *Ber.Dtsch.Chem.Ges.* **1920**, *53*, 1073. Staudingers Geniestreich stieß zunächst auf schärfsten Widerstand. Nach Meinung vieler führender Chemiker war Kautschuk eine lockere Zusammenlagerung von vielen kleinen, aber wohldefinierten Molekülen. Die Verleihung des Nobelpreises 1953 an Staudinger, also über 30 (!) Jahre nach der Entdeckung verdeutlicht die zögernde Akzeptanz durch die Fachkollegen. siehe: http://nobelprize.org/chemistry/laureates/1953/staudinger-lecture.html

[13] Obwohl die Konfiguration der Doppelbindungen in Polyisopren häufig mit *cis* und *trans* angegeben wird, dürfen diese Begriffe streng genommen hier nicht verwendet werden. Nur das Cahn-Ingold-Prelog (CIP)-System liefert an tri- und tetra-substituierten Doppelbindungen eindeutige Stereodeskriptoren. Kautschuk ist danach *Z*-konfiguriert, da die beiden höherrangigen Substituenten an beiden C-Atomen der Doppelbindung zur selben Seite (*zusammen*) der Doppelbindung gerichtet sind. Das in anderen Pflanzen synthetisierte Polyisopren mit „*trans*"-Konfiguration (z.B. Guttapercha) ist dementsprechend *E*-konfiguriert.

[14] J. v.d.Heijden, *Natuurrubber*, **2002**

[15] Aufblasen von Luftballons kann eine Extremsportart sein. In der ZDF-Sendung „Wetten, dass" blies der Schweizer Naturbursche Jakob „Köbi" Schwitter am 6. Juli 2002 einen Luftballon auf, bis er platzte. Nichts besonderes, allerdings blies er den Ballon mit einem 100 m langen Feuerwehrschlauch auf, auf dem 100 Menschen standen.

[16] Diese Verbindung reagiert leicht mit elementarem Schwefel unter Bildung von Polysulfiden $R_2N-C(S)-S-(S_n)-Zn-S-C(S)-NR_2$. Die beschleunigende Wirkung be-

ruht vor allem auf der erhöhten Reaktionsfähigkeit verglichen mit elementarem Schwefel.

[17] Die aktivierende Wirkung von Zinkoxid beruht auf der Bildung von S-Zn-S-Bindungen.

[18] Hier muss man vor dem Erfindungsreichtum der Industriechemiker den Hut ziehen. Zugespitzt ausgedrückt haben sie es nämlich geschafft, dass die Aktivatoren die Beschleuniger beschleunigen und die Fettsäuren die Beschleuniger der Beschleuniger beschleunigen. Vergleichen Sie dazu eine ähnliche Beschleunigungskaskade bei der Blutgerinnung: K. Roth, *Chem. unserer Zeit*, **2004**, *38*, 426.

[19] Bei diesem Experiment wurde ein für Luftballons nicht zugelassenes Derivat des 1,4-Diaminobenzols als Alterungsschutz zugesetzt K.S. Reinartz und L.W. Ruetz, *Natuurrubber*, **1997**, *9* (12), 5.

[20] Aminosäure allgemein NH_2-CHR-COOH; saure Aminosäuren haben in der Seitenkette R freie Carboxylgruppen z.B. Asparaginsäure R = $-CH_2$-COOH und Glutaminsäure R = $-CH_2$-CH_2-COOH

[21] W. Resing, *Natuurrubber*, **2000**, *17* (1), 2. 12% der Latexernte werden als Konzentrat verkauft und nach dem Tauchverfahren weiterverarbeitet. Über die Hälfte davon wird zu medizinischem Material wie Handschuhe, Katheter und Schläuche und ca. 3% zu Kondomen und Ballons verarbeitet.

[22] Es gibt tatsächlich noch eine, aber nur eine Herstellerfirma für Luftballons in Deutschland, die Firma Everts Balloons in Datteln im nördlichen Ruhrgebiet. www.evertsballoon.com

[23] Ammoniumsalz der Laurinsäure, einer linearen gesättigten Fettsäure CH_3-$(CH_2)_{10}$-COOH . Dieses Salz ist eine Seife und stabilisiert die Latexpartikel, indem sich der unpolare Kohlenwasserstoffrest in die Phospholipidschicht einlagert und die negative Carboxylgruppe nach außen herausragt und die negative Ladung der einzelnen Kautschukpartikel erhöht.

[24] Tetramethylthiuramdisulfid wird mit unterschiedlichen Namen beschrieben: Thiuram, Thiram, Thiurad etc. Rationeller Name: Bis(dimethylthiocarbamoyl)-disulfan; die Verbindung ist ein wirksames Fungizid und Konservierungsmittel.

[25] Stellungnahme des BgVV vom 11.4.2002, www.BfR.bund.de

[26] Der Schnulleralarm wiederholte sich im Jahr 2004 - wieder mit einem entsprechenden Presseecho – mit einem zum Luftballon eng verwandten Bedarfsgegenstand, dem Kondom (www.cvua-stuttgart.de). Besonders ein mit Schokoladengeschmack versetztes Kondom zeigte einen erhöhten Nitrosamingehalt, der aber zum größten Teil auf die Kakaoröstung zurückgeführt werden konnte. Geht man

von dem BfR-Richtwert von höchsten 400 µg Nitrosamine je kg Luftballonmasse aus, dann würde ein daraus hergestelltes Kondom von 1,5 g maximal 0,6 µg Nitrosamine enthalten. Wie oder von wem der gesamte (!) Nitrosamingehalt eines Kondoms aufgenommen werden könnte, überlasse ich der Fantasie der Leser.

[27] Im Gegensatz zum Dimethyl- ist das Dibenzylnitrosamin nicht carcinogen. Der Einsatz von Tetrabenzylthiuramdisulfid und Zink-N,N-dibenzyldithiocarbamat, die beide auf Dibenzylamin basieren, wird deswegen gegenwärtig untersucht.

[28] mehr dazu siehe www.quarks.de

[29] Wie er die Samen genau herausgeschmuggelt hat, bleibt unklar: mal waren es zwei ausgestopfte Krokodile, dann ein Sarg und schließlich gefälschte Ausfuhrpapiere. Wie dem auch sei, Wickham bekam eine Menge Geld für den Schmuggel und wurde später für seine Verdienste um sein englisches Vaterland geadelt.

[30] D. Ulbrich und M. Vollmer, *Nachr.Chem.*, **2002**, *50*, 350

[31] *Polymere*, H.-G. Elias, **1996**, Hüthig&Wepf, Zug.

[32] *The Goodyear Story*, R. Korman, Encounter Books, **2002**.

[33] Beim Versuch, angefallene Kautschukkrümel zu verarbeiten, entdeckte er beim maschinellen Zerkleinern in der Wärme, dass aus den Krümeln eine homogene und formbare Kautschukmasse entstand. Bei dieser als Mastikation bezeichneten Technik werden durch die hohen mechanischen Kräfte die Polymermoleküle radikalisch aufgebrochen und durch die Verringerung des mittleren Molekulargewichts wird die Verarbeitbarkeit stark erleichtert. Hancock erkannte die Bedeutung seiner Entwicklung, ließ sie jedoch nicht patentieren, sondern betrieb die Maschinen im Geheimen. Zur Irreführung seiner Konkurrenz bezeichnete er seinen leichter verarbeitbaren Kautschuk als „*pickeled*" (dtsch. eingelegt).

[34] Die heute Firma Goodyear Tire & Rubber Co. wurde 1898, also fast 40 Jahre nach Charles Goodyears Tod, von den Brüdern Sieberling in Akron, Ohio gegründet und verwendete Goodyears Namen aus Gründen des besseren Marketings, Charles Goodyear und seine Nachkommen hatten damit nichts zu tun.

[35] www.bouncing-balls.com/timeline

[36] Auf der Plantage wird der zum Export bestimmte Kautschuk aus dem Latex durch Zugabe von Essigsäure gefällt und zu Platten verarbeitet. Durch den schnellen pH-Sprung koaguliert das Produkt grob aus. Bei der Herstellung von dünnen Schichten im Tauchverfahren strebt man eine verzögerte und feine Koagulation an, damit die sich bildende Schicht gleichmäßig ist.

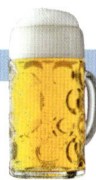

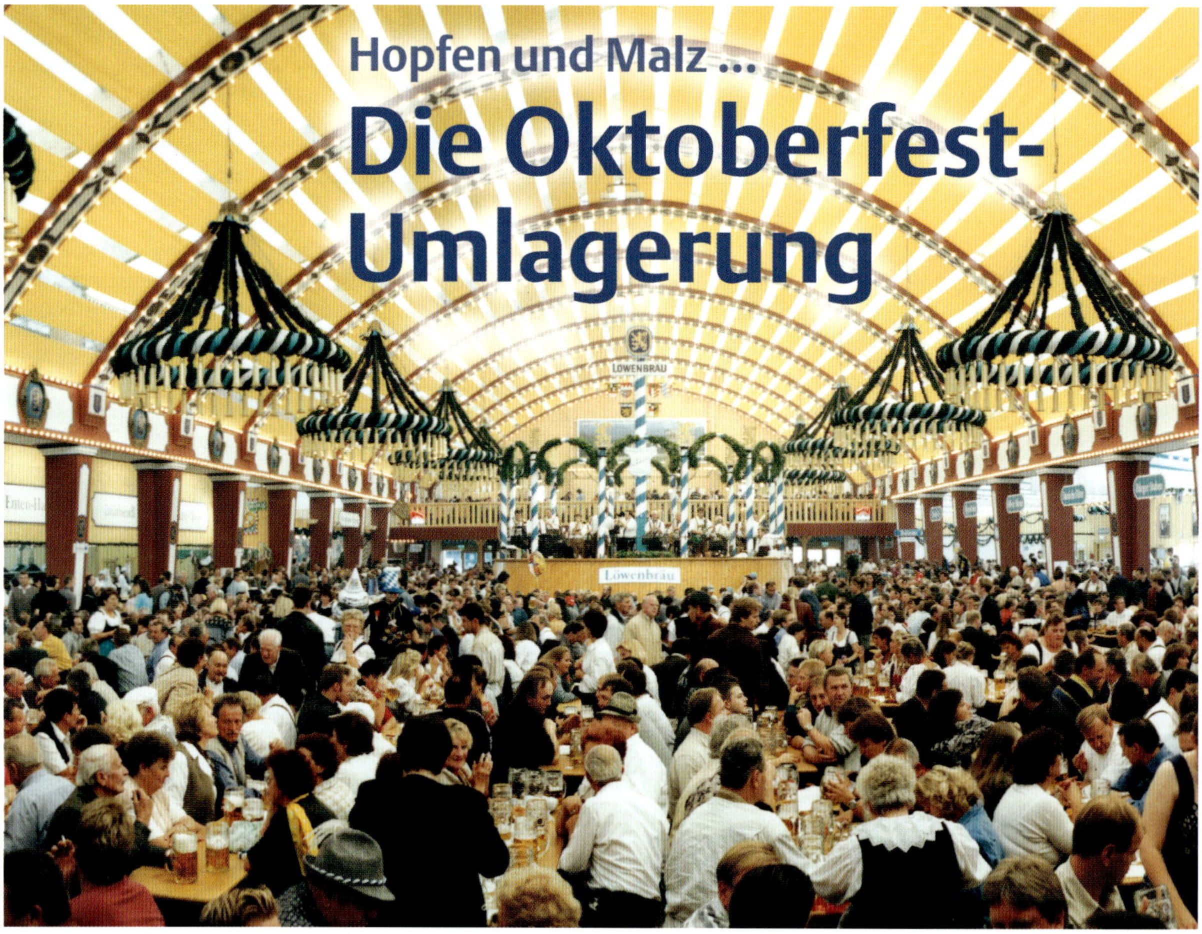

Hopfen und Malz ...

Die Oktoberfest-Umlagerung

Sollten Sie auf dem Münchner Oktoberfest nebenbei die Bemerkung fallen lassen, dass bayerisches Bier seinen Wohlgeschmack einer Menge Chemie verdankt, dürfte Ihr Aufenthalt auf der Wies'n praktisch beendet sein. Jetzt rettet Sie nur noch eine schnelle Entschuldigung und eine Runde für die Kapelle. Tun Sie das nicht und behaupten vielleicht noch, dass bayerische Braumeister mit dem Hopfen eine α-Ketol-Umlagerung machen, dann ist Ihnen nicht mehr zu helfen. „Sso an' Schmarr'n" dürften die letzten Worte sein, an die Sie sich beim Aufwachen im Sanitätszelt erinnern werden. Zumindest zu Ihrer nachträglichen Rechtfertigung wollen wir die chemische Rolle des Hopfens beim Bierbrauen einmal genauer betrachten. Also, aufi geht's und dann schau'n ma mal!

Wein und Bier sind die ältesten alkoholischen Getränke der Menschheit [1], wobei Wein aus Früchten und Bier aus Getreide gewonnen wird. Während bei der Weinherstellung der Zucker in den Früchten direkt durch Hefe in Alkohol umgewandelt wird [2], ist die Bierherstellung komplizierter, da Hefe nur Zucker, aber keine Stärke verarbeiten kann. Daher muss die Stärke der Getreidekörner zunächst in Zucker umgewandelt werden. Erst dann kann mit Hefe vergoren werden. Warum treiben die Menschen diesen Aufwand, wenn doch Wein das höherwertige Getränk ist? Die Antwort ist einfach: Getreide ist leichter anzubauen, stellt viel geringere Ansprüche an Boden und Klima und ergibt einen höheren Hektarertrag. Darüber hinaus ist das getrocknete Korn lagerfähig, so dass Bier im Gegensatz zu Wein zu jeder Jahreszeit hergestellt werden kann. All diese Vorteile wiegen die Nachteile des aufwändigeren Herstellungsverfahrens weit auf, und in aller Regel ist Bier preiswerter als Wein.

Bei dem Weg vom Getreidekorn zum gefüllten Maßkrug darf eines nicht vergessen werden: Bier ist ein delikates Getränk, seine Herstellung ist ein Handwerk, eine Kunst und gleichzeitig eine eigene Wissenschaft, für die es eigene Studiengänge gibt! Im Folgenden können nur ganz wenige chemische Aspekte herausgegriffen werden [3].

Am Anfang steht das Korn

Bier kann aus vielen Getreidesorten gebraut werden, am besten aber eignet sich die Gerste (*Hordeum vulgare*), vor allem die zweizeilige, nickende Sommergerste mit ihrem niedrigen Proteingehalt (Abbildung 1).

Gerstenkörner bestehen zu 60 % aus Stärke, die den Keimling bei seinem ersten Wachstum versorgt. Chemisch gesehen ist Stärke eine Polyglucose, d.h. viele Moleküle Glu-

Chemische Delikatessen. Klaus Roth · Copyright © 2007 WILEY-VCH Verlag GmbH & Co. KGaA, Weinheim · ISBN: 978-3-527-31984-8

cose **1** sind miteinander verknüpft. Gerstenstärke besteht aus 20% Amylose **2** [4] und 80% Amylopektin **3**. Während in Amylose 60-2000 Glucoseeinheiten linear verknüpft sind, ist Amylopektin etwa an jedem 15. Glucosebaustein verzweigt und mit 6000-40000 Glucoseeinheiten wesentlich größer als Amylose [5].

Die Keimung zum Grünmalz

Ziel aller Verfahrensschritte *vor* der Vergärung ist die Spaltung der Stärke. Im ersten Schritt feuchtet man die Gerstenkörner bei 14-18 °C an. Nach Erreichen eines Wassergehalts von 45% beginnt die Keimung, an deren Anfang Wachstumshormone freigesetzt werden. Diese Verbindungen initiieren die Bildung von Enzymen, einmal solche zum Abbau von Zellwänden und Proteinen, die die Stärkedepots im Korn einkapseln, und zum anderen die Enzyme für den Stärkeabbau selbst [6]. Nach 6-8 Tagen wird die Keimung abgebrochen. Die frisch und nach Gurken riechenden, angekeimten Gerstenkörner werden als Grünmalz bezeichnet, das wegen seines hohen Wassergehalts aber leicht verderblich ist und umgehend getrocknet werden muss.

Das Darren

Beim Trocknen (Darren) des Grünmalzes müssen vor allem die stärkespaltenden Enzyme erhalten bleiben. Zu deren Schonung wird zunächst mit warmer Luft bis auf einen Wassergehalt von 10-20% vorgetrocknet. Erst dann kann die Temperatur bei hellen Malzsorten bis auf 80 °C, bei dunklen auf 105 °C erhöht werden. Ähnlich wie beim Rösten von Kakao- und Kaffeebohnen laufen dabei komplizierte Reaktionssequenzen ab, vor allem Karamelisierungen und die Maillard-Reaktion [7]. Je höher die Temperatur wird, desto dunkler wird das Malz und um so weniger aktive Enzyme

Abb. 1 *Gerstenkorn und Gerstenmalz. Seit der Jungsteinzeit (5000 v.Chr.) bauen Menschen in Mitteleuropa Gerste (Hordeum vulgare) an (links). Von den vielen Sorten ist für die Bierherstellung die zweizeilige, nickende Sommergerste (rechte Ähre) mit ihrem beiden gegenüberstehenden Kornreihen am besten geeignet. Vier- und sechszeilige Sorten (linke Ähre) sind zwar ertragreicher, eignen sich aber nur als Viehfutter. Mitte und rechts: Zur Bierherstellung werden die Gerstenkörner (Mitte) durch Wasserzugabe zum mehrtägigen Keimen gebracht. Die angekeimte Braugerste (Grünmalz) wird anschließend bei höheren Temperaturen zu Darrmalz (rechts) getrocknet. Man kann es äußerlich kaum erkennen, aber die zwischenzeitlich abgelaufenen chemische Prozesse haben die Zellwände und Proteine abgebaut und vor allem die zur Stärkespaltung notwendigen Enzyme in großer Menge synthetisiert.*

Abb. 2 *Verschiedene Darrmalze. Die Dauer und Temperatur des Trocknens bestimmen die Farbe des Malzes, dessen Farbtiefe in EBC-Einheiten (European Brewery Convention) angegeben wird. Pilsner Bier basiert auf hellem Malz, das bei Temperaturen unter 70 °C getrocknet wurde, Malz für dunkle Biere verlangt Temperaturen bis zu 105 °C. Durch Rösten bis zu Temperatur von 200 °C entstehen Caramel-, Röst- oder Farbmalze, die in geringen Mengen helleren Malzen zugemischt werden, um die Farbe des Bieres zu vertiefen. von oben nach unten: Pilsner Malz: EBC 3-5 für alle hellen Biere; Wiener Malz: EBC 7-9 für „goldfarbigen" Biere wie Export- und Märzenbiere; Münchner Malz, dunkel: EBC 12-17 für Fest- und Starkbiere; Caramelmalz, hell: EBC 80-100 für dunkle Biere und Malzbiere; Caramelmalz, mittel: EBC 300-400 für Braun- und Bockbiere, Stouts, Porters; Farbmalz: EBC 1100-1200 für Schwarz- und dunkle Starkbiere.*

enthält es. Die bei sehr hohen Temperaturen gerösteten Caramel- (150-180 °C) und Farbmalze (>200 °C) werden ausschließlich zur Verbesserung der malzigen Vollmundigkeit und zur Farbvertiefung dunklen Bieren zugesetzt (Abbildung 2).

Herstellung der Würze

Der eigentliche Stärkeabbau findet beim Maischen statt, dessen chemische Raffinesse erst beim genaueren Hinsehen deutlich wird [8]. Beim Maischen wird das geschrotete Malz in Wasser eingerührt [9] und erwärmt. Bei 50 °C quillt die Stärke im Malzkorn auf und die beim Mälzen gebildeten Enzyme beginnen ihre katalytische Arbeit (Abbildung 3). Die Amylasen spalten nur $\alpha(1\rightarrow4')$-Bindungen, wobei die β-Amylase von den Kettenenden her schrittweise jeweils zwei Glucosebausteine als Maltose (**4**, Malzzucker) abbaut. Die α-Amylase schneidet aus der Mitte der Amylose bzw. des Amylopektins Bruchstücke von etwa sechs linear verknüpften Glucoseeinheiten heraus. Da beide Amylasen nur $\alpha(1\rightarrow4')$-Bindungen spalten können, kann nur Amylose vollständig zu Maltose abgebaut werden [10]. Der Abbau von Amylopektin endet immer in der Nähe der $\alpha(1,6')$-Verzweigungen und dieses Abbauprodukt des Amylopektins wird als Grenzdextrin bezeichnet. Die Spaltung der $\alpha(1,6)$-Bindungen gelingt mit dem Enzym Grenzdextrinase, und die dabei entstehenden linearen Bruchstücke können wiederum von α- und β-Amylase zu Maltose abgebaut werden.

Durch das koordinierte Zusammenarbeiten der drei Enzyme werden beim Maischen 90% der Stärke abgebaut. Die Hauptprodukte Glucose (*1*), Maltose (*4*) und Maltotriose (*5*) werden später zu Alkohol vergoren. Etwa 25% der Stärke werden nur zu stark verzweigten Grenzdextrinen abgebaut, die von Hefe nicht vergoren werden können. Diese Dextrine gelangen chemisch unverändert ins Bier und bestimmen den Körper, aber auch den Kaloriengehalt des Bieres (Abbildung 4) [11].

Die festen Bestandteile der Maische (Treber) werden im Läuterbottich abgetrennt und das Filtrat (Würze) anschließend im Sudkessel aufgekocht [12,13]. Dies sterilisiert die Würze; die noch vorhandenen Proteine, Tannine und anorganischen Salze fallen aus, und beim Kochen bilden sich

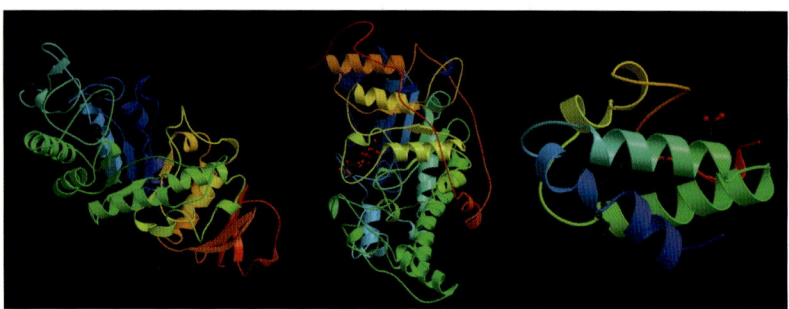

Abb. 3 *Wichtige Proteine für das Bierbrauen und Genießen. Beim Maischen wird die Stärke zu Maltose (Malzzucker) abgebaut. Die α-Amylase (links) schneidet inmitten der Glucosekette Bruchstücke heraus, die β-Amylase (Mitte) trennt von den Kettenenden schrittweise jeweils zwei Glucoseeinheiten (Maltose) ab. Das Gerstenprotein LTP1 (lipid transfer protein) belegt die innere Oberfläche der aufsteigenden Kohlendioxid-Bläschen und stabilisiert zusammen mit den Bitterstoffen den Bierschaum [27].*

nicht ins Bier geschüttet wurde [15]: von Anis bis Zimt, von Eicheln bis Schierling, von Bilsenkraut bis Herbstzeitlose, über gepulverte Mineralien wie Hämatit und elementarem Schwefel sowie tierischen Produkten wie Ambra, Fledermausblut, Kröten und sogar bis zu Käfern (Spanischer Fliege [16]). Von all dem hat sich im Laufe der Jahrhunderte ein Würzkraut durchgesetzt: der Hopfen (Infoblock S. 27).

Wieso schmeckt Bier eigentlich bitter, obwohl Hopfen nicht bitter [17] und Würze durch die Maltose sehr süß schmeckt? Solch eine sensorische Wandlung kann natürlich nur die Chemie vollbringen und *zweifellos ist die Bildung der Bitterstoffe während des halb- bis einstündigen Würzekochens der chemische Höhepunkt des Bierbrauens.* Was passiert chemisch mit dem Hopfen im Sudkessel (Abbildung 5)? Zunächst werden die etherischen Öle des Hopfens freigesetzt, die dem Bier das hopfige Aroma verleihen. Der bittere Geschmack geht indirekt von den als α-Säuren (**6-8**) bezeichneten Inhaltsstoffen des Hopfens aus, die bis zu 12% des Trockengewichts der Hopfendolden ausmachen. α-Säuren sind ein Gemisch aus Humulon (**6**), Cohumulon (**7**) und Adhumulon (**8**) [18]. Die Struktur des Hauptinhaltsstoffs Humulon wurde von H. Wieland (Nobelpreis Chemie 1927) aufgeklärt (Abbildung 6) [19].

erwünschte Aromastoffe, und die Farbe wird kräftiger. Würde man diese süße Würze nun direkt vergären, bekäme man ein unangenehm malzig schmeckendes „Bier" mit einer aufdringlichen Alkoholnote [1]. Deswegen wurde der Biergeschmack schon seit dem Altertum durch Zugabe von Gewürzen und Kräutern verbessert. Dabei waren die Menschen so kreativ, dass man sich fast fragen muss, was noch

ABB. 4 | VON DER GLUCOSE ZUR STÄRKE UND ZURÜCK

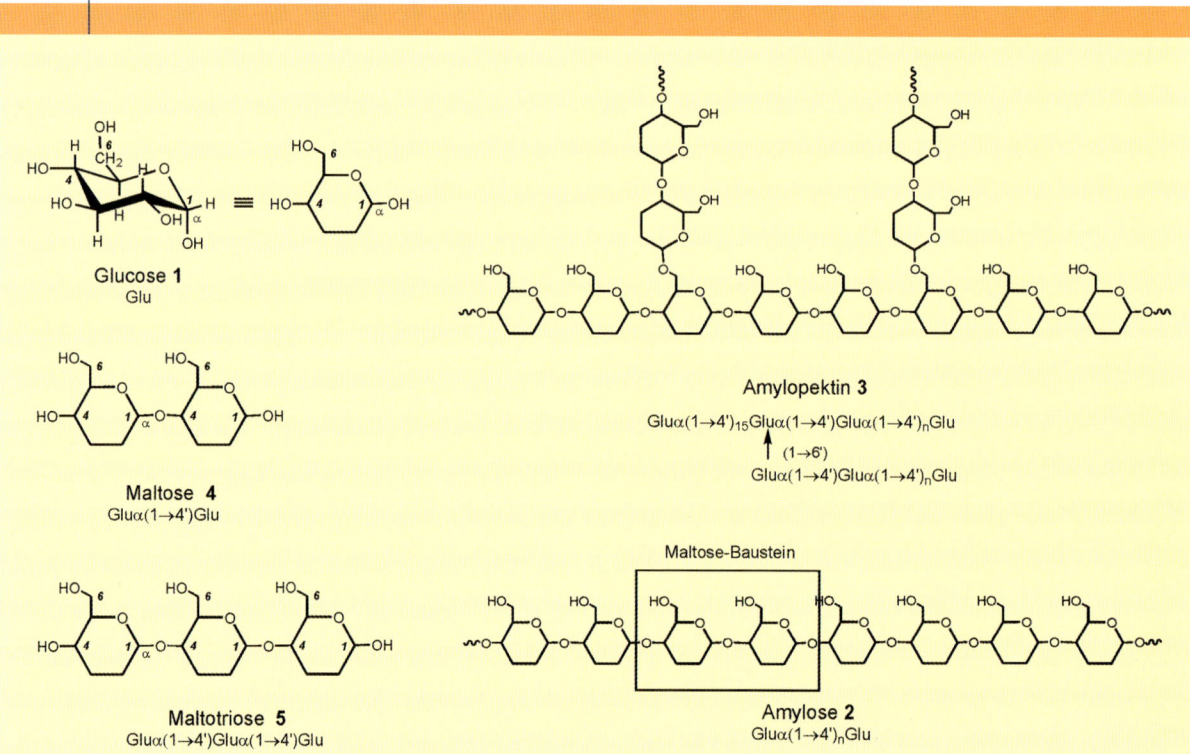

Stärke ist der Glucosespeicher der Pflanzen und besteht aus Amylose 2 und Amylopektin 3. Beide unterscheiden sich in der Verknüpfung der Glucosebausteine 1. In Amylose sind zwei Glucosen (Glu) über ein Sauerstoffatom zwischen dem C1 und dem C4' der nächsten Glucose verbunden. Die Hydroxylgruppe am C1 ist immer axial (α) angeordnet. Amylose ist somit eine lineare Polyglucose aus α(1→4')-verknüpften Glucosebausteinen Glu α(1→4')$_n$Glu. Die Hauptkomponente der Stärke ist mit 80% das Amylopektin 3, bei dem die α(1→4')-Glucoseketten an etwa jeder 15. Glucoseeinheit zusätzlich über eine α(1→6')-Bindung verzweigt sind. Der Stärkeabbau beim Maischen erfolgt durch Spaltung der α(1→4')-Bindungen mit α- und β-Amylose und der α(1→6')-Bindungen durch Grenzdextrinase. Als Spaltprodukte entstehen vor allem Maltose 4, Glu α(1→4')Glu, Maltotriose 5, Glu α(1→4') Glu α(1→4')Glu und höhere Oligoglucosen (Grenzdextrine, α-Dextrine).

HOPFEN – DIE SEELE DES BIERES

Hopfen (Humulus lupulus) wächst in gemäßigten Klimazonen und stellt hohe Ansprüche an die Tageslängen, die Sommertemperaturen, Regenmenge und Grundwasser. Deutschland ist mit ca. 30% führend in der Weltproduktion, und die Hauptanbaugebiete liegen in der Hallertau (bayer. Holledau), in Mittelfranken und um Tettnang.

Der Hopfen gehört zur Familie der Hanfgewächse und ist eine rechtswindende Kletterpflanze, deren einjährige Ranken (Durchmesser 1 cm) eine Länge von 6-8 m erreichen. Damit ist Hopfen eine schnellstwachsende Pflanze. Hopfen ist zweigeschlechtlich, d.h. es gibt männliche und weibliche Pflanzen, wobei für Brauereizwecke nur die unbefruchteten weiblichen Blüten (Blütezeit Juni-Juli) verwendet werden können. Männliche Pflanzen werden rigoros aus dem Feld entfernt. Am Boden der Blütenblätter befinden sich Drüsen, die ein gelb-braunes Harz (Lupulin) absondern. Die im August/September geernteten zapfenförmigen Hopfendolden enthalten 80% Wasser und müssen sofort in speziellen Hopfendarren mit einem kräftigem Strom warmer Luft (30-50 °C) getrocknet und anschließend bis zur Verarbeitung kühl aufbewahrt werden. Immer häufiger werden heute in der Brauerei-Industrie Hopfenextrakte eingesetzt, die mit Ethanol oder überkritischem Kohlendioxid, also beides „biereigene" Lösungsmittel, aus pulverisierten Hopfendolden gewonnen werden.

Da Hopfen den Charakter des Bieres bestimmt, lässt man bei der Sortenauswahl und der Verarbeitung besonders viel Sorgfalt walten. Grundsätzlich unterscheidet man Bitter- und Aromahopfen, wobei in Deutschland bei den Aromahopfen die Sorten Hersbrucker, Hallertauer, Tettnanger und Perle, bei den Bitterhopfen Northern Brewer und Brewers Gold dominieren.

< **Ein typisches Hopfenfeld mit den 4-6 Meter hohen Kletterpflanzen während der Ernte.**

> **Längsschnitt durch eine Hopfendolde. Deutlich zu erkennen sind die Lupulin-Drüsen am Boden der Blütenblätter. Das abgesonderte gelb-braune Lupulin ist der eigentliche Würzstoff des Hopfens.**

Aus den in Wasser schwer löslichen, nicht-bitteren α-Säuren werden beim Erhitzen in Wasser (oder Würze) die wasserlöslichen, stark bitter schmeckenden Iso-α-säuren (9-11) (Abbildung 6). Diese Umwandlung eines Sechs- in einen Fünfring ist die Ursache für den edel-bitteren Geschmack des Bieres. Die Bezeichnung Oktoberfest-Umlage-

Abb. 5 Der Sudkessel. Die kupfernen Sudkessel sind der Blickfang jeder Brauerei. Zu Recht, denn darinnen erreicht die Chemie des Bierbrauens ihren Höhepunkt: die Oktoberfest-Umlagerung.

ABB. 6 | DIE OKTOBERFEST-UMLAGERUNG

| Humulon | 6 | R = -CH₂-CH(CH₃)₂ | Isohumulon | 9 |

$$\text{Oktoberfest-Umlagerung}$$

Humulon	**6**	R = -CH$_2$-CH(CH$_3$)$_2$
Cohumulon	**7**	R = -CH(CH$_3$)$_2$
Adhumulon	**8**	R = -CH(CH$_3$)-CH$_2$-CH$_3$

Isohumulon	**9**
Isocohumulon	**10**
Isoadhumulon	**11**

Die charakteristische Bitternote erhält Bier beim Würzekochen. Ausgangspunkt sind die im Hopfen vorkommenden α-Säuren Humulon 6, Cohumulon 7 und Adhumulon 8 [28], die sich in einer verblüffenden Ringverengungs-Reaktion zu den Iso-α-säuren Isohumulon 9, Isocohumulon 10 und Isoadhumulon 11 umlagern. Es sind genau diese Umlagerungsprodukte 9-11, die dem Bier seine edle Bitterkeit verleihen.

DIE OKTOBERFEST-UMLAGERUNG IM DETAIL

*Die Bildung der Bitterstoffe beim Würzekochen soll am Humulon **6** beispielhaft betrachtet [14] werden. Natürliches Humulon ist an C-6 (R)-konfiguriert. Bei der Umlagerung wird aus dem C-6 im Humulon das nicht-stereogene Kohlenstoffatom C-6 im Isohumulon (**9a** bzw. **9b**). Dann müsste die optische Aktivität beim Umlagern von reinem Humulon in Wasser eigentlich verloren gehen. Dies wird aber nicht beobachtet! Wegen der großen Bedeutung dieser Umlagerung haben sich mehrere Arbeitsgruppen mit der Aufklärung des Reaktionsmechanismus befasst [29]. Dabei wurde experimentell festgestellt:*

1. *Die Umlagerung von Humulon läuft in heißem Wasser praktisch quantitativ ab, wobei eine Basenzugabe die Reaktionsgeschwindigkeit erhöht. Dies bedeutet, dass im geschwindigkeitsbestimmenden Schritt ein Anion reagiert.*

2. *Bei der Umlagerung entstehen zwei isomere Isohumulone in unterschiedlichen Mengen. Dies verwundert nicht, denn Isohumulon besitzt zwei stereogene Kohlenstoffatome und der Prenylrest (3-Methyl-2-butenyl) am C-4 kann relativ zur Hydroxylgruppe an C-5 cis- oder trans-ständig angeordnet sein [30].*

3. *Es konnte gezeigt werden [31], dass in beiden Isohumulonen **9a** und **9b** das C-4 (R)-konfiguriert und das C-5 im cis-Isohumulon S- und im trans-Isohumulon R-konfiguriert ist [32].*

Diese Umlagerung muss verwirren, denn wie legt das R-konfigurierte C-6 im Humulon, das seinen stereogenen Charakter während der Umlagerung verliert, dennoch die S-Konfiguration des zwei Bindungen entfernten C-4 beider Isohumulone fest?

(-)-(R)-Humulon **6**

12 **13** **14**

cis-Isohumulon **9a**

trans-Isohumulon **9b**

Auf der Basis der vorliegenden Ergebnisse wurde für die Umlagerung der folgende Reaktionsmechanismus vorgeschlagen [14]:

1. *Am Anfang bildet sich durch Deprotonierung **12** mit einem anionischen Triketosystem. Dieses Anion steht mit den Tautomeren **13** und **14** im Säure-Base-Gleichgewicht. Dabei liegt in Lösung überwiegend **13** vor, da die beiden Prenylreste an C-4 und C-6 in der wesentlich stabileren trans-Stellung angeordnet sind.*

2. *Im folgenden Reaktionsschritt läuft eine anionische α-Ketol-Umlagerung ab. Darunter versteht man die Wanderung eines Substituenten vom C-Atom eines tertiären Alkohols zum be-*

*nachbarten, α-ständigen Keto-Kohlenstoffatom, oder schematisch $R_1CO-C(OH)R_2R_3 \rightarrow R_1R_2C(OH)-COR_3$. Im Falle von **13** wird die Bindung zwischen C-1 und C-6 gespalten, wobei C-1 unter Mitnahme der Elektronen, also anionisch, das C-5 der α-ständigen Ketogruppe nukleophil angreift. Diesem Reaktionsschritt könnte auch eine Protonenabspaltung an der Hydroxylgruppe am C-6 vorausgehen. Je nachdem von welcher Seite der Ringebene C-1 angreift, entsteht cis- oder trans-Isohumulon (**9a** und **9b**), wobei im Reaktionsgemisch cis-Isohumulon überwiegt (55:45), da darin die beiden großen Prenylreste an C-4 und C-5 trans-ständig zueinander angeordnet sind.*

rung für diese ungewöhnliche Reaktion ist deswegen angemessen (Infoblock oben).

Leider ist die Ausbeute an Bitterstoffen bei Zugabe von ganzen Hopfendolden gering, nur 30% der α-Säuren werden in Iso-α-säuren umgelagert. Da Hopfen der weitaus teuerste Rohstoff zum Bierbrauen ist, hat man zunächst mit gemahlenem und zu Pellets gepresstem Hopfen die Ausbeute verbessert. Heute werden in steigendem Maße die α-Säuren mit superkritischem Kohlendioxid extrahiert und das Extrakt der Würze zugesetzt. Dies senkt die Produktionskosten und erlaubt eine präzise Kontrolle der Bitterkeit im Bier.

Die Zusammensetzung der gehopften und gekochten Würze bestimmt die Farbe, den Geschmack und das Aroma des Bieres. Zur Charakterisierung einer Würze bestimmt man deren gelösten Feststoffanteil nach Abdestillieren des Wassers. Dieser Feststoffanteil in Gewichtsprozent wird als Stammwürze bezeichnet und liegt zwischen 4 und 20% (Infoblock S. 29). Je höher der Stammwürzegehalt ist, desto kräftiger wird das Bier im Geschmack und umso höher wird

die Biersteuer [20] und der Alkoholgehalt, der etwa bei einem Drittel des Stammwürzegehalts liegt.

Vergärung

Nach dem Abkühlen und Filtern der Würze werden etwa 3 Gramm Hefe pro Liter Würze zugesetzt und die alkoholische Gärung beginnt. Die ersten 24 Stunden ernährt sich die Hefe allein von der in der Würze vorhandene Glucose und produziert dabei Alkohol [2]. Bei abnehmender Glucosekonzentration beginnt die Hefe, die Enzyme Maltosepermease und Maltase zu synthetisieren, mit deren Hilfe sie ab Tag 2 der Vergärung Maltose **4** in das Zellinnere transportiert und dort in zwei Glucosemoleküle spaltet und zu Alkohol abbaut. Ab dem dritten Tag der Vergärung nimmt die Hefe Maltotriose **5** mit Hilfe einer neu synthetisierten Maltotriosepermease auf und baut sie zunächst zu drei Glucosemolekülen und schließlich zu Ethanol und Kohlendioxid ab. Der gesamte Gärvorgang dauert etwa 6-7 Tage [21].

DIE DEUTSCHEN UND IHR BIER

Deutschland ist mit einem jährlichen Verbrauch von 115 Liter pro Kopf ein Land der Biertrinker, mehr Bier trinken nur noch die Tschechen und Iren. Knapp 1300 Brauereien produzieren rund 5000 Biersorten in einer Gesamtmenge von 10,5 Milliarden Liter im Jahr, wovon 14% vor allem nach Italien, Großbritannien und in die USA exportiert werden.

Das Deutsche Biersteuergesetz definiert entsprechend dem Stammwürzegehalt (SW) vier verschiedene Biergattungen:

Einfachbier	*(SW < 7%)*
Schankbier	*(SW 7-10,9%)*
Vollbier	*(SW 11-15,9)*
Starkbier	*(SW >16%)*
Bockbiere und Doppelbock	*(SW >18%)*

In Deutschland sind weit über 90% aller getrunkenen Biere ober- und untergärige Vollbier mit einem Alkoholgehalt um 5 Vol.%. Am beliebtesten ist mit 61% das Pils, gefolgt vom Exporttyp (12%) und Weizenbier (8%). Es gibt aber große regionale Unterschiede: Kölsch und Alt werden vornehmlich in Nordrhein-Westfalen, Hell in Bayern und Baden-Württemberg und Berliner Weiße (ein obergäriges Weizen-Schankbier) fast nur in und um Berlin getrunken. Der Anteil an alkoholfreiem Bier (Alkoholgehalt < 0,5 Vol%) liegt deutschlandweit bei 2-3% des gesamten Bierverbrauchs, mit steigender Tendenz.

Das Oktoberfest

Am 12. Oktober 1810 heiratete Kronprinz Ludwig von Bayern, der spätere Ludwig I., die Prinzessin Therese von Sachsen-Hildburghausen, und der Bräutigam spendierte seinen Untertanen ein Pfer-

„Resi, No' a Mass"

derennen mit Volksfest. Es gab reichlich zu Essen und zu Trinken und die Münchner Schützengesellschaft veranstaltete zu Ehren des Brautpaares ein Festschießen. Die Gäste, die Wirte, die Bierbrauer, ja alle waren so begeistert, dass seitdem auf der nun nach der Kronprinzessin benannten Theresienwiese auch ohne königliches Sponsoring das Münchner Oktoberfest stattfand. Zunächst veranstaltete der „Landwirtschaftliche Verein in Bayern"

das Pferderennen und nutzte das Fest später zur Präsentation bäuerlicher Leistungen. Ab 1819 übernahm die Stadt München das Oktoberfest, das zeitlich vorverlegt wurde, damit die warmen Septemberabende genutzt werden können und nur noch das letzte Wochenende tatsächlich im Oktober liegt.

2005 strömten an 17 Tagen über 6 Millionen Besucher auf die Wiesn, um auf dem größten Volksfest der Welt „guad Essen und Dringa" zu können. Auf 100 000 Sitzplätzen in den Zelten, davon allein 10 000 im Hofbräuzelt wurden 95 Ochsen, knapp 500 000 Wiesn-Hendel und 180 000 Paar Schweinswürstel verdrückt. Bei über 6 Millionen getrunkenen Maß Bier konnte es nicht verwundern, dass der Wiesn-Höhepunkt für Zecher jenseits der 2-Promille-Grenze das gemeinschaftliche Absingen von feinsinnigem Liedgut wie „Wahnsinn", „Hey Baby", „Sha-la-la-la" und „Anita" war [33]. Das rituelle Kampftrinken soll heuer selten sein, unschlagbar bleiben so die beiden Hager-Buam, die 1901 in der Bierbude Lang ein Diplom für das Aussaufen von je zehn Maß verliehen bekamen. Ob die Beiden sich am nächsten Tag noch daran erinnern konnten, ist nicht überliefert. So schlimm geht es heute nicht mehr zu, aber immerhin vergaßen beim letzten Oktoberfest die Besucher nach ein paar Maß nicht nur die Sorgen der Welt, sondern auch 260 Brillen, 200 Mobiltelefone, 45 Kinder, eine Zahnprothese, Noten von Johann Sebastian Bach, einen Ehering, den Arm einer Schaufensterpuppe und ein Paar Krücken. Nur das völlig humorlose Ordnerpersonal, das den Besuchern über 180 000 (!) „irrtümlich" mitgenommene Maßkrüge am Ausgang wieder abnahm, trübte das sonst positive folkloristische Gesamtbild [34].

Reifen und Abfüllen

Nach Abschluss der Vergärung wird das Bier als „Grün- oder Jungbier" bezeichnet. Es ist noch nicht genießbar und muss drei bis vier Wochen bei 0-2°C reifen. Während des Reifeprozesses bauen noch vorhandene Hefereste unerwünschte Aromen wie Schwefelwasserstoff, Acetaldehyd und vor allem Penta-2,3-dion und Diacetyl (Butan-2,3-dion) ab. Besonders im Pilsener Bier wird das Diacetyl als unangenehme Aromanote empfunden und diese Verbindung darf höchstens im ppb (10^{-9}) Bereich im Bier vorhanden sein [22].

Der krönende Abschluss: die Wiesn-Maß

Mit dem Ruf „O'zapft is" wird das Münchner Oktoberfest Mitte September eröffnet (Infoblock oben) und bis zum ersten Oktober-Wochenende läuft frisches Bier in die Krüge. Eine dicke Schaumschicht verhindert das Warmwerden des Bieres und schützt die Aromastoffe. Die Schaumbildung ist einfach erklärt: Das Bier wurde mit Kohlendioxid unter

Druck abgefüllt und der plötzliche Druckabfall beim Zapfen setzt Gas frei, das in kleinen Bläschen zur Oberfläche aufsteigt. Dies passiert allerdings auch beim Öffnen einer Flasche Mineralwasser, Cola oder Sekt. Warum aber bildet nur Bier einen stabilen Schaum? Auch hier steckt Chemie dahinter.

Während der vielstufigen Bierherstellung werden nahezu alle Proteine der Gerste abgebaut oder denaturiert und ausgefällt: protein-abbauende Enzyme, hohe Temperaturen beim Darren und Würzekochen, hohe Zuckerkonzentrationen und schließlich die hungrigen Hefezellen lassen nichts übrig. Nur wenige Proteine überleben die harschen Bedingungen und gelangen mehr oder weniger stark beschädigt in den Maßkrug. Glücklicherweise zählt LTP1 (*Lipid Transfer Protein*) zu ihnen [23]. Dieses Protein (Abbildung 3), dessen Funktion im Gerstenkorn wir noch nicht genau kennen, hat im Brauprozess einigen Schaden erleiden müssen: Seine ursprüngliche dreidimensionale Struktur ging verloren und auch die Aminosäurekette ist nicht mehr ganz vollständig. Aus unserer Sicht macht das aber nichts, im Ge-

DAS DEUTSCHE REINHEITSGEBOT

Das 1516 auf dem Landständetag zu Ingolstadt erlassene Reinheitsgebot war keine spontane lebensmittelrechtliche Eingebung des Bayernherzogs Wilhelm IV., sondern vielmehr der Schlusspunkt einer langen Rechtsentwicklung. Bereits 1156 drohte im von Kaiser Barbarossa verliehenen Augsburger Stadtrecht den Bierbrauern Strafen von fünf Gulden und bei Wiederholung Berufsverbot, „wenn ein Bierschenker schlechtes Bier macht oder ungerecht Maß gibt". 1293 beschloss der Nürnberger Stadtrat, dass Bier nur noch aus Gerste gebraut werden durfte. Die Münchner waren besonders rigoros: Seit 1363 überwachten 12 Mitglieder des Stadtrats die Bierherstellung und ab 1447 durfte dort Bier nur aus Gerste, Hopfen und Wasser hergestellt werden. Herzog Georg der Reiche übernahm dies 1493 für Niederbayern und Teile Oberbayerns. Ähnlich lautende Erlasse gab es auch in Erfurt (1351), Regensburg (1453) und Eichstätt (1507). Wilhelms Reinheitsgebot von 1516 ragt heraus, weil es nicht nur für eine Stadt, sondern für eine ganze Region Gültigkeit hatte und später fast wörtlich in die deutsche Gesetzgebung einfloss.

Im späten Mittelalter wurde im Vergleich zu heute das 5-10fache an Bier getrunken. Kein Wunder, denn Milch und Wein waren unerschwinglich teuer, und eine Trinkwasserversorgung gab es nicht. Ordentlich gebrautes Bier dagegen war preiswert, steril, frei von toxischen Schwermetallen, enthielt wertvolle Vitamine (vor allem B-Vitamine), Aminosäuren und Mineralien, und mit den Kohlenhydrat- und Alkoholanteilen konnte ein großer Teil des täglichen Kalorienbedarfs gedeckt werden [35]. Ein wesentlicher Teil des Reinheitsgebots legte die Bierpreise fest, um die Bierversorgung der Bevölkerung für das ganze Jahr zu sichern. Gleichzeitig durfte nur noch billige Gerste für die Bierherstellung verwendet werden, die wertvolleren Getreidesorten Weizen und Roggen blieben für die Brotherstellung reserviert. Aber Herzog Wilhelm IV. hatte noch anderes im Sinn: das Reinheitsgebot

verbot den Zusatz anregender oder sogar psychoaktiver Kräuter wie Bilsenkraut [36] und Tollkirsche, anstelle dessen stellte der beruhigende Hopfen, ganz im Sinne der Obrigkeit, die Bevölkerung vor allem nach Feierabend ruhig.

Aus konjunktureller Sicht war das Reinheitsgebot ein Volltreffer, denn bayerisches Bier wurde zu einem begehrten Qualitätsprodukt [37], die Brauindustrie florierte und die Steuereinnahmen sprudel-

ten in die herzogliche Tasche. Aber Herzog Wilhelm IV. hatte noch eine weitere gute Idee: Da sein Reinheitsgebot das bei seinen Untertanen so beliebte Weizenbier verbot [38], verlieh er 1520 an seinen Landhofmeister Hans Sigismund von Degenberg das exklusive Braurecht für Weizenbier im Bayerischen Wald – gegen eine stattliche Abgabe, versteht sich. Auch die nachfolgenden Landesherren verdienten kräftig an der Vergabe von Weizenbier-Braurechten an „Weiße Brauhäuser".

Das bayerische Reinheitsgebots wurde 1906 in das deutsche Biersteuergesetz übernommen und als „Bier" durfte nur verkauft werden, was gemäß dem Deutschen Reinheitsgebot gebraut worden war. Der Europäische Gerichtshof erklärte 1987 nach jahrelangen juristischen Rangeleien diese enge Auslegung als ungültig. Seitdem dürfen alle in der EU rechtmäßig hergestellten Biere auch in Deutschland als „Bier" verkauft werden, ob sie das deutsche Reinheitsgebot nun erfüllen oder nicht. Die Abweichungen vom Reinheitsgebot müssen in Deutschland allerdings deklariert werden.

Deutsche Bierfreunde befürchteten schon den Untergang des einzig ehrlichen Bieres der Welt, weggefegt von finanzstarken ausländischen Brauereikonzernen mit ihren Reis- und Zusatzstoff-Bieren. Fast 20 Jahre später, können wir beruhigend feststellen, die Deutschen sind ihrer traditionellen Braukunst treu geblieben [39].

Das bayerische Reinheitsgebot Herzog Wilhelms IV.

„Wir wollen im besonderen, dass forthin überall in unseren Städten, Märkten und auf dem Lande zu keinem Bier mehr als Gerste, Hopfen und Wasser genommen und gebraucht werden soll."

Sowohl die Natur als auch die Funktion der Hefe waren damals noch unbekannt. Aus Erfahrung starteten die Brauer die Vergärung der Würze durch Zugabe von etwas „Zeug" (Hefe) der letzten Gärung.

---

genteil. Erst das lädierte LTP1 zeigt die von uns gewünschten Eigenschaften, denn als recht hydrophobes (oder lipophiles) Protein sammelt es sich, wie ein Fett, bevorzugt an Oberflächen, z.B. im Bier auf den Innenflächen der aufsteigenden CO_2-Bläschen. Mit anderen Worten: Eine Protein-Schicht belegt die innere Oberfläche jedes Bläschens im Bierschaum. Es fügt sich nun in wunderbarer Weise, dass sich die bitteren Iso-α-säuren **9**, **10** und **11** wegen ihrer unpolaren Seitenketten in Wasser nicht so recht wohlfühlen und sich zu anderen unpolaren Verbindungen hingezogen fühlen. Das LTP1 im Schaum kommt da gerade recht, und aus LTP1 und den Iso-α-säuren bildet sich eine stabile Matrix, die jedes Schaumbläschen umhüllt und festigt [24].

Die Stabilität und Konsistenz des Schaums ist für Biertrinker ein wichtiges Qualitätskriterium. Der Schwerkraft nachgebend fällt leider jeder Bierschaum langsam in sich zusammen [25]. Beim Trinken geht es noch schneller, denn jede Bewegung des Bieres fördert das Zerplatzen der Bläschen. Der schlimmste Schaumkiller ist aber Fett in jeglicher Form. Kein Wunder, denn die lipophilen LTP1 und Iso-α-säuren lösen sich in Gegenwart von Fett sofort darin auf, und die Stabilisierung des Bierschaums bricht schlagartig zusammen. Deswegen gehören Fingerabdrücke, Lippenstift und Essensreste (z.B. Krümel von Kartoffelchips) nicht ins Bier. Sauberkeit ist also oberstes Gebot nicht nur beim Bierbrauen, sondern auch beim Biertrinken. Bier sollte auch nicht wie Wein nachgeschenkt werden, sondern ein fri-

So muss Bierschaum aussehen ...

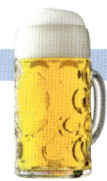

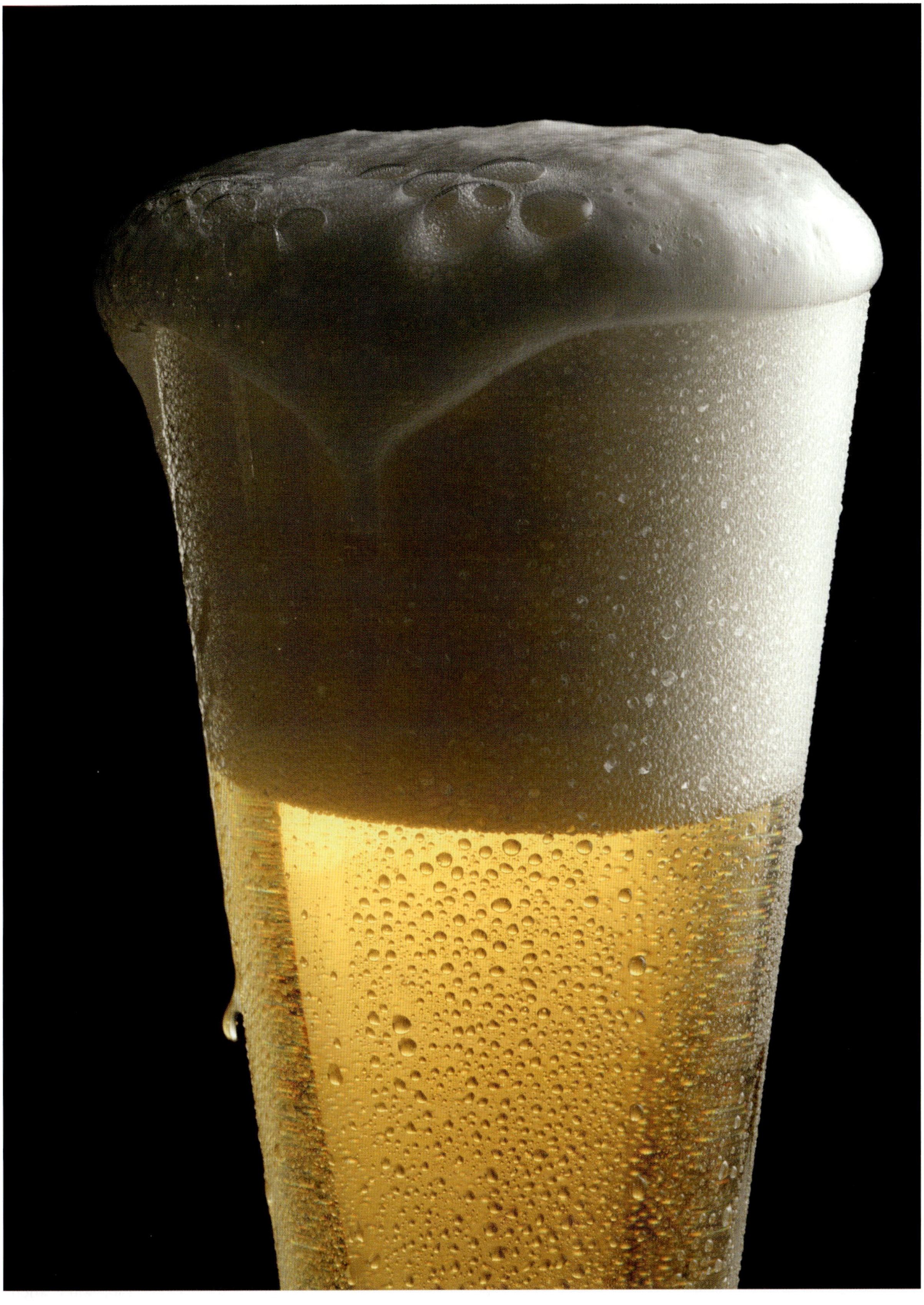

Quelle: PhotoDisc, Inc.

Ausschnitt aus dem Bild „Münchner Biergarten" (1883/84) von Max Liebermann

ing and roasting) of the germinated grains many compounds giving beer its wonderful aroma and colour are synthesized through complex reaction cascades. The chemical climax is the conversion of some hop constituents into bittering substances. In a single Munich Oktoberfest, about 10,000 kg of hops are converted via a breathtaking α-ketol-rearrangement into several 100 kg of these so well appreciated bittering compounds. This is just another proof that chemistry cannot only be exciting but can also taste good. Prost!

Danksagung

Für die fachliche Unterstützung danke ich Prof. H.-U. Reißig von der Freien Universität Berlin. Für die Abdruckgenehmigungen von Bildmaterial bedanke ich mich bei den folgenden Kolleginnen, Kollegen und Institutionen: W. Behrendt von der Universität Bremen, Deutscher Brauer-Bund Berlin, Deutsches Museum München, Hacker-Pschorr Brauerei, München, Prof. L. Jäckel, Pädagogische Hochschule Heidelberg, M. Kalda vom Max-Planck-Institut für Züchtungsforschung, Köln, Dr. H. Lüning vom „www.TheWhiskyStore" in Seeshaupt und der Spaten-Löwenbräu-Gruppe, München.

Literatur und Anmerkungen

[1] Die Biotechnologie ist keine Erfindung des 20. Jahrhunderts, Bier wurde mit Hefe bereits von den Babyloniern, Sumerern und den Alten Ägyptern gebraut: A history of beer and brewing, I.S. Hornsey, The Royal Society of Chemistry, 2003, Cambridge, England sowie R. Ulber und K. Soyez, Chem. Unserer Zeit 2004, 38, 172-180.

[2] Zur Chemie der alkoholischen Gärung im Allgemein und vom Heidelbeerwein im Spielfilm „Die Feuerzangenbowle" im Besonderen, siehe K. Roth, Chem.Unserer Zeit, 2006, 40, 136.

[3] Das einführende Standardwerk in deutscher Sprache ist: Abriss der Bierbrauerei, L. Narziß, 2005, Wiley-VCH, Weinheim.

[4] Die in warmem Wasser lösliche Amylose („lösliche Stärke") ist der Hauptbestandteil von Puddingpulver, Amylopektin („unlösliche Stärke") löst sich nicht, quillt in warmem Wasser nur auf und bildet dann Stärkekleister.

[5] Weiterhin enthalten Gerstenkörner 10-15% nichtstärkeartige Polysaccharide, vor allem Cellulose und deren Abkömmlinge. Diese unlöslichen Polysaccharide bleiben während des Mälzens und Maischens unverändert und werden dann abfiltriert.

[6] Andere Getreidesorten wie Weizen sind nicht in der Lage, ausreichende Mengen Enzyme zur Spaltung ihrer Stärke in Zucker herzustellen. Weizenbier kann daher nur aus einem Weizen-Gerste-Gemisch gebraut werden, wobei die Enzyme der Gerste nicht nur die eigene, sondern auch die Weizenstärke abbauen.

[7] Zur Maillard-Reaktion: M. Angrick und D. Rewicki, Chem.Unserer Zeit 1980, 14, 149; zur Chemie des Röstens von Kaffee: K. Roth, Chem.Unserer Zeit 2003, 37, 215, 280; zur Chemie des Röstens von Kakao: K. Roth, Chem.Unserer Zeit 2005, 39, 416.

[8] Auch Jacob Berzelius faszinierte die Effektivität des Maischens. Er fand 1835 heraus, dass ein wässriger Malzextrakt Stärke schneller spaltet als Schwefelsäure und führte den Begriff der Katalyse in die Chemie ein.

[9] Gutes Bier braucht gutes Brauwasser und dessen Gewinnung und Aufarbeitung ist eine Wissenschaft für sich. Das weiche Wasser Pilsens eignet sich am besten für den hellen, hopfenbetonten Pilsener Biertyp, das Dortmunder Wasser (hohe Carbonathärte) für den Exporttyp und das Münchner Wasser (hohe Nichtcarbonathärte) für den dunklen Münchner Biertyp.

[10] Der Amylose-Abbau beim Maischen kann in einem Schulexperiment verfolgt werden. Nach dem Aufschlämmen von geschrotetem Malz in 65°C warmem Wasser kann bereits nach einer Stunde mit der Jod-Stärke-Reaktion keine Amylose mehr nachgewiesen werden. Siehe M.W.Pelter und J.McQuade, J.Chem.Educ. 2005, 82, 1811.

sches Bier gehört immer in ein neues, blitzsauberes und fettfreies Glas [26].

Zusammenfassung

Nach dem Deutschen Reinheitsgebot gebrautes Bier gilt als Inbegriff des naturbelassenen, unverfälschten Lebensmittels, bei dessen Herstellung „die Chemie" auf keinen Fall beteiligt war. Welch ein Irrtum! Schon beim Befeuchten des Gerstenkorns beginnt die Chemie des Bierbrauens, große Mengen an Enzymen zur Spaltung von Zellwandmaterial, Proteinen und Stärke werden synthetisiert. Beim Rösten des gekeimten Korns (= Malz) bilden sich durch komplexe Reaktionskaskaden die wunderbaren Aroma- und Farbstoffe. Chemischer Höhepunkt dürfte aber die Umwandlung einiger Hopfeninhaltsstoffe in Bitterstoffe sein. Für ein einziges Münchner Oktoberfest werden aus über 10 000 kg Hopfen in einer atemberaubenden α-Ketol-Umlagerung einige 100 kg der von uns so geschätzten edlen Bitterstoffe hergestellt. Das beweist wieder einmal, Chemie kann nicht nur spannend sein, sondern kann auch richtig gut schmecken. Na dann, Prost!

Summary

Beer brewed according to the German „Reinheitsgebot" or purity law is regarded as the quintessence of an unadulterated food produced without any „chemistry". What an error! Already when moistening the barley the beer chemistry begins and large quantities of enzymes for decomposing the cell walls, proteins and starch are produced. During malting (dry-

[11] Der menschliche Körper kann Dextrine mit Hilfe seiner α-Amylasen, Dextrinasen und Maltasen im Speichel, in der Bauchspeicheldrüse und im Darm vollständig zu Glucose abbauen.

[12] *Brewing*, I.S. Hornsey, **1999**, The Royal Society of Chemistry, Cambridge.

[13] E. Krüger et al, *GIT Fachz.Lab.* **1988** *(11)*, 1192.

[14] *Chemistry and Analysis of Hop and Beer Bitter Acids*, M. Verzele und D. de Keukeleire, **1991**, Elsevier, Amsterdam.

[15] *Bier, jenseits von Hopfen und Malz*, C. Rätsch, **2002**, Orbis Verlag, München.

[16] F. Eiden, *Chem.Unserer Zeit* **2006** *40*, 12.

[17] Im Gegenteil: Junge Hopfensprossen werden in den Anbaugebieten im Frühjahr wie Spargel zubereitet und gelten als Delikatesse.

[18] Die Nomenklatur ist aus historischen Gründen verwirrend, die α-Säuren werden gelegentlich auch als Humulone bezeichnet.

[19] H. Wieland, *Ber.dtsch.chem.Ges.* **1925**, *58*, 2012. Später wurde die Position der Doppelbindung in den Seitenketten korrigiert: J.F. Carson, *J.Am.Chem.Soc.* **1951**, *73*, 4652.

[20] Die Steuer auf einem Liter Vollbier beträgt knapp 10 Cents.

[21] Obergärige Biere (Kölsch, Alt, Ale, Weizenbier, Berliner Weiße) werden bei 15-20°C vergoren, wobei die Hefe am Ende der Gärung aufsteigt und sich an der Oberfläche ansammelt. Untergärige Biere (Pilsner, Helles, Lager und Bockbier) werden bei 5-9°C vergoren und die Hefe setzt sich am Ende am Boden ab.

[22] Dies verwundert, denn Diacetyl verleiht der Butter das angenehm „buttrige" Aroma. Offensichtlich ändert sich das Geruchsempfinden von Diacetyl in Kombination mit anderen biertypischen Aromakomponenten.

[23] V.B.Gerritsen, **2004**, *48*, www.proteinspotlight.org, Swiss Institute of Bioinformatics.

[24] G.R.Kapp und C.W.Bamforth, *J.Sci.Food Agric.* **2002**, *82*, 1276.

[25] Die Dicke d einer Schaumschicht nimmt nach $d(t) = d_0 [1-\exp(-\tau/t)]$ ab, wobei d_0 die Anfangsdicke, t die Zeit und τ eine biersortenspezifische Zeitkonstante ist. Siehe J.J. Hackbart, *J.Inst.Brew.* **2006**, *112*, 17.

[26] In gepflegten Restaurants werden Biergläser zur Freude des Connaisseurs nur mit klarem Wasser und einer Gummibürste gereinigt. Geschirrspülmittel sind tabu, denn Reste davon auf der Innenseite des Glases verhindern die Schaumbildung von vornherein.

[27] links: Gersten-α-Amylase besteht aus 403 Aminosäuren mit drei gebundenen Calciumionen. A. Kadziola et al. *J.Mol.Biol.* **1994**, *239*, 104. Mitte: Diese Mutante einer Gersten-β-Amylase besteht aus 504 Aminosäuren B.Mikami et al, *J.Mol.Biol.* **1999**, *285*, 1235. Rechts: LTP1 aus Gerste besteht aus 91 Aminosäuren, A.Henriksen, **2004** siehe Protein Data Bank (1MID).

[28] Die im Braugewerbe üblichen Ausdrücke α- und Iso-α–säuren drücken den sauren Charakter dieser Verbindungen aus (pK um 5.5). Die Acidität beruht auf der hohen Stabilität des deprotonierten β-Triketosystems.
Die drei unterschiedlichen Reste R deuten auf den biochemischen Ursprung der Naturstoffe hin: der Rest R = -CH$_2$-CH(CH$_3$)$_2$ stammt ursprünglich aus der Aminosäure Leucin, R = -CH(CH$_3$)$_2$ aus Valin und R = -CH(CH$_3$)-CH$_2$-CH$_3$ aus Isoleucin.

[29] D. De Keukeleire, *Quimica Nova,* **2000**, *23*, 108.

[30] D. De Keukeleire und M. Verzele, *Tetrahedron,* **1970**, *26*, 385.

[31] D. De Keukeleire und M.Verzele, *Tetrahedron,* **1971**, *27*, 4939.

[32] Die Bezeichnung *cis* und *trans* ist historisch bedingt und bezieht sich auf die relative Lage des Prenylrests an C-4 und der Hydroxylgruppe an C-5.

[33] Diese und andere akustische Schmankerln aus dem Löwenbräu-Festzelt sollte man sich einmal „*life*" antun unter: www.loewen-braeu.de/4_gastro_events/4_4_oktoberfest/4_4_2_webcam/index_stat_webcam.htm

[34] www.muenchen.de/print?depl=prod&oid=153248

[35] D. William und J. Philpott, *Chem.Br.* **1996** *(12)*, 41. Könnte man allein von Bier leben? Zur Beantwortung dieser Frage führte der Schiffsarzt *John Clephane* während des Siebenjährigen Krieges (1756-63) ein aus heutiger Sicht unethisches Experiment durch. Drei Schiffe der englischen Flotte segelten über mehrere Wochen gemeinsam nach Übersee. Auf der „*Grampus*" bekam jeder Mann 4 Liter Bier pro Tag, auf der „*Tortoise*" und „*Daedalus*" gab es nur Rum. Das überzeugende Ergebnis: Nur 13 der biertrinkenden Besatzung der „*Grampus*" waren nach der Landung krankenhausreif, aber 112 bzw. 62 Männer der beiden anderen Schiffe. Über den Zustand der Lebern der biertrinkenden Matrosen wurde nicht berichtet. Siehe C. Walker, *New Scientist,* **2004**, *The last word* vom 21. August.

[36] Der Begriff Pilsener Bier und der Name der böhmischen Stadt Pilsen haben einen gemeinsamen Ursprung, nämlich das Bilsenkraut. Pilsener Bier hat also nichts direkt mit der Stadt Pilsen zu tun, das geschätzte „echte" Pilsner Bier wird dort erst seit dem 19. Jahrhundert gebraut.

[37] Bier wurde damals auf teilweise abenteuerliche Weise verfälscht. Sauer gewordenes Bier wurde mit gepulverter Kreide (Calciumcarbonat) neutralisiert und die Farbe von dunklem Bier mit Ruß vertieft.

[38] Auf jeder Flasche des schmackhaften Erdinger Weißbiers findet sich der Hinweis „*gebraut nach dem Reinheitsgebot von 1516*". Merkwürdig, denn das Reinheitsgebot von 1516 verbot eigentlich die Herstellung von Weizenbier.

[39] Biere, die nicht nach dem Reinheitsgebot gebraut wurden, konnten nur geringe Marktanteile erobern. So z.B. das australische Foster's (in Lizenz in Frankreich gebraut) mit Glucosesirup-Zusatz oder das mexikanische Corona Extra, dem Mais, Reis, Papain, Antioxidantien, Ascorbinsäure und Alginat (E 405) zugesetzt wurde. Gerstenmalz und Hopfen sind aber auch drin.

Fingerfarben
Ideal für kleine Künstler

Kinder sollen möglichst früh ihr kreatives Potenzial nutzen und weiterentwickeln können. Bei Dreijährigen reicht die Feinmotorik für Malstifte und Pinsel noch nicht ganz aus, aber mit den Fingern können auch sie schon kleine Kunstwerke erschaffen. Die entsprechenden Fingerfarben gibt es erst seit 30 Jahren. Ergründen wir, wie viel chemischer Sachverstand hinter einem scheinbar so einfachen Produkt steckt. Nur Kinderkram? Sie werden sich wundern!

Kinder malen mit Begeisterung, denn Malen ist Ausdruck ihrer Lebensfreude. Da dabei auch die motorische Entwicklung und Koordinationsfähigkeit gefördert werden, nimmt Malen in pädagogischen Tageseinrichtungen eine zentrale Stellung ein [1]. Kinder zeigen und verschenken stolz ihre Bilder und verbinden damit die Botschaft: Guckt her, auch ich kann etwas schaffen, auch ich kann euch etwas mitteilen [2].

Das Malen sollte bereits früh begonnen werden, wobei die verwendeten Materialien dem jeweiligen Entwicklungsstand des Kindes entsprechen müssen. Zwei- bis Dreijährige können noch nicht mit Pinsel, Bunt- oder Farbstift umgehen und sollten ihre ersten Farbkleckse mit Fingern, Händen und Füßen aufbringen.

Welche Eigenschaften erwarten wir von Fingermalfarben [3]? Zunächst müssen die Farben ausreichend pastös sein, damit sie an den Fingern hängen bleiben. Allein das Hineingreifen und Spüren der Farbe ist schon die Hälfte des sinnlichen Vergnügens [4]. Die Farben müssen gut decken und können nicht bunt und kräftig genug sein; Kinder lie-

ben nicht mausgrau oder blasslila, sondern tiefblau, knallrot, quietschgrün und sonnengelb. Beim schwungvollen Verteilen der Farbe auf dem vorgesehenen Maluntergrund wird die Umgebung in Mitleidenschaft gezogen, denn ein beachtlicher Teil der Farben landet in Klecksform auf dem Fußboden, den Möbelstücken und auf der Kleidung. Mehr noch, Fingerfarben werden ins Gesicht und in die Augen geschmiert und im Übermut mit Marmelade verwechselt und dann abgeleckt und verschluckt. Fingerfarben müssen also viskos, gut deckend, mischbar und mit Wasser aus- und abwaschbar sein, müssen einen kräftigen Farbton haben, dürfen keine allergischen Reaktionen auslösen und müssen ungiftig sein. Etwas überspitzt: Fingerfarben sollten verträglich wie Lebensmittel sein.

Tatsächlich kann man aus Küchenzutaten Fingerfarben wie folgt herstellen: Speisestärke wird in kaltes Wasser eingerührt, dann erwärmt, bis sich die Stärke gelöst hat und nach dem Abkühlen mit Kakaopulver, Spinat, Currypulver, Blaubeer-, Rotkohl- oder Rote-Beete-Saft unter den Stärkekleister eingefärbt [5]. Diese Fingerfarben könnte man bedenkenlos aufessen. Leider sind die Farben von minderer Qualität: die Farbtöne sind nicht kräftig und wenig leuchtend. Weiterhin fangen sie nach wenigen Tagen an zu schimmeln (Abbildung 1), sind obendrein nicht lichtecht und verblassen deshalb bereits nach kurzer Zeit (Abbildung 2). Für ein wirklich brauchbares und marktfähiges Produkt muss die Liste der geforderten Materialeigenschaften noch erweitert werden. Fingermalfarben müssen

Abb. 1 *Eigenschaften von Fingermalfarben. Die Fingermalfarben wurde eine Woche lang bei Raumtemperatur in Petri-Schalen stehen gelassen. Rechts: Fingerfarben aus Küchenzutaten auf Stärkekleister-Basis und angefärbt mit Rotkohl-, Rote-Beete- und Heidelbeersaft, Spinat und Currypulver zeigen starke Schimmelbildung. Links: In käufliche Fingermalfarben (Mucki Fa. C. Kreul) verhindern Konservierungsstoffe das Wachstum von Mikroorganismen.*

Abb. 2 *Farbtöne und Lichtechtheit von Fingermalfarben. links oben und unten: Die mit verschiedenem Pflanzenmaterial gefärbten Fingermalfarben auf Stärkekleister-Basis zeigen keine klaren und kräftigen Farbtöne wie käufliche Fingermalfarben mit Farbpigmenten und Lebensmittelfarbstoffe (unten). links und rechts: Nach einer Woche in praller Sonne sind die Naturfarben ausgebleicht bzw. haben ihren Farbton geändert (vorher: oben links; nach Lichteinwirkung: oben rechts), während die Farbpigmente bzw. Lebensmittelfarben vor (unten links) und nach (unten rechts) Sonneneinstrahlung nur gering an Farbintensität verloren haben.*

- deckende, kräftige und lichtechte Farben sein,
- genügend pastös sein, um mit Fingern gut verteilt zu werden,
- auf unterschiedlichen Untergründen (Papier, Holz, Stein, Glas, Kunststoff) haften,
- auf Malgründen rasch und ohne Farbeinbuße trocknen,
- untereinander gut mischbar sein,

- von der Haut und aus Textilien leicht mit Wasser abwaschbar sein,
- nicht verderblich und doch völlig unbedenklich sein und
- dürfen keine allergischen Reaktionen auslösen.

Es ist kaum zu glauben, aber tatsächlich haben Chemiker vor 30 Jahren ein Produkt entwickelt, dass *all diese Be-*

WER HAT ANGST VOR LEBENSMITTELFARBEN?

Wohl Alle! Denn die permanente negative Berichterstattung musste ja Phobien gegen Lebensmittelfarben in uns erzeugen. Wagen wir einen (selbst)kritischen Blick.

Das „Schönen" von Lebensmitteln ist seit Menschengedenken gang und gäbe, man denke allein an die Jahrtausende während Verfälschung von Wein. In Bezug auf gesundheitliche Schädigungen dürfte der makabre Höhepunkt mit den Süßigkeiten Mitte des 19. Jahrhunderts erreicht worden sein. Eine 1857 in England aufgestellte Liste von damals üblichen „Lebensmittelfarben" [17] lässt uns heute noch erschaudern: roter Zinnober (Quecksilbersulfid), rotes Bleioxid (Mennige), gelbes Bleichromat und grünes Kupferarsenit. Zwar wurden 1887 per Gesetz die schwermetallhaltigen Farben verboten, deren Giftigkeit seit langem bekannt war [18], aber die damals gerade aufkommenden synthetischen Farben blieben unberücksichtigt. Bei dem einsetzenden Boom der Lebensmittelfarben spielten die Azofarbstoffe eine Vorreiterrolle. Aus heutiger Sicht muss deren massiver Einsatz zumindest als bedenkenlos bezeichnet werden, da die Giftigkeit der Farbstoffe völlig un-

bekannt war. Man hätte gewarnt sein müssen, denn Anilin, eine Ausgangsverbindung für viele Azofarbstoffe, war karzinogen und „Anilinkrebs" war eine Berufskrankheit [18].

Die Zeitbombe platzte 1930 mit dem Buttergelb, (4-Dimethylamino)-azobenzol. Dieser beliebte und zum Färben von Margarine und Butter in großem Maßstab eingesetzte Farbstoff erwies sich 1930 als karzinogen, wurde 1938 in Deutschland verboten, jedoch bis nach dem 2. Weltkrieg weiter verwendet. Dieser Sündenfall ist bis heute nicht vergessen.

Aufgrund vieler toxikologischer Untersuchungen und gesetzlicher Vorschriften sind heute in Lebensmitteln nur Azofarbmittel zugelassen, die im Stoffwechsel keine karzinogenen Abbauprodukte bilden können. Insgesamt sind heute die synthetischen Lebensmittelfarben zumindest so sicher wie die „natürlichen". Ein Beispiel: mit dem Farbstoff der Mohrrübe, dem orangefarbenen Carotin (E 160a) wird heute neben Butter und Margarine auch die beliebte Fanta Mandarine gefärbt. Die im Supermarkt-Regal daneben stehende Fanta Lemon verdankt ihre schöne Gelbfärbung dem synthetischen

Chinolingelb (E 104). Carotin als Naturstoff hat einen ADI-Wert [19] von 5 mg/kg, der des synthetischen Chinolingelbs ist aber doppelt so groß [20].

Abschätzungen zeigen, dass Verbraucher meist weniger als 1% der täglich geduldeten Menge an Lebensmittelfarbstoffen aufnehmen [17], entsprechend etwa 1,5 g Lebensmittelfarbstoffe pro Jahr [20]. Es muss aber deutlich darauf hingewiesen werden, dass der ADI-Wert allein die toxische Wirkung berücksichtigt, nicht aber Unverträglichkeiten und Allergien. So wird geschätzt, dass in 0,01–0,1% der Bevölkerung der Farbstoff Tartrazin (E 102) allergische Reaktionen (Ekzeme u. Asthma) auslöst. Die davon Betroffenen sind häufig kreuzallergisch gegen Salicylate und Aspirin [21]. Es gibt auch Hinweise, dass einige Lebensmittelfarbstoffe eine auslösende Komponente bei hyperaktiven Kindern („Zappel-Philipp") sein könnten. Wie in vielen Fällen sind die wissenschaftlichen Beweise pro und kontra nicht eindeutig, dies erklärt die nationalen Unterschiede bei der Zulassung von Lebensmittelfarben.

ABB. 3 | FARBMITTEL IN FINGERFARBEN

Pigmentblau (1)

Pigmentgrün (2)
R = 14-16 Cl und 0-2 H

Chinolingelb (3)
E 104

Ponceaurot (4)
E 124

Patentblau (5)
E 131

dingungen erfüllt und darüber hinaus für Kindergärten und andere pädagogische Einrichtungen auch noch erschwinglich ist. Man kann es nicht deutlich genug sagen, *Fingermalfarben sind eine beachtliche Leistung der modernen Chemie, die es verdient, von jedermann gewürdigt zu werden.*

Woraus bestehen moderne Fingermalfarben?

Die Grundmasse besteht aus Wasser, Bindemittel, Füllstoff und Feuchthaltemittel. Darin werden Farbmittel, Konservierungsstoffe und Bitterstoffe eingerührt. Hier gilt als oberstes Gebot: *Fingermalfarben dürfen gefährliche Substanzen und Zubereitungen nicht in Mengen enthalten, die die Gesundheit der Kinder, die diese Farben verwenden, gefährden können.* Dieser Grundsatz ist seit 2002 in der Norm EN 71-7 innerhalb der EU zwingend vorgeschrieben [6]. Im Folgenden soll die chemische Natur der verschiedenen Komponenten vorgestellt werden, wobei nur allgemeine Angaben gemacht werden können, da die genauen Rezepturen der Hersteller wohlbehütete Fabrikationsgeheimnisse sind.

Bindemittel geben der Fingerfarbe die notwendige Viskosität und umhüllen die Partikel der anorganischen Füllstoffe und Farbpigmente, so dass sich diese nicht absetzen.

Weiterhin sorgt das Bindemittel für eine gute Haftung der Farbe auf dem Maluntergrund und einer glatten Filmbildung nach dem Trocknen. Als Bindemittel haben sich besonders modifizierte Cellulose und Stärke bewährt.

Füllstoffe geben der Farbe mehr Volumen und erhöhen die Deckkraft. Typische Füllstoffe sind Calciumcarbonat (Schlämmkreide), Gips, Silikate, Kaolin, sowie Silizium-, Aluminium- und Magnesiumoxid. Einige Füllstoffe wie Calciumcarbonat und Titanoxid sind als Zusatzstoffe für Lebensmittel zugelassen.

Feuchthaltemittel verhindern das rasche Austrocknen der Farbe und geben dem an sich spröden Farbfilm eine höhere Geschmeidigkeit. Verschiedene Polyglykole und Glycerin werden verwendet.

Die bisher beschriebenen Komponenten stellen die materielle Grundlagen der Fingerfarben dar und sind gesundheitlich unbedenklich, da sie reine oder geringfügig modifizierte, nicht-toxische Naturstoffe bzw. unlösliche Verbindungen sind, die überhaupt nicht oder nur zu unbedenklichen Verbindungen im Körper abgebaut werden können.

Farbmittel

In Fingermalfarben werden sowohl unlösliche Farbpigmente als auch lösliche Farbstoffe verwendet. Bei allen Farb-

mitteln steht die Sicherheit im Vordergrund, und so ist es nicht verwunderlich, wenn ein großer Teil davon auch für Kosmetika und Lebensmittel zugelassen ist. Die EU-Norm führt in einer Positivliste insgesamt 126 zugelassene Farbmitteln auf, ausschließlich diese dürfen verwendet werden. Im Folgenden werden einige der in Fingermalfarben verwendeten Farbmittel vorgestellt [7].

Unlösliche Farbpigmente mit ihrer hohen Deckkraft werden bevorzugt bei dunklen Farbtönen verwendet, wie das tiefblaue Pigmentblau (Kupferphthalocyanin, **1**) [8] und das Pigmentgrün (Kupferphthalocyanin chloriert, **2**) [9]. Beide Pigmente sind völlig unlöslich und werden vom Körper vollständig und unverändert ausgeschieden [10].

Für tiefes Schwarz wird Kohlepulver (CI 72268) verwendet, das durch kontrollierte Verkohlung von Pflanzenresten hergestellt wird. Diese Pflanzenkohle wird als *carbo medicinalis vegetabilis* bei verschiedenen Durchfallerkrankungen verabreicht und auch in Lebensmitteln (E 153) verwendet.

Die für Fingermalfarben zugelassenen Farbstoffe sind in der Regel Lebensmittelfarbstoffe. Häufig eingesetzt werden:

E 104 [11] Chinolingelb (**3**)

Chinolingelb (CI 47005) wird in Brausepulver, Zuckerwaren und Glasuren genutzt. Beispiele im Supermarkt sind Dr. Oetker Vanillepudding, Haribo Rotella, m&m's peanuts, Becks Green lemon und Fanta Lemon.

E 124 Ponceaurot (**4**)

Dieser Farbstoff (CI 16255) (Synonyme: Cochenillerot, Brilliantscharlach, Victoriascharlach) zeichnet sich durch hohe

---

ABB. 4 | **KONSERVIERUNGSSTOFFE IN FINGERFARBEN**

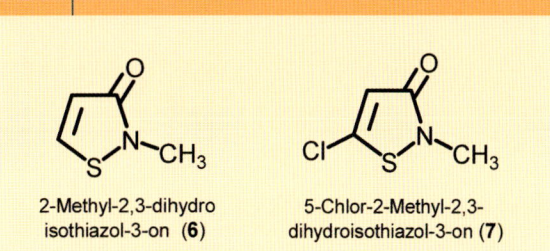

2-Methyl-2,3-dihydro isothiazol-3-on (**6**)

5-Chlor-2-Methyl-2,3-dihydroisothiazol-3-on (**7**)

Als in hoher Verdünnung noch sehr wirksamer Konservierungsstoff hat sich in Kosmetika und Haushaltsmitteln ein 1:3 Gemisch von 2-Methyl-2,3-dihydroisothiazolin-3-on (6)und 5-Chlor 2-methyl-2,3-dihydroisothiazolin-3-on (7) bewährt.

Lichtechtheit und Hitzestabilität aus. Typische Produkte im Supermarkt sind die spanische Chorizo-Wurst, Lachsersatz, m&m's, Fruchtgelees, Marmeladen, Käseüberzüge und Dr. Oetker Götterspeise rot.

E 131 Patentblau (**5**)

Dieser Farbstoff (CI 42051) (Synonyme: Säureblau V, Food Blue 5) wird vor allem durch Mischen mit Gelb zur Grünfärbung verwendet. Supermarktprodukte sind: Dr. Oetker Götterspeise grün (mit Chinolingelb) und Haribo Rotella.

Konservierungsstoffe

Farben auf Wasserbasis (z.B. Wandfarben), Kosmetika (Shampoos und Duschgels), Flüssig- und Tubenwaschmittel und Fingermalfarben bieten Mikroorganismen ideale Wachstumsbedingungen und fangen nach dem Öffnen der Packung schnell an zu schimmeln. Dies macht die Produkte nicht nur unbrauchbar, sondern auch

Die bittere Medizin Adrian Brouwer (1605–1638)

DIE GESCHICHTE VOM DENATONIUM

Die Entdeckung war reiner Zufall. In der schottischen Firma Macfarlane&Smith war der Chemiker Frederick „Eric" Randall Smith [22] 1958 auf der Suche nach einem potenten Lokalanästhetikum. Er probierte das Naheliegende, in dem er das gerade entdeckte Lidocain (**11**) chemisch modifizierte und mit Benzylbromid umsetzte. Nach Zugabe von Benzoesäure fielen weiße Kristalle des Denatonium-benzoats (**10**) aus (Abbildung 5). Um die erhoffte betäubende Wirkung nachzuweisen, legte sich Eric Smith einen kleinen Kristall davon auf die Zunge und erlebte eine Überraschung. Anstelle einer Betäubung schmeckte die Substanz extrem bitter und es dauerte über einen Tag, bis der bittere Geschmack auf der Zunge langsam nachließ.

Die Bitterkeit war extrem groß, und seit 1972 steht Denatoniumbenzoat (Handelsname Bitrex™) unangefochten im Guiness Book of Records als die bitterste Substanz der Welt. Der Mensch kann diese Substanz in einer Verdünnung von 3:100 000 nicht mehr ertragen.

In der ersten kommerziellen Anwendung wurden die Ohren und Schwänze von Schweinen mit Bitrex-haltiger Creme behandelt, um das krankhafte Anknabbern durch gestresste Stallgenossen zu verhindern. Das half sofort, denn auch Schweine können Bitteres nicht ausstehen [23].

Heute wird Denatoniumbenzoat (**10**) einer Vielzahl von Produkten zugemischt, um Verbraucher gegen den irrtümlichen Verzehr zu schützen.

Shampoos, Duschgele, Hautpflegemittel, Aftershaves, Parfums, Haushaltsreiniger, Frostschutzmittel, Creme gegen Fingernägelkauen, Pestizide, Mottenkugeln, Herbizide und Schuhreiniger sind nur einige Beispiele. Auch der von der Branntweinsteuer befreite Brennspiritus wird mit Denatoniumbenzoat vergällt, um ein irrtümliches oder absichtliches Trinken zu verhindern [24].

Lidocain (**11**)

Denatoniumbenzoat (**10**) (Bitrex™)

Abb. 5

Synthese von Denatoniumbenzoat (BITREX™)

ABB. 6 | BITTERSTOFFE

Naringin (**8**)

Saccharose-octaacetat (**9**)

Denatoniumbenzoat (**10**) (Bitrex™)

gesundheitsschädlich, denn *Aspergillus*-Pilze scheiden das hochkarzinogene Aflatoxin aus. Man ist also gezwungen, diesen Produkten Konservierungsstoffe zuzusetzen, die das Wachstum von pathogenen Mikroorganismen verhindern. Keiner liebt sie, aber ohne Konservierungsstoffe gäbe es all die genannten Alltagsprodukte nicht. Im Kosmetikbereich hat sich hier seit vielen Jahren ein 1:3-Gemisch von 2-Methyl-2,3-dihydroisothiazolin-3-on (**6**) und 5-Chlor 2-methyl-2,3-dihydroisothiazolin-3-on (**7**) bewährt (Abbildung 4). Dieses Gemisch ist hochwirksam und in Kombination mit anderen Konservierungsstoffen wie Bronopol (2-Brom-2-ni-

TAB. 1 | DIE HITPARADE DER BITTERSTEN STOFFE

Substanz		relative Bitterkeit [6, 27]
Denatoniumbenzoat (Bitrex™) (*10*)		1000
Saccharoseoctaacetat (*9*)		30
Strychnin	giftig	3,1
Naringin (*8*)		3
Nicotin	giftig	1,3
Brucin	giftig	1,1
Chinin	giftig	1
Koffein	giftig	0,4
Morphin	giftig	0,02

tro-1,3-propandiol) werden nur geringste Mengen benötigt, da diese Kombination von Konservierungsstoffen effizienter ist als die Summe der Einzelkomponenten. Untersuchungen auf mutagene, kanzerogene bzw. reproduktionstoxische Wirkungen verliefen negativ [12]. Trotzdem sollten Fingermalfarben wie Lebensmittel behandelt werden: Die angebrochenen Packungen sollten im Kühlschrank aufbewahrt werden.

Wie macht man attraktive Fingermalfarbe für Kindermünder unattraktiv?

Die schönen Farben und die marmeladenähnliche Konsistenz machen Appetit, und Kinder kommen leicht in Versuchung, davon zu kosten. Zwar haben die Hersteller alles versucht, die Fingermalfarben gesundheitlich unbedenklich zu machen [13], aber niemand möchte unsere Kinder einem unnötigen Risiko aussetzen. Wie verleidet man Kindern das Kosten dieser Farben? Als erste Maßnahme hat der Gesetzgeber den Zusatz von Süßstoffen und Aromen grundsätzlich verboten, um keine zusätzlichen sinnlichen Anreize zu geben. Darüber hinaus genutzt wird die allen Menschen angeborene Aversion [14] gegen Bitteres, indem Fingermalfarben eine ausreichende Menge von Bitterstoffen zugesetzt werden muss.

Von den Hunderten bitteren Naturstoffen ist der größte Teil giftig. Für Fingermalfarben sind nur drei Bitterstoffe zugelassen: Naringin (**8**), der Bitterstoff der Grapefruit, Saccharose-octaacetat (**9**), ein Derivat des Rohrzuckers und das synthetische Denatoniumbenzoat (**10**) (Abbildung 6).

In Fingermalfarben wird heute ausschließlich Denatoniumbenzoat (**10**) als Bitterstoff verwendet, da diese Verbindung so extrem bitter ist, dass bereits 4 mg davon ein Kilogramm Fingermalfarbe ungenießbar machen (Tabelle 1). Solch geringe Mengen sind gesundheitlich völlig unbedenklich, da dieser Bitterstoff gut verträglich ist [15].

Gesetzgebung und deren Durchsetzung

Die besten Gesetze nutzen nichts, wenn deren Einhaltungen nicht überprüft und Verstöße geahndet werden. Die behördlichen lebensmittelchemischen Untersuchungen von Produkten des täglichen Bedarfs dienen dem Schutz der Verbraucher, aber auch den seriöser Hersteller, denn diese müssen zur Förderung eines fairen Wettbewerbs vor unlauterer Konkurrenz geschützt werden.

Obwohl in der Europäischen Norm EN 71-7:2002 die Produktanforderungen an Fingermalfarben eindeutig und klar festgelegt hat, stimmt eine Untersuchung des Kantonalen Laboratoriums von Basel-Stadt aus dem Januar 2006 nachdenklich [7]. Die Schweizer Behörde untersuchte insgesamt 14 Fingermalfarben-Sets, die sowohl in der EU als auch außerhalb hergestellt worden sind. Abgesehen von fehlenden Angaben über die enthaltenen Bitter- oder Konservierungsstoffe war erfreulich, dass nur erlaubte Farbmittel und Konservierungsstoffe gefunden wurden. Leider wurde in drei Fällen die zulässige Höchstmenge an Konservierungsstoffen überschritten. Unbegreiflich ist aller-

ÖKO-TEST: DA STIMMT DIE CHEMIE – NICHT GANZ.

Im Jahrbuch „Kleinkinder 2004" hat die Zeitschrift Öko-Test Fingermalfarben untersucht. Zum Schutz des Verbrauchers ein begrüßenswertes Unternehmen, schließlich geht es um die Gesundheit unserer Kinder. Öko-Test betont den hohen erzieherischen Wert von Fingerfarben und beklagt, dass einige Hersteller ganz kleine Kinder vom Malvergnügen ausschließen wollen.

„Die meisten Anbieter schließen ganz kleine Künstler bisher vom Malvergnügen aus: „Für Kinder ab drei Jahren" prangt auf vielen Packungen. Kleinere Kinder würden die Farbe schon mal herunterschlucken, argumentieren einige Hersteller. Andere Firmen setzen ihren Fingerfarben inzwischen gesundheitlich unbedenkliche Bitterstoffe zu, damit sie so eklig schmecken, dass die Kinder sie nicht essen." [4]

Dieser Absatz weist auf lückenhafte Recherchen hin, denn den Warnhinweis haben sich nicht etwa kleinkinderfeindliche Hersteller ausgedacht, sondern er muss (!) auf jeder Packung stehen: „ WARNUNG – Achtung! Kinder unter 3 Jahren sollten von Erwachsenen beaufsichtigt werden."

Weiterhin vermittelt Öko-Test den Eindruck, dass „andere Firmen", sozusagen als Alternative zum Warnhinweis, den Fingermalfarben Bitterstoffe zusetzen. Diese Darstellung ist falsch, denn seit 2002 müssen (!) allen Fingerfarben ausreichend Bitterstoffe zugegeben werden. Es fällt schwer zu glauben, dass deutsche Markenhersteller die Rechtsgrundlagen ihrer Produkte nicht kennen sollten.

Bei den chemischen Tests sind 7 von 9 Fingermalfarben mit „Sehr Gut" bewertet worden. Ein erfreuliches Ergebnis! Aber warum wurden zwei Produkte in der Kategorie Inhaltsstoffe abgewertet und erhielten insgesamt nur ein „Befriedigend" bzw. ein „Mangelhaft"? Die von Öko-Test durchgeführten Analysen hatten ergeben, dass in einem der Produkte halogenorganische Verbindungen und in beiden Formaldehyd enthalten war. Dies führte zur Abwertung.

Recht so, werden die meister Leser von Öko-Test gedacht haben und viele davon diese Produkte gemieden haben. Aber sind diese beiden deutschen Hersteller skrupellose Geschäftemacher, die auch von gesundheitlichen Schädigungen unserer Kleinkinder nicht zurückschrecken? Schauen wir einmal etwas genauer hin.

„Zwei Produkte sind mit umstrittenen halogenorganischen Verbindungen belastet. Einige von ihnen gelten als umwelt- und gesundheitsschädlich. Viele sind noch gar nicht ausreichend untersucht." [4]

Bei den halogenorganischen Verbindung handelt es sich nur um eine, nämlich um Pigmentgrün (*2*). Diese Verbindung ist organischer Natur und enthält Chlor, d.h. die Analysenergebnisse sind völlig korrekt: dieses Pigment ist eine halogenorganische Verbindung. Es ist ebenfalls richtig, dass einige halogenorganische Verbindungen nicht nur als umwelt- und gesundheitsschädlich gelten, sie sind es tatsächlich. Richtig ist auch, dass viele halogenorganische Verbindungen nicht ausreichend untersucht worden sind. Beide beanstandeten Fingermalfarben enthielten aber nur eine, wohlbekannte halogenorganische Verbindung, nämlich Pigmentgrün Nr. 7 (*2*). Und für die gelten die obigen Aussagen nicht. Pigmentgrün (*2*) ist bestens untersucht und von der Berufsgenossenschaft der chemischen Industrie toxikologische bewertet [10]. Beim Anblick der Strukturformel von *2* kann man es kaum glauben, aber bei oraler Aufnahme liegt dessen Toxizität bei $LD_{50} = 5$ g/kg Körpergewicht (Ratte). Damit ist dieses Pigment weniger toxisch als Kochsalz! Deswegen ist Pigmentgrün (*2*) nicht nur in Fingerfarben, sondern auch als Farbmittel in Zahnpasta zugelassen [25].

„Zur Abwertung um vier Stufen führen: Formaldehyd/-abspalter" [4]

Fingermalfarben müssen mit Konservierungsstoffen versetzt werden, da alle wasserbasierten Farben ideale Nährböden für Mikroorganismen sind. In Fingerfarben dürfen nur Konservierungsstoffe verwendet werden, die auch für Kosmetika und Lebensmittel zugelassen sind. Einer der häufig eingesetzten Konservierungsstoffe ist Bronopol (2-Brom -2-nitro-1,3-propandiol), aus dem beim langsamen Abbau geringe Mengen Formaldehyd freigesetzt werden. Dabei wurde klar bewiesen, dass die antimikrobielle Aktivität nicht auf dem freigesetzten Formaldehyd beruht [26], da die entstehenden Mengen an Formaldehyd einfach zu gering sind. Allerdings beschleunigen Lichteinwirkung, hohe Temperaturen und saure Lösungen (geringer pH-Wert) die Zersetzung von Bronopol. Bei der Bestimmung des Formaldehyds wurden von Öko Test die Fingermalfarben einer: „Destillation unter Zusatz verdünnter Schwefelsäure" unterworfen. Kein Wunder, dass unter diesen drastischen Bedingungen Bronopol tatsächlich zum großen Teil zu Formaldehyd hydrolisierte. Dieser Zersetzungsprozess läuft in Fingermalfarben bei Raumtemperatur und neutralem pH-Wert kaum messbar ab. Mit anderen Worten: der nachgewiesene Formaldehyd ist nicht in der Fingermalfarbe enthalten, sondern den hat Öko Test erst vorher selbst hergestellt. Ein bemerkenswertes Beispiel für ein analytisches Eigentor.

In diesem Zusammenhang ist völlig rätselhaft, warum in Fingerfarben anderer Hersteller kein Formaldehyd gefunden wurde, obwohl in denen Bronopol als Konservierungsstoff enthalten und deklariert ist. Der Öko-Test Artikel hinterlässt viel Ratlosigkeit.

dings, dass nur die Hälfte der Fingermalfarben die gesetzlich vorgeschriebenen Bitterstoffe enthielten. Damit wurde eine entsprechende Untersuchung des Niedersächsischen Landesamts für Verbraucherschutz und Lebensmittelsicherheit aus dem Jahr 2005 leider bestätigt [16]. Dies zeigt, dass auf Überprüfungen durch staatliche Untersuchungsämter nicht verzichtet werden kann. Der Verbraucher kann sich gegen unseriöse Produkte durch sein Kaufverhalten schützen und Fingermalfarben nur von Markenherstellern in guten Fachgeschäften mit einer Deklaration des zugesetzten Bitterstoffs beziehen.

Fingermalfarben sind bei allen beliebt, bei Pädagogen und Therapeuten, bei Erziehern und Kunstmalern, bei Behindertenorganisationen und Altenpflegern und vor allem bei unseren Kindern. Von der Zeitschrift Öko-Test wurden die im deutschen Fachhandel erhältlichen Fingermalfarben untersucht, und die meisten davon bekamen das Prädikat „Sehr Gut" verliehen [4] (siehe Infokasten oben). Fingermalfarben ein sicheres und leistungsfähiges Produkt, das unsere Kinder gefahrlos in den Händen und versehentlich sogar einmal im Mund haben können. Dass dies nur dank der modernen Chemie möglich ist, sollten wir den Menschen um uns herum auch erzählen.

Zusammenfassung

Fingermalfarben sind Vorzeigeprodukte der modernen Chemie. Die Hauptbestandteile sind Polysaccharide pflanzlichen und halbsynthetischen Ursprungs als Bindemittel, Mineralcarbonate und -oxide als Füllstoffe, Farbpigmente, Farbstoffe und Konservierungsstoffe. Seit 2002 ist die Zusammensetzung nach Europäischem Gesetz geregelt, vor allem, welche Pigmente, Farbstoffe und Konservierungsstoff enthalten sein dürfen. Alle Bestandteile von Fingerfarben gelten als sicher, und die meisten dürfen auch in Kosmetikartikeln und Lebensmitteln verwendet werden. Insgesamt sind Fingermalfarben ein völlig sicheres Produkt in den Händen unserer Kinder.

Summary

Finger paint is a remarkable product of modern chemistry. The main components are polysaccharides of plant or semisynthetic origin or non-toxic polyglycols as binders, mineral carbonates, or oxides as fillers, pigments, and/or dyes, and preservatives that delay microbiological spoilage. Since 2002 the composition has been strictly controlled under European Law especially in regard to which pigments, dyes, and preservatives are allowed. All constituents in finger paint can be regarded as safe and most of them are used in cosmetics and as food additives. In summary, finger paint is totally safe in the hands of our children.

Danksagung

Ich danke Frau Dr. Mangold von der Firma C. Kreul, Hallerndorf, Herrn Schnorrer von der Firma Eberhard Faber, Neumarkt , Frau D. Unguras von der Fa. Marabu, Tamm und bei Frau C. Müller und Frau Dr. B. Edelmann von der Firma Lacafu, Nerchau, für ihre wertvolle Hilfe. Frau Dr. H. Pfeffer vom Industrieverband Schreiben, Zeichnen, Kreatives Gestalten in Nürnberg danke ich für umfangreiches Informationsmaterial. Frau S. Streller von der FU Berlin, danke ich für die Mithilfe ihrer Kiewi-Gruppe (Kinder entdecken Wissenschaft) beim Herstellen und Austesten der selbst hergestellten Fingermalfarben. Meiner kleinen Nachbarin Carla Gomez (5 Jahre) danke ich für die gelungenen Porträts von der schönen Blume und mir.

Literatur und Anmerkungen

[1] *Was eine Kinderzeichnung verrät*, M. Blank-Mathieu in *Handbuch für ErzieherInnen* (M.R.Textor, ed.), www.kindergartenpaedagogik.de/429.html

[2] Fingermalfarben spielen auch bei der Betreuung geistig Behinderter aller Altersstufen eine große Rolle, denn Malen bereitet auch ihnen Freude. Darüber hinaus können geschulte Maltherapeuten aus der Veränderung von über einen größeren Zeitraum gemalten Bildern Rückschlüsse auf den Erfolg von Therapiemaßnahmen ziehen.

[3] Fingermalfarben sind speziell für Kinder angefertigte farbige Zubereitungen in Form einer Paste und/oder eines Gels, die direkt mit den Fingern oder Händen auf geeignete Flächen aufgetragen werden können (Europäische Norm EN 71-7:2002).

[4] Fingermalfarben werden auch als „*Schlammersatz für Großstadtkinder*" bezeichnet. Siehe ÖKO-Test-Jahrbuch für Kleinkinder **2004**, 89.

[5] Stärkekleister ist nichts anderes als farbloser, ungesüßter Pudding ohne Aroma. Mit angerührtem Tapetenkleister geht es genauso gut. Eine professionellere Vorschrift stellte der ZDF Ratgeber „Haus und Garten" (www.zdf.de/ZDFde/inhalt/5/0,1872,2338629,99.

html) am 18.7.2005 vor: 25 mg Dextrin (einer teilhydrolysierte Kartoffelstärke aus der Apotheke) werden in 20 ml lauwarmem Wasser aufgelöst. Dann rührt man 12 g Kreidepulver (Calciumcarbonat) und 8 ml Glycerin darunter, wobei das Kreidepulver als Füllstoff dient und das hygroskopische Glycerin ein schnelles Austrocknen verhindert und die Masse streichfähig hält.

[6] In der Europäischen Norm EN 71-7:2002 sind nicht nur die zulässigen Farbmittel und Konservierungsstoffe, sondern auch Höchstwerte z.B. für Konservierungsstoffe festgelegt und detailliert die Vorschriften für analytische Messverfahren angegeben worden. Inzwischen ist diese Norm weiter verschärft worden (EN 71–10:2005).

[7] Die Auswahl der am häufigsten verwendeten Farbmittel beruht auf den Angaben des Kantonalen Laboratoriums des Gesundheitsdepartement von Basel-Stadt vom 16.1.2006. siehe www.kantonslabor-bs.ch/infos_berichte.cfm?Labor.Command=detail&Labor.Jahr=2006&Labor.ID=424

[8] Die Bezeichnungen von Farbmitteln sind äußerst verwirrend, da für jedes Produkt viele Handelsnamen gebräuchlich sind. Eine eindeutige Benennung erlaubt der von der englischen *Society of Dyers and Colourists* herausgegebene Farbindex (*colour index*, CI). Kupferphthalocyanin (**1**) hat die CI Nummer 74160 und wird meist als Pigmentblau 15 oder Pigment Blue 15 bezeichnet.

[9] Pigmentgrün 7 (**2**) (Kupferphthalocyanin chloriert, CI 74260) wird durch direkte Chlorierung aus Pigmentblau 15 (**1**) hergestellt. Dabei werden ca. 14–16 der insgesamt 16 Wasserstoffatome durch Chlor ersetzt, wobei die relative Position der beiden verbliebenen Wasserstoffatome nicht genau definiert ist.

[10] Eine toxikologische Bewertung von Pigmentgrün wurde von der Berufsgenossenschaft der chemischen Industrie publiziert. Siehe www.bgchemie.de

[11] Natürliche, naturidentische und synthetische Stoffe, die als unschädlich gelten und in der EU Nahrungsmitteln zugesetzt werden dürfen, sind in einer Liste zusammengefasst. Jedem dieser zugelassenen Stoffe ist eine E-Nummer (eigentlich EU-Nummer) zugeordnet. Für Farbmittel sind die Nummern E 100 – E 180 reserviert.

[12] www.agoef.de/schadstoffe_chemische/isothiazolone.html

[13] Reste eingetrockneter Fingermalfarben können bedenkenlos mit dem normalen Hausmüll entsorgt werden.

[14] Auch in der Volksmedizin wurde die natürliche Aversion gegen Bitteres beim Abstillen von Säuglingen genutzt. In Shakespeares „*Romeo und Julia*" erinnert sich Julias Amme noch lebhaft an Julias Reaktion nach Auflegen von bitterem Wermut auf ihre Brust:
   „*Ich hatte Wermut auf die Brust gelegt*
   Und saß am Taubenschlage in der Sonne…
   Als es den Wermut auf der Warze schmeckte
   Und fand ihn bitter – närr'sches, kleines Ding –
   Wie böse zog der Brust es ein Gesicht!"

[15] Wie außerordentlich sicher dieses synthetische Produkt ist, zeigt eine Überschlagsrechnung. Der LD_{50} Wert für Denatoniumbenzoat bei oraler Gabe an Ratten, d.h. diejenige Menge bei der die Hälfte der Labortiere sterben, liegt bei über 500 mg/kg Körpergewicht (siehe www.ctechcorporation.com). Für ein 15 kg schweres Kleinkind würde es erst nach dem Verzehr von über 1000 kg Fingermalfarbe bedenklich.

[16] Presseerklärung: www.laves.niedersachsen.de/master/C7682054_L20_D0_I826_h1.html

[17] *Food, The Chemistry of its Components*, T.P.Coultate, **1992**, Royal Society of Chemistry, Cambridge

[18] *Das Blaue Wunder*, A. Andersen und G. Spelsberg (ed.), **1990**, Volksblatt Verlag, Köln

[19] Der ADI-Wert (*acceptable daily intake*) gibt die duldbare Tagesdosis in mg/kg Körpergewicht eines Stoffes an, die nach heutigem Kenntnisstand bei lebenslanger Aufnahme zu keinen gesundheitliches Schädigungen führt. Zur Bestimmung dieses Wertes wird

zunächst *in Versuchstieren* ermittelt, bei welcher täglichen, lebenslang aufgenommenen Dosis keine gesundheitlichen Schäden auftreten. Dieser NEL-Wert (*no effective level*) wird durch den Sicherheitsfaktor Hundert geteilt, um eventuelle Unterschiede der Verträglichkeiten zwischen Mensch und Labortieren zu berücksichtigen.

[20] *Lebensmittelführer*, G. Vollmer et al., **1990**, Thieme, Stuttgart.

[21] Man darf bei der Bewertung von Allergien nicht die Relationen aus den Augen verlieren. Allergien gegen Lebensmittel sind um ein Vielfaches häufiger als gegen Lebensmittelzusatzstoffe. Hier eine auf klinischen Daten basierende Hitliste der Lebensmittelallergien mit abnehmender Häufigkeit: Apfel, Haselnuss, Kiwi, Sellerie, Getreidekörner, Gewürze, Zitrusfrüchte. Nach C. Thiel in *Chemie und Physik in Küche und Ernährung* , (ed. D.Rohwedder und M. Hacks), **1992**, Wissenschaftsverlag Wellingsbüttel, Hamburg.

[22] Eric Smith' Nachruf siehe www.royalsoced.org.uk/fellowship/obits/obits_alpha/smith_frederick.pdf

[23] Nach dem gleichen Prinzip kann man Menschen mit einem Bitrex-haltigen Nagellack das Abknabbern von Fingernägeln abgewöhnen.

[24] Sollten einige Leser oder Leserinnen auf die an sich brillante Idee kommen, trinkbaren Branntwein durch Abdestillieren aus Brennspiritus gewinnen zu wollen, muss ich Sie enttäuschen. Zwar geht der Bitterstoff nicht ins Destillat über, aber das nutzt nichts. Die beim Finanzministerium angestellten Chemikerkolleginnen und -kollegen haben das wohl schon geahnt und vorausschauend gesetzlich vorgeschrieben, dass Brennspiritus neben Denatoniumbenzoat auch noch 1% „Methylethylketon" zugemischt werden muss, wobei „Methylethylketon" aus 95–96% 2-Butanon (Sdp. 79,6°C), 2,5-3% 2-Methyl-3-butanon und 1,5–2,0 % Ethylisoamylketon (5-Methyl-3-heptanon) besteht. Diese Ketone lassen sich destillativ vom Ethanol (Sdp. 78,3°C) nicht abtrennen. Lassen Sie es also besser!

[25] Die geringen Toxizitäten von Pigmentblau und -grün beruhen auf deren völliger Unlöslichkeit. Beide Pigmente werden vom Körper unverändert und vollständig ausgeschieden. Pigmentgrün findet sich z.B. in den Zahnpasten Dr.Best Multi Aktiv, Colgate Dentagard und Odol-med 3 mint.

[26] www.vetpharm.unizh.ch/WIR/00000005/2517_01.htm

[27] S. McLaughlin et al. *Amer. Sci.* **1994**, *82*, 538.

Der Autor, Klaus Roth, frei nach Carla Gomez, 5 Jahre.

Mediterrane Biochemie
Pesto

Abb. 1 *Blühendes Basilikum (O. basilicum, Mittelmeertyp). Nach der Blüte lässt die Produktion der Aromastoffe nach und die Blätter werden härter und bitterer. Deswegen riechen und schmecken Basilikumblätter kurz vor der Blüte am allerbesten.*

Der Sommer steht vor der Tür und um uns herum wächst und gedeiht die Pflanzenwelt. Nüchtern betrachtet eine Biosynthese grandiosen Umfangs, kulinarisch aber der Höhepunkt des Jahres. Junges Gemüse und zarte Küchenkräuter erfreuen den Feinschmecker, denn vorbei ist die Zeit der faden Trocken-, Tiefkühl- und Gewächshausprodukte. Endlich können wir wieder Pesto aus frischem Basilikum zubereiten. Wenn beim Unterheben des Pestos unter die dampfende Pasta der einzigartige Duft aufsteigt, fragen wir uns, mit welch wohlriechenden Molekülen uns diese Pflanze beglückt. Entdecken wir dieses kulinarisch-chemische Wunderwerk und genießen danach umso mehr.

Pesto (ital. *Zerdrücktes*) ist eine Paste aus Pinienkernen, Knoblauch, Hartkäse, Olivenöl und natürlich vor allem Basilikum. Seinen Ursprung hat dieses Gericht in Genua, wo das Basilikum bereits im Mittelalter eine wichtige Rolle als Heilmittel spielte. In der Volksmedizin wurde die Pflanze frisch, getrocknet oder als Öl bei Appetitlosigkeit, Blähungen, Fieber, Husten, Migräne, Nervosität, Schlaflosigkeit und Verdauungsstörungen eingesetzt. Sogar in der Diplomatie Genuas spielte es eine Rolle [1]: Als Verhandlungen zwischen dem Gesandten der Republik Genua und dem Herzog von Mailand ins Stocken gerieten und ein Scheitern drohte, überreichte der Unterhändler dem Herzog einen Basilikumzweig und sagte:" *Dieses Kraut hat eine bemerkenswerte Eigenheit: Sanft berührt, riecht es angenehm; zerreibt Ihr es aber, so verbreitet es einen unangenehmen, ja widerlichen Geruch. Und genauso wie mit diesem Kraut verhält es sich mit den Genuesen.*" Der Verhandlungserfolg soll sich nach diesem „Wink mit dem Basilikum" sofort eingestellt haben. Kein Wunder also, dass die Genuesen fest davon überzeugt sind, dass bei ihnen das beste Basilikum der Welt wächst, und zwar auf jedem Balkon und in jedem Garten Liguriens. Aber auch in unseren Breiten können wir Pesto aus frischem Basilikum herstellen und damit Nudeln oder Suppen *alla genovese* zubereiten. Das macht Riesenspaß, geht schnell, ist kinderleicht und das Resultat ist umwerfend. Kurzum: ein Idealgericht, das es wert ist, aus chemischer Sicht genauer betrachtet zu werden.

Das Basilikum (*Ocimum basilicum*)

Jeder Feinschmecker schwärmt von der Familie der Lippenblütler, denn dazu gehören so prächtige Küchenkräuter wie Majoran, Oregano, Bohnenkraut, Salbei, Thymian, Minze, Zitronenmelisse und Rosmarin [2]. Die beliebtesten Lippenblütler gehören zur Gattung *Ocimum* (gr. *ozein* = riechen) [3], mit über 60 Arten, wobei das *O. basilicum* die größte Bedeutung hat [4]. Der Name geht auf das griechische Wort *basilieus* (König) zurück, wohl als Ausdruck besonderer Wertschätzung der Pflanze und deren vielseitiger Anwendung. Auch die deutsche Bezeichnung Königskraut und das französische *herbe royale* sind Lehnübersetzungen des griechischen Namens.

Neben Petersilie und Schnittlauch gehört Basilikum heute zu den wirtschaftlich wichtigsten Kräutern. Ein großer Teil wird frisch verwendet, und zusätzlich werden jährlich fast 50 Tonnen etherisches Basilikumöl [5] gewonnen, das zur Aromatisierung von Speisen, Kosmetik- und Pharmaprodukten verwendet wird.

O. basilicum gibt es in einer Vielzahl von Varietäten und Formen, die sich im Wuchs, in der Blüten- oder Blattfarbe, Blattform und -größe und in der Zusammensetzung des etherischen Öls voneinander unterscheiden. Durch Neuzüchtungen und Kreuzungen ergibt sich insgesamt ein verwirrendes Bild der pflanzlichen Vielfalt [6]. In unserer Küche wird fast ausschließlich das Basilikum des europäischen Typs (auch als Mittelmeertyp oder Genoveser bezeichnet) verwendet [7] (Abbildung 2).

Basilikum kann man in unseren Breiten auf dem Balkon anbauen: ab März die Samenkörner mit wenig Erde bedecken (Lichtsamer), im Frühbeetkasten oder Topf auf dem Blumenfenster vorziehen und ab Mai ins Freie aussetzen. Wem das zu aufwendig ist, der kann im Handel erhältliche Basilikumtöpfe nach den Spätfrösten im Mai in Blumenkästen umpflanzen. Das einjährige, ca. 30-50 cm hoch wachsende Basilikum wächst fast von allein, wenn es keinen Frost, aber viel Sonne und regelmäßig Wasser bekommt. Die Triebspitzen sollten man immer wieder auskneifen, damit die Pflanze buschig wächst. Im Juli, kurz vor der Blüte, schmeckt Basilikum am besten [8], da nach der Blüte der Gehalt an etherischen Ölen abnimmt und die Blätter fester und bitterer werden (Abbildung 1). Die Blüte kann durch Zurückschneiden der Blütenknospen verzögert werden. Bei zu üppiger Ernte können die Blätter in kleinen Portionen eingefroren werden.

Basilikum, warum riechst Du so gut?

Bis auf geringe Variationen beruht der Stoffwechsel aller Lebewesen auf einer identischen chemischen Basis. Die Grundbausteine, die zur Aufrechterhaltung des Stoffwechsels und zum Zellaufbau notwendig sind (Fette, Kohlenhydrate, Aminosäuren, Nukleinsäuren), bezeichnet man als Primärmetaboliten. Zusätzlich gibt es noch eine große Zahl von Naturstoffen, die nur von einer oder wenigen Arten hergestellt werden. Diese Verbindungen bezeichnen wir als Sekundärmetaboliten. Dazu ein Beispiel: Nur südamerikanische Chinarindenbäume können Chinin herstellen, kein anderes Lebewesen bringt das fertig [9]! Alleiniger Sinn der aufwendigen Synthese von Sekundärmetaboliten ist das bessere Abschneiden im täglichen Überlebenskampf [10].

Auch Basilikum riecht und schmeckt einzigartig. Die Mühe der Herstellung des etherischen Öls zahlt sich für diese Pflanze auf zweierlei Weise aus: Einmal lockt der Duft bestäubende Insekten an und sichert so den Fortbestand der Art [11]. Zum anderen schützt das aromatische Öl auch das Individuum, denn vielen Pflanzen fressenden Insekten liegt der intensive Geschmack der Blätter nicht, und sie suchen ihre Nahrung anderswo. Schädliche Mikroorganismen tötet das Basilikum mit seinem etherischen Öl sogar direkt.

Aus welchen chemischen Verbindungen besteht das Basilikum-Aroma? Abbildung 3 zeigt die Gas-Chromatogramme von zwei etherischen Basilikumölen aus verschiedenen Herkunftsländern, den Komoren [12] (Reunion-Typ) und Ägypten (Mittelmeertyp). Beide Öle wurden durch Wasserdampfdestillation aus *O. basilicum* gewonnen, riechen aber völlig unterschiedlich. Kein Wunder, denn wie schon ein erster Blick auf die Chromatogramme zeigt, haben beide Öle unterschiedliche Hauptbestandteile: der Mittelmeertyp Linalool (*1*) und der Reunion-Typ Methylchavicol (*3*).

Eine Analyse der vielen Inhaltsstoffe [13] erklärt die Eigenschaften des etherischen Basilikumöls. Campher, Eugenol [14], α- und β-Pinen [15] und andere Bestandteile

Abb. 2 *Die Blattvielfalt innerhalb der Gattung Ocimum.*
Von links nach rechts, oben jeweils die Blattober- und unten die Blattunterseite:
Europäischer oder Mittelmeer-Typ (O. basilicum)
African Blue (Kreuzung aus O. kilimandscharicum und O. basilicum)
Zitronenbasilikum (O. americanum)
Mexikanisches Gewürzbasilikum (O. basilicum)
Siam Queen (O. basilicum)
Wildes Basilikum (Baumbasilikum, O. gratissimum)

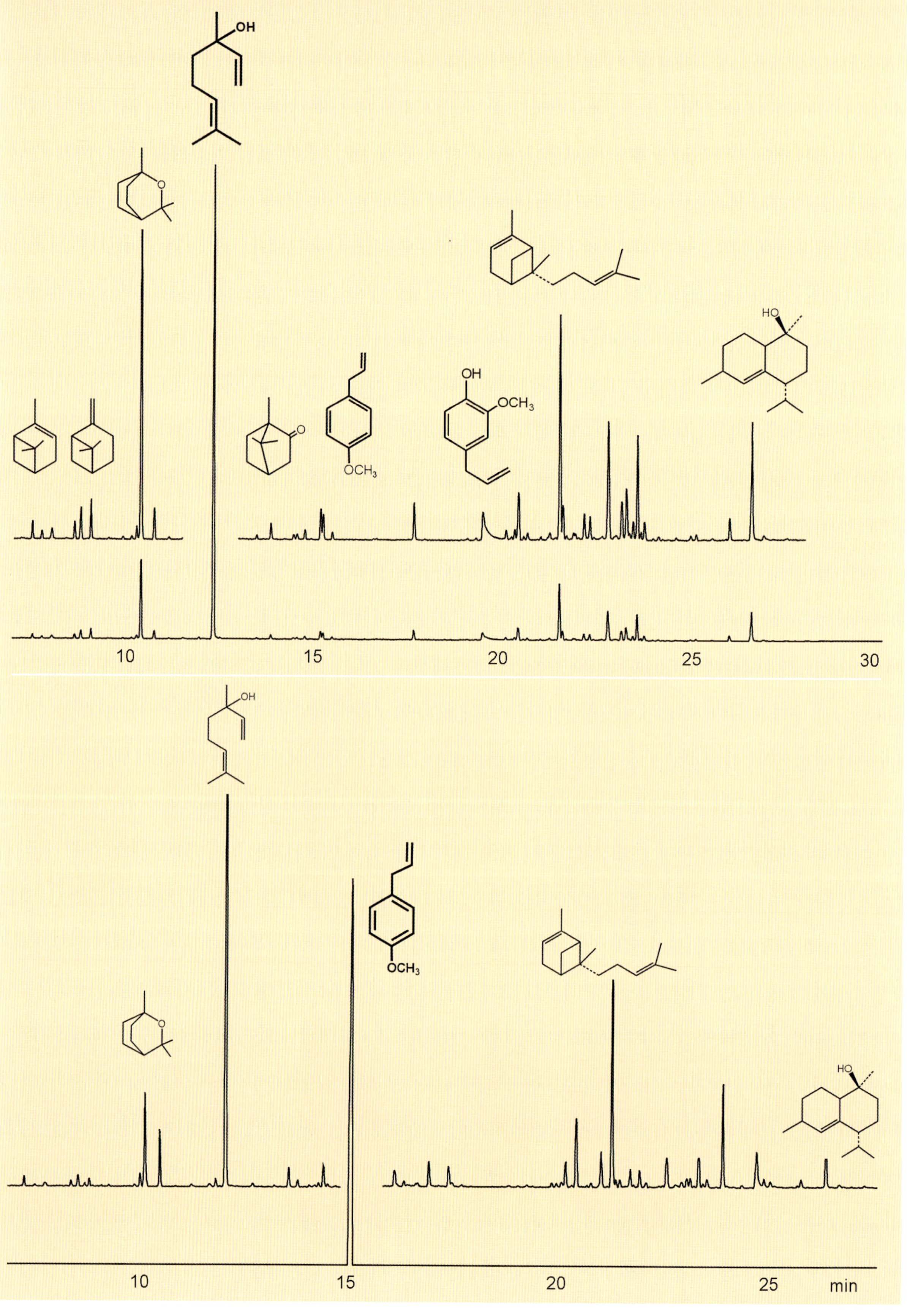

oben: Mittelmeer-
typ (Herkunfts-
land Ägypten), die
Hauptkomponen-
te ist Linalool, da-
neben sind die
Strukturformeln
einiger weiterer
Inhaltsstoffe an-
gegeben. Von
links nach rechts:
α-Pinen, β-Pinen,
1,8-Cineol (Euca-
lyptol), Linalool,
Campher, Me-
thylchavicol
(Estragol), Eu-
genol, α-Berga-
moten, τ-Cadinol.
unten: Reunion
(Herkunftsland
Komoren), die
Hauptkomponen-
te ist Methyl-
chavicol.

ABB. 3 | GAS-CHROMATOGRAMME ZWEIER ETHERISCHER BASILIKUMÖLE

wirken bakterizid, fungizid und gegen Wurm- und Insektenbefall [16] und schützen die Pflanze vor Schädlingen. Für Feinschmecker steht natürlich das Aroma und der Geschmack im Vordergrund, und hier zeigt der Vergleich der beiden Basilikumöle aus verschiedenen Ländern die große Bandbreite der chemischen Zusammensetzung. Im Gegensatz zur Klassifizierung von Varietäten oder Sorten nach Wachstum, Farbe und Blattgröße ist für den Feinschmecker vor allem der Chemotyp entscheidend, d.h. welche Verbindungen im aromagebenden Öl dominieren. Folgende Chemotypen mit ihren Hauptinhaltsstoffen werden kommerziell unterschieden:

- Europa (Mittelmeertyp, Genoveser): Linalool (*1*) und geringere Mengen 1,8-Cineol (*2*, Eukalyptol) und Methylchavicol (*3*, Estragol).
- Reunion-Typ (Komoren, Thailand, Madagaskar und Vietnam): Methylchavicol (*3*)
- Tropisch (Indien, Pakistan und Guatemala): Zimtsäuremethylester
- Nordafrikanisch (auch ehemalige UdSSR): Eugenol (*4*).

Diese Einteilung ist grob, denn die Inhaltsstoffe und deren Mengenverhältnisse werden nicht nur von der geographischen Herkunft, sondern auch von der jeweiligen Bodenbeschaffenheit, dem Mikroklima und anderen Umweltbedingungen und Anbautechniken bestimmt.

Die Biosynthese

Alle Bestandteile des Basilikumöls kommen auch in anderen Pflanzen vor (Infokasten rechts), allerdings stellt das Basilikum aus den chemischen Komponenten wie ein Parfumeur seinen eigenen, einzigartigen Duft zusammen. Beispielhaft soll hier die Biosynthese der unterschiedlichen Hauptkomponenten des Mittelmeer- und des Reunion-Chemotyps gezeigt werden [17].

Linalool

Diese C_{10}-Verbindung (Infokasten S. 46) ist Hauptbestandteil der etherischen Öle von Basilikum und Koriander und kommt in geringen Mengen auch in Zimt, Ingwer, Bohnenkraut, Lorbeer, Majoran und Thymian vor. Linalool (*1*) ist ein Monoterpen, dessen Kohlenstoffgerüst sich formal aus zwei Isopreneinheiten zusammensetzt. Bei der Biosynthese werden aus drei Molekülen Essigsäure über das Zwischenprodukt der Mevalonsäure (*5*) zwei biochemisch reaktive Isopren-Analoga hergestellt. Aus beiden C_5-Bausteinen entsteht über mehrere Reaktionsstufen das Linalool (*1*).

Methylchavicol (Estragol)

Methylchavicol (*3*) gehört zu den Phenylpropanoiden, die sich aus Phenylalanin (*11*) bilden. In einem ersten Reaktionsschritt katalysiert das Enzym Phenylalanin-Ammoniak-Lyase (PAL) die Abspaltung von Ammoniak unter Bildung von Zimtsäure (*12*). Ausgehend von der Zimtsäure wird die C_3-Seitenkette chemisch modifiziert und/oder über Oxidationen werden im Phenylring Hydroxylgruppen eingeführt, die schrittweise methyliert werden (Infokasten S. 47).

DER VERFÜHRERISCHE DUFT DER KÜCHENKRÄUTER

Ihre Duftkomponenten stellen Küchenkräuter auf zwei biochemisch völlig verschiedenen Wegen her. Die Aminosäure Phenylalanin ist die Ausgangsverbindung für die Phenylpropanoide mit intaktem (aromatischem!) Benzolring. Die Terpene bilden die zweite Verbindungsklasse, die durch Verknüpfung der biochemisch „aktiven" Isoprenmoleküle [33] IPP (Isopentenylpyrophosphat) und DMAPP (Dimethylallylpyrophosphat) entstehen. In den entstehenden Produkten sind die C_5-Isopreneinheiten relativ einfach zu erkennen und hier farblich voneinander abgetrennt. Auf beiden unabhängigen Synthesewegen werden die Grundkörper Zimtsäure bzw. Geranylpyrophosphat über einfache Reaktionen wie Oxidation, Hydrierung, Ringbildung etc. in eine Vielzahl von Verbindungen umgewandelt. In einigen Kräutern, z.B. im Anis, dominieren die Phenylderivate, beim Koriander aber die Terpene. Das Basilikum kreiert seinen charakteristischen Duft aus Verbindungen sowohl aus Terpenen als auch aus Phenylpropanoiden. Die hier aufgeführten Verbindungen stellen nur eine kleine (!) Auswahl der synthetischen Vielseitigkeit der Küchenkräuter dar [34].

Phenylpropanoide

Anis
Fenchel

Dill
Petersilie

Muskatnuss
Piment
Sternanis

Lorbeerblätter
Majoran
Zimt

Anis
Basilikum
Estragon
Majoran

Phenylalanin

Zimtsäure

Basilikum
Gewürznelke
Lorbeerblätter
Piment

Anis
Fenchel
Sternanis

Zimt

Vanille

Anis
Fenchel

Terpene

Dill
Kümmel
Pfefferminz

Estragon
Fenchel
Rosmarin

Basilikum
Beifuß
Piment

Koriander
Majoran
Petersilie

IPP

DMAPP

Basilikum
Ingwer
Thymian

Lorbeerblatt
Majoran
Muskat

Basilikum
Rosmarin
Salbei
Zimt

Bohnenkraut
Gewürznelke
Piment
Wacholder

Koriander
Muskat
Wacholder
Beifuß

Bohnenkraut
Ingwer
Muskat
Salbei

Experimenteller Teil

Kulinarische Vorschriften sind im Vergleich zu denen der chemischen Synthese meist vage, weswegen für ein Gericht oft Hunderte verschiedener Rezepte existieren. Dafür haben Kochrezepte den unschätzbaren Vorteil, dass sie nie völlig daneben gehen werden, sondern immer etwas mehr oder weniger Schmackhaftes herauskommt [18]. Mit der Übung verbessert sich dann das Gericht, denn es entspricht immer mehr den persönlichen Vorstellungen der Köchin oder des Kochs. Am Ende dieses *trial-and-error*-Prozesses kann dann aus der folgenden orientierenden Vorschrift meiner Frau „Ihr" Rezept werden. Probieren Sie es!

Pesto Annelie alla Genovese

Zutaten:
ein großes Bund Basilikum (*Ocimum basilicum*)
drei Esslöffel Pinienkerne
ein bis zwei Zehen Knoblauch
gutes Olivenöl
ein Teelöffel Salz
ein Teelöffel frisch (!) geriebener Parmesan

Die abgezupften Basilikumblätter mit einer Küchenschere grob zerkleinern. In einem Mörser drei Esslöffel Pinienkerne zerstoßen, mit gutem kaltgepressten Olivenöl versetzen [19]. Die zerkleinerten Basilikumblätter dazugeben und weiter verreiben, bis eine geschmeidige Paste entsteht. Olivenöl bei Bedarf zugeben. Zuletzt einen Esslöffel frisch geriebenen Parmesan hinzugeben und gut verrühren. Das nunmehr fertige Pesto in ein fest verschließbares Glas füllen und die Oberfläche mit einer Olivenölschicht bedecken. So kann Pesto für längere Zeit im Kühlschrank aufbewahrt werden. Sollte die Paste eingedickt sein, Olivenöl nachfüllen.

Anmerkungen

1. *Im Handel gekauftes Basilikum sollte gewaschen und wirklich sorgfältig mit Küchenpapier getrocknet werden. Selbstgezogenes Basilikum kann ungewaschen verwendet werden.*

2. *Man kann die Zutaten auch im Pürierstab oder Mixer zerkleinern. Das geht schneller und ist weniger anstrengend. Sie sollten dabei aber bedenken, dass beim maschinellen Zerkleinern erhebliche Wärme frei wird, wodurch ein Teil der flüchtigen Verbindungen verlorengeht. Eine gleichmäßige Pürierung ist auch nicht das Ziel, denn Pesto ist kein Ketchup und soll durchaus einen*

BIOSYNTHESE VON LINALOOL

Linalool ist die Hauptkomponente europäischen Basilikums. Die Biosynthese dieser Verbindung erfolgt über Mevalonsäure (*5*) und geht von drei Molekülen Essigsäure (genauer Acetyl-Coenzym A) aus. Mit Hilfe des Enzyms Mevalonat-5-diphosphatdecarboxlase wird unter Abspaltung von CO_2 das Isopentenylpyrophosphat (IPP, *6*) [27] gebildet, das teilweise in Gegenwart der IPP-Isomerase in das isomere Dimethylallylpyrophosphat (DMAPP, *7*) umgelagert wird [28]. Nur DMAPP kann unter Abspaltung eines Diphosphat-Anions ein mesomeriestabilisiertes Carbokation (*8*) bilden. Dieses ist trotz der Stabilisierung hochreaktiv und würde mit Wasser und mit vielen darin enthaltenen Substraten unkontrolliert reagieren. Deswegen wird dieses Kation nur in einer tiefen Tasche des Enzyms Prenyltransferase gebildet, wo es keinen unerwünschten Kontakt zu Wasser und anderen Basen hat. In dieser Enzymtasche abgeschirmt greift das Kation elektrophil die Doppelbindung eines IPP-Moleküls an [29], wobei zwei C_5-Bausteine zu einem C_{10}-Molekül (Geranylpyrophosphat) unter Bildung einer C-C-Bindung verknüpft werden [30]. Im Pflanzenreich werden ausgehend vom Geranylpyrophosphat in wenigen einfachen Reaktionsschritten viele Duftstoffe erzeugt, z.B. Geraniol (Geranie), Citronellol (Rose) und Geranial (Zitrone). Das Basilikum isomerisiert Geranyldiphosphat zunächst in Linaloylpyrophosphat, das dann zu Linalool hydrolysiert wird.

Viele der anderen Inhaltsstoffe im Basilikumöl sind Mono- und Sesquiterpene. Mengenmäßig und sensorisch bedeutende Monoterpene sind 1,8-Cineol (Eucalyptol) , α- und β-Pinen, Limonen, Caryophyllen und Campher sowie die Sesquiterpene trans-α-Bergamoten und τ-Cadinol.

Warum riechen wir Menschen nicht nach Rose oder Basilikum? Die Antwort ist einfach, wir haben es zum Überleben nicht nötig, denn zur Fortpflanzung müssen wir keine Insekten anlocken, und Raupen knabbern uns auch nicht an. Deswegen waren wir nie einem entsprechenden Selektionsdruck ausgesetzt. Allerdings stellen auch wir, wie die Pflanzen, Geranylphosphat her, das jedoch mangels entsprechender Enzyme nicht zu Duftstoffen, sondern zu den für uns lebenswichtigen Triterpenabkömmlingen (z.B. Cholesterol, Sexual- und Nebennierenrindenhormone) weiterverarbeitet wird.

leicht krümeligen Charakter besitzen [20]. Die im Labor üblichen Porzellanmörser [21] sind dafür ideal, denn der Druck und die Scherkräfte des Pistills zusammen mit den scharfkantigen Salzkristallen und den harten Pinienkernen zerreißen die Faserstoffe und setzen das etherische Öl frei. Da das Basilikum beim Mörsern mit Olivenöl bedeckt ist, lösen sich die flüchtigen, unpolaren Aromastoffe sofort im Olivenöl. Aus dem Zusammenspiel von körperlicher Anstrengung, dem aus dem Mörser aufsteigenden Basilikumduft und der mit dem Pistill gespürten Konsistenz des Pestos entwickelt sich eine körperlich-sinnliche Beziehung zwischen Feinschmecker und ihrem oder seinem Pesto. Welch ein Genuss!

3. Die Pinienkerne können vor dem Zermörsern in der Pfanne leicht geröstet werden.

4. Einige Autoren ersetzen Parmesan durch Pecorino, andere verwenden Mischungen beider Käsesorten. Das ist Geschmackssache. Echter Parmesan (Parmigiano Reggiano) ist ein Käse aus Kuhmilch und muss aus den Provinzen Parma, Emilia, Modena, Mantua oder Bologna stammen. Er schmeckt nie scharf, sondern pikant nussig. Pecorino ist ein überall in Italien hergestellter Schafskäse, der je nach Herkunft romano, toscana oder sardo eine speziell typische Note besitzt.

5. Der Parmesan oder Pecorino sollte immer frisch gerieben werden, Sie wollen doch nicht von vornherein auf die Hauptmenge der Aromastoffe verzichten?

6. Die entstandene Masse vor Zugabe des Käses kann eingefroren und nach dem Auftauen wie üblich weiterverarbeitet werden.

Mit Pesto lassen sich Suppen (Minestrone) und Fischgerichte verfeinern, klassisch aber ist das Unterheben unter frisch gekochte Pasta. Dann erhält man eine köstliche Vorspeise, ein leichtes Abendbrot oder einen leckeren Sattmacher für die ganze Familie [22]. Kochen Sie Spaghetti oder noch besser eine eleganter aussehende Nudelsorte [23] in kochendem Salzwasser al dente [24], geben Sie eine Portion davon auf einen vorgewärmten Teller und mi-

schen 1-2 Teelöffel Pesto unter [25]. Zum Schluss frischen Parmesan oder Pecorino darüber streuen. Wenn dann der ganze Raum mit dem Duft des Basilikums erfüllt ist, gießen Sie ein Glas trockenen (natürlich italienischen) Rotwein ein. Schließen Sie die Augen, atmen tief die Monoterpene ein und lassen vor Ihrem geistigen Auge die Isopren-Einheiten tanzen. Schöner kann man Chemie nicht genießen!

Zusammenfassung

Eine schmackhafte Küche ohne Kräuter ist undenkbar, denn erst durch sie bekommen viele Gerichte den richtigen Pfiff. Basilikum steht auf der Beliebtheitsskala ganz weit oben, und tatsächlich werden Nudeln erst mit Pesto alla Genovese zu einem lukullischen Genuss. Für den Connaisseur aber ist es viel mehr: ein biochemisches Meisterwerk, denn das Basilikum muss sich kräftig abmühen, um sein unverwechselbares Duftbukett aus sensorisch eher belanglosen Vorstufen herzustellen. Unsere Bewunderung für die vollbrachte Leistung steigert den Genuss und entschädigt reichlich für die Mühsal beim Erlernen der chemischen Grundlagen. Bon appetito!

Summary

A tasteful cuisine without herbs is unthinkable, because they are often the only way to ginger up a meal. Basil is at the top of the popularity-scale and noodles, for example, only turn into a delicacy when Pesto alla Genovese has been added. This is even truer for the connoisseur. Basil is a real biochemical masterpiece, since it must struggle so hard in order to produce its distinctive bouquet odour from rather insignificant sensory compounds. Admiration for the plant's achieved performance only increases the pleasure and amply compensates for the difficulty learning the chemical basis. Bon appetito!

BIOSYNTHESE VON METHYLCHAVICOL (ESTRAGOL)

COOH — NH₂ → (Phenylalanin) →

$$\text{Phenylalanin (11)} \xrightarrow[\text{PAL}]{-\text{NH}_3} \text{Zimtsäure (12)} \xrightarrow[\text{P 450}]{\text{Oxidation}} \xrightarrow[\text{SAM}]{\text{Methylierung}} \xrightarrow{\text{Reduktion}} \text{Anethol (13)} + \text{Methylchavicol (3)}$$

Phenylalanin (11)   Zimtsäure (12)   Anethol (13)   Methylchavicol (3)

Das etherische Basilikumöl des Reunion-Chemotyp enthält Methylchavicol (3, Estragol) als Hauptkomponente, das im Mittelmeertyp nur in geringen Anteilen vorkommt. Methylchavicol ist zwar eine C₁₀-Verbindung, aber kein Terpen, denn das Kohlenstoffgerüst ist nicht aus zwei Isopreneinheiten entstanden, sondern aus der Aminosäure

Phenylalanin (11) [31]. Dabei ist der erste Reaktionsschritt die Abspaltung von Ammoniak durch das Enzym Phenylalanin-Ammoniak-Lyase (PAL). Die dabei entstehende Zimtsäure [32] wird in Gegenwart von Cytochrom P-450 durch molekularen Sauerstoff in para-Stellung hydroxyliert und dann methyliert. Die Reduktion des Zimtalkohols kann

zu zwei Isomeren führen, dem Anethol (13) und dem Methylchavicol (3). Anethol ist der Hauptinhaltsstoff von Anis, Sternanis und Fenchel und Methylchavicol kommt vor allem im Basilikum vom Reunion-Typ und im Estragon vor.

Pesto alla genovese, das kulinarisch-chemische Wunderwerk

Quelle: PhotoDisc, Inc.

Danksagung

Bei der Fa. Sensient Essential Oils in Bremen möchte ich mich für Proben verschiedener Basilikumöle bedanken. G. Katzer von der Humboldt-Universität Berlin danke ich für die Abdruckgenehmigung seiner schönen Pflanzenaufnahmen. Seine kenntnisreiche Webseite hat die Recherche zu diesem Aufsatz wesentlich erleichtert [26]. Dr. H. Bauer, Schering AG Berlin, danke ich für seine wertvollen Ratschläge und T. Kolrep von der Freien Universität Berlin für die Hilfe und Geduld bei der Aufnahme und Interpretation der GC/MS Spektren.

Literatur und Anmerkungen

[1] Kräuter aus Nellys Küchengarten, N. Hartmann, **1990**, Albert Müller Verlag, Rüschlikon-Zürich.

[2] Das Standardwerk für den Kräuterfreund: *Kräuter*, K. Greiner und A. Weber, **2006**, Gräfe und Unzer, München.

[3] *A. Patton, Kew Bull.* **1992**, *47*, 403.

[4] Zwar gilt das Aroma des Mittelmeer-Basilikums als das hochwertigste, aber diese Bewertung drückt den europäischen Geschmack aus. Allein in Thailand werden drei verschiedene Ocimum-Arten in der Küche verwendet: *horapha* ist eine süßliche Sorte mit starkem Anischarakter, *krapao* das streng und pfeffrig schmeckende sogenannte heilige Basilikum und *manglak*, das Zitronenbasilikum. In anderen Ländern gibt es noch viele andere Basilikumsorten, die z.B. nach Zimt, Gewürznelken, nach Campher, Limetten usw. riechen.

[5] Insgesamt eignen sich etwa 2000 Pflanzen zur technischen Gewinnung von etherischen Ölen. Die Pflanzen oder Pflanzenteile werden einer Wasserdampfdestillation unterworfen, wobei die Öle zusammen mit Wasser überdestillieren und sich in der Vorlage voneinander trennen. Im Englischen und Französischen werden die etherischen Öle als essential oils bzw. huiles essentielles bezeichnet, da früher irrtümlich angenommen wurde, dass diese Öle für Pflanze „essentiell" waren bzw. deren „Essenz" darstellten.

[6] A. Patton und E. Putievsky, *Kew Bull.* **1996**, *51*, 509.

[7] Im Englischen wird diese Sorte etwas irreführend als sweet basil bezeichnet, obwohl dies auf einige asiatische Varietäten besser zutreffen würde.

[8] Am besten schmeckt am frühen Morgen geerntetes Basilikum.

[9] Vor allem von der Syntheseleistung des gelben Chinarindenbaums (*Cinchona officinalis*) hat die Menschheit erheblich profitiert. Über Jahrhunderte war Chinin das einzige wirksame Antimalariamittel, und heute verleiht es dem Tonic Water seinen charakteristisch bitteren Geschmack.

[10] E. Pichersky et al, *Science*, **2006**, *311*, 808.

[11] So wird auch die stark reduzierte Synthese von Duftstoffen nach der Blüte verständlich: Die Pflanze braucht die Insekten nicht mehr.

[12] Die Komoren sind eine Inselgruppe zwischen Ostafrika und Madagaskar.

[13] M. Marotti, *J. Agric.Food Chem.* **1996**, *44*, 3926; J.E. Simon et al. in Perspectives on new crops and new uses, J. Janick (ed.), **1999**, 499, ASHS Press, Alexandria, VA, USA; J. Grayer et al. *Phytochemistry* **1996**, *43*, 1033.

[14] Eugenol ist Hauptbestandteil des Gewürznelkenöls.

[15] Die beiden Pinene sind die Hauptbestandteile von Terpentin, das durch Destillation von Baumharz gewonnen wird. Das Baumharz verschließt Wunden in der Rinde und wirkt gegen alle möglichen Insekten, Pilze und Mikroorganismen.

[16] J.E. Simon et al in Advances in New Crops (J. Janick und J.E. Simon, eds) **1990**, Timber Press, Portland.

[17] Chemical Aspects of Biosynthesis, J. Mann, **1999**, Oxford University Press, Oxford, Medical Natural Products, P.M. Dewick, **2002**, John Wiley, Chichester.

[18] Leider gibt es bei Kochbüchern kein *peer-review*-System, das verhindern würde, dass sich wenigstens die dicksten Fehler nicht durch Abschreiben über mehrere Kochbuchgenerationen fortpflanzen.

[19] Gutes Olivenöl muss nicht teuer sein. Die Stiftung Warentest hat 2005 folgende Olivenöle mit „Gut", die ersten drei davon sensorisch mit „Sehr Gut" bewertet: Olio Santini, Extravergine Di Oliva Toscano € 32,50/Liter; Gaea, Natives Olivenöl Extra aus Kreta (kaltextrahiert) € 12,60/Liter; Bancetto (Edeka), Natives Olivenöl extra aus Kreta (kaltextrahiert) € 8,00/Liter; Füllhorn (Rewe), Natives Olivenöl extra-Öko € 10,00/Liter; Luccese (Lidl), italienisches natives Olivenöl extra € 5,60/Liter. Solche Tests können ihre eigene Urteilskraft nicht ersetzen, so dass probieren eben über studieren geht.

[20] Warum ist klar: Die etwas größeren Blattstückchen verfangen sich im Mundraum am Gaumen und zwischen den Zähnen und geben ihr Aroma noch über eine längere Zeit ab und verlängern so den Essgenuss.

[21] In Gourmet-Shops werden Mörser aus Marmor und Pistill aus Holz empfohlen. Vergessen Sie es, Porzellan ist perfekt.

[22] Pesto mit Pasta kann man wunderbar mit Kindern zubereiten. Dann werden alle Zutaten (evt. ohne Knoblauch) wegen der Ungeduld der hungrigen Feinschmecker im Mixer zerkleinert. Bei Kindern sind – warum auch immer – nach wie vor Spaghetti der Nudelfavorit.

[23] Zugegeben, die Nudelform ist eine Wissenschaft für sich, aber probieren Sie es doch selbst. Pesto schmeckt am besten mit ligurischen Trenetti, die aussehen wie etwa 3 mm breite, rechteckig gedrückte Spaghetti bzw. schmale Tagliatelli. Die Form der Trenetti hat genau das richtige Verhältnis von Oberfläche zu Volumen für die optimale Aufnahme von Pesto, nicht zu groß wie bei Farfalle oder Maccaroni und nicht zu klein wie bei Spaghetti.

[24] Heute wollen schon Fünfjährige Tomatensauce nur mit Spaghetti *al dente* (mit Biss) essen. Selbstverständlich gehören keine aufgedunsenen Nudeln auf den Tisch, aber in einigen Zeitgeist-Restaurants werden die Nudeln scheinbar nur noch blanchiert, so dass sie beim Zerkauen knacken. Nudelkochen wird eben auch von der Mode bestimmt, vor fünfzig Jahren empfahlen Kochbücher der amerikanischen Hausfrau: „Man werfe ein paar Nudeln an die Wand – bleiben sie kleben, sind sie gar".

[25] Pesto ist sehr aromaintensiv und sollte vorsichtig zugegeben werden.

[26] www.uni-graz.at/~katzer/germ/Ocim_bas.html

[27] Pyrophosphorsäure $(HO)_2\text{-}P(O)\text{-}O\text{-}P(O)(OH)_2$ wird heute als Diphosphorsäure bezeichnet, die alte Abkürzung PP wird aber weiter verwendet.

[28] Das Enzym IPP-Isomerase stellt ein Gleichgewicht zwischen beiden Isomeren her, wobei das DMAPP thermodynamisch stabiler ist.

[29] Obwohl der Angriff des Kations an das endständige Kohlenstoffatom durch die sterische Verhältnisse im Enzymkomplex vorgegeben ist, entspricht dieser Angriff der bekannten Markownikow-Regel.

[30] An das Geranylpyrophosphat kann erneut ein C_5-Kation elektrophil angreifen und es entsteht das Kohlenstoffgerüst eines Sesquiterpens mit 15 Kohlenstoffatomen.

[31] Chemische Demut gegenüber Pflanzen ist hier angebracht, denn Tier und Mensch können das für sie essentielle Phenylalanin selbst nicht herstellen, sondern müssen diese Aminosäure mit der pflanzlichen Nahrung aufnehmen. Unsere sinnliche Freude an Kräutern wie Basilikum kann auch so interpretiert werden, dass wir unbewusst mit der Nase die Pflanzen als mögliche Nahrungsquelle bewerten. In diesem Fall deutet der kräftige Geruch nach Methylchavicols auf vorhandenes Phenylalanin hin, für uns ein lebenswichtiger Nahrungsbestandteil. Siehe : S.A. Goff et al., *Science*, **2006**, *311*, 815.

[32] Durch eine einfache Reduktion der Carbonsäure entsteht Zimtaldehyd, der Hauptbestandteil der Rinde des Zimtbaums (*Cinnamomum zeylanicum*).

[33] Isopren (C_5H_8) ist 2-Methyl-1,3-butadien

[34] Naturwissenschaftliche Grundlagen der Lebensmittelzubereitung, W. Ternes, **1990**, Behr's Verlag, Hamburg.

Die Lakritzschnecke

Das genüssliche Abrollen und stückweise Vernaschen einer Lakritz-schnecke ist der schmackhafteste Weg, die eigene Zunge tiefschwarz zu färben. Aber Lakritze kann noch mehr: „Ein schwarzer Mund ist dem Magen gesund", mit diesem Motto warb die Firma Haribo Ende der Fünfziger Jahre um die Gunst der Käufer, und tatsächlich sind die Wurzeln des Süßholzes, aus der Lakritze gewonnen wird, eine der ältesten Drogen. Im Folgenden wollen wir die Chemie dieser gesunden Köstlichkeit näher ergründen.

Süßholz (*Glycyrrhiza glabra*) ist ein in allen Kulturen bewährtes Heilmittel. Bereits um 2800 Jahre v. Chr. wird es in der chinesischen Medizin verwendet, im Codex Hammurabi, im Papyrus Eber, in den Schriften von Theophrast und Plinius und den Büchern von Hildegard von Bingen wird es bei Magenerkrankungen, als schleimlösendes Hustenmittel und bei vielen anderen Erkrankungen empfohlen. Bis heute sind Süßholz und Lakritze geschätzte Heilmittel, die auch Eingang in unsere bildreiche Sprache gefunden haben: wer einem Mitmenschen mit wohltuenden Komplimenten schmeicheln will, der muss „Süßholz raspeln".

Wie entsteht eine Lakritz-schnecke?

Süßholz ist eine etwa 1m große Staude, die auf sandigen Böden in den gemäßigten und subtropischen Teilen des Mittelmeerraumes, im Vorderen Orient, in Russland bis nach China wächst. Auch um Bamberg baute man Süßholz bis ins 19. Jahrhundert an [1]. Im Herbst werden die Nebenwurzeln freigelegt, abgeschnitten, zerkleinert und mit kochendem Wasser ausgekocht. Den schwarzen, glasartigen Rückstand nach dem Eindampfen des wässrigen Extrakts bezeichnet man als Blocklakritze. Zur Herstellung einer schmackhaften Lakritze wird die Blocklakritze mit Wasser, Mehl, Rohrzucker, Glucosesirup, Pflanzenöle und Geschmacks- und Farbstoffen gekocht und innerhalb von 3-6 Stunden zu einer Lakritzmasse mit ca. 30% Wassergehalt eingedampft. Diese Lakritzpaste wird anschließend für 6-24 Stunden bis zu einem Wassergehalt von ca. 13-18% getrocknet.

Lakritzekochen ist zwar im Prinzip ein einfaches Quellen und Verkleistern des Mehls, aber die Herstellung einer hochwertigen Lakritze ist eine Kunst. Hochwertige Rohprodukte werden während des Kochprozesses mit Gewürzen wie Ammoniumchlorid (Salmiak) als salzig-bitterem Geschmacksverstärker und etherischen Ölen, vor allem Anisöl [2], geschmacklich verbessert. Aber nicht allein das Rezept, auch die Zubereitung (Kochtemperatur, Kochdauer etc.) bestimmen Qualität und Charakter der Lakritze.

Zur Herstellung von Lakritzschnecken wird die warme Weichlakritzmasse zu Schnüren gepresst, in 70 cm lange Stücke geschnitten und anschließend zu Schnecken aufgerollt. Zum krönenden Abschluss verleiht eine Schicht Bienen- und Carnaubawachs [3] den Schnecken den verführerischen Glanz.

Vom Versuch Lakritzschnecken in Heimarbeit herzustellen, muss abgeraten werden, da das Ziehen einer Schnur mit einem gleichmäßigen Durchmesser von 3-4 mm aus warmer Lakritzmasse Ungeübten nur schwer von der Hand geht. Die Konstruktion und der Bau einer Lakritzschneckenaufrollmaschine war ein Geniestreich des Ingenieurs Hans Riegel Anfang der 50iger Jahre. Das 100 m lange Ungetüm produzierte so viele Schnecken wie sonst 200 Arbeiterinnen geschafft hätten. Diese Massenproduktion kam zur rechten Zeit, denn die Deutschen futterten in den Siebziger Jahren über 100 Millionen Lakritzschnecken im Jahr und die Firma Haribo [5] wurde dank ihrer Lakritzschneckenaufrollmaschine zum Marktführer [6] .

Abb. 1 *Der kolorierte Stich zeigt neben der Süßholzpflanze auch deren Wurzeln.* [Bild: Deutsches Museum, München]

Das chemische Geheimnis des undankbaren Körpers

Wie alle Naturprodukte ist Blocklakritze ein komplexes Gemisch unzähliger chemischer Verbindungen; neben Wasser etwa 11% verschiedene Saccharide, 28% Pflanzengummi und Stärke, über 20% Farb- und andere Extraktstoffe sowie Mineralsalze. Dass Lakritze nicht nur gut schmeckt, sondern auch gut tut, verdankt sie dem 15prozentigen Gehalt an Glycyrrhizinsäure 1. Dieser Naturstoff hat eine herausragende Eigenschaft: er ist 50-fach süßer als Rohrzucker.

An der Aufklärung der chemischen Struktur der Glycyrrhizinsäure haben sich einige Forschergenerationen die Zähne ausgebissen. Über erste Versuche berichtete Vogel bereits 1843 [7]. Aus dem Bleisalz konnte er mit Schwefelwasserstoff die reine Säure $C_{16}H_{48}O_6$ freisetzen. Drei Jahre später spaltete Lade [8] die Glycyrrhizinsäure mit Salpetersäure und konnte eine gelbliche Verbindung isolieren, für die er die Summenformel $C_{36}H_{23}O_{17}$ vorschlug. Gorup-Besanez [9] erkannte 1861 ein wichtiges Strukturmerkmal der Glycyrrhizinsäure: es ist ein Glykosid, d.h. ein Zucker ist mit einem Rest verknüpft, dem Aglykon („ohne Zucker"). Durch Kochen mit Mineralsäuren konnte der Zuckerrest abgespalten werden und für das freiwerdende Aglykon schlug er den Namen Glycyrrhetinsäure vor, der nach seinen Untersuchungen die Summenformel $C_{36}H_{52}O_{18}$ zukam. Weitere Versuche zur Strukturaufklärung schlugen fehl, und frustriert beendete Gorup-Besanez seine Forschungen auf diesem Gebiet, weil Glycyrrhizinsäure ein „undankbarer Körper sei".

Glycyrrhetinsäure erwies sich tatsächlich als „undankbar", denn die Konfusion um die Summenformel ging noch 70 Jahre weiter:

$C_{44}H_{64}O_{19}$	Tschirch & Cederberg (1907)
$C_{45}H_{72}O_6$	Karrer [10] (1921)
$C_{23}H_{36}O_3$	Bergmann (1933)
$C_{30}H_{46}O_4$	Voss (1936)
$C_{30}H_{46}O_4$	Leuenberger und Ružička (1936)

Die Reindarstellung eines pflanzlichen oder tierischen Inhaltsstoffes war ohne moderne chromatographische Trennverfahren ein äußerst schwieriges und mühseliges Geschäft. Tatsächlich vergingen von den ersten Isolierungsversuchen bis zur Reindarstellung größerer Mengen von Glycyrrhetinsäure fast 100 Jahre. Wie sehr sich Hans Leuenberger 1937 als Doktorand von Leopold Ružička [11] abquälen musste, hat er in seiner Dissertation verewigt [12]. Mitleid muss uns bei der Vorstellung ergreifen, wie der Ärmste tagelang vor riesigen Porzellanschalen mit einem Propeller herumwedeln musste. Hier seine Vorschrift:

„5 kg gehacktes Süßholz werden zweimal mit je 25 l siedendem Wasser 5 Stunden lang ausgezogen. Die durch Absieben von Holzrückständen befreiten Lösungen werden vereinigt und aufgekocht. Der noch in den Extrakten schwimmende Schlamm ballt sich nun schnell zusammen und kann nach 24 Stunden abgezogen werden. Jetzt werden die 50 l Flüssigkeit auf 4 l eingedampft, was am besten in großen Porzellanschalen geschieht. Sorgt man noch auf irgendeine Weise für ständig über die Flüssigkeitsoberfläche streichenden Luftzug, z.B. indem man mit einem Propeller die entstehenden Dämpfe abwirbelt, so gelangt man verhältnismäßig rasch zu dem gewünschten Konzentrat. Durch Zusatz von 250 ccm konz. Schwefelsäure wird nun das Glycyrrhizin als zäher, schwarzer Klumpen gefällt. Durch gründliches Auskneten mit Wasser wird der Niederschlag von Schwefelsäure befreit und darauf 1 Tag stehengelassen. Von Zeit zu Zeit dekantiert man von dem pechartigen Kuchen das langsam ausscheidende Wasser ab. Das Glycerrhizin wird nun durch 2maliges Auskochen mit je 1,8 l Alkohol in Lösung gebracht. Aus den

Abb. 2 *Das Genregemälde „Bei einem niederländischen Gewürzhändler" von Willem von Mieris (1662 – 1747) gewährt einen Blick in eine Gewürzhandlung. Das Süßholz befindet sich im hängenden Korb links.*

Um die korrekte Summenformel der Glycyrrhetinsäure entbrannte 1937 ein leidenschaftlicher Streit zwischen Ružička und den Bergmann-Brüdern.

TAB. 1 | SUMMENFORMEL DER GLYCYRRHETINSÄURE

Autoren	Formel	% C (ber.)	% H (ber.)	% C (gef.)	% H (gef.)
Voss, Klein & Sauer, 1936	$C_{30}H_{46}O_4$	76.00	9.79	76.49	9.84
Leuenberger & Ružička, 1936				76.60	9.64
Bergmann & Bergmann, 1933	$C_{23}H_{36}O_3$	75.82	9.89	76.47	9.86

filtrierten Extrakten fällt das glycyrrhizinsaure Kalium durch Zusatz von Kalilauge als hellbraune zähe Masse. Diese wird aus Eisessig umkristallisiert. Die Ausbeute an ganz reinem Produkt ist etwa 40-50 g.“

Zur Gewinnung des Aglykons spaltete er anschließend das Kaliumsalz des Glycyrrhizins mit konzentrierter Salzsäure. Am Ende blieben ihm von 5 kg Süßholz magere 20-30 g der reinen Glycyrrhetinsäure.

ABB. 3 | SÜSSHOLZ-CHEMIE

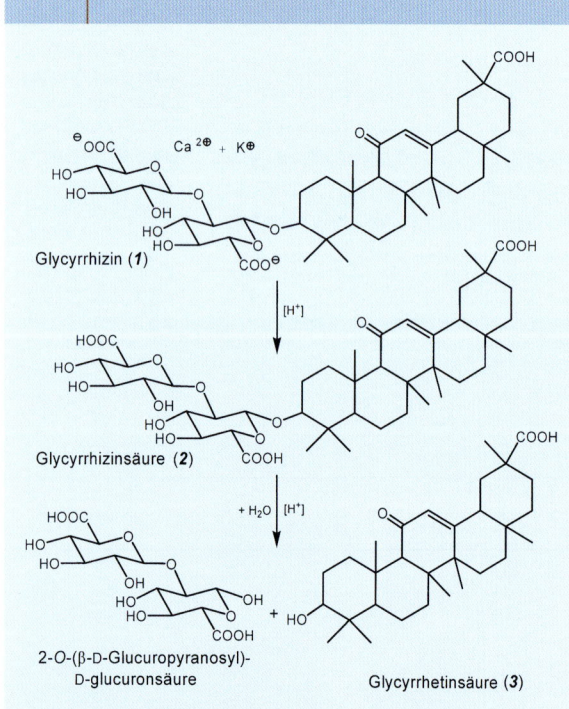

Glycyrrhizin (*1*)

Glycyrrhizinsäure (*2*)

2-O-(β-D-Glucuropyranosyl)-D-glucuronsäure

Glycyrrhetinsäure (*3*)

Der Wirkstoff der Süßholzwurzeln ist die Glycyrrhizinsäure 1, die auch als Glycyrrhizin bezeichnet wird. Glycyrrhizinsäure liegt in der Wurzel als Gemisch der Calcium- und Kaliumsalze vor. 1 ist ein Glykosid und besteht aus einem Zuckerteil und einem Aglykon („ohne Zucker“), die über ein Vollacetal miteinander verbunden sind. Der Zuckerbaustein besteht aus zwei verbundenen Glucuronsäuren und das Aglykon wird als Glycyrrhetinsäure 2 bezeichnet. Glycyrrhizin 1 kann im Sauren leicht in ein Disaccharid und das Aglykon Glycyrrhetinsäure 2 gespalten werden.

Aus heutiger Sicht sind die Schwierigkeiten früherer Isolierungsversuche leicht erklärbar. Glycyrrhizinsäure **1** liegt in der Süßholzwurzel als Gemisch des Calcium- und Kaliumsalzes vor (Abbildung 3). Je nach Aufarbeitungsvorschrift fielen Salzgemische wechselnder Mengen verschiedener Gegenionen (K^+, Ca^+, NH_4^+, Na^+) an und diese „pechartigen Kuchen“ oder „hellbraune zähe Massen“ ließen sich nur schlecht reinigen. Leuenberger bekam die Sache vor allem dadurch in den Griff, dass er die schwierig zu reinigende Verbindung **1** und deren Salze gleich zur Glycyrrhetinsäure **2** weiter verarbeitete.

Endlich, ausgestattet mit ausreichenden Mengen an sauberer Substanz, konnte die Strukturaufklärung beginnen. Das erste Ziel war die Bestimmung der Summenformel. Aus qualitativen Nachweisreaktionen war bekannt, dass Glycyrrhetinsäure weder Stickstoff noch andere Heteroatome enthält, also nur aus Kohlenstoff-, Wasserstoff- und Sauerstoffatomen besteht. Die Ermittlung der elementaren Zusammensetzung erschien damit einfach: nach der Verbrennung einer eingewogenen Menge der unbekannten Substanz in überschüssigem Sauerstoff wurde die Menge des dabei entstandenen Kohlendioxids und Wassers quantitativ bestimmt. Diese von Liebig eingeführte Verbrennungsanalyse ergab den relativen Gehalt an Kohlen- und Wasserstoff, der Sauerstoffgehalt ergab sich durch Ergänzung zu 100%.

Die prozentuale elementare Zusammensetzung reichte aber nicht, denn die Verbindungen $C_5H_7O_2$, $C_{10}H_{14}O_4$ und $C_{15}H_{21}O_6$ ergäben bei einer Verbrennung gleiche C-, H- und O-Gehalte. Zusätzlich musste das

Molekulargewicht aus Messungen der Gefrierpunktserniedrigung oder Siedepunktserhöhung bestimmt werden. Erst durch Kombination von elementarer Zusammensetzung und dem Molekulargewicht konnte die Summenformel aufgestellt werden. Soweit die Theorie, denn die Praxis sah bei der Glycyrrhetinsäure ganz anders aus: im Jahre 1937 lagen zwei Summenformeln vor (Tabelle 1): E. und F. Bergmann [13] hatten 1933 $C_{23}H_{36}O_3$, die Arbeitskreise von Voss und von Ružička [14] 1936 jedoch $C_{30}H_{46}O_4$ vorgeschlagen. Natürlich hielt jeder an „seiner“ Summenformel fest, wobei die beiden Bergmann-Brüder auf Ružička nicht sonderlich gut zu sprechen waren, denn der hatte ihre Publikation nicht einmal zitiert. Sie stichelten deswegen in der *Helvetica Chimica Acta* [15]:

„Es ist offenbar ihrer [Ružičkas und Leuenbergers] Aufmerksamkeit entgangen, dass dieselben Substanzen bereits vor einigen Jahren ….. dargestellt worden sind.“

und stellten dann ihre Argumente gegen die Summenformel Ružičkas dar. Die Antwort kam postwendend [16]: unter dem Titel *„Über die Bruttoformel der Glycyrrhetinsäure“* nahm Ružička seine Kontrahenten regelrecht auseinander:

„Die beiden Autoren [gemeint sind die Bergmann-Brüder] halten an dieser Bruttoformel jetzt noch fest und führen dafür gewisse, allerdings unbrauchbare Argumente an, die wir hier diskutieren müssen.“

„….. wir glauben nicht, dass dieses merkwürdige Verfahren Bergmann's …. erlaubt ist, da ihm leicht ersichtliche Fehler anhaften.“

Dann werden die Bergmann-Brüder noch bei einem dummen Rechenfehler bei der Berechnung des Molekulargewichts aus röntgenographischen Daten ertappt:

„Immerhin sei bemerkt, dass sich aus den von Bergmann angegebenen Zahlen nicht 425 als Mol.Gew. berechnet, sondern, wie uns Herr Dr. G. Giacomello, der die Rechnung kontrollierte, mitteilt, 468,8, was also in guter Überein-

stimmung steht mit dem Mol.-Gew. für $C_{30}H_{46}O_4$."

Schließlich holt Ružička zum endgültigen Schlag aus:

"Es kann zusammenfassend festgestellt werden, dass keine der von E. Bergmann und F. Bergmann gemachten Einwendungen gegen die Formel $C_{30}H_{46}O_4$ stichhaltig sind."

Für die beiden Bergmann-Brüder endete diese Auseinandersetzung mit einem technischem k.o., denn sie mussten nach eigenen Kontrollversuchen kleinlaut eingestehen:

"Es ist uns inzwischen gelungen, eine eindeutige Entscheidung zugunsten der Voss-Ružička'schen Formel zu fällen."

Obwohl strahlender Sieger, konnte Ružička es sich nicht verkneifen, noch eine Salve logischer Schärfe auf die schon am Boden liegenden Bergmann-Brüder abzufeuern:

"Bergmann bezeichnet [die Ergebnisse seiner neuen Versuche] als "eindeutigen Beweis zugunsten der Voss-Ružička'schen Formel". … Diese können selbstverständlich nicht als ein solcher Beweis betrachtet werden; man kann nur folgern, dass dadurch ein neuer Beweis gegen die C_{23}-Formel gewonnen wurde. Die vorläufig bestehenden Beweise zugunsten der C_{30}-Formel wurden bereits von uns zusammengestellt."

Da sage noch einer, Chemiker seien nicht in der Lage, Glut und Leidenschaft zu zeigen bzw. Gift und Galle zu spritzen!

Und heute?

Wie würden wir die Summenformel der Glycyrrhetinsäure bestimmen? Der erste Schritt wäre die Isolierung der reinen Substanz. Wir müssten bei der Aufarbeitung der Süßholzwurzeln Leuenbergers Fußstapfen folgen, allerdings stehen heute Extraktionsapparaturen zur Verfügung, die uns das Leben stark erleichtern. Und mit einem Propeller müssten wir auch nicht vor offenen Porzellanschalen herumwedeln, denn mit modernen Rotationsverdampfern können große Mengen von Lösungsmittel in kürzes-

ter Zeit schonend abdestilliert werden. Die rohe Glycyrrhetinsäure würden wir nach Leuenbergers Vorschrift gewinnen und nach einer groben Vorreinigung mit chromatographischen Verfahren reinigen. Da Glycyrrhetinsäure mit 15% der Hauptinhaltsstoff des Süßholzes ist, könnten mit modernen HPLC-Geräten in wenigen Tagen einige Gramm der reinen Verbindung isoliert werden.

Mit der reinen Verbindung könnten wir eine auch heute noch übliche Verbrennungsanalyse durchführen, um die relative elementare Zusammensetzung zu ermitteln, jedoch ist die Massenspektrometrie [17] eine unschlagbare Alternative, denn sie kann beides, das Molekulargewicht *und* die elementare Zusammensetzung liefern. Hierbei wird die Substanz im Hochvakuum verdampft und durch Beschuss mit Elektronen ionisiert. Die Molekül-Ionen werden beschleunigt, und durch Anlegen von elektrischen und magnetischen Ablenkfeldern kann die Masse des Molekül-Ions und damit das Molekulargewicht [18] bestimmt werden. Mit hochauflösenden Massenspektrometern gelingt sogar die Bestimmung des Molekulargewichts auf mehrere Stellen hinter dem Komma. Diese Genauigkeit reicht aus, um aus allen möglichen Kombinationen der Isotope ^1H, ^{12}C und ^{16}O die einzig Richtige zu bestimmen [19], nämlich $C_{30}H_{46}O_4$ (Tabelle 2).

Lakritze: ein Genuss ohne Reue?

Die heilende Wirkung der Süßholzwurzel ist seit dem Altertum bekannt, Lakritze als leckere Süßigkeit aber erst seit 1760, als der pfiffi-

ge Apotheker George Dunhill aus Pontefract in Mittelengland Lakritze mit Zucker versetzte und zu einer Lutschpastille, den *Pontefract Cakes* verarbeitete. Trotz der Popularität in der Volksmedizin wurde die klinische Medizin erst um 1955 auf das Süßholz aufmerksam, nachdem erste systematische Untersuchungen über Heilungserfolge bei Magengeschwüren beschrieben worden sind. Wenig später identifizierte man die Glycyrrhetinsäure als Hauptwirkstoff [20], und der Bernsteinsäureester der Glycyrrhetinsäure wurde unter dem Namen Carbenoxolon in die klinische Praxis erfolgreich eingeführt. Glycyrrhetinsäure wirkt nicht nur antibakteriell gegen den in der Schleimhaut des Magens und Zwölffingerdarms lebenden *Helicobacter pylori*, einem wichtigen Risikofaktor bei Geschwüren in diesem Bereich [21], sondern auch gegen Viren und wird z.B. bei HIV-1-Patienten gegen chronische Leberinfektionen therapeutisch eingesetzt. Weiterhin zeigen Lakritzpräparate eine Vielzahl pharmakologischer Wirkungen (antiviral, Interferon stimulierend, entzündungshemmend, Radikalfänger, schützt gegen zytotoxische Schädigungen, antikanzerogen) und wurden und werden in einer Vielzahl von klinischen Studien erprobt [22].

Es kann nicht überraschen, dass bei Überdosierung einer pharmakologisch so wirksamen Droge wie Süßholz bzw. dessen Extrakte unerwünschte Nebenwirkungen auftreten können. In einer neuseeländischen Studie [23] mussten 14 Probanden zwischen 20 und 46 Jahren 4 Wochen lang täglich 100 bzw. 200 g Lakritze essen. Nach einiger Zeit traten

TAB. 2 | DIE MASSENSPEKROMETRIE ENTSCHEIDET

	berechnet	Abweichung	Summenformel	relative C,H-Gehalte	
	470.33960	− 0.0012	$C_{30}H_{46}O_4$	C: 76.60 %	H: 9.79 %
	470.35486	+ 0.0140	$C_{34}H_{46}O$	C: 86.81 %	H: 9.79 %
	470.32434	− 0.0165	$C_{26}H_{46}O_7$	C: 66.38 %	H: 9.79 %
	470.36075	+ 0.0199	$C_{27}H_{50}O_6$	C: 68.94 %	H: 10.64 %
	470.31848	− 0.0232	$C_{33}H_{42}O_2$	C: 84.26 %	H: 8.94 %
gefunden	470.34082			C: 76,49 %	H: 9,84 %

Durch Kombination der genauen Atomgewichte der häufigsten Isotope der Elemente H, C und O : ^1H (1.007825), ^{12}C (12.00000) und ^{16}O (15.994915) können diejenigen Summenformeln berechnet werden, die mit dem experimentellen Ergebnis der hochauflösenden Massenspektrometrie am besten übereinstimmen. Die Summenformel $C_{23}H_{36}O_3$ (siehe Tabelle 1) scheidet mit einem Molekulargewicht von 360 von vornherein aus. Die Genauigkeit der hochauflösenden Massenbestimmung liegt unterhalb von 0.005 Masseeinheiten und reicht im Falle der Glycyrrhetinsäure aus, die Summenformel $C_{30}H_{46}O_4$ zweifelsfrei zu beweisen. Zusätzlich ist diese Summenformel die einzige, die mit den Werten der Elementaranalyse übereinstimmt (letzte Spalte).

die ersten Ödembildungen (Wasseransammlungen) im Gesicht und in den Extremitäten auf, die in einigen Fällen so stark wurden, dass einige Probanden die Studien abbrachen. In pharmakologischen Untersuchungen [24] konnte gezeigt werden, dass Glycyrrhetinsäure das Enzym 11-β-Hydroxy-Steroiddehydrogenase hemmt, das den Abbau von Cortisol katalysiert. Dadurch wird die Verweilzeit des Cortisols im Gewebe verlängert. Bei Magenerkrankungen ist dieser Effekt durchaus erwünscht und führt zum schnelleren Abheilen von Geschwüren. Bei Aufnahme von extrem hohen Lakritzmengen über einen größeren Zeitraum treten durch den Eingriff in den Steroidhaushalt Nebenwirkungen auf, die den Symptomen einer seltenen Erbkrankheit (nur 18 beschriebene Fälle auf der Welt) stark ähneln. Diese Menschen leiden unter 11-β-Hydroxy-Steroiddehydrogenase-Mangel und zeigen u.a. erhöhten Blutdruck, geringen Kaliumspiegel im Plasma (Hypokaliämie) und daraus folgende Herzrhythmusstörungen.

Nun sollten Lakritzophile nicht gleich verzweifeln, denn wie so oft kommt es auf das rechte Maß an: bei den klinisch beobachteten Fällen kann nicht von Lakritzgenuss, sondern muss von Missbrauch gesprochen werden. Hier drei kuriose Beispiele [25]:

Bei einem ansonsten völlig gesunden 53jährigen Mann bewirkte der 9tägige Konsum von täglich rund 700 g Lakritze die Entwicklung schwerer Stauungsinsuffizienz, welche nach Beendigung des Lakritzkonsums voll reversibel war.

Ein 38jähriger Mann wurde wegen Herzrhythmusstörungen hospitalisiert. Alle therapeutischen Ansätze blieben erfolglos. Wegen des sich verschlechternden Zustandes des Patienten erfolgte die erneute Bestimmung der Laborwerte, wobei ein niedriger Kalium-Serumspiegel festgestellt wurde. Befragen des Patienten ergab, dass er während der Hospitalisierung täglich 400 g Lakritzbonbons gegessen hatte. Nach Beendigung des Lakritzkonsums kam es zur Normalisierung

des Kaliumspiegels und Beschwerdefreiheit.

Die 48jährigen Margit K. aus Berlin verklagte in diesem April die Fa. Haribo auf 6000 Euro Schadenersatz, da sie ihre aufgetretenen Herzrhythmusstörungen ursächlich auf den Genuss von Lakritzkonfekt zurückführte. Auf dieses Risiko hätte die Herstellerfirma auf den Verpackungen hinweisen müssen. Während des Verfahrens stellte sich heraus, dass sie über mehrere Monate täglich eine 400 g-Tüte Lakritzkonfekt verzehrt hatte. Die Klage wurde mit der Begründung abgewiesen, dass allgemein bekannt sei, dass der Verzehr von Süßigkeiten zu Gesundheitsschäden führen könne. Dies gelte für nahezu jedes Lebensmittel im Falle des übermäßigen Konsums, und die Hersteller müssten davor nicht warnen.

Das Bundesinstitut für gesundheitlichen Verbraucherschutz und Veterinärmedizin empfiehlt [26] eine Tageshöchstdosis von 0,1 g Glycyrrhizin. Dieser Grenzwert, der etwa dem täglichen Genuss von 50 g Lakritze entspricht, dürfte normalerweise über eine längere Zeit nicht überschritten werden, denn schließlich genießt ein Lakritzgourmet die Lakritze und ernährt sich nicht davon. Sicherheitshalber hat der Bundesverband der Süßwarenindustrie den Höchstgehalt auf 200 mg/100g für die in Deutschland produzierten Lakritzprodukte festgelegt [27]. Lakritzprodukte mit höheren Gehalten an Glycyrrhizin werden als Starklakritze bezeichnet und dürfen nur in Apotheken verkauft werden.

Schlussbetrachtung

Wenn wir eine Lakritzschnecke langsam aufrollen und Zentimeter um Zentimeter genussvoll in den Mund schieben, sollten wir bedenken, wie mühselig der lange Weg von den zerschnittenen Süßholzwurzeln bis zur schwarz-glänzenden Schnecke in unseren Händen ist und wie viel Erfahrung und handwerkliches Können darin steckt. Dass Lakritze nicht nur gut schmeckt, sondern in Maßen ge-

Abb. 4
Blühendes Süßholz.

nossen gesund ist, macht sie noch begehrenswerter. Chemisch gebildete Lakritzophile denken beim genüsslichen Lutschen an den armen Hans Leuenberger, der bei der Isolierung der Glycyrrhetinsäure tagelang 50 l Eimer voller Lakritzensaft mit einem „Propeller" eindampfen musste. Aber wie kommt man eigentlich von der Summenformel $C_{30}H_{46}O_4$ zu der komplizierten Strukturformel 2? Wie schafften es Leopold Ružička und seine Gruppe, praktisch im Alleingang im Laufe von 30 Jahren mit präparativem Geschick, scharfem Verstand und unendlicher Geduld die Strukturaufklärung zum krönenden Abschluss zu bringen? Und wie würden das Chemiker heute machen? Über diese spannende Seite der Lakritzschnecke wird auf den folgenden Seiten berichtet.

Danksagung

Der Firma Haribo, Bonn danke ich für die Mithilfe und Überlassung von Fotomaterial. Frau Dr. E. Vaupel, danke ich für ihre wertvolle Hilfe beim Durchstöbern der Bibliothek des Deutschen Museums in München und Dr. Karl-Heinz Hellwich (Beilstein GmbH, Frankfurt) für die Hilfe bei der Klärung vieler Fragen der Nomenklatur. Für die Aufnahme der Massenspektren danke ich B. Franzus, U. Oswald und Dr. G. Holzmann, FU Berlin.

Literatur und Anmerkungen

[1] J. G. Krünitz's Ökonomisch-technologische Encyklopädie, 1841, Paulische Buchhandlung, Berlin.

[2] trans-Anethol = (E)-1-(4-Methoxyphenyl)-propen ist mit über 80% der Hauptinhaltsstoff der etherischen Öle aus Anis (Pimpinella anisum) und Sternanis (Illicium verum). Anisöl verleiht vielen alkoholischen Getränken die charakteristische Note: Pastis (z.B. Pernod), Raki und Ouzo, Kräuterliköre (z.B. Benediktiner, Boonekamp, Stonsdorfer), sowie Küstennebel und Goldwasser.

[3] Zur chemischen Zusammensetzung von Bienenwachs siehe K. Roth, Chem. unserer Zeit, 2003, 37, 424. Carnaubawachs ist das Blattwachs der brasilianischen Fächerpalme Copernica prunifera.

[4] Zucker und Zuckerwaren, H. Hoffmann, W. Mauch und W. Untze, 1985, Verlag Paul Patrey, Berlin.

[5] Der Firmenname „Haribo" steht für Hans Riegel, Bonn.

[6] Ein Bär geht um die Welt, B. Grosse de Cosnac, 2003, Europa Verlag, Hamburg.

[7] A. Vogel jun., J. prakt. Chemie, 1843, 28, 1.

[8] T. Lade, Liebigs Ann.Chem. 1846, 59, 224.

[9] E. v. Gorup-Besanez und T. Klincksieck, Liebigs Ann. Chem. 1861, 118, 236.

[10] P. Karrer, W. Karrer und J. C. Chao, Helv. Chim. Acta, 1921, 4, 100. Über Paul Karrer siehe: C. Eugster, Chem. unserer Zeit, 1972, 6, 147.

[11] Der Nachname von Leopold Ružička wird „Rusitschka" ausgesprochen. Zu seinem Lebenslauf siehe www.nobel.se/ chemistry/laureates/1939/ruzicka-bio. html ; Ružička Nobelpreis-Vorlesung: www.nobel.se/chemistry/laureates/1939/ruzicka-lecture.html.

[12] Zur Kenntnis der Glycyrrhetinsäure, H. Leuenberger, 1938, Dissertation ETH Zürich, http://e-collection.ethbib.ethz. ch/ecol-pool/diss/fulltext/eth1023.pdf

[13] E. Bergmann und F. Bergmann, Biochem. Z. 1933, 267, 296.

[14] L. Ružička und H. Leuenberger, Helv. Chim. Acta, 1936, 19, 1402.

[15] E. Bergmann und F. Bergmann, Helv. Chim. Acta, 1937, 20, 207.

[16] L. Ružička, M. Furter und H. Leuenberger, Helv. Chim. Acta, 1937, 20, 312.

[17] W.-D. Lehmann, Chem. unserer Zeit, 1991, 25, 183; W.-D. Lehmann und H.-R. Schulten, Chem. unserer Zeit, 1976, 10, 147, 163. Massenspektrometrie – Eine Einführung, H. Budzikiewicz, Wiley-VCh, 1992, Weinheim.

[18] Ganz so leicht ist es nicht, denn das schwerste Ion muss nicht immer das intakte Molekül-Ion sein. Die Elektronenstoß-Ionisation ist ein recht rabiates Ionisierungsverfahren und das zunächst entstehende Molekül-Ion kann unter Umständen vollständig in leichtere Tochter-Ionen zerfallen, die ein kleineres Molekulargewicht vortäuschen. Zur Absicherung müssen zusätzliche Messungen mit milderen Ionisierungsverfahren, z.B. direkt aus einer Lösungsmittelmatrix, durchgeführt werden.

[19] Hierbei dürfen nicht die chemischen Atomgewichte, die auf der natürlichen Isotopenzusammensetzung der Elemente basieren, sondern die Atomgewichte der häufigsten Isotope ^1H = (1.007825) , ^{12}C (12.00000) und ^{16}O (15.994915) addiert werden.

[20] Da auch glycyrrhizinfreie Lakritze pharmakologisch wirksam ist, müssen noch andere Inhaltsstoffe wie Flavonoide und Polyphenole wirksam sein.

[21] Über die Wirkungsmechanismen der Glycyrrhetinsäure bei der Therapie von Magengeschwüren siehe: R. Krausse und J. Bielenberg, ÖAZ, 2003, www.oeaz.at/zeitung/3aktuell/2003/12/haupt/haupt12_2003bakt.htm

[22] J. Bielenberg, ÖAZ, 2002, www.oeaz.at/zeitung/3aktuell/2002/02/haupt/haupt02_2002mine.html

[23] M. T. Epstein et al, Brit. Med. J. 1977, 1, 480.

[24] J. Bielenberg, Pharm. unserer Zeit, 1992, 21, 157.

[25] Drogen, R. Hänsel, K. Keller, H. Rimpler und G. Schneider (Hrsg.), 1998, Springer, Berlin.

[26] www.bfr.bund.de/cms/detail.php?id=861

[27] Achtung! Dieser Höchstwert gilt nicht für importierte Produkte. Das als Geschmacksverstärker für Lakritzwaren zugelassene Ammoniumchlorid (Salmiak, E 510) darf in Deutschland nur bis zu einem Gehalt von 2% zugesetzt werden. Auch dieser Grenzwert gilt nur für in Deutschland produzierte Lakritzwaren. In importierten Produkten sind Werte bis zu 10% gemessen worden. R. Matissek, P.-D. Spröer und D. Werner, Dtsch. Lebensm. Rundschau, 2004, 100, 73.

LAKRITZ – GUT FÜR DAS GEDÄCHTNIS?

Gemäß den kürzlich veröffentlichten Ergebnissen einer schottischen Arbeitsgruppe [28] kann Carbenoxolon, der Bernsteinsäureester der Glycyrrhetinsäure, einen positiven Einfluss auf das Gedächtnis haben. In zwei placebokontrollierten Doppelblindstudien an 10 bzw. 12 älteren Männern ohne Gedächtnisproblemen (52 – 75 Jahre) führte die Einnahme von dreimal 100 mg Carbenoxolon täglich nach vier Wochen zu einer Verbesserung der verbalen Ausdrucksfähigkeit und einer Steigerung des Wortgedächtnisses. Der Leiter der Studie führt dies darauf zurück, dass Carbenoxolon durch Hemmung der 11-ß-Hydroxy-Steroiddehydrogenase Typ 1 die Konzentration des Stresshormons Cortisol im Gehirn verringert.

Derzeit lassen sich daraus allerdings noch keine neuen Therapiemöglichkeiten ableiten, da die Hemmung des Enzyms nicht spezifisch im gewünschten Gewebe ausgelöst werden kann – unerwünschte Nebenwirkungen wie die Erhöhung des Blutdrucks mussten daher bei den Probanden durch Gabe von Blutdrucksenkern ausgeglichen werden.

[28] J.R. Seckl et al., PNAS 2004, 101, 6734.

Die Chemie der Lakritzschnecke

Im letzten Kapitel verfolgten wir den Weg vom Süßholz (Glycyrrhiza glabra) bis zur Lakritzschnecke. Obwohl seit Jahrhunderten in der Volksmedizin bei Magenbeschwerden und Erkrankungen der oberen Luftwege bewährt, konnte der Wirkstoff der Lakritze, die Glycyrrhetinsäure [1], erst 1936 in reiner Form isoliert und charakterisiert werden. Die sich anschließende Strukturaufklärung war fast ein Alleingang von Leopold Ružička und seiner Arbeitsgruppe. Begleiten wir ihn auf seinem mühsamen Weg von der Summenformel $C_{30}H_{46}O_4$ bis zur Strukturformel. Vergleichen wir dann, wie Chemiker heute die Struktur eines so komplexen Naturstoffs mit Hilfe spektroskopischer Methoden bestimmen.

Die Summenformel $C_{30}H_{46}O_4$ der Glycyrrhetinsäure war 1936 endgültig gesichert [2], der Aufbau des Kohlenstoffgerüsts lag allerdings völlig im Dunkeln, nur die funktionellen Gruppen ließen sich durch chemische Reaktionen nachweisen: eine Carboxylgruppe, eine sekundäre Hydroxylgruppe und eine α,β-ungesättigte Ketogruppe. Dies erscheint aus heutiger Sicht recht dürftig, aber unterschätzen wir nicht Ružička (Abbildung) und seine Zeitgenossen. Zunächst berechneten sie die Doppelbindungsäquivalente (DBÄ) der Glycyrrhetinsäure. Bei diesem heute

etwas aus der Mode gekommenen Molekülparameter vergleicht man die Anzahl der Wasserstoffatome der Glycyrrhetinsäure ($C_{30}H_{46}O_4$) mit derjenigen des gesättigten Kohlenwasserstoffs gleicher Kohlenstoffzahl ($C_{30}H_{62}$) [3]. Die Differenz von 16 Wasserstoffatomen entspricht acht DBÄ. Da Glycyrrhetinsäure eine CC- und zwei CO-Doppelbindungen (in der Keto- und Carboxylgruppe) enthält, verbleiben fünf DBÄ für den $C_{26}H_{44}$-Rest: das Molekülgerüst der Glycyrrhetinsäure muss pentacyclisch sein [4].

Zur weiteren Klärung der chemischen Struktur wurde Glycyrrhetinsäure mit elementarem Selen 50

Stunden auf 350°C trocken (!) erhitzt. Dieses heute fast vergessene Dehydrierungsverfahren hatte sich schon bei der Strukturaufklärung der Abietinsäure 1 [5] bewährt (Abbildung 1). Bei dieser rabiaten, aber doch kontrollierten Reaktion blieb vom Originalmolekül wenig übrig: die vorhandenen Ringe wurden aber nicht vollständig zerstört, sondern nur bis zum stabilen aromatischen Ringsystem dehydriert. Substituenten, die der energetisch begünstigten Aromatisierung im Wege standen, wurden glatt abgespalten. Das aus 1 entstandene Reten 2 bewies die Struktur des tricyclischen Grundgerüsts der Abietinsäure.

Die Dehydrierung von Glycyrrhetinsäure mit Selen lieferte den Kohlenwasserstoff 1,8-Dimethylpicen 3, so dass die Struktur des Grund-

Leopold Ružička (1887 – 1976)

ABB. 1 | ABBAU VON ABIETIN- UND GLYCYRRHETINSÄURE

Die Dehydrierung von 1 mit Selen bei 350°C lieferte nach Abspaltung der geminal und quaternär gebundenen Substituenten den aromatischen Kohlenwasserstoff Reten 2. Die analoge Umsetzung mit Glycyrrhetinsäure führte zum 1,8-Dimethylpicen 3, wodurch die Struktur des pentacyclischen Grundgerüsts der Glycyrrhetinsäure aufgeklärt war.

Abietinsäure (1) $\xrightarrow{\text{Se} \atop 350°C}$ Reten (2)

$C_{30}H_{46}O_4$ $\xrightarrow{\text{Se} \atop 350°C}$

Glycyrrhetinsäure

1,8-Dimethylpicen (3)

Chemische Delikatessen. Klaus Roth · Copyright © 2007 WILEY-VCH Verlag GmbH & Co. KGaA, Weinheim · ISBN: 978-3-527-31984-8

gerüsts mit seinen fünf Sechsringen aufgeklärt war (Abbildung 1).

1939 erhielten Ružička und Marxer bei der stufenweisen Reduktion von Glycyrrhetinsäure das β-Amyrin [6], ein im Arbeitskreis Ružička schon seit Jahren untersuchter Pflanzeninhaltsstoff [7] (Abbildung 2). β-Amyrin ergab bei der Dehydrierung mit Selen u.a. ein Hydroxypicen 4, so dass sowohl ß-Amyrin als auch die Glycyrrhetinsäure eine OH-Gruppe in 3-Stellung haben mussten [8]. Mehr noch: Abbaureaktionen bewiesen eine Doppelbindung zwischen C12 und C13, so dass für die in der Glycyrrhetinsäure enthaltene konjugierte Ketogruppe nur die 11-Position möglich sein konnte.

Ružička vermutete, dass Glycyrrhetinsäure ($C_{30}H_{46}O_4$) ein Triterpen [10] mit sechs Isopreneinheiten war. Versuchen wir seinen Gedanken bei der Aufstellung einer zunächst hypothetischen Strukturformel zu folgen: Das bis dahin gesicherte Kohlenstoff-Grundgerüst (Abbildung 2) zeigte in den Ringen A, B und C eine enge Verwandtschaft zur Abietinsäure 1. Unter der Annahme identischer Ringe A und B beider Säuren führte die Anwendung der Isoprenregel zur Strukturformel 5 [11] (Abbildung 3).

In den folgenden Jahren arbeiteten Ružička und seine Mitarbeiter in-

tensiv an der Bestätigung oder Widerlegung der Strukturformel 5 und tatsächlich standen alle Untersuchungen damit im Einklang. Ungeklärt blieb jedoch, welche Position der Carboxylgruppe zukam. Die entscheidende Reaktionssequenz gelang Ružička 1943 [12]. Bei der Oxidation des Methylesters der Deoxoglycyrrhetinsäure mit Selendioxid wurde die Doppelbindung angegriffen und es entstand ein zweifach ungesättigtes 1,4-Diketon. Ružička wollte durch alkalische Verseifung aus dem Methylester die freie Carbonsäure gewinnen (Abbildung 4). Dies gelang aber nicht, denn die entstandene Säure spaltete spontan Kohlendioxid ab. Solch leichte Decarboxylierungen im Alkalischen sind für β-Ketocarbonsäuren charakteristisch [13]. Es existierte nur eine Möglichkeit für eine Carboxylgruppe in ß-Stellung zu einer Ketogruppe: C-20. Die Konstitution der Glycerrhetinsäure war aufgeklärt (Abbildung 5, links)! Zu einer vollständigen Strukturaufklärung gehört jedoch auch die Bestimmung der Konfigurationen aller neun stereogenen Kohlenstoffatome. Dies gelang durch eine Vielzahl von chemischen Abbaureaktionen erst 1955. Danach ist Glycyrrhetinsäure eine 3β-Hydroxy-11-oxoolean-12-en-30-säure. Die neun stereogenen Kohlenstoff-

atome haben die Konfigurationen [25]: 3β, 5α [H], 8β, 9α [H], 10β, 14α, 17β, 18β [H], 30β.

Wie würden heute Chemiker die Struktur der Glycyrrhetinsäure aufklären?

Neben der hochaufgelösten Massenspektrometrie wird heute zur Strukturaufklärung organischer Verbindungen vor allem die NMR-Spektroskopie (*nuclear magnetic resonance*) eingesetzt. Die physikalischen Grundlagen können hier nur oberflächlich behandelt werden (s. Infokasten S. 58), so dass der interessierte Leser auf einführende Darstellungen verwiesen werden muss [14].

Das ¹³C-NMR-Spektrum der Glycyrrhetinsäure (Abbildung 6 oben)

BAUSTEIN ISOPREN

Ružička und seine Mitarbeiter untersuchten seit Beginn der Zwanziger Jahre die Terpene, eine heterogene Klasse von Naturstoffen, die in den Blüten, Blättern, Nadeln und Harzen von über 2000 Pflanzenarten vorkommen. Viele Bestandteile der etherischen Öle, vom Maiglöckchen bis zum Kümmel, von der Orange bis zum Eukalyptus, leiten sich strukturell vom Kohlenwasserstoff Terpen $C_{10}H_{16}$ ab. Ružička erkannte, dass nicht Terpen $C_{10}H_{16}$, sondern Isopren (2-Methyl-1,3-butadien C_5H_8) der eigentliche Grundbaustein war. 1922 formulierte er seine Isopren-Regel, wonach Terpene (und auch Steroide) formal aus aneinander gereihten Isopreneinheiten bestehen [9].

ABB. 2 | **GLYCYRRHETINSÄURE KONNTE ÜBER …**

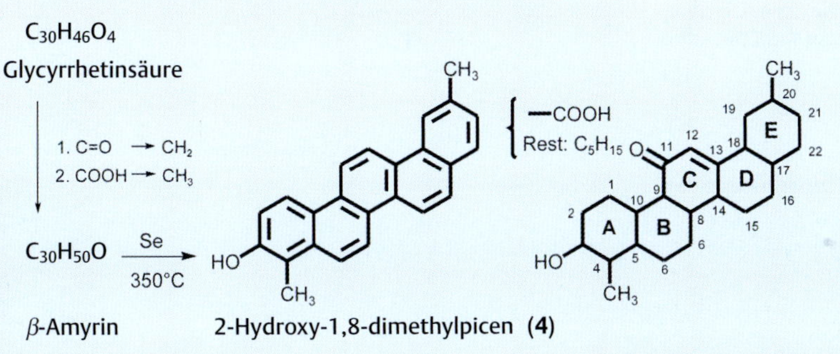

$C_{30}H_{46}O_4$
Glycyrrhetinsäure

1. C=O → CH_2
2. COOH → CH_3

$C_{30}H_{50}O$
β-Amyrin

Se / 350°C

2-Hydroxy-1,8-dimethylpicen (4)

—COOH
Rest: C_5H_{15}

ABB. 3 | **DIE KOHLENSTOFFGERÜSTE DER TERPENE …**

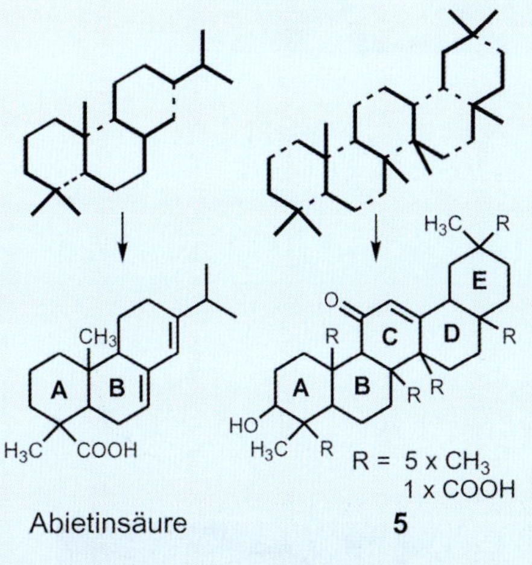

Abietinsäure   5

R = 5 x CH_3
1 x COOH

…können durch Verknüpfungen von Isoprenbausteinen formal aufgebaut werden. In der Abietinsäure sind vier, in der Glycyrrhetinsäure sechs Isoprenbausteine verknüpft. Dies führt zum Strukturvorschlag 5, wobei die sechs Reste R für fünf Methyl- und eine Carboxylgruppe stehen.

NMR – DAS PRINZIP

Die Atomkerne des Wasserstoffs und Kohlenstoffisotops ^{13}C (natürliches Vorkommen: 1.1%) besitzen magnetische Momente, die sich in einem äußeren Magnetfeld parallel oder antiparallel ausrichten können. Zwischen beiden Orientierungen können mit elektromagnetischer Strahlung Übergänge induziert werden; das ist das NMR-Signal. In einer gegebenen Magnetfeldstärke hat jeder Atomkern einen charakteristischen Resonanzfrequenzbereich [15], z.B. beträgt bei einer Magnetfeldstärke von 11.7 Tesla die Resonanzfrequenz der ^{1}H-Kerne 500 MHz und der ^{13}C-Kerne 126 MHz. Für die Strukturaufklärung ist ausschlaggebend, dass die Resonanzfrequenz von der chemischen Umgebung des Atomkerns beeinflusst wird (chemische Verschiebung). Die beobachteten Unterschiede sind zwar äußerst gering, nur einige ppm (parts per million = 10^{-6}), aber dies reicht aus, um aus der Signallage eindeutig auf die chemische Umgebung des betreffenden Atomkerns zurück zu schließen.

zeigt 30 Signale, davon sieben von primären (p), neun von sekundären (s), fünf von tertiären (t) und neun von quartären (q) C-Atom [15]. Insgesamt sind also 44 Wasserstoffatome direkt an C-Atome und somit zwei direkt an O-Atome gebunden. Einige Signallagen sind *so* charakteristisch, dass die entsprechenden Strukturfragmente schon mit weniger Erfahrung praktisch abgelesen werden können [17]: eine Carboxylgruppe mit einem Signal bei 181 ppm (q), eine α,β-ungesättigte Ketogruppierung -CO-CH=C mit Signalen bei 200 (q), 169 (q) und 128 (t) ppm und eine sekundäre Alkoholgruppe

CHOH mit einem Signal bei 79 ppm (t). Alle funktionellen Gruppen lassen sich im ^{13}C-NMR-Spektrum identifizieren.

Im ^{1}H-NMR-Spektrum erscheinen die sieben Methylgruppen als scharfe Singuletts (Abbildung 6 unten), es fehlt eine magnetische Wechselwirkung (Spin-Spin-Kopplung) zu anderen Wasserstoffatomen [18]; alle Methylgruppen müssen daher an quartären C-Atomen gebunden sein.

Natürlich lassen sich mit einiger Übung viele weitere Strukturinformationen aus den NMR-Spektren ermitteln, direkt führt jedoch die zweidimensionale (2D) NMR-Spektroskopie zum Ziel. Der Trick dieser Messtechnik, die vor allem auf Arbeiten von Richard Ernst (Nobelpreis 1991) [19] beruht, besteht darin, dass in 2D-NMR-Spektren nur dann Kreuzsignale auftreten, wenn zwischen den betreffenden Atomkernen eine magnetische Wechselwirkung besteht. Eine ganze Armada verschiedener 2D-NMR-Techniken steht uns heute zur Verfügung [20].

Für das zu lösende Strukturproblem ist das zweidimensionale CH-korrelierte NMR-Spektrum [21] am aussagekräftigsten. Hierbei bildet das ^{13}C-Spektrum eine und das ^{1}H-Spektrum die zweite Frequenzachse. Die Messparameter sind so gewählt [22], dass Kreuzsignale an den Schnitt-

punkten von ^{13}C- und ^{1}H-Signalen nur auftreten, wenn die beiden C- und H-Atome über *wenige* Bindung miteinander verknüpft sind. Die Kreuzsignale der Signale nur *einer* direkten CH-Bindung sind in Abbildung 7 rot, bei zwei oder drei Bindungen zwischen dem C- und dem H-Atom schwarz dargestellt [23].

Gehen wir schrittweise vor:

Schritt 1: Betrachten wir die CH-Kreuzsignale der ^{1}H-Methylsignale bei 0.79 und 0.99 ppm in Abbildung 7. Die roten Kreuzsignale beweisen, dass die entsprechenden ^{13}C- Signale der direkt gebundenen C-Atome bei 15.6 ppm bzw. 28.1 ppm erscheinen. Dies ergibt die folgenden zwei Strukturfragmente:

$$\underset{\underset{0.79}{15.6}}{C-CH_3} \qquad \underset{\underset{0.99}{28.1}}{C-CH_3}$$

Schritt 2: Zwischen dem ^{1}H-Kern bei 0.79 und dem ^{13}C-Kern bei 28.1 ppm sowie dem Proton bei 0.99 und dem ^{13}C-Signal bei 15.6 ppm zeigen Kreuzsignale eine magnetische Wechselwirkung über zwei oder drei Bindungen an, so dass beide Methylgruppen an einem gemeinsamen C-Atom gebunden sein müssen. An welchem? Abbildung 8 zeigt auch das: die Protonensignale beider Methylgruppen zeigen ein Kreuzsignal zum quartären ^{13}C-Signal bei 39.1 ppm. Kurzum:

ABB. 4 | DIE OXIDATION DES METHYLESTERS ...

... der 11-Deoxyglycyrrhetinsäure mit Selendioxid ergab ein Diketon (links). Die bei der alkalischen Esterhydrolyse entstandene Carbonsäure spaltet spontan CO_2 ab. Diese leichte Decarboxylierung ist typisch für β-Ketosäuren, d.h. die abgespaltene Carboxylgruppe muss β-ständig zu einer Ketogruppe gestanden haben. Hierfür kam nur die Position 20 infrage.

ABB. 5 | NACH JAHREN ...

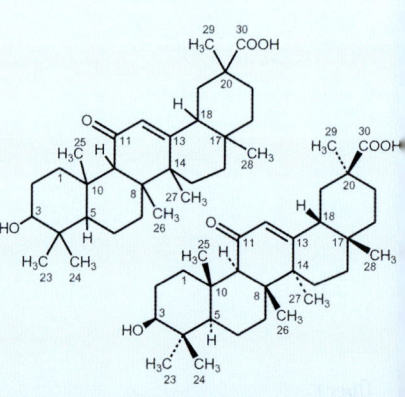

Nach Jahren mühseliger Abbau- und Umwandlungsreaktionen konnten Ružička und seine Gruppe die Konstitution der Glycyrrhetinsäure 1943 endgültig aufklären (links).

ABB. 6 | NMR-SPEKTREN VON GLYCYRRHETINSÄURE

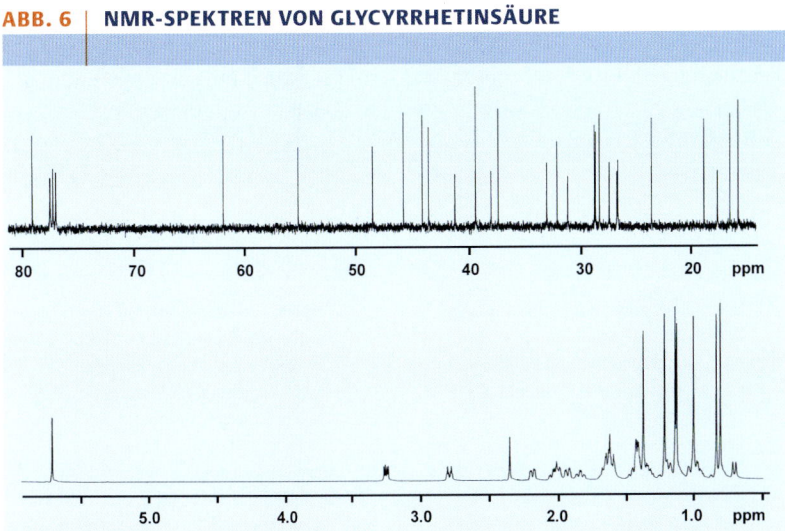

oben: Im ^{13}C-NMR-Spektrum ergeben die 30 chemisch unterschiedlichen Kohlenstoffatome jeweils ein Singulett. Die Lage der Signale in ppm (parts per million, 10^{-6}) gibt wichtige Hinweise auf die chemische Umgebung der C-Atome. Außerhalb des hier abgebildeten Spektralbereichs erscheinen vier weitere Signale bei 201, 182, 170 und 128 ppm.

unten: Die ^{1}H-NMR-Signale im aliphatischen Spektralbereich haben unterschiedliche Feinstruktur, die durch magnetische Wechselwirkungen zu benachbarten Wasserstoffatomen verursacht wird. Auffallend sind sieben scharfe Singuletts zwischen 0.7 und 1.5 ppm, die aufgrund ihrer Intensität sieben Methylgruppen zugeordnet werden können.

ABB. 7 | ZWEIDIMENSIONALES CH-KORRELLIERTES NMR-SPEKTRUM

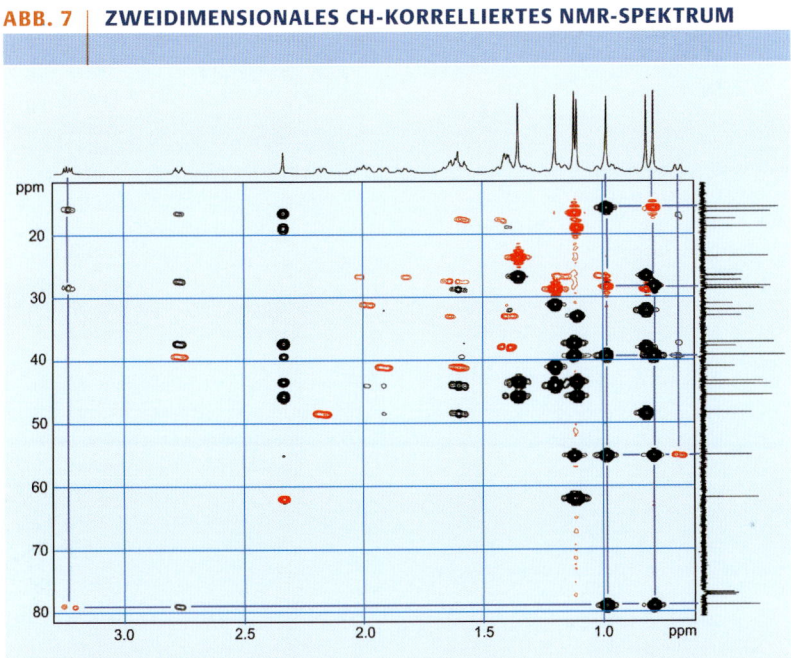

Über Kreuzsignale können ^{1}H- und ^{13}C-NMR-Signalpaare identifiziert werden, die über eine Bindung (rote Kreuzsignale) bzw. zwei oder drei Bindungen (schwarze Kreuzsignale) miteinander magnetisch in Wechselwirkung stehen (Spin-Spin-Kopplung). Durch sorgfältige Analyse aller Kreuzsignale kann das Bindungsnetzwerk aller Kohlenstoff- und Wasserstoffatome ermittelt werden.

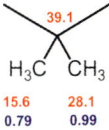

Schritt 3: Der Anfang ist getan! Untersuchen wir die Korrelationen der Protonensignale beider Methylgruppen bei 0.79 und 0.99 ppm weiter. Beide korrelieren mit ^{13}C-Signalen bei 54.9 und 78.8 ppm (Abbildung 7).

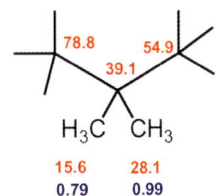

Schritt 4: Die ^{13}C-Signale bei 54.9 ppm und 78.8 ppm entsprechen zwei tertiären C-Atomen, wobei die Signale der direkt gebundenen Protonen jeweils bei 0.68 und 3.21 ppm erscheinen (Abbildung 7). Das ^{13}C-Signal bei 78.8 ppm und das entsprechende ^{1}H-Signal bei 3.21 ppm sind beide so stark verschoben, dass an dem C-Atom eine Hydroxylgruppe gebunden sein muss. Daraus ergibt sich insgesamt folgendes Strukturfragment

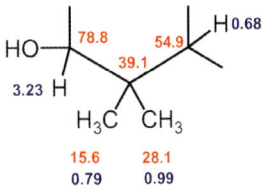

Schritt 5-n: Mit viel Schmierpapier und Geduld können wir uns von Kreuzsignal zu Kreuzsignal durch das Spektrum hangeln und sämtliche ^{1}H- und ^{13}C-NMR-Signale Atomen zuordnen [24] und deren Bindungsnetzwerk bestimmen (Abbildung 8) [25].

Schlussbetrachtung

Von der Süßholzwurzel bis zur Lakritzschnecke und von der Summenformel bis zur Aufklärung des Inhaltsstoffes war ein langer Weg. Es bedurfte des chemischen Sachverstandes und der Spürnasen vieler

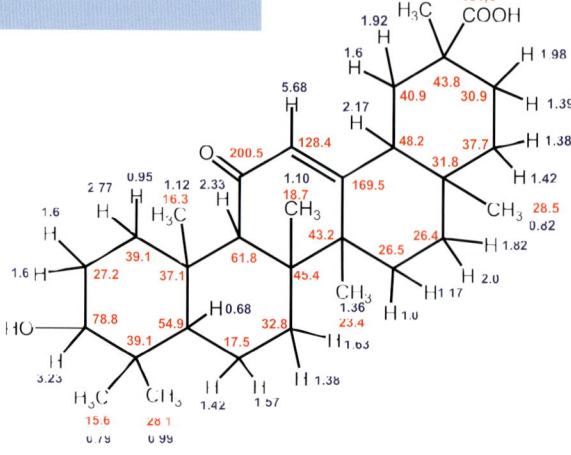

Nobelpreisträger [19], von Leopold Ružička, der die Konstitution aufklärte, von Derek Barton, dessen Arbeiten über den räumlichen Aufbau verknüpfter Sechsringe den Grundstein für die komplette Strukturaufklärung legten und von F. Lynen und K. Bloch, die mit ihren Untersuchungen der Isoprenregel eine biochemische Basis gaben. Auch die Entwicklung der spektroskopischen Methoden, mit denen wir heute die Struktur komplexer Naturstoffe wie die Glycyrrhetinsäure in wenigen Tagen bestimmen können, ging von klugen Köpfen aus: F. Aston baute das erste Massenspektrometer, F. Bloch und E. M. Purcell die ersten NMR-Spektrometer und R. Ernst führte die mehrdimensionale NMR-Spektroskopie ein. Eine Lakritzschnecke hat es also, chemisch gesehen, wirklich in sich und wir sollten sie im wahrsten Sinne des Wortes mit (chemischem) Verstand genießen.

Danksagung

Der Firma Haribo, Bonn danke ich für die Mithilfe und Überlassung von Fotomaterial. Frau Dr. E. Vaupel, danke ich für ihre Hilfe beim Durchstöbern der Bibliothek des Deutschen Museums in München und Dr. K.-H. Hellwich (Beilstein GmbH, Frankfurt) für die Klärung der schwierigen Fragen der Nomenklatur. Mein besonderer Dank gilt Dr. A. Schäfer, FU Berlin, der in vielen Stunden die NMR-Spektren gemessen und ausgewertet hat und dies nach Überlassung von nur zwei Beuteln Lakritzenschnecken als Dank.

Literatur und Anmerkungen

[1] Das sehr süß schmeckenden Glycyrrhizin (auch als Glycyrrhizinsäure bezeichnet) ist der eigentliche Inhaltsstoff der Lakritze. Im Glycyrrhizin ist das Disaccharid 2-O-(β-D-Glucopyranosyluronsäure)-D-glucuronsäure glykosidisch mit dem Aglykon Glycyrrhetinsäure (auch als Glycyrrhetin bezeichnet) verknüpft.

[2] L. Ružička und H. Leuenberger, *Helv. Chim. Acta,* **1936**, *19*, 1402.

[3] Diese einfache Berechnung der DBÄ ist nur für Verbindungen der Elemente C, H und O zulässig.

[4] Bei der Bildung einer Doppelbindung oder eines Ringes werden formal zwei Wasserstoffatome abgespalten, z.B. Hexan = C_6H_{14}, Hexen = C_6H_{12}, Cyclohexan = C_6H_{12}. Deswegen entspricht jede Ringbildung einem DBÄ.

[5] Abietinsäure ist Bestandteil des Baumsaftes verschiedener Nadelbäume.

[6] L. Ružička und A. Marxer, *Helv. Chim. Acta* **1939**, *22*, 195.

[7] *Fortschritte der Chemie Organischer Naturstoffe Bd. VII*, B. Becker et al. **1950**, Springer Verlag, Berlin.

[8] Warum Glycyrrhetinsäure bei der Dehydrierung kein Hydroxypicen ergab, ist auch heute noch rätselhaft.

[9] L. Ružička, *Experimentia*, **1953**, *9*, 357.

[10] C.F. Brieskorn, *Pharm. unserer Zeit*, **1987**, *16*, 161.

[11] An dieser Stelle wird stark vereinfacht, denn Ružička schlug im Laufe seiner Untersuchungen mehrere Strukturformeln für die Glycyrrhetinsäure vor. Über die vielen Irrungen und Wirrungen bei der Strukturaufklärung der Glycyrrhetinsäure und anderer Triterpene siehe: *The Terpenes Vol. V*, J. Simonsen und W.C.J. Ross, **1957**, Cambridge University Press.

[12] L. Ružička, O. Jeger und M. Winter, *Helv. Chim. Acta* **1943**, *26*, 265.

[13] Im Alkalischen bildet sich aus der Säure R-CO-CR₂-COOH das Anion R-CO-CR₂-COO⁻. Eine CO_2-Abspaltung daraus ist energetisch begünstigt, da das entstehende Carbanion R-CO-CR₂⁻ mit dem Enolat R-CO⁻=CR₂ in Mesomerie steht und dadurch resonanzstabilisiert wird.

[14] J. Rudolph, *Chem. unserer Zeit* **1967**, *1*, 76 und 116; *Ein-und mehrdimensionale NMR-Spektroskopie*, H. Friebolin, **1999**, Wiley-VCH, Weinheim.

[15] Nicht alle Atomkerne haben ein magnetisches Moment, so sind z.B. ^{12}C und ^{16}O magnetisch inaktiv und können NMR-spektroskopisch nicht vermessen werden.

[16] Diese Informationen liefern DEPT-Spektren (*Distortionless Enhancement by Polarization Transfer*), in denen ^{13}C-Signale von primären, sekundären oder tertiären C-Atomen unterschieden werden können.

[17] Das Puzzle einer Strukturaufklärung kann auf unendlich verschiedene Weisen zusammengefügt werden. Der Weg hängt von der Erfahrung und dem Wissen des Auswertenden ab. In der hier gewählten Vorgehensweise wollten wir das Ziel möglichst direkt erreichen. Viele dem Fachmann ins Auge springende spektroskopische Feinheiten blieben dabei unbeachtet.

[18] Wäre eine Methylgruppe Teil eines Strukturelements CH₃-CH, würden die Signale der Methylgruppe zu einem Dublett aufspalten. Solche Feinstrukturen sind an vielen der anderen ^1H-Signalen im ^1H-NMR-Spektrum zu erkennen.

[19] Ausgezeichnete Einführungen in die Arbeitsgebiete von Nobelpreisträgern haben diese selbst geschrieben: http://www.nobel.se/chemistry/laureates/index.html

[20] H. Friebolin und G. Schilling, *Chem. unserer Zeit* **1994**, *28*, 88; *Two-Dimensional NMR-Spectroscopy*, W. R. Croasmin und R. M. K. Carlson (eds.), **1994**, VCH, Weinheim.

[21] Die CH-korrelierten Spektren wurden mit der HMQC (Hetero Multiple Quantum Correlation) Technik gemessen.

[22] Aufmerksame Leser ahnen, dass die „Messtechnik" viel komplizierter ist, als es hier erscheint. Tatsächlich treibt eine komplizierte Abfolge von Hochfrequenzpulsen während der Messung mit den ^1H- und ^{13}C-Magnetisierungen ein verwirrendes Spiel, dessen pfiffige Choreographie sich leider nur mit soliden quantentheoretischen Kenntnissen offenbart.

[23] Es handelt sich nicht um willkürliche Einfärbungen, sondern beide Kreuzsignal-Typen können durch Messung unterschieden werden: die Kopplungskonstante zwischen direkt gebundenen C- und H-Atomen beträgt ca. 130 Hz, während die Kopplungen über zwei und drei Bindungen zwischen 2 und 10 Hz liegen, also eine Größenordnung geringer sind. Zwischen Kopplungen über zwei oder drei Bindungen hinweg kann nicht ohne weiteres unterschieden werden.

[24] Durch unsere Messungen muss eine in diesem Zusammenhang allerdings unbedeutende Signalzuordnung korrigiert werden: die ^{13}C-Signale von C8 und C14 müssen gegenüber den Literaturangaben vertauscht werden, vgl. H. Duddeck et al, *Org. Magn. Reson.* **1978**, *11*, 130.

[25] In höheren Terpenen (und Steroiden) werden Substituenten oberhalb der Ringebene mit der Chiffre β und deren Bindungen zum Grundgerüst mit durchgezogenem Strich charakterisiert. Substituenten unterhalb der Ringebene werden mit der Chiffre α charakterisiert und mit dem Grundgerüst über gestrichelten Linien verbunden.

Auch in rot und als Stange schmeckt Lakritze wunderbar

Rote und schwarze Lakritze. Quelle: PhotoDisc, Inc.

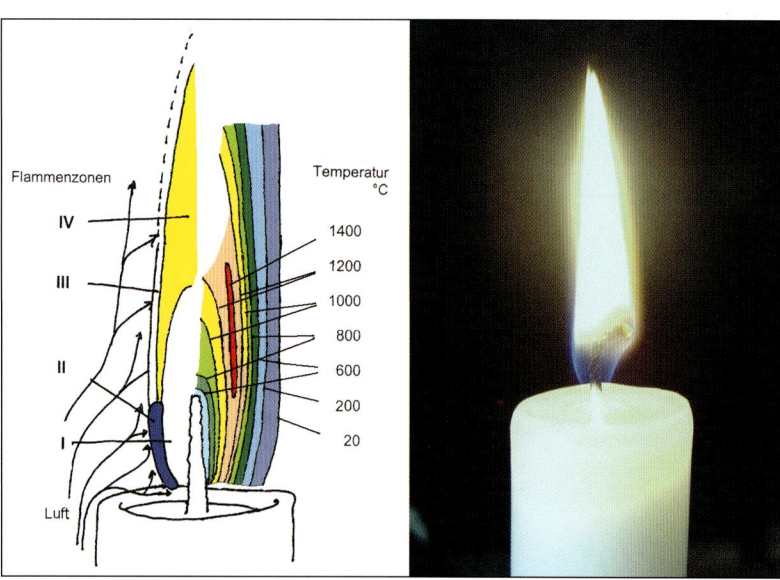

Alle Jahre wieder: die Chemie der Weihnachtskerze

Warmer Kerzenschein verleiht unseren Wohnstuben den festlichen Glanz, ohne den die Adventszeit viel von ihrem Zauber verlieren würde. Das Beobachten der Kerzenflamme, das Kokeln mit Tannenzweigen, das vorsichtige Pusten in die Flamme und Abfließenlassen von flüssigem Wachs faszinieren wohl jeden. Bei einer brennenden Kerze scheint spannende Chemie weit entfernt zu sein, handelt es sich doch um die simple Verbrennung einer organischen Verbindung:

$$C_nH_{2n}O_m + (3/2\ n - m/2)\ O_2 \rightarrow n\ CO_2 + n\ H_2O$$

Die Reaktionsgleichung beschreibt schnörkellos den Ausgangs- und den Endzustand einer Verbrennung, aber bei einer Kerze ist der Weg das Ziel! Wie entsteht der Kerzenschein? Warum sind verschiedene Bereiche der Flamme unterschiedlich farbig? Wann und warum rußt eine Kerze?

Zur Beantwortung dieser Fragen müssen alle Naturwissenschaften herangezogen werden. *„Alle im Weltall wirkende Gesetze treten darin zu Tage oder kommen dabei wenigs-tens in Betracht, und schwerlich möchte sich ein bequemeres Tor zum Eingang in das Studium der Natur finden lassen"* erklärte Michael Faraday in seiner berühmten Weih-nachtsvorlesung *„The Chemical History of a Candle"* [1], die er 1860 und 1861 vor jugendlichem Publi-kum an der Royal Institution in Lon-don gehalten hat. Begeben wir uns auf Faradays Spuren und verfolgen das chemische Schicksal einer Kerze, von den Rohprodukten bis zum fest-lichen Abbrennen [2].

Der Kerzenkörper

Bis ins 18. Jahrhundert wurde für hochwertige Kerzen ausschließlich Bienenwachs verwendet. Diese Kerzen zeigen einen edlen Brand, ein schönes Aussehen und verbreiten einen angenehmen Duft, waren aber als Luxusgüter den Kirchen, Klöstern und Adelshäusern vorbehalten. Die einfachen Leute waren auf minder-wertige, fettig-schmierige Kerzen aus Rindernierenfett und Hammeltalg an-gewiesen, die beim Abbrennen stark qualmten, rußten und fürchterlich ge-stunken haben müssen.

Liebig untersuchte als erster die chemische Struktur von Bienen-wachs und bezeichnete Wachse da-nach allgemein als Gemische von Estern langkettiger Carbonsäuren mit langkettigen Alkoholen. Die chemi-sche Zusammensetzung von Bienen-wachs zeigt, dass diese Definition nicht korrekt ist, denn auch freie langkettige Carbonsäuren und lang-kettige Kohlenwasserstoffe sind darin enthalten (Tabelle 1).

Heute definiert man in der indus-triellen Praxis Wachse nicht auf der Basis ihrer chemischen, sondern der physikalischen Eigenschaften: durch-scheinend bis opak, bei 20 °C knet-bar, oberhalb von 40 °C zu einer niedrigviskosen Flüssigkeit schmel-zend und unter leichtem Druck po-lierbar. Eine ganze Anzahl von natür-lichen und synthetischen Produkten haben wachsartige Eigenschaften und eignen sich zur Kerzenherstellung.

Das erste halbsynthetische Wachs wurde von M.E. Chevreul Anfang des 19. Jahrhunderts hergestellt [3]. Er er-hielt bei der alkalischen Verseifung von Schweinefett nach anschließen-dem Ansäuern eine feste Substanz, die er als Stearin bezeichnete. Stearin ist bei Zimmertemperatur hart und zeigt die vom Verbraucher geschätzte Weißtrübung. Der Schmelzpunkt von 52–60 °C ist fast identisch mit dem Erweichungspunkt, so dass eine Stea-rinkerze auch bei erhöhten Zimmer-temperaturen formstabil bleibt. Aus heutiger Sicht ist Stearin ein Gemisch aus Palmitin- und Stearinsäure [4].

Seit Mitte des 19. Jahrhunderts wird Paraffin zur Kerzenherstellung verwendet. Dieses Gemisch gesättig-ter Kohlenwasserstoffe wird heute fast ausschließlich aus Erdöl gewon-nen. Der Schmelzpunkt der Paraffine variiert mit der Kettenlänge. Reine Paraffine sind farblos und durchschei-nend und zeigen einen breiteren Erweichungsbereich. Paraffinkerzen haben heute einen Marktanteil von über 95 %, der Rest entfällt auf Kerzen aus Stearin (3 %) und Bienen-wachs (2 %).

Chemische Delikatessen. Klaus Roth · Copyright © 2007 WILEY-VCH Verlag GmbH & Co. KGaA, Weinheim · ISBN: 978-3-527-31984-8

Der Kerzendocht

Der Docht ist die Seele der Kerze. Er muss eine ausreichende Menge an geschmolzenem Wachs ansaugen, damit sich ein Gleichgewicht zwischen der geschmolzenen und verbrannten Wachsmenge einstellt. Saugt der Docht zu wenig, sammelt sich zuviel flüssiges Wachs und die Kerze erlischt; saugt der Docht zuviel, kann das Wachs nicht mehr vollständig verbrennen, und die Kerze beginnt zu rußen. Unsere Vorfahren hatten mit schlechten Dochten ihre liebe Not. An Fürstenhöfen kürzte ein „Wachsschneutzer" die Kerzendochte, bevor sie zu rußen begannen. Im privaten Haushalt musste man das selbst machen. Goethe stöhnte: *„Wüsste nicht, was sie besseres erfinden könnten, als dass die Lichter ohne Putzen brennten".*

Die Erfindung des heute noch üblichen geflochtenen Baumwolldochts 1828 durch Jules de Cambacérès ist ein großer Schritt in der Kerzengeschichte. Die Saugkraft der Dochte kann über die Anzahl der Einzelfäden dem Kerzendurchmesser und dem verwendeten Wachs angepasst werden. So benötigen 10 mm-Kerzen

DIE KERZEN – EIN SCHWIERIGES STUDIENOBJEKT

Eine Kerzenflamme experimentell erschöpfend zu studieren ist eigentlich unmöglich. Die Gründe liegen auf der Hand: einmal sind Kerzenflammen selbst in geschlossenen Apparaturen nicht stabil und zum anderen kann man beim Abbrennen nichts verändern. Wachszusammensetzung, Kerzendimension und das Material und die Geometrie des Dochts können zwar variiert werden, aber natürlich nicht während eines Brennvorgangs. In die Flamme eingebrachte Messsonden verändern die Flammenform und Temperaturverteilung, verfälschen daher die Messung selbst. Mit heute verfügbaren berührungslosen laser-technischen Verfahren ließen sich zwar momentane Temperaturen und die Konzentrationen einiger weniger Komponenten (z.B. N_2, O_2, CO, H_2O) selbst bei instabilen Flammen messen. Dies wäre allerdings nur mit erheblichem apparativem Aufwand möglich. Wegen dieser experimentellen Schwierigkeiten wissen wir über die genauen Vorgänge innerhalb einer Kerzenflamme nur recht wenig. Allerdings liegen viele Studien anderer, technisch wichtigerer Flammentypen vor: z.B. solche, die zur Wärme- oder Rußerzeugung dienen oder die bei Verbrennungsvorgängen in verschiedenen Motortypen, in Düsentriebwerken und Raketen auftreten.

Die dort gewonnenen Erkenntnisse lassen sich bis zu einem gewissen Grad auf die Kerzenflamme übertragen, so dass wir uns zumindest indirekt ein Bild über die Chemie im Innern einer Kerzenflamme machen können.

(90 % Paraffin, 10 % Stearin) einen Docht aus 24, bei einem Durchmesser von 15 mm 33 Baumwollfäden. Das Abbrennverhalten der Kerze verbessert sich auch dadurch, dass sich der schraubenförmig geflochtene Docht in der Kerzenflamme bei einer gewissen Länge zur Seite krümmt und die Dochtspitze in den heißesten Flammenteil ragt und dort verbrennt, eine Art „automatische Dochtstutzung". Eine weitere Verbesserung wird durch die Imprägnierung des Dochts mit einer wässrigen Lösung von Ammoniumsalzen, Borsäure und Phosphaten erreicht. Die Ammoniumsalze verhindern ein zu schnelles Abbrennen des Dochts in der Flamme. Die Borsäure und Phosphate bilden am Dochtende eine Schmelzperle, die ein Abfallen von Ascheteilen in das flüssige Wachs und das Nachglühen der Dochtspitze nach dem Ausblasen verhindern.

TAB. 1 | DIE CHEMISCHE ZUSAMMENSETZUNG VON BIENENWACHS

Trivialname [19]	Rationeller Name	Formel	Gehalt
Ester von Wachssäuren			70–72 %
Palmitinsäuremyricylester	Palmitinsäuretriacontylester	$CH_3[CH_2]_{14}COO[CH_2]_{29}CH_3$	23 %
Palmitinsäure-laccerylester	Palmitinsäuredotriacontylester	$CH_3[CH_2]_{14}COO[CH_2]_{31}CH_3$	2 %
Cerotinsäuremyricylester	Hexacosansäuretriacontylester	$CH_3[CH_2]_{24}COO[CH_2]_{29}CH_3$	12 %
Hypogäasäure-myricylester	Hexadec-2-ensäuretriacontylester	$CH_3[CH_2]_{12}CH=CHCOO[CH_2]_{29}CH_3$	12 %
2-Hydroxypalmitinsäure-cerylester	2-Hydroxypalmitinsäurehexacosylester	$CH_3[CH_2]_{13}CH(OH)COO[CH_2]_{25}CH_3$	8-9 %
weitere langkettige Ester			13–15 %
freie Wachssäuren			9–11 %
Laccersäure	Dotriacontansäure	$CH_3[CH_2]_{30}COOH$	
Cerotinsäure	Hexacosansäure	$CH_3[CH_2]_{24}COOH$	
Lignocerinsäure	Tetracosansäure	$CH_3[CH_2]_{22}COOH$	
Melissinsäure	Triacosansäure	$CH_3[CH_2]_{28}COOH$	
Hypogäasäure	Hexadec-2-ensäure	$CH_3[CH_2]_{12}CH=CHCOOH$	
Kohlenwasserstoffe			12–15 %
	Pentacosan	$CH_3[CH_2]_{23}CH_3$	
	Heptacosan	$CH_3[CH_2]_{25}CH_3$	
	Nonacosan	$CH_3[CH_2]_{27}CH_3$	
	Hentriacontan	$CH_3[CH_2]_{29}CH_3$	
Melen	Triacont-1-en	$CH_3[CH_2]_{27}CH=CH_2$	
weitere Bestandteile			4–5 %

Bienenwachs ist der Prototyp aller Kerzenwachse und besteht aus gesättigten, langkettigen Estern, freien Säuren und Kohlenwasserstoffen. Neben Bienenwachs und Stearin (gesättigte, langkettige Carbonsäuren) werden heute vor allem Paraffine (gesättigte, langkettige Kohlenwasserstoffen) als Kerzenwachs eingesetzt.

Die hier schematisch dargestellte Thermolyse von Wachsmolekülen in der dunklen Zone I führt über komplexe chemische Reaktionskaskaden zu kürzeren, ungesättigten Kohlenwasserstoffen. Über die gesättigten und ungesättigten Kohlenwasserstoff-Radikale können sich bei höheren Flammentemperaturen über eine Vielzahl von bisher im Detail unbekannten Dehydrierungen in geringen Mengen auch cyclische und aromatische Kohlenwasserstoffe bilden.

ABB. 2 | THERMOLYSE GESÄTTIGTER LANGKETTIGER KOHLENWASSERSTOFFE

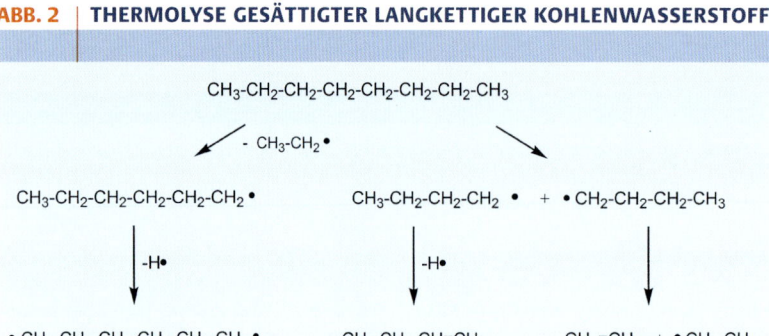

Die Kerzenherstellung

Kerzen werden auf vielfältige Weise produziert, vom Gießen eines Einzelstücks in althergebrachter Handwerkstradition bis zur computergesteuerten Hightech-Produktion. Das Grundprinzip ist einfach: der zentrierte Docht muss mit Wachs ummantelt werden, entweder durch Eingießen von flüssigem Wachs in eine Form, durch mehrfaches Eintauchen des Dochts in flüssiges Wachs oder durch Anpressen der Wachsmasse an den Docht. Die Brennmasse kann mit Trübungsmitteln oder mit löslichen oder fein verteilten Farbstoffen versetzt werden, auch das Einblasen von Luft führt zur Trübung und zu spezifisch besonders leichten Kerzen (Schwimmkerzen). Die fertige Kerze kann noch mit farbigem Wachs überzogen werden und schließlich kann sich eine künstlerische Weiterverarbeitung anschließen.

Die brennende Kerze

Betrachten wir den Wärmefluss einer ruhig brennenden Kerze (Abbildung 1): Ein Teil der Verbrennungswärme schmilzt das Wachs, das durch Kapillarkräfte in den Docht gesaugt wird und von der Dochtoberfläche verdampft. Das gasförmige Wachs verbrennt auf seinem weiteren Weg durch die Flamme zu Wasser und Kohlendioxid. Der Auftrieb der leichten und heißen Flammengase [5] saugt, wie in einem Kamin, Frischluft aus der Umgebung zum Flammenboden und zur Flammenseite an. Die Kaltluft kühlt die Oberfläche des Kerzenkörpers, so dass der obere Kerzenrand nicht wegschmilzt. Dadurch bildet sich ein Brennteller, in dem sich das geschmolzene Wachs sammelt. Insgesamt herrscht ein stationärer Zustand zwischen dem schmelzenden und verbrennenden Wachs und die längliche Flammenform entsteht durch die vom Auftrieb verursachten Luftströmungen.

Die Temperaturverteilung innerhalb der Kerzenflamme zeigt Abbildung 1. Leider ist eine Kerzenflamme

KEIN INTAKTES WACHS-MOLEKÜL KOMMT IN EINER KERZENFLAMME MIT SAUERSTOFF IN BERÜHRUNG!

sehr instabil; selbst in einem zugfreien Raum flackern Kerzen. Vor allem die Flammenspitze ist so instabil, dass Temperaturmessungen dort schwankende Werte ergeben. Im Inneren einer Kerzenflamme entstehen bei Temperaturen bis zu 1400 °C in der Gasphase sehr energiereiche Zwischenprodukte, die man vergeblich in einführenden Lehrbüchern sucht und die uns deswegen exotisch erscheinen.

In einer Kerzenflamme lassen sich vier Zonen visuell unterscheiden:
- die dunkle Zone I im Flammeninneren, in der im wesentlichen die Paraffinmoleküle thermisch gespalten werden,
- der blaugrün leuchtende Teil der Reaktionszone (Zone II) am seitlichen und unteren Rand,
- der wenig leuchtende Teil der Reaktionszone (Zone III) am oberen und äußeren Rand und

- die hellgelb leuchtende Zone IV vom Zentrum bis zur sichtbaren Flammenspitze.

Verfolgen wir das Schicksal eines Wachsmoleküls in einer brennenden Kerze. Unmittelbar von der Dochtoberfläche in Zone I verdampft das Wachs. Trotz des geringen Abstands zur heißen Reaktionszone II und III beträgt die Temperatur am Docht „nur" 600 °C, da die Verdampfung des Wachses stark endotherm ist. Die Wachsverdampfung können wir einfach nachweisen, indem das eine Ende eines Glasrohres in den unteren Bereich der Zone I gehalten wird. Außerhalb der Flamme scheidet sich im Glasrohr unverbrauchtes Wachs ab und am Ende kann eine Flamme entzündet werden (Abbildung 3 oben).

Die Temperatur in der dunklen Zone I nimmt nach außen und oben zu, da der Abstand zu den heißen Reaktionszonen kleiner wird. Da hier kein Sauerstoff vorhanden ist, werden bei steigenden Temperaturen die Wachsmoleküle thermisch gespalten [6]. Im ersten Reaktionsschritt werden dabei C-C-Bindungen unter Bildung von zwei Radikalen gespalten (Abbildung 2).

Diese Kohlenwasserstoffradikale sind hochreaktiv: Abspaltungen von Wasserstoffatomen führen zu Olefinen, Abspaltungen von Ethen zu kürzeren Radikalen und schließlich können Biradikale cyclisieren, anschließend wiederum Wasserstoffatome abspalten usw. Insgesamt ein unübersichtliches Wirrwarr von Reaktionen [7], das zu einem Gemisch kleinerer ungesättigter, aliphatischer, alicyclischer und aromatischer Kohlenwasserstoffe führt. Aus den ursprünglichen C_nH_{2n+2}-Molekülen entstehen wasserstoffärmere, ungesättigte Verbindungen und die dabei freiwerdenden Wasserstoffatome können einerseits neue Kohlenwasserstoffradikale erzeugen oder diffundieren aufgrund ihres geringen Atomgewicht schnell in die Reaktionszone weiter. Insgesamt werden in den heißen Bereichen der Zone 1 alle Wachsmoleküle thermisch gespalten: *Kein intaktes*

Wachsmolekül kommt in einer Kerzenflamme mit Sauerstoff in Berührung!

Wir kommen nun zum chemischen Herz einer Kerzenflamme: die Reaktionszone. Hier treffen die pyrolytischen Abbauprodukte der Wachsmoleküle von innen kommend auf den von außen herandiffundierenden Sauerstoff. Die hier ablaufenden stark exothermen Oxidationsreaktionen werden allein durch das Herandiffundieren der Reaktionspartner begrenzt. Eine Kerzenflamme ist eine typische Diffusionsflamme.

Eine nicht-rußende Kerzenflamme wird vollständig von der Reaktionszone umschlossen. Warum leuchtet nun der untere Teil der Reaktionszone, Zone II, blaugrün und die Zone III überhaupt nicht, obwohl in der gesamten Reaktionszone die gleichen chemischen Reaktionen ablaufen? Die Antwort überrascht: es ist eine optische Täuschung. Das starke gelbe Leuchten der Zone IV überstrahlt das schwache, bläuliche Licht in der benachbarten Reaktionszone. Nur in der von der gelben Leuchtzone weiter entfernten Zone II können wir daher das bläuliche Licht wahrnehmen.

Zwei ungewöhnliche Moleküle verraten ihre Existenz durch das bläuliche Licht, das uns von den Erdgas-Flammen im Gasherd oder Bunsenbrenner [8] vertraut ist. Das charakteristische Bandenspektrum [9] hat zwei molekulare Quellen. Die violette Strahlung bei 432 nm wird von elektronisch angeregten CH*-Molekülen abgestrahlt, die in der Reaktionszone durch folgende Reaktion entstehen [10]:

$$O + C_2H \rightarrow CH^* + CO.$$

Das blau-grüne Licht stammt von ebenfalls elektronisch angeregten C_2^*-Molekülen, die im sichtbaren Bereich die Swan-Banden bei 436, 475 und 520 nm abstrahlen. Angeregte C_2^*-Moleküle entstehen vor allem durch die Reaktion von höheren wasserstoffarmen Kohlenwasserstoffradikalen mit Sauerstoffatomen. Eine weitere Lichtemission tritt bei 315 nm im nahen UV-Bereich auf. Sie stammt

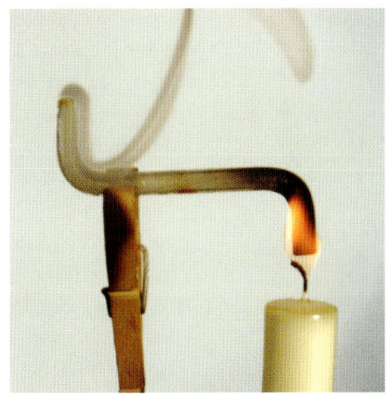

von OH*-Radikalen auf der sauerstoffreichen Seite der Reaktionszone, die durch folgende Reaktion entstehen

$$CH + O_2 \rightarrow CO + OH^*$$

Alle angeregten Moleküle geben ihre überschüssige Energie spontan als Licht ab (Chemilumineszenz).

Auch die Oxidationsreaktionen innerhalb der Reaktionszonen II und III nehmen einen überraschenden Verlauf. Nicht Sauerstoff selbst, sondern das Hydroxylradikal OH ist das Hauptoxidationsmittel in der Reaktionszone [11]. Wie in der Knallgas-Reaktion entstehen OH-Radikale nach der Reaktionsgleichung

$$H + O_2 \rightarrow OH + O$$

über H-Atome, die unter anderem durch die Folgereaktion

$$OH + CO \rightarrow CO_2 + H$$

zurückgebildet werden. Man spricht von einer Reaktionskette, die durch die im ersten Schritt entstehenden O-Atome noch wirkungsvoller wird. Diese Kette ist der eigentliche Motor einer Kohlenwasserstoff-Flamme. Die Konzentration der OH-Radikale ist am äußeren Rand der Reaktionszone am größten und dementsprechend herrschen dort die höchsten Temperaturen von 1400 °C.

Wir nähern uns nun dem schönsten Teil der Kerzenflamme: der Zone IV, die unsere Stuben in das warme gelbe Licht taucht. Woher kommt das Licht? Auch hier hat Faraday ein einfaches Experiment ersonnen. Wir beleuchten die Kerze mit einer starken Lampe und betrachten deren Schattenbild (Abbildung 3, Mitte). Deutlich ist nur Schatten von Zone IV zu erkennen. *„Es ist merkwürdig, dass wir den Theil der Flamme im Schatten als den dunkelsten sehen, der in Wirklichkeit der hellste ist"* bemerkte Faraday bei seinem Experiment. Ein schwarzer Schatten kann nur entstehen, wenn größere Teilchen Licht mit allen sichtbaren Wellenlängen absorbieren. Auch die chemische Natur dieser Partikel in Flammenzone IV konnte Faraday aufklären, in dem er mit einem Ableitungsrohr die Partikel direkt aus diesem Flammenbereich ableitete (Abbildung 3, unten): Es ist Ruß.

Wie kommt es zum Rußleuchten in Zone IV? In den heißeren Bereichen der sauerstofffreien Zone I bilden sich bei höheren Temperaturen kohlenstoffreiche Moleküle, die sich nicht mit einfachen Strukturformeln beschreiben lassen. Zunächst bilden sich primäre Rußteilchen mit einer Zusammensetzung von etwa $(C_3H)_n$ mit einigen tausend Kohlenstoffatomen. Die Bruttoformel deutet auf ringförmige, stark ungesättigte, polycyclische aromatische Strukturelemente hin. Die primären Rußteilchen wachsen durch Anlagerung, Dehydrierung sowie Koagulation bis auf

Abb. 3 *Drei Experimente von Michael Faraday (1861).*

Oben: Nach Ableiten der Gase aus der dunklen Zone unmittelbar oberhalb des Dochts kondensiert Wachs in kälteren Teilen des Ableitungsrohres. Der weiße Rauch am Ende des Ableitungsrohres kann nach einiger Zeit entzündet werden.

Mitte: Nur der gelb leuchtende Teil der Kerzenflamme wirft im hellen Schein einer Lichtquelle einen Schatten und verrät die Anwesenheit fester, lichtabsorbierender Partikel.

Unten: Die Natur der festen Partikel lässt sich durch Ableiten der Gase aus der gelben, leuchtenden Zone leicht nachweisen: es sind Rußpartikel.

TAB. 2 | SCHADSTOFFKONZENTRATIONEN IN DER UMGEBUNGSLUFT NACH KERZENABBRAND

Substanz	Paraffinkerze	Bienenwachskerze	Stearinkerze	Zigarette
Formaldehyd	170	56	44	600 000
Acrylaldehyd (früher: Acrolein)	1,2	1,2	64	25 000
Benzo[a]pyren	0,12	0,24	0,12	3 500

Beobachtete Luftkonzentrationen (in ng/m³) einiger Verbindungen nach dem Abbrand von 600 g Kerzenbrennmasse bzw. einer Zigarette in einem Wohnraum (50 m³) ohne Luftaustausch [20]. Diese Menge entspricht dem vierstündigen Abbrennen von 30 Kerzen.

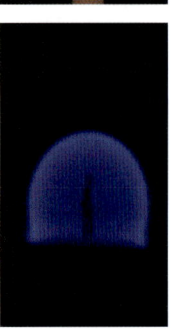

Abb. 4 *Eine brennende Kerze unter Einfluss der irdischen Schwerkraft und im schwerelosen Raum. Oben: Im Schwerefeld der Erde brennende Kerze (Durchmesser 5 mm). unten: Die gleiche Kerze im schwerlosen Raum. Dieses Foto wurde mit sehr langer Belichtungszeit aufgenommen, da das blaue Kerzenlicht sehr schwach und von den Astronauten mit bloßem Auge kaum erkennbar ist.*

einige Millionen Kohlenstoffatome an [12]. Diese großen Rußteilchen fangen in Zone IV oberhalb von 1200 °C an zu glühen. Das gelbe Kerzenlicht beruht also nicht direkt auf einer chemischen Reaktion, sondern die festen Rußpartikel wandeln thermische Energie in Licht um, in dem die gelben und roten Spektralanteile intensiver sind als die blauen. Die Kerzenflamme erscheint unserem Auge gelb.

Die in der sauerstoffarmen Zone IV thermisch gebildeten Rußpartikel werden in der darüber liegenden Reaktionszone zu CO oder CO_2 oxidiert. Die Verbrennung der Rußteilchen ist aber nur dann vollständig, wenn die Temperatur mindestens 1000 °C beträgt. Kühlt man den oberen Flammenteil z.B. durch Hineinblasen von Luft oder Zugluft, dann kann Ruß nicht vollständig abreagieren: die Kerze beginnt zu rußen oder „blaken".

Die Hauptprodukte beim Abbrennen von Kerzen sind zwar Kohlenstoffdioxid und Wasser, allerdings entstehen in extrem geringen Mengen weitere Verbindungen. Die chemische Struktur und die gebildeten Mengen dieser Nebenprodukte sind von großer Bedeutung. Schließlich muss sichergestellt sein, dass Menschen in kerzenerleuchteten Räumen keinen gesundheitlichen Risiken ausgesetzt sind. Tabelle 2 gibt einen Überblick über die entstehenden Produkte.

Eine Studie des TÜV Rheinlands [13] untersuchte die Bildung von Schmutzpartikeln in der Luft der St.-Bonifatius-Kirche in Wiesbaden außerhalb und während der Gottesdienste mit und ohne den Abbrand von 50 – 115 Opferlichtern aus Paraffin. Dabei sollte der Einfluss von Kerzenabbrand auf die oberflächliche Verschmutzung von Kunstwerken (Glasfenster, Plastiken, Altargemälde), aber auch auf eine mögliche gesundheitliche Gefährdung untersucht werden. Die Ergebnisse sind eindeutig: Die in Filtern gesammelten Staubpartikel rühren fast ausschließlich von der Heizung und von den Kirchenbesuchern her, der Einfluss der Kerzen kann vernachlässigt werden.

Auch bei durchgefärbten und in Farben getauchten Kerzen konnten keine gesundheitlichen Gefährdungen nachgewiesen werden [14]. Lediglich beim vierstündigen Abbrennen von 30 Duftkerzen mit besonders hohem Duftölgehalt von 8 % in einem luftdichten Raum können polychlorierte Dioxine und Furane in der Größenordnung der maximalen Arbeitsplatzkonzentration entstehen [15]. Bei Kerzen sollte man jedoch immer auf russfreies Abbrennen achten, denn freiwerdende Rußteilchen wirken verschmutzend und enthalten geringe Mengen von unerwünschten Substanzen, von denen die polycyclischen aromatischen Kohlenwasserstoffe am kritischsten beurteilt werden müssen. Insgesamt muss festgestellt werden, dass von sachgerecht abbrennenden Kerzen weder in Kirchenräumen noch im privaten Bereich eine gesundheitliche Schädigung ausgeht [16].

Die brennende Kerze im schwerelosen Raum

Die nach oben abziehenden, heißen Verbrennungsgase und die von unten und seitlich angesaugte Frischluft verleihen der Flamme ihre typische langgestreckte Gestalt. Im schwerelosen Raum gibt es keinen Auftrieb und keine Konvektionsströmungen. Wie sieht die Flamme einer brennenden Kerze in der Schwerelosigkeit aus? Die NASA hat ein umfangreiches Forschungsprogramm des Kerzenabbrandes unternommen. Dabei ging es natürlich nicht um stimmungsvolle Weihnachtsfeiern bei Raumflügen, sondern um das allgemeine Abbrennverhalten von Materialien, die mögliche Rußbildung und die daraus resultierenden Löschstrategien. 1992 zündeten die Astronauten zehn Kerzen während der Space-Shuttle-Mission (STS-50, USML-1) in einem geschlossenen Polycarbonat-Behälter an. Weitere Experimente wurden 1996 an Bord der russischen Raumstation MIR durchgeführt. Einige Sekunden nach dem Anzünden bildete sich eine stabile Flamme, die tatsächlich ganz anders aussah als auf der Erde (Abbildung 4).

Die auffälligsten Unterschiede zwischen den Kerzenflammen innerhalb und außerhalb der Schwerkraft der Erde sind die Flammenfarbe und -form. Im schwerelosen Raum brennen Kerzen mit einer halbkugelförmigen bläulichen Flamme mit so geringer Lichtintensität, dass die Astronauten nur mit Schwierigkeiten erkennen konnten, ob die Kerzen überhaupt brannten [17].

Worin liegen die Unterschiede beim Abbrennen einer Kerze mit oder ohne Schwerefeld? Die Versorgung der Flamme mit Brennstoff beruht auf der Kapillarwirkung durch den Docht. Auf die Kapillarkraft hat Schwerkraft aber keinen Einfluss. Im Gegensatz zur Sauerstoffversorgung: im Schwerefeld wird der Sauerstoff zur Reaktionszone durch Diffusion und Konvektion transportiert. Über beide Transportmechanismen verlassen die Verbrennungsgase die Reaktionszone.

Auf die Diffusion hat die Schwerkraft keinen Einfluss, aber Konvektionsströmungen fallen im schwerelosen Raum völlig weg, da die heißen Flammengase nicht nach oben aufsteigen (Wo sollte auch *oben* sein?) [18].

Die Flamme ist nahezu halbkugelförmig. Im Schwerefeld entsteht die längliche Flammenform einer Kerze durch die aufsteigenden Flammengase und das Ansaugen von Frischluft von unten. Dies fällt im schwerelosen Raum weg, so dass Sauerstoff allein durch Diffusion in die Reaktionszone eintreten kann. Insgesamt wird dadurch die Sauerstoffzufuhr gedrosselt, so dass die exothermen Oxidationsreaktionen langsamer ablaufen und die Flammentemperatur wesentlich geringer ist als im Schwerefeld. Dies hat wiederum Einfluss auf fast alle physikalisch-chemischen Vorgänge in der Flamme, z.B. brennt die Kerze insgesamt wesentlich langsamer ab.

Die Flamme leuchtet nicht gelb. Leuchtende, größere Rußpartikel können sich also nicht gebildet haben. Ruß lässt sich auch nicht an den Wänden der Kerzenbox nachweisen. Offensichtlich reicht die niedrigere Flammentemperatur nicht für die Bildung der primären Rußteilchen aus. Die Flamme ist blau, d.h. das emittierte sichtbare Licht stammt ausschließlich von angeregten C_2^* und CH*-Molekülen aus der Reaktionszone.

Zusammenfassung

Wenn wir am Heiligen Abend die Kerzen entzünden, treiben wir ein Stück besonders schöner, aber auch besonders komplexer Chemie. Von der im Inneren der strahlenden Kerzenflamme ablaufenden Chemie haben wir nur ungefähre Vorstellungen, viele Details sind uns noch verborgen. Klar ist jedoch, dass letztlich glühende Rußpartikel unseren Wohnstuben den festlichen Glanz verleihen. Im Weltraum sähe es ganz anders aus: die molekularen Exoten C_2^* und CH würden mit ihrem kaum sichtbaren, blassblauen Licht unsere Augen wohl kaum zum Leuchten bringen. Ist es nicht wunderbar, dass die Chemie der Kerze für unsere irdischen Wohnzimmer optimiert ist? In diesem Sinne: Fröhliche Weihnachten!*

Danksagung

Für die tatkräftige Hilfe bei der Einarbeitung in dieses schwierige Teilgebiet der Chemie möchte ich mich bei den folgenden Kollegen herzlich bedanken: Dr. Daniel L. Dietrich (NASA John H. Glenn Research Center, Cleveland, Ohio), Dr. K.-H. Hellwich (Beilstein GmbH, Frankfurt), Dr. M. Matthäi (Sasol Wax, Hamburg) und ganz besonders Prof. K.-H. Homann (TU Darmstadt). Weiterhin bedanke ich mich beim Verband Deutscher Kerzenhersteller e.V., Frankfurt, für das umfangreiche Untersuchungsmaterial zum Abbrennverhalten von Kerzen. Für die Verwendung der im schwerelosen Raum aufgenommenen Fotos danke ich dem John H. Glenn Research Center der NASA.

Literatur und Anmerkungen

[1] M. Faraday, *The Chemical History of a Candle*, Dover, Mineola, N.Y., **2002**; M. Faraday, *Naturgeschichte einer Kerze*, Verlag Franzbecker, Hildesheim **1980**.

[2] M. Matthäi, N. Petereit, *Seifen, Öle, Fette, Wachse*, **2001** (3), 3. siehe: http://www.kerzenlicht.de/Kerzen/sevice/kerze.html ; http://www.kopfball-online.de/wissen/wiss020414.html; http://www.quarks.de/feuer/02.htm

[3] C. Gottmann, *Chem. unserer Zeit*, **1979**, *13*, 176; J. Walker, *Sci. Amer.* **1978**, *238*, 154.

[4] Chevreul nannte eine aus Schweinefett isolierte Fettsäure zunächst *acide margarique*, dann *acide stéarique*. Diese Fettsäure erwies sich später als ein Gemisch aus Hexa- und Octadecansäure. Die Octadecansäure $CH_3[CH_2]_{16}COOH$ wird heute als Stearinsäure, die Hexadecansäure $CH_3[CH_2]_{14}COOH$ als Palmitinsäure. Als Margarinsäure wird die selten vorkommende Heptadecansäure $CH_3[CH_2]_{15}COOH$ bezeichnet.

[5] Dieser Auftrieb der heißen Verbrennungsgase treibt erzgebirgische Weihnachtspyramiden an.

[6] Vereinfachend nehmen wir an, dass der Kerzenbrennstoff ein Paraffin der Summenformel C_nH_{2n+2} ist.

[7] In Wirklichkeit ist alles noch komplizierter: viele der entstehenden Moleküle liegen in der Flamme auch in ionisierter Form vor. Dies lässt sich leicht durch Anlegen von starken elektrischen Feldern nachweisen. siehe http://www.americanantigravity.com/flametest.html

[8] In diesen Brennern wird Erdgas mit Luft vorgemischt und diese Gasmischung verbrannt. Man spricht dann von Vormischflammen, während eine Kerzenflamme eine reine Diffusionsflamme ist, in die der Luftsauerstoff von außen hineindiffundieren muss.

[9] R. Mavrodineanu, H. Boiteux, *Flame Spectroscopy*, 1965, Wiley, Chichester.

[10] A.G. Gaydon, H.G.Wolfhard, *Flames, their structure, radiation and temperature*, 3rd edition 1970, Chapman & Hall Ltd., London.

[11] K.-H. Homann, *Angew. Chem.* **1998**, *110*, 2572.

[12] K.-H. Homann, H.G. Wagner, *Bild der Wissenschaften* **1970**, *7*, 762.

[13] Bericht der Messstelle für Luftreinhaltung des TÜV Rheinland Nr. 539 / 777091 (April 1999).

[14] Ergebnisbericht der Ökometric GmbH und des Bayreuther Instituts für Umweltforschung, Oktober 1994.

[15] Ergebnisbericht der Ökometric GmbH und des Bayreuther Instituts für Umweltforschung, Oktober 1997.

[16] Natürlich können nicht alle hergestellten Kerzen sorgfältig untersucht werden. Die Gütegemeinschaft Kerzen e.V. verleiht deswegen ein RAL-Gütesiegel, das dem Verbraucher garantiert, dass die entsprechende Kerze die Standards bezüglich der Zusammensetzung, der verwendeten Farben und des Abbrennverhaltens erfüllt.

[17] Bringt man eine brennende Kerze in einen großen Exsikkator und vermindert den Druck, so beobachtet man eine Flammenform und -farbe ähnlich denen im schwerelosen Raum. Die Ursachen für die Veränderung sind aber unterschiedlich: abnehmender Luftdruck erhöht die Diffusionsgeschwindigkeit, verringert aber die Konvektionsströmungen und vor allem den Sauerstoffpartialdruck. Dadurch laufen die Oxidationsreaktionen langsamer ab, die Flamme wird kälter und dadurch treten keine Rußbildung und -leuchten ein.

[18] Weitere Informationen über Kerzenversuche im schwerelosen Raum findet man bei http://microgravity.grc.nasa.gov/combustion/cfm/cfm_intro.htm; http://microgravity.grc.nasa.gov/combustion/cfm/mir_intro.htm

[19] Die Trivialnamen der langkettigen Säuren und Alkohole sind verwirrend. Triacontansäure $C_{29}H_{59}COOH$ wird als Melissinsäure, der entsprechende Alkohol $C_{30}H_{61}OH$ sowohl als Melissylalkohol oder Myricylalkohol bezeichnet. Bis vor noch nicht allzu langer Zeit wurden diese Trivialnamen auch für die entsprechenden C_{31}-Verbindungen benutzt. Der Trivialname Hypogäasäure wurde ursprünglich im Beilstein-Handbuch für Hexadecensäure, seit der Beschreibung verschiedener Doppelbindungsisomere in den Ergänzungswerken aber überhaupt nicht mehr verwendet. Melen wird im Beilstein als $C_{30}H_{60}$ oder $C_{30}H_{62}$ angegeben. Die IUPAC machte diesem Wirrwarr ein Ende und lässt heute nur noch Palmitin- und Stearinsäure als Trivialnamen zu, alle anderen langkettigen Säuren und Alkohole sollen also rational benannt werden.

[20] Ergebnisbericht der Ökometric GmbH und dem Bayreuther Institut für Umweltforschung, 1994.

Kaffee – auch ein Genuss für die Augen ...

Quelle: Jean Nicolas Wintgens. Coffee: Growing, Processing, Sustainable Production. 2004, Wiley-VCH Verlag, Weinheim

Chemische Delikatessen. Klaus Roth · Copyright © 2007 WILEY-VCH Verlag GmbH & Co. KGaA, Weinheim · ISBN: 978-3-527-31984-8

Espresso – ein Dreistufenpräparat

Espresso, dieser wunderbare Extrakt aus fein gemahlenen, dunkel gerösteten Kaffeebohnen ist in Maßen genossen unschädlich, regt den Geist an, macht nicht dick und hat den päpstlichen Segen [1]. Kurzum: Genuss pur, ohne Reue! Die Herstellung einer Tasse Espresso scheint ein einfaches Dreistufenpräparat zu sein: die grünen Kaffeebohnen werden trocken erhitzt (Röstung), dann fein gemahlen und schließlich unter Druck mit heißem Wasser extrahiert. Dieser Ansatz wird täglich über 50 Millionen Mal durchgeführt, leider nicht immer mit optimalem Ergebnis. Kein Wunder, denn die Metamorphose von knapp 50 Kaffeebohnen zu einer Tasse Espresso ist reinste Chemie – und kulinarische Meisterleistungen lassen sich eben nur mit chemischen Grundkenntnissen erzielen.

Die Bezeichnung *espresso* stammt vom italienischen „auspressen", wodurch der Unterschied zu allen anderen Zubereitungsarten charakterisiert wird: fast kochendes Wasser wird *unter Druck* durch eine Schicht Kaffeepulver gepresst.

Aber beobachten wir den Mann (oder die Frau) an der Espressomaschine: zuerst wird der Siebträger gelöst und der alte Kaffeesatz in eine spezielle Schublade abgeschlagen. Dann werden genau 6,5 g fein gemahlenes Kaffeepulver in den Siebträger eingefüllt und festgedrückt, damit eine gleichmäßige Verteilung erreicht wird. Nun wird der Siebhalter eingespannt, der Druckhahn geöffnet und die Extraktion beginnt. Nach wenigen Sekunden strömt der erste duftende Espresso in die vorgewärmte Tasse ein; nach 30 Sekunden ist alles fertig.

Beginnen wir beim Ausgangsmaterial [2]: Die etwa 1,5 cm großen, roten Kirschen der beiden Kaffeesträucher *Coffea arabica* und *Coffea canephora* var. *Robusta* enthalten zwei gelb-grünliche Bohnen. Die mittlere chemische Zusammensetzung roher und gerösteter Bohnen ist in Tabelle 1 angegeben [3].

1. Stufe: Die Röstung – entscheidend für Aroma und Geschmack

In der ersten Reaktionsstufe werden die grünen, zusammenziehend schmeckenden Rohbohnen in aromatisch duftende, kaffeebraune Bohnen umgewandelt. Bis 150 °C verlieren die Bohnen Wasser, erst ab 160 °C beginnen die Röstprozesse. Eine unübersehbare Zahl von chemischen Reaktionen läuft ab und die Zusammensetzung der Bohnen ändert sich. Hauptprodukt ist Kohlendioxid, je Kilogramm Bohnen werden beim Rösten bis zu 12 Liter CO_2 frei! Da die sehr dicken Zellwände der Bohne während des Röstens intakt bleiben, steigt durch das freiwerdende CO_2 der Druck in den Zellen auf bis zu 25 bar an. Mit anderen Worten: Die chemischen Röstreaktionen laufen zwischen 160 °C und 240 °C in Zehntausenden von Mini-Autoklaven ab. Dass unter diesen harschen Bedingungen aus den über 700 bisher identifizierten Inhaltsstoffen der grünen Kaffeebohnen und den vielen polymeren Speicher- und Gerüstsubstanzen durch thermischen Abbau Tausende neuer Verbindungen entstehen, kann nicht verwundern [4]. *Tatsächlich ist Kaffee aus chemischer Sicht das komplexeste Getränk, das wir zu uns nehmen.*

Welche Verbindungen beim Rösten reagiert haben, zeigt Tabelle 1. Am reaktivsten sind die freien Aminosäuren und die einfachen Zucker wie Glucose, Galactose, Arabinose und das Disaccharid Saccharose (Rohrzucker). Mit steigender Rösttemperatur werden auch das Trigonellin 2 und die Chlorogensäuren [5, 6] 4 weitgehend abgebaut, während die Lipide und das Koffein 1 durch den Röstvorgang kaum verändert werden.

Die braunen bis schwarzen Pigmente entstehen in unübersichtlichen und im Detail nicht aufgeklärten Reaktionskaskaden [7], bei denen z.B. die Einfachzucker wie Glucose und Arabinose karamelähnliche Produkten bilden, die mit Chlorogensäuren zu rot- bis schwarz-braunen Huminsäuren weiterreagieren können. Parallel dazu reagieren die freien Aminosäuren mit den Sacchariden über Maillard-Reaktionen [8] zu gelb- bis schwarzbraunen Melanoidinen. Insgesamt sind an der Pigmentbildung bis auf Koffein und die Fette alle Substanzklassen beteiligt.

Das Rösten entscheidet über Aroma und Geschmack. Obwohl Espresso im Prinzip aus allen Kaffeeröstungen hergestellt werden kann, werden dunkler geröstete Bohnen bevorzugt, in denen die Inhaltstoffe stärker thermisch abgebaut werden. So nimmt der Gehalt der zusammenziehend

TAB. 1 | ZUSAMMENSETZUNG VON GRÜNEN UND GERÖSTETEN *ARABICA*-BOHNEN IN % TROCKENGEWICHT

Bestandteile	grün	geröstet
Koffein 1	1,2	1,3
Trigonellin 2	1,0	1,0*
Aminosäuren	0,5	0
Proteine	9,8	7,5
Saccharose	8,0	0
andere Zucker	1,1	0,3
Polysaccharide	49,8	38,0
aliphatische Säuren	1,1	1,6
Chinasäure 3	0,4	0,8
Chlorogensäuren 4	6,5	2,5
Lipide	16,2	17,0
Flüchtige Aromastoffe	Spuren	0,1
Karamelisierungs-Produkte		25,4
Mineralien	4,2	4,5
* incl. Abbauprodukte beim Rösten		

*Die etwa 1,5 cm großen, roten Kirschen der beiden Kaffeesträucher **Coffea arabica** und **Coffea canephora** var. **Robusta** enthalten zwei gelb-grünliche Bohnen. Die mittlere Zusammensetzung roher und gerösteter **Arabica**-Bohnen ist in Tabelle 1 zusammengefasst. Alle Angaben in Prozent Trockengewicht [3].*

INHALTSSTOFFE

schmeckenden Chlorogensäuren **4** ab [9]. Dies erklärt den weicheren Geschmack des Espressos gegenüber weniger stark geröstetem Kaffee. Auch Trigonellin **2** wird bei einer dunklen Röstung stark abgebaut, wobei eine Vielzahl von heterocyclischen Verbindungen entsteht, die zum kräftigen Röstgeruch beitragen. Bemerkenswert ist dabei die Entstehung des Vitamins Nicotinsäure (Niacin) **5**. Ein getrunkener Espresso enthält etwa 15% der empfohlenen Tagesdosis dieses Vitamins!

2. Stufe: Das Mahlen – erhöht die Oberfläche für die Extraktion

Nach dem Rösten ist das Innere der Kaffeebohnen durch die Decarboxylierungsreaktionen mit Kohlendioxid gefüllt. Als Schutzgas verhindert es die unerwünschte Oxidation von Aromastoffen. Erst im Laufe einiger Wochen nach der Röstung wird das CO_2 durch Luft verdrängt und der Sauerstoff kann sein oxidatives Unwesen treiben; der Kaffee wird alt und muffig. Beim Mahlen wird das Kohlendioxid freigesetzt, die Oxidationsreaktionen setzen sofort ein, so dass ein guter Espresso nur aus frisch gemahlenem Kaffee bereitet werden kann.

Das mechanische Zerkleinern des Kaffees dient zur Erhöhung der Oberfläche, um die Extraktion zu erleichtern. Allerdings erwärmt sich der Kaffee beim Mahlen, und bei schlechten Mühlen können schon Temperaturen bis 100 °C erreicht werden. Gute Mühlen sind so konstruiert, dass die Erwärmungsphase nur wenige Sekunden dauert und der Temperaturanstieg im Mahlgut gering bleibt. Tatsächlich ist die Mühle für die Qualität eines Espressos genauso wichtig wie die Espressomaschine selbst. Hier wird im Heimbereich meist an der falschen Stelle gespart.

Das Kaffeepulver für die Zubereitung von Espresso hat Korngrößen von 0,3–0,4 mm (herkömmlicher Filterkaffee: 0.4–0,6 mm), wobei es nicht das Ziel ist, eine homogene Kornverteilung zu erreichen. Im Gegenteil: nur eine breite Korngrößen-

verteilung garantiert die optimale Durchlaufzeit des heißen Druckwassers.

3. Stufe: Die Extraktion – sensorisch erwünschte Inhaltsstoffe

Das Durchlaufen eines Lösungsmittels (heißes Wasser) durch eine feste Phase (Kaffeepulver) unter Druck ist eine recht einfache apparative Anordnung und entspricht in gewissem Maße der Hochdruckflüssigkeits-Chromatographie (HPLC). Bei laminarer Strömung eines Lösungsmittels durch eine mit porösen Teilchen (Durchmesser d_T) gefüllte zylindrischen Säule (Radius r, Länge L) lässt sich aus dem Gesetz von Darcy folgender Näherungsausdruck für den Zusammenhang zwischen der Druckdifferenz und der Volumengeschwindigkeit V/t ableiten [10]:

$$\frac{V}{t} = const. \frac{d_T^2 \cdot P \cdot r^2}{L}$$

Die Randbedingungen wie Kaffeemenge, Wassertemperatur, Durchmesser des Siebes, angelegter Druck und

Extraktionszeit sind in Tausenden von italienischen Espresso-Bars über Jahrzehnte empirisch optimiert worden [11]. Heutige Standards sind: Siebradius 3,5 cm, Wassermenge 30 ml, Kaffeepulver 6,5 ± 1,5 g, Druck 9 ± 2 bar, Wassertemperatur 90 ± 5 °C. Am Anfang der Extraktion ist das Kaffeepulver trocken, so dass der erste Espresso erst nach einigen Sekunden in die Tasse tropft. Dann sollte sich eine konstante Volumengeschwindigkeit einstellen, die bei richtiger Korngröße und Dimensionierung der Maschine in 30 ± 5 Sekunden die ersehnte Tasse Espresso ergibt. Die experimentellen Befunde zeigt Abbildung 1.

Kleinlaut muss festgestellt werden, dass die Herstellung eines Espressos offensichtlich viel komplizierter ist als eine Hochdruckflüssigkeits-Chromatographie, denn die theoretische Vorhersage stimmt mit der Praxis ganz und gar nicht überein.

Wo liegt der Denkfehler? Folgendes brilliantes, von Baldini und Petrac-

ABB. 1 | **DIE EXPRESSO-EXTRAKTION**

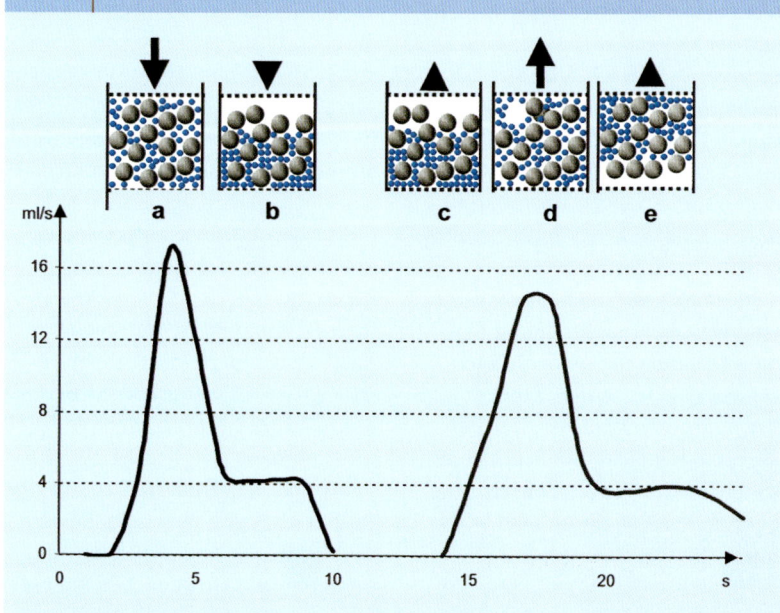

Nach Anlegen des Drucks (9 bar) beginnt nach wenigen Sekunden der Espresso aus der Maschine zu fließen. Die Durchflussgeschwindigkeit ist im Bereich 2-10 Sekunden nichtlinear. Umdrehen des Pulverkuchens nach 10 Sekunden und erneutes Druckanlegen führt faktisch zu einer Umkehrung der Flussgeschwindigkeit. Trotzdem beobachtet man ein fast identisches Geschwindigkeitsverhalten im Bereich 14-25 Sekunden (siehe Text) [3].

co [12] erdachtes Experiment bringt uns auf die richtige Spur: Die Extraktion wird nach 12 Sekunden unterbrochen, der Filterkuchen um 180° gedreht und anschließend fortgesetzt. Nach der faktischen Umkehr der Strömungsrichtung beobachtet man ein identisches Strömungsprofil (Abbildung 1). Daraus folgt, dass nicht die Extraktion selbst oder ein Quellen des Kaffeepulvers, sondern ein zeitlich veränderlicher hydraulischer Widerstand die Ursache sein muss. Ein Blick durch das Mikroskop gibt die Erklärung. Das Mahlgut ist nicht homogen (Abbildung 2). Unter dem angelegten Druck wandern mit der Wasserfront kleine Kaffeeteilchen an den großen vorbei und sammeln sich am unteren Ende der Kaffeepulverschicht. Diese partielle Verstopfung führt zum Anstieg des hydraulischen Widerstands und die Durchflussgeschwindigkeit nimmt ab (Abbildung 1 a, b). Drehen wir wie in dem beschriebenen Experiment die Strömungsrichtung um, wandern die kleinen Teilchen in die umgekehrte Richtung (Abbildung 1c). Zunächst verringert sich der hydraulische Widerstand durch die Auflösung der „Verstopfung" (Abbildung 1d), bis sich die kleinen Teilchen am anderen Ende wieder sammeln und der hydraulische Widerstand erneut zunimmt (Abbildung 1e).

Die chemischen Vorgänge in der Espressomaschine sind aber noch komplizierter. Während der kurzen Extraktionszeit kann sich zwischen den Phasen kein Gleichgewicht einstellen und nur 75% des gut löslichen Koffeins werden extrahiert. Die unvollständige Extraktion erscheint auf den ersten Blick als Mangel, in Wirklichkeit liegt in der Unvollkommenheit aber die Perfektion: Viele sensorisch unerwünschte Inhaltsstoffe werden nämlich dabei *nicht* extrahiert; darum ist Espresso bekömmlicher als gebrühter Filterkaffee.

Es werden nicht nur wasserlösliche Verbindungen extrahiert, das heiße Wasser bringt die nach dem Rösten an die Oberfläche diffundierten Lipide zum Schmelzen, und die hohe Strömung zwischen den Kaffeepartikeln führt zur Bildung einer feinen Emulsion der Lipide mit Tröpfchengrößen zwischen 0,5 und 10 µm. In diesen Fetttröpfchen sind Aromastoffe gelöst, die sich sonst beim Austreten der heißen Flüssigkeit verflüchtigen würden. Aber keine Sorge, die im Espresso enthaltene Fettmenge ist gering; auch Kalorienbesessene müssen bei mageren 9 kcal kein schlechtes Gewissen haben.

Literatur und Anmerkungen

[1] Papst Klemens VIII (1592-1605) wurde von Priestern aufgefordert, Kaffee für

ESPRESSO, EIN FEST DER SINNE ...

Lesen Sie im nächsten Kapitel, was schon ein Blick auf den Tigerfell-Effekt der Crema – die schaumige Deckschicht des Espressos – verrät und welche Stoffe das unvergleichliche Aroma hervorbringen!

Christen zu verbieten. Ihrer Meinung nach hatte der Teufel den ungläubigen Muslimen Wein verboten, denn dieser wird bei der Heiligen Kommunion getrunken. Als Ersatz gab der Teufel den muslimischen Ungläubigen dieses „höllisch schwarzes Gebräu". Der Papst, wohl selbst ein Kaffeegenießer, lehnte die Forderung ab: „Es wäre eine Sünde, wenn dieses köstliche Getränk nur Ungläubige trinken dürften. Wir werden den Teufel überlisten und den Trank segnen".

[2] H.G. Maier, *Chem. unserer Zeit* **1984**, *18*, 17.

[3] *Espresso Coffee: The Chemistry of Quality*, A. Illy und R. Viani (ed.), Academic Press, London, 1998.

[4] *Coffee Flavor Chemistry*, I. Flament, John Wiley & Sons, Chichester, 2002.

[5] Der Name Chlorogensäure geht auf die bereits im 19. Jahrhundert entdeckte grüne Farbreaktion beim Oxidieren im Alkalischen zurück.

[6] Chlorogensäuren sind eine Gruppe von Estern, die aus Chinasäure **3** als Alkohol- und *p*-substituierten *p*-Hydroxyzimtsäuren als Säurekomponente bestehen. Die Hauptkomponente ist die *n*-Chlorogensäure **4**.

[7] R. Viani, Ullmann's Encyclopedia of Industrial Chemistry **1996**, Vol. A 7, 315-339, Wiley-VCH, Weinheim.

[8] M. Angrick und D. Rewicki, *Chem. unserer Zeit* **1980**, *14*, 149.

[9] R. Viani, AU Journal **2002**, *6*(1), http://www.journal.au.edu/au_techno/index.html.

[10] *Chromatography Today*, C.F. Poole, und S.K. Poole **1991**, Elsevier, Amsterdam. *Hochdruck-Flüssigkeits-Chromatographie*, H. Engelhardt, **1977**, Springer, Berlin.

[11] Der kommerzielle Siegeszug des Espressos begann 1947 mit der *Crema Caffe Machine* der Firma Gaccia. Der Druck für die Extraktion wurde mit einem gewaltigen Hebel von Hand erzeugt. Die Qualität des Espressos wurde damit von der Erfahrung und dem Geschick des Mannes an der Espressomaschine bestimmt. Damals erlangte der Espresso Kultstatus und die Espressobars mit dem besten *barista* waren Geheimtipps in italienischen Städten.

[12] G. Baldini und M. Petracco, *7th Conference Eur. Cons. Math. Ind* 1993, zitiert in [3].

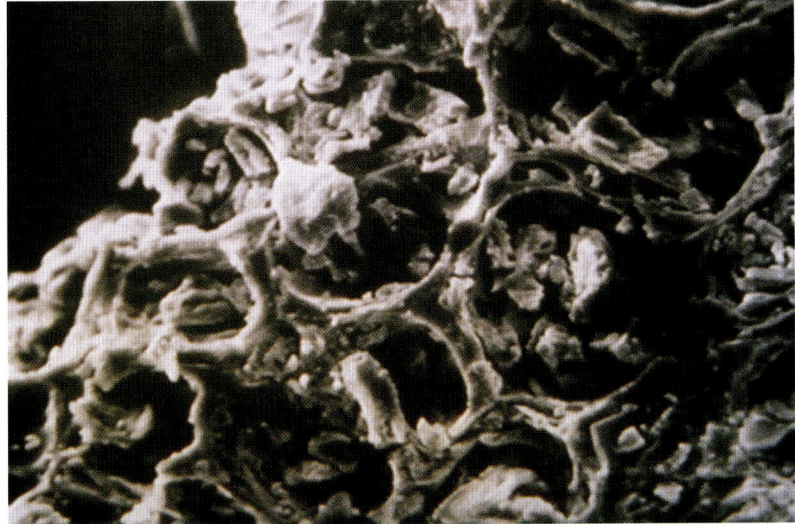

Abb. 2 *Mikroskopische Aufnahme von fein gemahlenem Kaffee für Espresso [3].*

Espresso, ein Fest der Sinne

Nach der Herstellung des „Dreistufenpräparats Espresso", dessen Vorschrift im letzten Kapitel ausführlich beschrieben wurde, beginnt die Vorfreude mit einem prüfenden Blick auf die Crema, die schaumige, geschlossene Deckschicht des Espressos. Sie entsteht durch das Zusammenspiel von emulgierten Fetten, denaturierten Proteinen und oberflächenaktiven Inhaltsstoffen.

Abb. 3 *Die Crema des Espressos; oben: bei zu grober Mahlung oder zu wenig Kaffeepulver entsteht eine helle, wenig beständige Crema; mitte: die hellgestreifte, haselnussbraune Crema mit fester Konsistenz lässt auf das Beste hoffen; unten: Über-Extraktion durch zuviel Kaffeepulver oder zu feine Mahlung verrät sich durch ein Loch in der zu dunklen Crema.*

Die Oberflächenspannung im Espresso ist nur halb so groß wie in reinem Wasser (Tabelle 2). Die Struktur der dafür verantwortlichen Tenside ist nicht bekannt, möglich wären Umsetzungsprodukte zwischen Sacchariden und Proteinen (Glykoproteine) bzw. Lipiden (Glycolipide). Die Textur der Crema ist ein Gütezeichen: sie muss fest, mittelbraun und von feinen helleren Streifen durchzogen sein (Tigerfell-Effekt). Auch nach kräftigem Rühren muss sich die Crema wieder schließen. Eine helle, dünne und wenig stabile Crema deutet auf eine Unterextraktion hin, verursacht durch grobes Mahlen oder zu niedrige Wassertemperatur (Abbildung 3). Ist die Crema dunkelbraun mit einem Loch in der Mitte, dann war das Kaffeepulver zu wenig porös oder die Kaffeemenge zu groß. Eine feste Crema hält die flüchtigen Aromastoffe zurück, sie verhindert ein zu schnelles Abkühlen und die im Fett gelösten Aromastoffe sind vor einer möglichen Hydrolyse geschützt.

Bevor wir den ersten Schluck nehmen können, streicht bereits das Kaffeearoma mit seinen bisher 800 identifizierten Verbindungen an unseren 30 Millionen Riechsinneszellen in beiden Nasenhöhlen vorbei. Diese Sinneszellen leiten ihre Erregung auf kürzestem Weg an die Hirnrinde zur Verarbeitung weiter. Viele der im Kaffeeduft enthaltenen Verbindungen kommen auch in anderen Röstaromen (Malz, Grillfleisch) vor [13]. Mit der strukturellen Vielfalt der Aromastoffe des Kaffees könnte man ein organisch-chemisches Lehrbuch füllen [14]. Viele Verbindungen davon treten aber nur in Spuren unterhalb der Geruchsschwelle auf und tragen wohl nicht maßgeblich zum Aroma bei. Die Top-Ten des Kaffeedufts sind in Tabelle 3 zusammengestellt.

Die Crema hat eine weitere gute Seite, ihren Körper. Darunter versteht man die mit Zunge und Gaumen ertastbare cremige Konsistenz. Verdeutlichen kann man sich den Körper einer Flüssigkeit beim Trinken von Milch und Wasser. Auch mit verschlossenen Augen und bei zugehaltener Nase würde man den Unterschied, nämlich den Körper, spüren.

Die Fließeigenschaft des Espressos ist tatsächlich einzigartig. Zum einen verdreifachen die Lipide und gelösten Polysaccharide [15] die Viskosität von 0,61 für reines Wasser auf etwa 1,7 mPa·s, zum anderen erniedrigen Tensid-Inhaltsstoffe die Oberflächenspannung von 73 auf 46 mN·m^{-1}, so dass Gaumen- und Zungenoberfläche leichter benetzbar werden. Nach dem ersten Schluck ist der Mundraum mit Crema belegt, mit zwei wichtigen Konsequenzen: die im hinteren Zungenbereich häufiger vorhandenen Rezeptoren für Bitterkeit werden teilweise bedeckt, so dass die subjektiv empfundene Bitterkeit gemildert wird, und die im Mundraum fest haftende Crema gibt die in ihr gelösten Duft- und Geschmacksstoffe verzögert ab. Einen getrunkenen Espresso mit guter

Crema riecht und schmeckt man noch 20–30 Minuten danach.

Espresso spricht auf der Zungenoberfläche die Sinneszellen in den 3000 Geschmacksknospen in allen vier Geschmacksqualitäten (sauer, salzig, süß und bitter) an.

Sauer: Espresso ist wie jeder Kaffee leicht sauer. Die pH-Erniedrigung wird von Phosphorsäure und über 60 weiteren organischen Säuren verursacht, wobei Essig- und Zitronensäure am häufigsten auftreten. Eine feine Säure ist jedoch Qualitätsmerkmal, denn ohne Säure schmeckt Kaffee schal und bitter. Davon unterschieden werden muss das langsame Absinken des pH-Werts beim Stehenlassen von heißem Kaffee. Dabei werden Ester gespalten und die freiwerdenden Säuren erniedrigen den pH-Wert weiter. Die Unbekömmlichkeit des in vielen deutschen Büros stundenlang auf beheizten Platten stehenden Kaffees findet so eine rationale Erklärung. Beim Espresso kann das nicht passieren, denn der wird immer erst auf Bestellung hergestellt, d.h. man wartet immer auf den Espresso, nie umgekehrt!

Süß: Die im Espresso enthaltenen löslichen Saccharide führen zu der geschätzen leicht süßlichen Note.

Salzig: Beim Extrahieren werden die im Kaffeemehl enthaltenen Salze

TAB. 2	EIGENSCHAFTEN

Parameter	Espresso
Dichte	1,02 g/ml
Viskosität bei 45°C	1,70 mPa · s
Oberflächenspannung bei 20 °C	46 mN m^{-1}
Fester Rückstand nach Eindampfen	1 560 mg
Gesamtfettgehalt	75 mg
pH	5,2
Chlorogensäuren	130 mg
Lösliche Saccharide	240 mg
Gesamtstickstoff	54 mg
Koffein	78 mg
Aschegehalt	216 mg
Kalium	96 mg

Physikalische Eigenschaften und chemische Zusammensetzung eines 30 ml Espressos [3]

zu einem großen Teil herausgelöst. Etwa 40% davon sind Kaliumsalze, daneben Magnesium-, Eisen- und Kupfersalze. Diese geringen Salzmengen verstärken den Geschmack des Espressos positiv [16].

Bitter: Der bittere Geschmack des Espressos hat viele Ursachen. Koffein, verschiedene Phenole und das während des Röstens nicht abgebaute Trigonellin tragen zum bitteren Geschmack bei. Die Hauptmenge der bisher nicht charakterisierten Bitterstoffe wird beim Rösten erzeugt. Sehr kurzes Rösten (< 2 Minuten) mit sehr heißem Gas (300–400 °C) führt zu stärker bitteren Bohnen. Ob die Bitterkeit als unangenehm empfunden wird, hängt von der Lebenskultur ab. In den USA und in Nordeuropa wird Espresso fast nur aus feinen *Arabica*-Bohnen hergestellt. Im Mittelmeerraum wird dem *Arabica* ein gewisser Anteil *Robusta* zugemischt. Espresso aus diesen Mischungen schmeckt bitterer. Italienischer Espresso in Italien schmeckt eben anders als in der deutschen Pizzeria um die Ecke. In nördlichen Breiten wird häufig versucht, einen Espresso durch Wassermengen oberhalb 50 ml weniger stark (= bitter) zu machen. Diese Versuche müssen scheitern, da eine Überextraktion zu einer unangenehmen holzigen und zusammenziehenden (häufig verwechselt mit bitter) Note führt.

Einen Sinn sollten wir nicht vergessen, den Hörsinn. Da ein guter Espresso in vorgewärmten Tassen serviert und unmittelbar danach getrunken wird, ist er relativ heiß und wird mit leisem, nur für das eigene Ohr bestimmtem Schlürfen in den Mund gesaugt. Im Grunde ist Schlürfen eine Wasserdampfdestillation des Espressos, bei der auch schwerer flüchtige Aromastoffe mit dem Wasserdampf im gesamten Atemtrakt niedergeschlagen und dann verzögert ausgeatmet und dabei in den Nasenhöhlen erneut gerochen werden.

Physiologische Wirkung:

Das Koffein, 1,3,7-Trimethylxanthin ist der physiologische Wirkstoff des Kaffees. Ein Tasse Espresso enthält etwa 60–70 mg, eine Tasse gebrühten Kaffees 100-150 mg und ein Glas Cola 40–60 mg Koffein. Seine stimulierende Wirkung des Kaffees begründet die große Popularität, die fast schon in Verehrung übergehen kann. Die Vermutung des schottischen Philosophen James McKintosh, dass „die Leistung des Gehirns proportional zur Menge des getrunkenen Kaffees ist", muss allerdings angezweifelt werden, obwohl viele Geistesgrößen wie Johann Sebastian Bach, Balzac, Kant, Hemingway, Baudelaire, Voltaire, Thomas Mann etc. nach eigener Auffassung nur mit Kaffee ihre Meisterwerke vollenden konnten.

Physiologisch wirkt Koffein durch sein Eingreifen in den Regelmechanismus der Aktivität von Neuronen [17]. Langanhaltende Neuronenaktivität während der Wachphase führt zu einer Zunahme der lokalen Adenosin-Konzentration. Spezielle Rezeptoren binden das Adenosin und über eine Reaktionskaskade wird die Neuronenaktivität gedämpft, man wird müde. Dies ist ein klassischer Regelkreis, bei dem das Reaktionsprodukt Adenosin seine eigene Produktion verlangsamt [18] – dadurch bleibt die Adenosin-Konzentration in gewissen Grenzen konstant. Koffein kann an die Rezeptoren binden und sie für den Angriff des Adenosins blockieren, die dämpfende Wirkung bleibt aus, die Müdigkeit verschwindet und der Mensch bleibt in einem aufmerksamen Gesamtzustand. Koffein wirkt also indirekt stimulierend, indem die dämpfende Wirkung von Adenosin ausgeschaltet wird. Viel Koffein hilft aber nicht viel. Aus Tierversuchen ist bekannt, dass die Aufnahme von Koffeinmengen, die 1-4 Tassen starken Kaffees beim Menschen entsprechen, zu der gewünschten Aktivitätssteigerung führen [19]. Bei Aufnahme höherer Mengen kehrt sich die Wirkung des Koffeins aber um: nach Aufnahme einer Koffeinmenge, die 10 Tassen Kaffee beim Menschen entsprechen, werden Mäuse sogar ruhiger und müder als ohne Koffein.

Fazit

Ein Espresso ist ein Sinnesfest: die Crema betrachten, das unvergleichliche Aroma riechen, die Konsistenz auf der Zunge fühlen und den Geschmack entwickeln lassen. Die Strukturen vieler Inhaltsstoffe sind noch unbekannt, ja wir wissen nicht einmal, wie viele noch fehlen. Von den chemischen Reaktionen während des Röstens und Zubereitens haben wir erst ungefähre Vorstellungen. Aber seien wir ehrlich: mit unserem bescheidenen Wissen und dem Wissen um unser Unwissen steigert sich doch noch die

TAB. 3 | AROMASTOFFE VON FRISCHGERÖSTETEM *ARABICA*-KAFFEE

Verbindung	Geruch	Aromawert
2-Furfurylthiol **6**	röstig	110 000
(E)-ß-Damascenon **7**	Honig, fruchtig	100 000
3-Mercapto-3-methylbutylformiat **8**	Katzenurin, röstig	37 000
3-Methyl-2-butenthiol **9**	raubtierähnlich	27 000
2-Isobutyl-3-methoxypyrazin **10**	Paprika	17 000
4-Hydroxy-2,5-dimethyl-3[2H]-furanon **11**	Karamel	11 000
Guajacol **12**	rauchig, phenolisch	3 400
4-Vinylguajacol **13**	würzig-phenolisch	3 200
2,3-Butandion **14**	Butter	2 100
2-Ethyl-3,5-dimethylpyrazin **15**	erdig, röstig	1 700

Die Top-Ten der Aromastoffe von frischgeröstetem Arabica-Kaffee [14]. Die Verbindungen sind nach ihrem Aromawert geordnet, wobei der Aromawert als das Verhältnis von vorkommender Menge und Geruchsschwellenwert in einem wässrigen Extrakt definiert wird.

Hochachtung vor diesem Getränk.
Papst Klemens VIII hatte schon
Recht, Kaffee und vor allem Espresso
sind Geschenke des Himmels. Auch
für Chemiker!

Danksagung

Prof. W. Tressl, Berlin, danke ich für
seine hilfreiche Unterstützung, der
Firma Illy, Triest (www.illy.com) für
die großzügige Überlassung des Foto-
materials.

Literatur und Anmerkungen

[13] R. Tressl und D. Rewicki in *Flavor Chemistry. Thirty Years of Progress* (R.Teranishi,
E.L. Wick und I. Hornstein, eds.) **1999**,
305, Kluwer/Plenum.

[14] W. Gosch, *Chem. unserer Zeit* **1996**,
30, 126.

[15] M.Coimbra und F. Nunes, *J. Agric. Food
Chem.* **1997**, *45*, 3238.

[16] Auch der Geschmack von konventionellem
Filterkaffee lässt sich durch Zugabe einer
kleinen Menge Tafelsalz verbessern.

[17] Verständliche Darstellung der physiologi-
schen Wirkung von Kaffee: S. Braun, *Buzz
– The Science and Lore of Alcohol and
Caffeine*, Oxford University Press, 1996,
Oxford

[18] D.G. Rainnie, H.C.R. Grunze, R.W. McCar-
ley unbd R.W. Greene, *Science* **1994**, *263*,
689.

[19] Kürzlich konnte nachgewiesen werden,
dass Koffeineinnahme auch zu einer Erhöhung des Adenosinspiegels im Plasma
führt. L.A. Conlay, J.A.Conant, F. de Bros
und R. Wurtmann, *Nature* **1997**, *389*, 136.

KAFFEEGESCHICHTEN

Die wohl umfangreichste Sammlung
Deutschlands zur Kaffeekultur-
geschichte und die Methoden der
Kaffeezubereitung vom 17. bis
20. Jahrhundert befindet sich am
Überseering in Hamburg. Hier lagern
in der Tchibo-Unternehmenszentrale
rund 1.400 Kaffeemühlen aus mehreren Jahrhunderten sowie eine Kaffee-
und Espressomaschinen-Kollektion
(ca. 450 Stück). Mit den historischen
Grafiken (350 Kupferstiche, Holzsti-
che und Lithografien aus dem Zeitraum 1650 bis 1900) besteht die
Sammlung aus über 2.000 Einzelob-
jekten.

Die Sammlung bietet auch skurrile Einblicke in die Geschichte des
Kaffeetrinkens: Ende des 17. Jahrhunderts setzte sich Kaffee während der
Aufklärung als „Getränk der Ver-
nunft" in Europa durch. Reisende des
18. Jahrhunderts hatten spezielle
Mühlen für die Zubereitung unter-
wegs im Gepäck. Und Kursächsische
Soldaten sollen sich sogar geweigert
haben, in den Kampf zu ziehen, weil
Ihnen der Kaffee ausgegangen war.

Vom 11. Mai bis 19. Oktober 2003
können circa 80 Exponate in der Aus-
stellung „Jederzeit Kaffeezeit! Porzel-
lan, Mühlen und Maschinen" des
Europäischen Industriemuseums in
Selb-Plössberg bewundert werden.
Für Rückfragen steht J. Klähn unter
Tel. 040/6387-2935 zur Verfügung.

*Stilistisch reicht
die Sammlung der
Kaffeemühlen
von Barock über
Rokoko, Bieder-
meier, Klassizis-
mus und Jugend-
stil bis hin zu
Art déco und Mo-
derne.* [Bild: Tchibo
Frisch-Röst-Kaffee]

Spannende

Chemische

Delikatessen

Chemie im Kriminalroman:

Dorothy L. Sayers' „Die Akte Harrison"

oder: Mörder mit Polariskop überführt!

Ein „jämmerliches kleines asymmetrisches Molekül" entlarvt in Dorothy L. Sayers' Kriminalroman „Die Akte Harrison" den Mörder. In Auszügen aus dem Roman schildert der Autor, wie es zu der Überführung des Täters kam und erläutert den naturwissenschaftlichen Hintergrund.

Der unerwartete Trauerfall

Ein schmackhaftes Pilzgericht kann manchmal unbekömmlich sein. Dies musste George Harrison am eigenen Leibe bitter erfahren, als er nach einer üppigen Pilzmahlzeit verschied. „Wahrscheinliche Todesursache: Fliegenpilzvergiftung", meldete der Polizeibericht. Der Gerichtsmediziner Sir James Lubbock bestätigte den ersten Verdacht: „Im Mageninhalt und im nichtverzehrten Rest des Pilzgerichts konnten erhebliche Mengen des hochgiftigen Fliegenpilz-Alkaloids Muscarin nachgewiesen werden. Es besteht nicht der geringste Zweifel, dass der Tote an Muscarinvergiftung gestorben ist. Wahrscheinlich hatte er den Fliegenpilz *Amanita muscaria* mit einem essbaren Verwandten aus der Gattung *Amanita*, dem Perlpilz *Amanita rubescens*, verwechselt" [1] (siehe Abbildung 1). Der Untersuchungsrichter bezeichnete den Tod von George Harrison als tra-

gischen Unglücksfall. Die Akte Harrison wurde mit dem Vermerk „Tod durch Unfall" versehen und alle Untersuchungen eingestellt.

Mord oder Unglücksfall? Paul Harrison berichtet [2]

Als Täter kamen nur Menschen aus der unmittelbaren Nähe meines Vaters in Betracht. Er hatte in den letzten Jahren auf Betreiben meiner Stiefmutter ständige Gäste in seinem Haus beherbergt, deren Anwesenheit zu beträchtlichen Spannungen führte. Da waren der erfolglose Schriftsteller John Munting und der Tunichtgut Harwood Lathom, der sich als Maler bezeichnete. Es war ein offenes Geheimnis, dass meine Stiefmutter ein Verhältnis mit Lathom hatte. Für mich stand fest, dass mein Vater ihr und ihrem Geliebten im Wege war und beseitigt wurde. Ich vermutete, dass meine Schwiegermutter die treibende Kraft hinter der Tat war und sie Lathom als williges Werkzeug bei der Ausführung ihres schrecklichen Plans benutzte.

Der bloße Verdacht reichte jedoch nicht aus, und es galt, zunächst den Hergang der heimtückischen Tat zu rekonstruieren. Da mein Vater die Pilzmahlzeit allein zubereitet hatte, musste der Täter das tödliche Gift zuvor in die für das Gericht verwendete Fleischbrühe gegeben haben. Dies konnte er auf verschiedenen Wegen getan haben: Einmal könnte der Mörder *Amanita muscaria* gesammelt haben und daraus einen konzentrierten Extrakt hergestellt haben. Dies erschien mir allerdings unwahrscheinlich, da eine heimliche Giftherstellung in der Küche wegen der ständigen Anwesenheit des Hauspersonals kaum möglich gewesen wäre. Die zweite Alternative wäre die Beschaffung des Fliegenpilzgiftes aus einer Apotheke oder einem Forschungslaboratorium. Der Gerichtsmediziner Sir James erklärte auf meine Anfrage jedoch, dass das Pilzgift überhaupt nicht käuflich erworben werden kann, da „die Isolation von reinem Muscarin aus dem Pilz ein chemisches Experiment von so großer Kompliziertheit wäre, dass es bisher nur zwei Personen gelungen ist, nämlich Harnack und Nothnagel; ihre Ergebnisse wurden jedoch, soweit ich weiß, bisher noch nicht bestätigt. Harnack ist es gelungen, Cholinaurichlorid und Muscarinaurichlorid durch Fraktionierung von Extrakten des Pilzes herzustellen, und in noch neuerer Zeit konnte King aus derselben Quelle Muscarinchlorid gewinnen."

DOROTHY LEIGH SAYERS

Dorothy Leigh Sayers wurde 1893 als Tochter eines Pfarrers und Schuldirektors geboren. Sie war eine der ersten Frauen, die an der Universität ihrer Heimatstadt Oxford das Examen ablegten. Sie wurde zunächst Lehrerin, wechselte dann in eine Werbeagentur. Als Schriftstellerin begann sie mit religiösen Gedichten und Geschichten sowie Übersetzungen mittelalterlicher Literatur. Berühmt wurde sie durch ihre über zwanzig Kriminalromane, die sich durch eine Fülle von bestechenden Charakterstudien auszeichnen.

1950 erhielt sie in Anerkennung ihrer literarischen Verdienste den Ehrendoktortitel der Universität Durham. Dorothy L. Sayers starb 1957 in Witham/Essex. An ihrem ehemaligen Wohnhaus ist eine unscheinbare Gedenktafel angebracht, auf der sie als Autorin, Theologin und Schülerin Dantes bezeichnet wird. [Foto: Ullstein-Camera Press Ltd.]

So blieb nur eine dritte Möglichkeit: Der Mörder muss sich künstlich hergestelltes Muscarin besorgt und der Fleischbrühe vor Zugabe der Pilze zugesetzt haben.

Ich konnte mich dunkel an eine abendliche Unterhaltung im Hause meines Vaters erinnern, in der Munting über einen gemeinsamen Besuch mit Lathom im Chemischen Labor des St. Anthony College berichtete. Munting kannte dort einen Chemiestudenten im zweiten Studienjahr namens Leader, der ihnen voller Stolz eine Sammlung von synthetischen Giften gezeigt hatte. Angenommen, zu der Sammlung gehörte zufällig auch ein Fläschchen Muscarin – was wäre leichter für Lathom gewesen, als sich zu bedienen?

Ich verabredete mich mit Munting und wir gingen zum St. Anthony College. Nach einigem Suchen fanden wir Leader mit einer Gruppe von Studenten in Saal 27 des Chemischen Instituts. Er begrüßte Munting mit übertrieben zur Schau gestellter Freude. Ich wurde vorgestellt und erklärte, dass ich eine kleine Auskunft bräuchte, falls er die Zeit erübrigen konnte.

Er führte uns in einen anderen Raum. „Hier sind wir", sagte Leader fröhlich und zeigte uns einen offenen Schrank voller Glasfläschchen. „Eine überzeugende Demonstration, wie wir Mutter Natur überlisten. Synthetisches Thyroxin – ein Zeug, das Sie in Ihrem eigenen Hals produzieren, aber hier haben wir's schön griffbereit und können uns die lästige Prozedur sparen, Sie erst aufzuschneiden. Eine kleine tägliche Dosis bringt Sie in Schwung. Unser selbst gemachter Kampfer heilt Erkältungen und tötet Ungeziefer. Schnuppern Sie mal, und bewundern Sie das volle, natürliche Aroma. Muscarin – nicht so hübsch wie die roten Pilze, aber Bauchweh kriegen Sie genauso davon."

„Interessant, nicht?" sagte Munting zu mir. „Sehr", antwortete ich. Mir zitterte ein wenig die Hand, als ich das gedrungene Fläschchen entgegennahm, das etwa zur Hälfte mit einem weißen Pulver gefüllt war. Auf dem Etikett stand deutlich sichtbar: Muscarin (synthetisch), $C_5H_{15}NO_3$.

„Das ist doch ziemlich lebensgefährlich, nicht?" fügte ich so gelassen wie möglich hinzu.

„Es geht", antwortete Leader. „Nicht ganz so stark wie die natürliche Variante, glaube ich, aber unangenehm genug. Ein Teelöffel voll enthebt Sie aller Sorgen, und da bleibt noch was für den Hund übrig". Er lächelte das Fläschchen liebevoll an. „Möchten Sie mal davon kosten? Nehmen Sie's in einem Gläschen Wasser, und das Finanzamt ärgert Sie nie wieder".

„Woraus wird es gemacht, Leader" wollte Munting wissen.

„Äh – aus anorganischen Stoffen natürlich – alles künstlich. Ich kann's nicht auswendig sagen. Kann aber nachsehen, wenn Sie wollen." Er suchte in einem Spind herum und brachte ein Notizbuch zum Vorschein. „Ach ja, natürlich. Cholin. Man beginnt mit künstlichem Cholin. Das oxydiert man mit verdünnter Salpetersäure – das ist das Zeug, das man zum Ätzen nimmt. Ergebnis: Muscarin. Hübsch, nicht?"

„Und wenn man es wieder chemisch analysiert, kann man dann einen Unterschied zwischen diesem und echtem Muscarin erkennen?"

Abb. 1. *a) Fliegenpilz (Amanita muscaria) und b) Perlpilz (Amanita rubescens). Der Fliegenpilz ist in den nördlich-gemäßigten Klimazonen beider Hemisphären weit verbreitet. Mit dem leuchtend orange-roten bis tiefroten Hut und den weißen, abwischbaren Schuppen ist er wohl jedem Kind bekannt. Die weißen „Tupfer" sind Überreste der Gesamthülle (Velum universale), die den Fruchtkörper des jungen Pilzes schützt und beim Wachsen reißt. Die Lamellen sind weiß und frei; am Stil ist ein hängender Ring sichtbar. Der knollenförmig erweiterte Stilgrund zeigt mehrere Warzengürtel. Der Fliegenpilz tritt zwischen Sommer und Herbst unter Nadel- (Fichten u. a.) und Laubbäumen (Birke u. a.) oft in Gesellschaft mit dem Steinpilz (Boletus edulis) auf. Der volkstümliche Name stammt von der früheren Verwendung als wirksames Insektenvernichtungsmittel: Fliegen wurden betäubt und getötet, indem frische Fliegenpilzscheiben in einem Teller mit Milch übergossen wurden.*

„Natürlich nicht. Es *ist* echtes Muscarin. Es besteht wirklich kein Unterschied".

„Du lieber Gott", sagte Leader, als er auf die Uhr sah. „Ach, sind Sie mir böse, wenn ich verschwinde? Hat mich ungemein gefreut, Sie kennen zu lernen. Finden Sie den Weg allein?" „Einen Moment noch", sagte Munting. „Erinnerst du dich noch an den Burschen, den ich letztes Jahr mitgebracht habe – Lathom den Maler?"

„Ja, natürlich – das ist der Kerl, der so scharf auf Gifte war. Hat mir eine Unmenge an Fragen gestellt nach der richtigen Dosis und war ganz angetan von unserm synthetischen Zeug. Schien gar nicht darüber hinwegzukommen, dass man in der chemischen Analyse künstliches Muscarin nicht von natürlichem unterscheiden kann. Ein intelligen-

Abb. 2. *a) Rinnigbereifter Trichterling (Clitocybe rivulosa) und b) Feld-Schwindling (Marasmius oreades). Wenn es denn unbedingt ein Muscarinmord sein muss, würden wir aus heutiger Sicht Dorothy L. Sayers den giftigen Rinnigbereiften Trichterling empfehlen, der häufig mit dem essbaren Feld-Schwindling verwechselt wird. Die Giftigkeit des Rinnigbereiften Trichterling beruht allein auf dem hohen Muscaringehalt von bis zu 0,8 %. Nach einer Latenzzeit von 20 bis 30 Minuten treten bei einer Muscarinvergiftung die ersten Symptome auf: Schweißausbrüche, starker Speichelfluss, Erbrechen mit Bauchkoliken sowie Abfall des Blutdrucks und Absinken der Herzfrequenz. Die Giftwirkung des Muscarins beruht auf der engen strukturellen Ähnlichkeit zum Acetylcholin. Muscarin bindet an den Acetylcholin-Rezeptoren der Nervenzellen, die für die Erregung zuständig sind. Dadurch kommt es zu einer gefährlichen Dauererregung. Als Gegenmaßnahme wird neben Entleerung des Magen-Darm-Trakts im akuten Fall Atropin gegeben.*

Abb. 3. *(+)-Muscarin (links) und (-)-Muscarin (rechts). Der Mörder benutzte für seine niederträchtige Tat Muscarin, das er aus dem Chemischen Institut der Universität Oxford gestohlen hatte. Dieses Präparat war dort synthetisiert worden und lag als Racemat vor, d. h. als eine 1:1-Mischung aus beiden Antipoden. Physiologisch wirksam und damit auch tödlich ist jedoch nur die im Fliegenpilz vorkommende (+)-Form.*

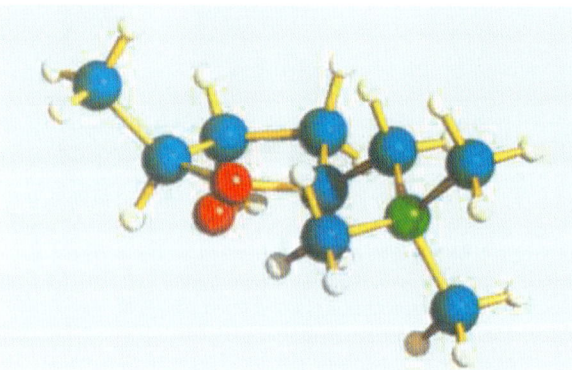
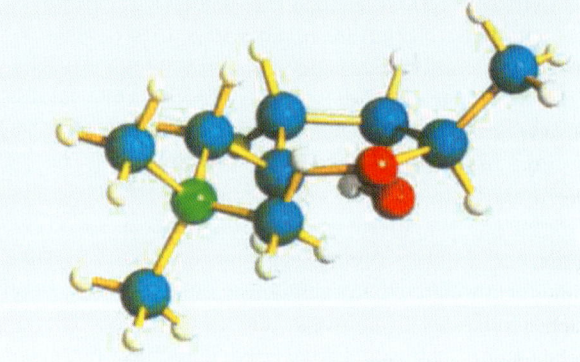

tes Kerlchen, fand ich – für einen Künstler. Ich erinnere mich genau an ihn. Warum?"

„Fiel mir nur gerade ein. Er hat mal gesagt, dass er dich besuchen wollte."

„Na ja, hat er aber nicht. Oder vielleicht war er in den Ferien hier. Da ist hier niemand außer diesen Strebern und Holzköpfen, die sich noch schnell fürs nächste Examen vollstopfen wollen. Ich muss jetzt aber wirklich abhauen. Weißt du was, komm doch mal abends zum Essen, ja?"

Nachdem ich gesehen habe, mit welcher Sorglosigkeit die Gifte aufbewahrt wurden, war es für mich keine Frage mehr, dass Lathom wahrscheinlich in den Ferien in das Labor zurückkehrte, und dort eine ausreichende Menge des synthetischen Muscarins gestohlen hatte. Damit stand für mich fest, dass Lathom meinen Vater umgebracht hatte. Aber nach den Ausführungen von Leader gewann ich ebenso sehr die Überzeugung, dass Lathom eine Mordmethode gefunden hatte, die gegen Beweise absolut gefeit war.

Mehrere Wochen später, als ich die wohl für immer ungesühnt bleibende Tat in mir zu verdrängen begann, wurde ich jäh wieder mit dem Mord an meinem Vater konfrontiert. Dies geschah auf einer Cocktailparty, zu der mich der alte Pfarrer Perry eingeladen hatte. Neben Professor Hoskyns, dem großen Physiker, nahm noch ein dunkelhäutiger kleiner Mann mit Brille teil, den beide „Stingo" nannten; er entpuppte sich als Professor Matthews, der Biologe, der soviel für die Vererbungslehre getan hatte. Ein großer, kräftiger, rotgesichtiger Mensch mit ungebärdigem Benehmen wurde mir als Waters vorgestellt. Er war jünger als die anderen, aber alle behandelten ihn mit großem Respekt, und bald schälte sich heraus, dass er Oxfords kommender Mann in der Chemie war.

Das Essen ließ nichts zu wünschen übrig. Eine Rindfleischpastete von gewaltigen Dimensionen, gefolgt von einer Apfeltorte, die ihr an Größe nicht nachstand, und Bier, das wir aus Perrys alten Ruderpokalen tranken, versetzte

uns in eine Stimmung heiterer Zufriedenheit. Der Abend stand unter dem Motto: „Esst und trinkt, seid fromm und lasst's euch gutgehn".

Im Laufe der abendlichen Diskussionen redeten wir über Gott und die Welt. Das Gespräch war zunächst recht belanglos, bis die drei Naturwissenschaftler anfingen, den Begriff des Lebens aus ihrer eigenen Disziplin heraus zu definieren. „Aus meiner Sicht als Chemiker" bemerkte Waters, „wird das Leben durch eine Art schiefe Ebene – sozusagen eine Schlagseite charakterisiert. Bis heute beherrscht nur die lebende Materie den Kunstgriff, eine symmetrische, optisch inaktive Verbindung in eine asymmetrische, optisch aktive Verbindung umzuwandeln."

„Danke", sagte Pfarrer Perry. „Könnten Sie das bitte noch einmal wiederholen, und zwar mit Worten, die auch ein Kind versteht?" „Nun, das ist so", sagte Waters. „Als unser Planet sich abkühlte, waren die Moleküle der ursprünglichen anorganischen Materie symmetrisch – wenn sie in kristalliner Form vorlagen, waren auch die Kristalle symmetrisch. Das heißt, sie waren auf beiden Seiten gleich, wie ein geometrischer Würfel, und ihre Spiegelbilder waren mit ihnen identisch. Substanzen dieser Art nennt man optisch inaktiv; das soll heißen, wenn man sie durch ein Polariskop betrachtet, haben sie nicht die Fähigkeit, die Ebene eines polarisierten Lichtstrahls zu drehen."

„Wir wollen es Ihnen glauben", sagte Pfarrer Perry.

„Oh, das ist ganz einfach. Mit normalen Worten ausgedrückt, haben die Schwingungen im Äther – muss ich den Äther erklären?" „Könnten Sie das nur!" sagte der Physiker Hoskyns.

„Wir wollen den Äther übergehen", meinte Pfarrer Perry.

„Danke, also, normalerweise gehen die Ätherschwingungen, mit denen sich das Licht fortpflanzt, in alle Richtungen rechtwinklig zur Strahlenrichtung. Wenn Sie den Lichtstrahl aber beispielsweise durch einen Kristall Isländischen Doppelspat schicken, werden die Schwingungen alle in eine Ebene gebracht, wie ein flaches Band. Man nennt das dann einen polarisierten Lichtstrahl. Na schön, weiter. Wenn man dieses polarisierte Licht durch eine Substanz leitet, deren Molekularstruktur symmetrisch ist, passiert nichts damit; die Substanz ist optisch inaktiv. Wenn Sie ihn aber beispielsweise durch eine Rohrzuckerlösung schicken, wird der polarisierte Lichtstrahl verdreht, und man bekommt einen Spiraleffekt ähnlich wie bei einem Papierstreifen, den man an einem Ende nach rechts oder links dreht. Rohrzucker ist also optisch aktiv. Und warum? Weil seine Molekularstruktur asymmetrisch ist. Die Kristalle des Zuckers sind nicht voll entwickelt. Sie haben eine Unregelmäßigkeit auf einer Seite, und der Kristall und sein Spiegelbild sind einander umgekehrt, wie meine rechte und linke Hand." Wir runzelten alle die Stirn und vollzogen das Experiment mit unseren eigenen Händen nach.

„Sehr schön", fuhr Waters fort. „Nun können wir im Labor durch Synthese Stoffe aus anderen anorganischen Substanzen herstellen, die man einst für das ausschließliche Produkt lebender Gewebe hielt – Kampfer zum Beispiel und einige in der Medizin verwendete Alkaloide. Aber was ist der Unterschied zwischen unserem Verfahren und dem der Natur? Was passiert ist folgendes: Die durch Synthese gewonnene Substanz erscheint immer in der sogenannten racemischen Form. Sie besteht aus zwei Molekülformen – die eine ist rechtsasymmetrisch, die andere links, so dass die Substanz insgesamt sich verhält wie eine anorganische, symmetrische Verbindung; das heißt, die beiden Asymmetrien heben einander auf, und das Produkt ist optisch inaktiv und hat nicht die Fähigkeit, einen Strahl polarisierten Lichts zu drehen. Um eine Substanz zu gewinnen, die dem Naturprodukt genau gleich ist, müssen wir sie in ihre beiden asymmetrischen Formen aufspalten. Das können wir technisch nicht. Aber wir können es natürlich, wenn wir unsere lebende Intelligenz zur Anwendung bringen, indem wir geduldig die Kristalle sortieren. Oder wir können es auch tun, indem wir die Substanz, zum Beispiel Dextrose, verschlucken, denn dann resorbiert und verdaut unser Körper die rechtsdrehende Form und scheidet die linksdrehende Form unverändert wieder aus. Wir können das aber auch einen lebenden Mikroorganismus für uns tun lassen, der die rechtsdrehende Hälfte, also die künstliche, im Labor erzeugte, übrig lässt. Aber wir können nicht durch ein technisches Laborverfahren eine anorganische, inaktive, symmetrische Substanz in eine asymmetrische, optisch aktive Substanz umwandeln – und genau das tut lebende Materie alle Tage mit der größten Selbstverständlichkeit."

„Wollen Sie sagen", fragte ich, „dass es möglich ist, eine synthetische im Labor hergestellte Substanz von einer, die durch lebendes Gewebe hervorgebracht wurde, zu unterscheiden?"

„Gewiss", sagte Waters, indem er sich einigermaßen überrascht mir zuwandte, aber offenbar akzeptierte er mein verspätetes Begreifen dieser Wahrheit als bloße Laune meines langsamen, unwissenschaftlichen Verstandes. Sollte am Ende der Mörder doch noch seine gerechte Strafe bekommen? Ich sah einen Lichtstreif am Horizont. Am Ende der Cocktailparty lauerte ich Dr. Waters unauffällig auf und arrangierte eine gemeinsame Heimfahrt. Im Taxi erzählte ich ihm die ganze Geschichte.

„Mein Gott", sagte er, „das ist ja hochinteressant. Eine prachtvolle Idee für einen Mord. Sofern Ihr Mann wirklich so dumm war, das synthetische Muscarin in seiner racemischen Form zu verwenden, können wir ihn spielend überführen. Das wird ein Fressen für die Zeitungen sein, wenn was dabei herauskommt! ‚Mörder mit Polariskop überführt'. Allerdings werden die Zeitungsschreiber einige Arbeit haben, das den Lesern zu erklären. Also, was machen wir? Wer hat die Analysen durchgeführt?"

„Lubbock."

„Ach ja – natürlich. Wir müssen uns mit ihm in Verbindung setzen. Es besteht die Chance, dass er die Präparate noch hat. Wir brauchen nur einen Blick darauf zu werfen, dann wissen wir Bescheid. Wie viel Uhr haben wir? Viertel nach elf. Nur nichts aufschieben. He, Fahrer!"

Er nannte dem Chauffeur eine Adresse am Woburn Square. „Lubbock geht nie vor Mitternacht ins Bett. Ich kenne ihn gut. Das wird ihn mächtig interessieren."

Sein Schwung überrannte meine schwachen Proteste, und wenige Minuten später standen wir vor Sir James Lubbocks Haustür und läuteten.

Ich erkannte den Gerichtsmediziner Sir James Lubbock natürlich sofort, obwohl er jetzt in einem weißen Kittel und den roten Pantoffeln weniger eindrucksvoll wirkte als bei der gerichtlichen Voruntersuchung. Auf meine Mordtheorie antwortete er zunächst: „An der Todesursache besteht nicht der allermindeste Zweifel. Muscarinvergiftung. Ohne Wenn und Aber."

„Eben. Ist Ihnen übrigens zufällig der Gedanke gekommen, Lubbock, das Muscarin auch noch im Polariskop zu prüfen?"

„Im Polariskop? Du lieber Himmel, nein. Warum denn das? Dabei käme überhaupt nichts heraus: Man weiß doch alles über Muscarin. Rechtsdreher. Nichts Ausgefallenes daran."

„Selbstverständlich nicht", antwortete Waters. „Aber wir hatten eine kleine Diskussion, und – es ist einfach so, Lubbock, es wäre gut für Mr. Harrisons – und meinen – Seelenfrieden, wenn Sie die Prüfung noch nachholen könnten."

„Nun gut, wenn Sie solchen Wert darauf legen. Nichts leichter als das. Aber Sie haben doch einen Hintergedanken, Waters. Darf ich ihn nicht erfahren?"

„Ich sag's Ihnen hinterher."

„Das ist mal wieder typisch Waters", sagte er zu mir. „Ein richtiger Sherlock Holmes. Muss es immer spannend machen. Na schön, bringen wir es hinter uns."

Wir gingen über ein paar Korridore und kamen schließlich in ein großes Laboratorium. „Hier ist meine Blaubartkammer", sagte Lubbock lächelnd. „Alle Arten von Verbrechen und Tragödien. Konservierte Morde. Romanstoff in Hülle und Fülle. – Hier, da hätten wir's. Harrison. Extrakt des Mageninhalts. Extrakt des Pilzgerichts und hier eine frische Muscarinlösung. Ich habe sie selbst zu Kontrollzwecken hergestellt, um die Dosis besser bestimmen zu können."

„Aus dem Pilz gewonnen?"

„Ja. Ich kann nicht dafür garantieren, dass ich das Gift vollständig isoliert habe. Aber es reicht."

„So? Darauf würde ich gern einen Blick werfen, wenn ich darf."

„Aber selbstverständlich".

Er nahm die Flaschen aus dem Schrank und stellte sie auf einen der Labortische. Ihrem Aussehen nach waren sie nicht voneinander zu unterscheiden – das gleiche Salz, das ich zuvor im Labor des St. Anthony College gesehen hatte.

Sir James Lubbock schloss noch einen anderen Schrank auf und holte eine große, schwere Apparatur heraus, die Ähnlichkeit mit einem auf einen Ständer montierten Teleskop hatte. Nun wandte sich Waters an mich. „Sie möchten doch sicher genau wissen, was Sie hier zu sehen erwarten, ja?"

Ich nickte stumm und konnte meine Aufregung kaum verbergen.

„Ich fürchte, so aufregend wird es nicht werden. Kopf hoch, Mann, Sie sind ja weiß wie Kreide. Also, am einen Ende dieses Instruments ist eine dünne Scheibe des semitransparenten Minerals Turmalin. Das haben sie sicher schon in Juwelierläden gesehen. Hübscher Stein und so weiter, aber für unsere Zwecke ist seine feingittrige Struktur wichtiger. Wenn man einen Lichtstrahl durch die Turmalinscheibe schickt, wird er polarisiert. Darüber haben wir beim Abendessen gesprochen – erinnern sie sich? Diese Turmalinscheibe nennt man Polarisator. So. Nun befindet sich am anderen Ende, in der Nähe des Okulars, eine zweite Turmalinscheibe, die drehbar ist und als Analysator bezeichnet wird. Wird nun der Analysator so gedreht, dass seine Gitterstruktur der des Polarisators parallel ist, so geht der Lichtstrahl durch beide hindurch, doch wenn der Analysator in einem rechten Winkel zum Polarisator gedreht wird, geht kein Licht hindurch, und es bleibt dunkel. Soweit alles klar?"

„Vollkommen."

„Sehr schön. So, und wenn ich nun, nachdem der Analysator auf Dunkel gestellt ist, die Lösung einer optisch aktiven Substanz zwischen beide Turmalinscheiben stelle, wird das Licht – das können Sie mir jetzt selbst sagen – denken Sie daran, dass es ein *Lichtband* ist.'

„Ich weiß. Ja. Das Lichtband wird beim Durchgang gedreht."

„Richtig. Es hat dann dieselbe Ebene wie das Gitterwerk des Analysators und –"

„Geht hindurch!" sagte ich triumphierend. „Es gibt doch Gott sei Dank noch intelligente Menschen. Wie Sie richtig sagen, das Licht geht durch. Und folglich sehen Sie –"

„Licht!" sagte ich, wobei ich hoffte endlich diesen unbarmherzigen Paukenrhythmus aus dem Ohr zu bekommen. Auch mein Herz schien ziemlich laut zu pochen.

„Wenn aber", fuhr Waters fort, den Blick auf Sir James gerichtet, der über dem Spülbecken die Lösungen mit einem Glasstab umrührte, „wenn die Substanz aber optisch inaktiv ist – wenn sie sich zum Beispiel als ein synthetisches Produkt entpuppen sollte, das im Labor aus anorganischer Materie hergestellt wurde, wird sie den polarisierten Lichtstrahl nicht drehen. Es bleibt dunkel."

Das sah ich ein.

„Also, Sie haben das jetzt verstanden. Wenn wir nun die Muscarinlösung in den Lichtstrahl stellen und es hell wird, beweist das gar nichts. Entweder ist es natürliches Muscarin, oder aber das Präparat wurde bereits in seine beiden aktiven Formen aufgespalten, und wir können nichts daraus entnehmen. Wenn es aber dunkel bleibt – dann ist es eine ziemlich dunkle Angelegenheit, Mr. Harrison."

Ich nickte.

„So, Waters", meinte Sir James gut gelaunt. „Vortrag beendet?"

„Ja, der Schüler verdient ein Lob."

„Gut. Dann stehe ich jetzt zur Verfügung, Waters. Was wünschen Sie von mir?"

„Ich denke, wir stellen zuerst einmal die Kontrolllösung hinein, wenn Sie nichts dagegen haben. Sie werden jetzt se-

DER FLIEGENPILZ ALS DROGE UND GIFT

$$H_2N-CH_2-CH_2-CH_2-CO_2H$$

GABA

Der Fliegenpilz Amanita muscaria wird seit Jahrhunderten bei Kulthandlungen als Halluzinogen verwendet. Wahrscheinlich ist Soma, die altindische, zur Gottheit erhobene Rauschdroge, mit dem Fliegenpilz identisch. Der indische Soma-Kult ist zwar ausgestorben, jedoch wurde der Brauch des Fliegenpilzverzehrs bei einigen finnisch-ugrischen Volksstämmen weiter gepflegt. Die Pilze wurden an der Sonne getrocknet und ein frisch bereiteter Sud getrunken. Aus der zeremoniellen Verwendung des Pilzes entwickelte sich der Brauch des Urintrinkens; die sibirischen Stämme erkannten, dass der psychoaktive Stoff unverändert die Nieren passiert. Es heißt: „Die Ärmeren, die es sich nicht leisten können, einen Pilzvorrat anzulegen, stellen sich bei dieser Gelegenheit rund um die Hünen der Reichen auf und lauern auf den Augenblick, wenn sich die Gäste zum Wasserlassen bequemen, um dann eine hölzerne Schale hinzuhalten und den Urin darin aufzufangen. Sie trinken den Urin und werden dadurch ebenfalls betrunken." Die Berserker, die Leibgarde

nordischer Könige im 9. bis 12. Jahrhundert, erhielten ihre „übermenschlichen" Kräfte („Berserkerwut") angeblich durch den Genuss von Fliegenpilzen. Infolge der Popularisierung vieler ethnomykologischer Studien werden Fliegenpilze heute als Rauschdroge („recreational drug") missbraucht.

Pharmakologisch wirksam ist vor allem das Muscimol, das wahrscheinlich durch in-vivo-Decarboxylierung aus Ibotensäure entsteht. Wegen seiner großen strukturellen Ähnlichkeit zur -Aminobuttersäure (GABA) bindet Muscimol am GABA-Rezeptorkomplex des Zentralnervensystems. Nach einer Latenzzeit zwischen 30 Minuten und drei Stunden treten Koordinationsstörungen, Verwirrung, Sinnestäuschung und Tobsuchtsanfälle auf. Je nach Stimmungslage schwankt der Vergiftete zwischen tiefen Depressionen und himmelhochjauchzender Euphorie. Die Verwendung des Fliegenpilzes als Glückssymbol beruht wahrscheinlich auf dieser Rauschwirkung. Unbeabsichtigte Vergiftungen sind wegen der großen Bekanntheit des Fliegenpilzes nur selten. Ott und Gutmann beschreiben folgenden Vergiftungsfall [17]:

„Etwa eine halbe Stunde, nachdem ein Ehepaar

ein Pilzmischgericht, in dem sich mehrere Exemplare von A. musraria befanden, gegessen hatten, ging die Frau eine Freundin besuchen, kam aber lange nicht zurück, so dass alle Angehörigen unruhig wurden. Nach etwa 2 Stunden wurde sie von Hausbewohnern in die Wohnung gebracht, da sie im Haus und auf dem Hof umherirrte und die Wohnung nicht finden konnte, nachdem sie schon viel Zeit verbraucht hatte, um überhaupt die Haustür aufschließen zu können. Die Vergiftete merkte, während sie im Haus umherirrte sowie die Treppen auf- und ab und auf dem Hof hin- und herging, ganz deutlich, dass sie etwas tat, das sonst nicht der Fall war. Oben redete die Frau dann unzusammenhängendes Zeug und lachte abwesend."

Die Behandlung von Vergiftungen beschränkt sich vor allem auf die Entleerung des Magen-Darm-Trakts durch Einleitung von Erbrechen und Durchfall. Von Beruhigungsmitteln wie Valium wird abgeraten und Atropin darf – weil es sich ja um eine Muscimol- und nicht um eine Muscarin-Vergiftung handelt – unter keinen Umständen gegeben werden. Die Prognosen werden im Allgemeinen als gut bezeichnet und tödliche Vergiftungen sind äußerst selten.

hen, Mr. Harrison, wie diese Substanz, die aus dem lebenden Gewebe eines Pilzes hergestellt wurde, die Schwingungsebene des polarisierten Lichts dreht. Bitte, Sir."

Sir James reichte mir ein Glasröhrchen, das mit einer farblosen Flüssigkeit gefüllt war. Ich schnupperte daran, aber sie hatte keinen Geruch.

„An Ihrer Stelle würde ich nicht auch noch davon kosten", sagte Sir James bissig. Er riss ein Streichholz an und entzündete damit den Bunsenbrenner, dessen Flamme um irgendeine Masse züngelte, die sich über ihr in einem Platinhalter befand.

„Natriumchlorid", sagte Waters, „das heißt, um die Sache nicht unnötig geheimnisvoll zu machen, gewöhnliches Kochsalz. Soll ich ausschalten?"

Er knipste die Lampen aus, und wir hatten nur noch die Natriumflamme. In deren gelbem, unheimlichem Schein schwebte mir ein Gesicht entgegen - ein Totengesicht -, fahl, wächsern, von Verwesung gezeichnet - mit scharfen Schatten in den Nasenlöchern und unter den Augenhöhlen -, das Gesicht meines Vaters, den Mund zur Klage geöffnet.

„Aufregend, nicht?" meinte Sir James freundlich, und ich riss mich zusammen und begriff, dass ich für ihn ebenso gespenstisch aussehen musste wie er für mich. Aber für einen kurzen Augenblick hatte ich in ihm das Gesicht meines Vaters gesehen.

Sir James bereitete gemächlich das Experiment vor. Er stellte das Röhrchen mit der Lösung ins Polariskop, stellt das Okular ein und sah hindurch. Dann wandte er sich an Waters. „Bisher", sagte er trocken, „scheinen die Naturgesetze ihre Gültigkeit zu behalten. Wollen sie mal sehen?"

„Ich möchte, dass Mr. Harrison es sieht", sagte Waters. „Hier bitte. Moment noch. Wir nehmen das Röhrchen zuerst noch mal raus. Kommen Sie, machen Sie das selbst."

Mein Herz pochte wirklich. In meiner erregten Fantasie schien es den Tisch zum Beben zu bringen, als ich Sir James Platz vor dem Polariskop einnahm.

„Wir beginnen", sagte Waters, „mit parallel zum Polarisator eingestelltem Analysator. So. Sehen sie den Lichtstrahl? Und hier können Sie jetzt einstellen. Drehen Sie selbst dran."

Ich drehte, und das Licht verschwand. „Halten Sie den Analysator so fest", sagte Waters fröhlich, „damit Sie sicher sein können, dass hier nicht gemogelt wird. Ich stelle jetzt wieder die Muscarinlösung dazwischen. Jetzt!"

Als er das Röhrchen an seinen Platz stellte, war plötzlich der Lichtstrahl wieder da. „Ja", sagte ich, „ich sehe ihn".

„Überzeugende Demonstration eines Wunders", sagte Waters, „und Verdrehtheit der Dinge im Allgemeinen. Das ist also in Ordnung. Jetzt werden wir mal einen Blick auf das Zeug tun, das Harrison umgebracht hat. Nein. Respekt vor unseren Herrschern, Lehrern, geistlichen Hirten und Meistern. Wir lassen Sir James den Vortritt."

Sir James nahm achselzuckend meinen Platz an der Apparatur ein. Waters legte mir die Hand auf den Arm.

Nervtötend langsam stellte der Chemiker das erste Röhrchen beiseite und nahm das Andere. Mit trockenem Mund sah ich ihm zu. Er stellte sich hinter das Polariskop und sah hindurch. Dann ein Grunzen. Seine Hand fasste nach dem Einstellring. Erneute Stille, dann ein Ausruf der Ungehaltenheit. Er nahm das Auge vom Okular und prüfte die Versuchsanordnung. Waters' Hand schloss sich schmerzhaft fest

um meinen Arm. Wieder hob Sir James die Hand hoch, um diesmal nach dem Röhrchen zu greifen. Er nahm es heraus, hielt es hoch, besah es und stellte es vorsichtig zurück. Er sah wieder durchs Okular. Lange Stille.

Dann ließ Sir James sich vernehmen. Seine Stimme klang sehr merkwürdig und arg verwundert.

„Sagen Sie mal, Waters. Hier ist was komisch. Werfen Sie mal einen Blick hindurch."

Waters drückte ein letztes Mal meinen Arm, ließ ihn los und nahm Sir James' Platz vor dem Instrument ein. Er bewegte das Röhrchen ein paar Mal hin und her und sagte in richterlichem Ton: „So!"

„Was halten Sie davon?" fragte Sir James. „Zwei Möglichkeiten", antwortete Waters munter. „Entweder sind hier die Naturgesetze außer Kraft getreten, oder dieses Muscarin ist optisch inaktiv. Ich zögere, an eine Aufhebung der Naturgesetze zu glauben."

„Und *was* glauben Sie?" verlangte Sir James zu wissen.

„Ich glaube", sagte Waters, „dass es sich um ein synthetisches Produkt racemischer Form handelt."

„Aber wie konnte –?" Sir James unterbrach sich, und ich beobachtete in der leichenfahlen Beleuchtung sein Gesicht, während er hin und her überlegte.

„Sie wissen, was das bedeutet, Waters?"

„Ich kann es mir ungefähr denken."

„Mord!"

„Ja, Mord."

Es trat eine neue Pause ein, in der man die Stille fast mit Händen greifen konnte. Dann sagte Sir James ganz leise: „Der Mann wurde ermordet. Mein Gott, das soll mir eine Lehre sein, Waters. Nie etwas auslassen. Wer hätte das gedacht –? Aber – wie sind Sie nur auf die Idee gekommen?"

„Gehen wir was trinken", sagte Waters, „dann erzählen wir Ihnen das alles. Und Sie, Mr. Harrison, was Sie jetzt brauchen, ist ein doppelter Scotch, aber ohne Soda."

Wenige Tage später übergab Sir James Lubbock seinen Bericht über die durchgeführten Messungen mit dem Polariskop an Sir Gilbert Pugh, den Kronanwalt ihrer Majestät. Sir Gilbert studierte unter gelegentlichem Aufstöhnen das Manuskript und nach dem Lesen der letzten Seite saß er ein paar Minuten schweigend da. Im Geiste sah er sich vor den Geschworenen, biederen Gewerbetreibenden, stehen und ihnen unter einem Trommelfeuer bissiger Kommentare des Verteidigers zu erklären versuchen, was ein asymmetrisches Molekül sei.

Auf Grund des von Sir James Lubbock vorgelegten Gutachtens wurde Harwood Lathom von den Geschworenen einstimmig des Mordes an meinem Vater George Harrison für schuldig erklärt. Obwohl klar war, dass meine egoistische Stiefmutter die treibende Kraft hinter der Tat war, konnte ihr keine Mittäterschaft nachgewiesen werden. Am Morgen des 30. November 1930 wurde der Mörder im Gefängnis von Exeter hingerichtet.

Pfarrer Perry würde sagen, dies sei Gottes Gericht. Das Leben habe sich empört an den Mächten des Todes und der Hölle gerächt. Aber Lathom hätte, wenn er nur ein wenig mehr von Chemie verstanden hätte, dem Urteil ausweichen können. Unwissenheit ist keine Entschuldigung vor dem Gesetz. Auch nicht vor den Naturgesetzen. Das ist uns bekannt. Aber wenn ich an Lathoms Stelle wäre, fände ich den Gedanken unerträglich, von einem jämmerlichen kleinen asymmetrischen Molekül zu Fall gebracht worden zu sein.

Die naturwissenschaftlichen Grundlagen des Romans „Die Akte Harrison"

Der Kriminalroman „The Documents in the Case" von Dorothy L. Sayers erschien im Jahr 1930 [3]; die erste deutsche Ausgabe wurde 1965 unter dem Titel „Die Akte Harrison" herausgegeben [4]. Der Handlungsablauf geht auf den Vorschlag von Dr. Eustace Robert Barton, einem Mediziner am Gloucester Mental Hospital, zurück. In der Originalausgabe wird er unter dem Pseudonym Robert Eustace als Coautor angegeben [5]. Er schlug vor [6]:

„... einige ernste und interessante Fragen in die Pilzgeschichte einzubauen – der feinen Unterschied zwischen dem, was von der Natur und was künstlich vom Menschen hergestellt wird. Die molekulare Asymmetrie von organischen Produkten verdeutlicht diesen Unterschied zwischen der Chemie der toten Materie und der Chemie der lebenden Materie und dies berührt die fundamentalsten Probleme des Lebens an sich."

Dieser philosophische Grundgedanke der prinzipiellen Unterscheidbarkeit zwischen toter und lebendiger Materie spiegelt sich im Roman wider. Der Täter wird dadurch überführt, dass er künstliches Muscarin in seiner racemischen, also optisch nicht aktiven Form zum Mord verwendet hat.

Abgesehen von ein paar unklaren Formulierungen und dem generellen Eindruck, dass die optische Aktivität eine Folge der Kristallform und nicht der molekularen Struktur ist, muss man dem Autorenpaar bescheinigen, dass sie die Ursachen der optischen Aktivität und die Arbeitsweise eines Polarimeters mit großer Genauigkeit korrekt und verständlich erklären [7].

Der Mord und die Überführung des Täters beruhen auf drei Postulaten:

- Muscarin ist ein tödliches Gift.
- Natürliches Muscarin ist optisch aktiv.
- Synthetisches Muscarin ist optisch inaktiv, da es als Racemat vorliegt.

Um die naturwissenschaftliche Genauigkeit des Romans gerecht zu bewerten, müssen wir uns den Kenntnisstand über die Inhaltsstoffe des Fliegenpilzes und Muscarin im Besonderen im Erscheinungsjahr des Buches (1930) vergegenwärtigen. Muscarin, das allgemein als der giftige Wirkstoff angesehen wurde (Postulat 1), konnte bereits 1869 von Schmiedeberg als zähflüssiges Öl isoliert werden [8]. Er konnte zeigen, dass dieses sicherlich unreine Produkt auf das isolierte Rattenherz genauso wirkt wie die elektri-

sche Stimulation des erregenden Nervs. Muscarin war damit die erste Substanz, mit der parasympathische Nerven stimuliert werden konnten, und stellt somit einen Meilenstein in der Pharmakologie dar. Beeindruckt von dem experimentellen Befund, dass eine chemische Substanz einen Nerven stimulieren kann, stellte Dixon 1907 sogar die Hypothese auf, dass die parasympathischen Nerven *in vivo* zur Erregungsübertragung eine Substanz freisetzen müssen, die dem Muscarin strukturell sehr eng verwandt sein muss. 1928 konnte Loewi (Nobelpreis 1936) diese Substanz isolieren und als Acetylcholin identifizieren.

Die Strukturaufklärung des Muscarins konnte – wie bei jedem Naturstoff – erst nach der Reindarstellung gelingen. Gerade hier lagen die großen Schwierigkeiten, da die damals vorhandenen Aufarbeitungstechniken zur Isolierung des reinen Inhaltsstoffes nicht ausreichten. Wenige Jahre nach Schmiedeberg isolierte Harnack 1875 Muscarin als Aurichlorid und bestimmte erstmals eine Summenformel: $C_5H_{14}AuCl_4NO_2$. Er schlug für Muscarin die Struktur 1 vor, dessen Verwandtschaft zum Cholin offensichtlich war.

$$(CH_3)_3\overset{\oplus}{N}-CH_2-CH(OH)_2 \qquad (CH_3)_3\overset{\oplus}{N}-CH_2-CH_2OH$$

1

Muscarin nach Harnack (1875)   Cholin

Harnacks Strukturvorschlag 1 für das Muscarin schien durch eine Synthese untermauert zu sein. Schmiedeberg konnte 1881 durch Oxidation von Cholin mit Salpetersäure das sogenannte „synthetische" Muscarin herstellen, das die gleichen pharmakologischen Wirkungen zeigte wie die natürliche Verbindung. Nothnagel wiederholte 1893 die Synthese und bestätigte die Ergebnisse. Beide Wissenschaftler, Harnack und Nothnagel, werden im Roman namentlich erwähnt und die angegebene Summenformel $C_5H_{15}NO_3$ entspricht dem Hydroxid von **1**.

Auf Grund von experimentellen Hinweisen, dass „synthetisches" und natürliches Muscarin gewisse pharmakologische Unterschiede zeigten, wiederholte Ewing 1914 die Synthese von „synthetischem" Muscarin und konnte nachweisen, dass es sich nicht um 1 handelt, sondern um den Salpetrigsäureester des Cholins 2.

$$(CH_3)_3\overset{\oplus}{N}-CH_2-CH_2-ONO$$

2

Durch Modifizierung der Aufarbeitung des Rohextrakts gelang dem im Roman erwähnten King 1922 die Isolierung von 90 mg Muscarin als Aurichlorid aus 25,5 kg Fliegenpilzen. Aus dem Goldgehalt bestimmte er ein Molekulargewicht von 210 und schloss die Formel $C_5H_{15}NO_3$ definitiv aus.

In dieser unklaren Situation mussten Sayers und Barton im Jahre 1930 somit von der Muscarinstruktur 1 oder 2 ausgehen. In beiden Strukturen fehlt aber ein asymmetrisches Kohlenstoffatom mit vier unterschiedlichen Substituenten, so dass beide Verbindungen achiral und damit optisch in-

aktiv sind. Damit wären die beiden letzten Postulate falsch. Der Mord konnte daher – aus damaliger Sicht – nicht über die im Roman beschriebene Messung der optischen Aktivität aufgeklärt werden.

Kurz nach der Veröffentlichung wurden die Autoren von einem „sehr höflichen" Chemieprofessor auf den groben Schnitzer aufmerksam gemacht. Dr. Barton gab seinen Fehler offen zu, wobei sich in den dabei gegebenen Erklärungen seine recht konfuse Vorstellungen über die chemischen Grundlagen widerspiegeln [9]:

„Muscarin ist selbst kein Protein; es ist ein Alkaloid, jedoch ist es ein Abbauprodukt eines Proteins. Proteine sind sehr komplizierte Substanzen und keines konnte bisher synthetisiert werden. Sie bestehen alle aus einer Kombination von komplexen Aminosäuren mit der Gruppe HOH. Eines der einfachsten Proteine, das wir kennen, ist Lecithin. Bei dessen Hydrolyse entsteht Cholin als eine der Aminosäuren, und daraus kann Muscarin synthetisiert werden. Durch die enorme Größe eines Proteinmoleküls und die Komplexität seiner Struktur ist immer wenigstens ein asymmetrisches Kohlenstoffatom vorhanden, so dass das Proteinmolekül ständig optisch inaktiv ist. Muscarin ist zwar das Abbauprodukt eines Proteins, jedoch enthält es ein asymmetrisches Kohlenstoffatom und ist daher optisch inaktiv."

Auch Dorothy L. Sayers bestätigte den Schnitzer in einem Interview [10]:

„*Unsere grundlegende Theorie war schon richtig, aber Muscarin war eine Ausnahme. Natürliches Muscarin benahm sich nicht fair. Es drehte die Ebene des polarisierten Lichts nicht stärker als die synthetische Sorte. Wenn wir beispielsweise Coniin, das Gift des Schierlings, gewählt hätten, wäre alles perfekt gewesen. Es war nichts falsch an unserer Geschichte außer diesen entsetzlichen Giftpilzen.*"

Der Mord und seine mögliche Aufklärung aus heutiger Sicht

Kurz nach Erscheinen des Romans, machte die Muscarinforschung einen großen Schritt vorwärts. Kögl und Mitarbeiter unternahmen 1931 einen erneuten Isolierungsversuch. Durch fraktionierte Kristallisation erhielten sie aus insgesamt 1250 kg (!) Pilzen 137 mg kristallines Muscarin. Mit diesem bis dahin wohl reinstem Produkt wurde erstmals die optische Aktivität nachgewiesen ($[\alpha]_D^{20} = 1{,}57°$ in Wasser). Außerdem konnten einige strukturrelevante chemische Reaktionen durchgeführt werden. Muscarin ist unter basischen Bedingungen relativ stabil, zeigt einige für Aldehyde typische Reaktionen, und durch die Überführung in ein Benzoyl-Derivat konnte eine Hydroxylgruppe nachgewiesen werden. Auf Grund dieser chemischen Eigenschaften und der erneut bestimmten Summenformel von $C_8H_{18}NO_2^+$ schlug Kögl die Strukturformel 3 vor:

$$CH_3-CH_2-CH-CH-CHO$$
$$\underset{OH}{|} \quad \underset{\overset{\oplus}{N}(CH_3)_3}{|}$$

3

Muscarin nach Kögl (1931)

Verbindung 3 enthält ein asymmetrisches Kohlenstoffatom und ist damit optisch aktiv. Dr. Barton hat wohl diese Publikation gelesen, denn im November 1932 schrieb er in einem Brief [11]:

„Obwohl die Struktur des Muscarins unter den Gelehrten immer noch umstritten ist, gibt es keinerlei Zweifel mehr an seiner optischen Aktivität, und genau darauf kam es in unserer Geschichte an. Dies tröstet über all die Vorwürfe und Schmerzen hinweg, die wir erleben mussten."

Kögl selbst konnte 1942 Verbindung 3 synthetisieren und zeigen, dass sie im Vergleich zu Muscarin um den Faktor 40 000 physiologisch weniger aktiv ist. Damit war nachgewiesen, dass Muscarin nicht Struktur **3** besitzt. Erst die Anwendung der chromatografischen Trennmethode erlaubte die Isolierung von reinem Muscarin aus dem Rohextrakt. Eugster gelang 1954 die Reindarstellung und die Bestimmung der korrekten Summenformel $C_9H_{20}NO_2^+$ Cl^- [12]. Er bestätigte, dass Muscarinchlorid optisch aktiv ist ($[\alpha]_D^{20} = +6,7°$ in Wasser). Diese Ergebnisse wurden zwischen 1955 und 1957 in mehreren Laboratorien bestätigt und die unterschiedlichsten chemischen Abbaureaktionen führten zur Strukturformel **4**. Dieser Strukturvorschlag wurde 1957 durch die Röntgenstrukturanalyse des Muscariniodids bestätigt [13], wobei auch die Konfigurationen der drei asymmetrischen Kohlenstoffatome zu 2S, 3R und 5S bestimmt werden konnten.

$$HO \quad H_3C \quad O \quad CH_2 - \overset{\oplus}{N}(CH_3)_3 \quad Cl^\ominus$$

4

L(+)-Muscarin

Bereits kurz nach der Veröffentlichung der Struktur wurden von mehreren Gruppen Muscarinsynthesen erarbeitet, so dass bereits 1957 drei unabhängige Synthesen für (±)-Muscarin vorlagen. Die Trennung des Racemats in die Antipoden gelang durch Überführung des Chlorids in das Salz der (–)-Di-p-tolylweinsäure. Es zeigte sich, dass (–)-Muscarin nur fünf Prozent der pharmakologischen Wirksamkeit der natürlich vorkommenden (+)-Form hat. Im gleichen Jahr 1957 publizierten Hardegger und Lohse die erste stereospezifische Synthese, die – ausgehend von L-Glucosamin – in sechs Reaktionsstufen reines (+)-Muscarinchlorid lieferte. Nach der erfolgreichen Isolierung und Synthese konnten die pharmakologischen Eigenschaften des Muscarins endlich verlässlich bestimmt werden. Muscarin bindet an

$$H_3\overset{\oplus}{N} - CH - \underset{COO^\ominus}{} \quad \text{(Ibotensäure)} \qquad H_3\overset{\oplus}{N} - CH_2 - \quad \text{(Muscimol)}$$

Ibotensäure   Muscimol

die Acetylcholinrezeptoren und bewirkt eine starke Erweiterung der Gefäße verbunden mit dem Absinken des Blutdrucks und einer starken Verlangsamung des Herzschlages. Die tödliche Dosis für den Menschen beträgt etwa 0,5 g. Da

Amanita muscaria – je nach Herkunft und Jahreszeit – etwa zwischen 0,0002 und 0,0003 % Muscarin enthält, müsste ein Erwachsener schon einige 100 kg Fliegenpilze bis zu einer tödlichen Muscarinvergiftung verzehren.

Umfangreiche pharmakologische Untersuchungen zeigen, dass nicht Muscarin, sondern Ibotensäure und deren Decarboxylierungsprodukt Muscimol die Hauptwirkstoffe des Fliegenpilzes sind.

Aus heutiger Sicht waren demnach die grundlegenden Postulate von Dorothy Sayers Geschichte doch (fast) korrekt:
- Muscarin ist zwar ein tödliches Gift, jedoch nicht in ausreichenden Mengen im Pilz enthalten.
- Natürliches Muscarin ist optisch aktiv und
- synthetisches Muscarin fällt in der Regel als optisch inaktives Racemat an, das jedoch im Labor durchaus in die beiden (+)- und (–)Antipoden getrennt werden kann. Auch die stereospezifische Synthese der reinen (+)-Form ist im Labor möglich.

Den meisten Lesern sind die chemischen Wirren um das Muscarin in den 60 Jahren seit Erscheinen des Romans völlig verborgen geblieben. Die intensive Spannung, die brillante Sprache und die kräftige Portion britischen Humors, mit der die leicht schrulligen Naturwissenschaftler bedacht werden, bereiten unabhängig von der genauen Struktur des chemischen „Hauptdarstellers" unverändert größtes Lesevergnügen.

Wie würden wir Dorothy L. Sayers heute wissenschaftlich beraten?

Wenn Dorothy L. Sayers mit der Idee eines naturwissenschaftlich fundierten Pilzmordes, bei dem ein Polariskop die entscheidende Rolle bei der Überführung des Täters spielen soll, zu uns an Stelle von Dr. Barton käme, welchen Rat würden wir heute der Autorin geben? Lathom bräuchte das synthetische Gift nicht in einem Chemischen Universitätsinstitut zu stehlen; racemisches Muscarin ist käuflich. Dass Harrison aber nicht das Opfer eines tragischen Irrtums, sondern eines Verbrechens ist, wäre auch ohne Polariskop sofort klar, da der Fliegenpilz *Amanita muscaria* keine ausreichende Menge des Giftes enthält. Lathom würde heute nicht nur an mangelnden chemischen, sondern auch an mangelnden toxikologischen Kenntnissen scheitern. Das Polariskop wäre bei einem Fliegenpilzmord also überflüssig, und so würden wir von diesem Pilz in diesem Zusammenhang wohl besser ganz abraten.

Wenn es denn unbedingt eine tödliche Muscarinvergiftung sein soll, wäre der Rinnigbereifte Trichterling (*Clitocybe rivulosa*) zu bevorzugen. Seine Giftigkeit beruht allein auf dem erheblichen Gehalt an Muscarin (bis zu 0,8 % des Trockengewichts). Der Rinnigbereifte Trichterling ist dem essbaren Feld-Schwindling (*Marasmius oreades*) ähnlich (Abbildung 2), und Vergiftungen kommen relativ häufig vor, jedoch nur selten enden sie tödlich.

Der geeignetste Kandidat für einen erfolgreichen Giftmord ist aber der Grüne Knollenblätterpilz (*Amanita phalloides*). Seine hochgiftigen Wirkstoffe, Amanitine und Phal-

loidine, sind cyclische Peptide mit mehreren asymmetrischen Kohlenstoffatomen deren Synthesen in racemischer Form jedoch bisher nicht beschrieben wurden. Bei diesem Pilz könnte das Polariskop zur Überführung des Täters also nicht eingesetzt werden.

Dorothy L. Sayers eigener Vorschlag, das Gift des Gefleckten Schierlings *(Conium maculatum)*, das Coniin, für den Mord zu verwenden, ist aus stereochemischer Hinsicht hervorragend: Coniin enthält ein asymmetrisches Kohlenstoffatom, nur die (–)-Form kommt im Schierling vor, und das Racemat ist synthetisch leicht zugänglich und kommerziell erhältlich. Man könnte den Handlungsablauf so verändern, dass George Harrison den Schierling mit Petersilie oder Meerrettich verwechselt haben könnte, jedoch riecht Schierling durch das Coniin sehr streng „nach Mäuseharn". Ein Gourmet wie George Garrison würde Coniin, ob als (+)-Form oder als Racemat, am penetranten Geruch sofort erkennen und die Mahlzeit angewidert stehen lassen.

(+)-Coniin

Seien wir also froh, dass D. L. Sayers nicht uns befragt, sondern bereits vor 60 Jahren Dr. Barton als wissenschaftlichen Ratgeber herangezogen hat. Die damals noch ungeklärte chemische Struktur des Muscarins und Dr. Bartons konfuse chemische Vorstellungen bescherten uns auf diese Weise einen herrlichen Kriminalroman, bei dem ein „jämmerliches kleines asymmetrisches Molekül" dem Täter zum Verhängnis wird. Der Genuss beim Lesen wird für den chemisch informierten Leser noch dadurch gesteigert, dass das Scheitern des Täters an mangelnden Kenntnissen der organischen Stereochemie über eigene Fehlleistungen in diesem Gebiet hinwegtröstet.

Danksagung

Ich bedanke mich bei Prof. J. Mulzer, FU Berlin, der mich auf diesen „stereochemischen" Kriminalroman aufmerksam machte und mit Ratschlägen hilfreich war Prof. P. Luger und Frau M. Weber, FU Berlin, danke ich für die mit dem Programm SCHAKAL erstellten Molekülgrafiken. Dem Übersetzer der Taschenbuchausgabe von 1987 O. Bayer danke ich für wertvolle Hinweise. Herrn E. Gerhardt vom Botanischen Museum Berlin danke ich für die botanische Beratung und die Überlassung der herrlichen Pilzaufnahmen. Dem Rowohlt Verlag danke ich für die Genehmigung des Abdrucks einiger Originalpassagen aus „Die Akte Harrison". Über Dorothy L. Sayers' Schnitzer ist in zwei kurzen Artikeln [14, 15] und einem Sammelband [16] berichtet worden. Diese Publikationen waren Ausgangspunkt des Artikels.

Literatur und Anmerkungen

[1] Über den Fliegenpilz: Habermehl, *Mitteleuropäische Giftpflanzen und ihre Wirkstoffe*, Springer Verlag, Berlin, **1985**; K. Lohs und D. Martinez, *Gift –Magie und Realität, Nutzen und Verderben*, D. W. Callwes, München, **1986**; R. E. Schultes und A. Hofmann, *Pflanzen der Götter*, Hallwag Verlag, Bern, **1987**.
Für den Pilzsammler kann folgendes Pilzbestimmungsbuch empfohlen werden:
Gerhardt, *Pilze – mit Schnellbestimmungssystem*, BLV Verlagsgesellschaft, München, **1990**.

Buch für den fortgeschrittenen Pilzinteressenten:
E. Gerhardt, *Pilze*, Band 1 und 2 aus der Serie Intensivführer, BLV Verlagsgesellschaft, München, **1984**.
Zusammenstellung von Giftpilzen und deren Inhaltsstoffen sowie akute Behandlungsmaßnahmen bei Vergiftungen:
L. Roth, H. Frank und K. Kormann, *Giftpilze – Pilzgifte*, ecomed, Landsberg, **1990**.
Als Geschenk für den naturwissenschaftlich interessierten Pilzsammler kann der folgende, prächtige Bildband empfohlen werden:
A. Bresinky und H. Besl, *Giftpilze mit einer Einführung in die Pilzbestimmung*, Wissensch. Verlagsges., Stuttgart, **1985**.

[2] D. L. Sayers hat den Kriminalroman „Die Akte Harrison" in Briefform geschrieben. Um dem Leser einen Eindruck ihres Stils und ihrer Sprache zu vermitteln, wurden für diese vereinfachte, den chemischen Aspekt betonende Zusammenfassung fast ausschließlich wörtliche Zitate aus der jüngsten deutschen Übersetzung von O. Bayer zusammengestellt.

[3] D. L. Sayers with R. Eustace, *The Documents in the Case*, V. Gollancz Ltd., London, **1930**.

[4] D. L. Sayers, *Die Akte Harrison*, Rainer Wunderlich Verlag, **1965**; rororo Band 5418, übersetzt von O. Bayer, Rowohlt Taschenbuch Verlag, Reinbeck, **1987**.

[5] Die Angabe des Coautors Robert Eustace fehlt in der rororo Taschenbuchausgabe.

[6] J. Brabazon, *DLS, Lift of a courageous woman*, Gollancz, London, **1981**; zitiert in [15].

[7] Ein sehr grober Schnitzer findet sich im englischen Original. Es heißt dort: „He snapped off the lights, and we were left with only the sodium flame. In that green, sick glare..."; ein Gesicht erscheint in grünem Licht unheimlicher als in gelbem, doch ist es natürlich ein Schnitzer, das wohlbekannte, satte Gelb einer Natriumflamme in ein fahles Grün zu verwandeln. Dies mag mit der dichterischen Freiheit der Autorin entschuldigt werden, bedenkt man jedoch das Bemühen um naturwissenschaftliche Präzision im gesamten Buch, so können wir davon ausgehen, dass dieser Fehler von D. L. Sayers nicht bewusst gemacht wurde. In der jüngsten deutschen Ausgabe wurde vom Übersetzer O. Bayer – dank seines Erinnerungsvermögens an den schulischen Chemieunterricht – dieser Schnitzer ausgebügelt: „Er knipste die Lampen aus, und wir hatten nur noch die Natriumflamme. In derem gelben, unheimlichen Schein ...".

[8] Historischer Überblick über die Aufklärung der Inhaltsstoffe des Fliegenpilzes. S. Wilkinson, *Quart. Rev.* **1961**, *15*, 153.

[9] T. Hall, *DLS, Nine literary studies*, Duckworth, London, **1980**; zitiert in [15].
E. R. Barton bringt in diesem Brief – auch nach damaligem Kenntnisstand – so ziemlich alles durcheinander, was durcheinander gebracht werden kann: Proteine bestehen zwar aus Aminosäuren, aber nicht in Kombination mit der „Gruppe HOH". Lecithin ist kein Protein und Cholin keine Aminosäure. Es ist richtig, dass Proteine asymmetrische Kohlenstoffatome enthalten, deswegen sind sie gerade optisch aktiv, nicht inaktiv. Muscarin enthält – aus damaliger Sicht – kein asymmetrisches Kohlenstoffatom und ist deswegen optisch inaktiv.

[10] *The listener*, 6. Jan. 1932, zitiert in [15].

[11] Brief vom 17. Nov. 1932, zitiert in [15].

[12] C. H. Eugster und P. G. Waser, *Experientia* **1954**, *10*, 298; C. H. Engster, Fortschr. *Chem. Org. Naturstoffe* (**1969**), 27, 261; P.-C. Wang und M. M. Joullie, *The Alkaloids* **1984**, *23*, 327.

[13] F. Jelllnek, *Acta Cryst.* **1957**, *10*, 277.

[14] H. Hart, J. *Chem. Educat.* **1975**, *52*, 444.

[15] E. Crundwell, *Chem. in Britain* **1983**, 575.

[16] N. Forster, *Chemistry and Crime* (Hrsg.: S. M. Gerber), American Chemical Society, Washington D. C., **1983**.

[17] E. Teuscher und U. Lindequist, *Biogene Gifte*, Akademie Verlag, Berlin, **1988**.

[18] H. Musso, *Tetrahedron* **1979**, *35*, 2843; Musso, *Naturwissensch.* **1982**, *69*, 326.

Der Zauber der Grünen Fee

Absinth ist angesagt! Nach Jahrzehnten eines totalen Verbots darf dieses hochprozentige Getränk in Deutschland wieder verkauft werden. Das Lieblingsgetränk der Pariser Bohémiens des ausgehenden 19. Jahrhunderts umweht ein Hauch von Dekadenz, der sich heute ausgesprochen verkaufsfördernd auswirkt. Ursprünglich wurden kreative Naturen nach ein paar Gläsern von jener Grünen Fee geküsst, die schon Baudelaire, Verlaine, Wilde, Toulouse-Lautrec und van Gogh im Rausch zu Meisterwerken inspirierte. Wir wollen ergründen, mit welchem chemischen Trick dies der „fée verte" damals gelang und herausfinden, ob wir auch heute beim Genuss des modernen Absinth noch auf den Kuss der Grünen Fee hoffen dürfen.

Der Wermut gehört innerhalb der Familie der Korbblütler zu einer artenreichen Gattung, zu der z.B. das Estragon, der Beifuß und die Eberraute zählt. Der über einen Meter hohe Strauch ist in Südeuropa, Nordafrika und Asien beheimatet, hat silbergraue, filzig behaarte Blätter und kleine kugelförmige gelbe Blüten. Zur Absinthherstellung werden die meist zur Blütezeit geernteten oberirdischen Pflanzenteile verwendet.

Nach der Entdeckung der Destillation durch die Araber im 8. Jahrhundert konnten alkoholische Kräuterauszüge hergestellt werden. Dies nutzten die Mönche des Mittelalters, um daraus durch Zuckerzusatz Kräuterliköre zu bereiten, wobei die von Benediktinern hergestellten Bénédictine und Chartreuse noch heute getrunken werden.

Der Absinth wurde erstmals um 1800 in der französischen Schweiz hergestellt, wobei sowohl Dr. Pierre Ordinaire [6] als auch seine Wirtin, die kräuterkundige Mutter Henriod (Suzanne-Marguirite Motta) als Erfinder genannt werden. Beide lebten in Couvet, in der Nähe von Neuchâtel in der französischen Schweiz. Eindeutig belegt ist der Verkauf eines Absinth-Rezepts im Jahre 1797 von Mutter Henriod 1797 an Major Dubied, der im darauffolgenden Jahr mit der kommerziellen Herstellung begann [7]. Der Absatz entwickelte sich prächtig und bereits 1805 gründete sein Schwiegersohn Henri-Louis Pernod (1776-1851) das Zweigwerk *Pernod Fils* in Pontarlier im nahe gelegenen Frankreich.

Da Wermutkraut ein altes Heilmittel gegen Würmer und Malaria [8] war, stand auch Absinth in dem Ruf, gegen diese Krankheiten zu wirken. Dies wurde ab 1830 von der französischen Militärführung genutzt: alle 100 000 Soldaten des Nordafrikakorps bekamen eine tägliche Absinth-Ration. Das Geschäft florierte, zumal die aus Algerien zurückkehrenden Soldaten auch in der Heimat nach ihrem täglichen Absinth verlangten. Der wurde dadurch bekannt, aber nicht populär. Dies änderte sich schlagartig: noch 1873 wurden in Frankreich knapp 7000 Hektoliter Absinth getrunken, im Jahre 1900 aber astronomische 240 000 Hektoliter [9].

Was trieb die Franzosen zum Absinth? Bis zum Sturz Napoleons III. im Jahre 1870 war die Eröffnung von

Abb. 1 *Wermut (Artemisia absinthium).*

Absinth ist ein hochprozentiges alkoholisches Getränk, dessen Geschmack und Wirkung auf dem in Mittel- und Südeuropa beheimateten Wermut-Strauch [1] Artemisia absinthium (Abbildung 1) beruht. Wermut spielte als Heilpflanze schon im Altertum eine große Rolle. Seit Plinius waren Wermuttinkturen, -tees und -weine universelle Heilmittel gegen vielerlei Krankheiten. Hildegard von Bingen (1098-1179) gerät ins Schwärmen [2]: Der Wermut ist sehr warm und heilkräftig. Er beseitigt Kopfschmerzen und den Schmerz, der durch die Gicht im Kopf verursacht wird, hilft bei Brustschmerzen, Husten und Melancholie, vertreibt die Gicht und klärt die Augen, stärkt Herz und Lunge, wärmt den Magen, reinigt die Eingeweide und schafft gute Verdauung.

Tatsächlich regen die Bitterstoffe die Verdauung an und Wermut ist bis heute Bestandteil vieler Magen-Darm-Heilmittel. Wermuttinkturen und -tees wurden bei Appetitlosigkeit und Störungen der Gallenfunktion verabreicht. In Hausapotheken des 16. Jahrhundert tauchten Berichte über die therapeutische Anwendung von Wermutwein bei Wurminfektionen auf [3].

Tatsächlich bestätigten moderne experimentelle Untersuchungen die Wirksamkeit von Wermut gegen den Rundwurm Ascaris lumbricoides [4] und gegen Larven des Maiswurzelbohrers (Diabrotica virgifera) [5].

Chemische Delikatessen. Klaus Roth · Copyright © 2007 WILEY-VCH Verlag GmbH & Co. KGaA, Weinheim · ISBN: 978-3-527-31984-8

Lokalen mit Ausschank (débits de boissons) stark eingeschränkt. Dies hatte politische Ursachen, denn Versammlungsorte, in denen kräftig getrunken und politisiert wurde, waren der Staatsmacht suspekt. Nach Napoleons Sturz entfielen alle bürokratischen Hindernisse und in einer allgemeinen Aufbruchstimmung schossen Kneipen, Cafés und Cabarets wie Pilze aus der Erde. In Paris kam mehr als eine Kneipe auf 100 Einwohner, mehr als in jeder anderen Stadt auf der Welt.

Lokale waren für viele Menschen Orte, in denen sie für einige Stunden dem erbärmlichen Leben in ihren schlecht geheizten und beengten Wohnungen entfliehen konnten [10]. In den Lokalen konnte man Zeitungen lesen, Schreibutensilien waren vorhanden und Billard-Tische luden zum Spiel ein. Frauen, für die ein Lokalbesuch früher als unschicklich galt, verkehrten jetzt dort und das öffentliche Trinken von Alkohol wurde für alle gesellschaftsfähig, vom Arbeiter über die Bohémiens [11] bis zum Bürgertum.

Der explodierende Absinth-Verbrauch hatte noch eine zweite Ursache. Absinth basiert auf Branntwein, der aus minderwertigen Weinen destilliert wurde. Ab 1850 wurden Herstellungsmethoden entwickelt, Branntwein aus vergorenen Rüben oder Korn herzustellen. Dieser Rübenbranntwein konnte zunächst nur einen bescheidenen Marktanteil erobern, da Wein ausreichend und billig erhältlich war. Dies änderte sich schlagartig um 1860, als die Reblaus *Phylloxera vitifoliae* aus Amerika nach Frankreich eingeschleppt wurde. Dieser Schädling zerstörte bis 1920 praktisch alle französischen Weinstöcke und trieb zwei Winzergenerationen in den Ruin [12].

Durch die schweren Ernteausfälle wurde Wein teuer. Dies traf auch die Absinth-Produzenten, die jedoch schnell auf den nun billigeren Branntwein auf Rüben- und Korn-Basis umstiegen. Auf die gleiche Ethanolmenge bezogen, war Absinth plötzlich billiger als Wein! Aber erst das Zusam-

menspiel aller Faktoren, von der Aufbruchstimmung nach dem Sturz Napoleons III., dem freizügigeren Lebensstil der Franzosen, der damit verbundenen teilweisen Emanzipation der Frauen, der Entwicklung rationeller Produktionsmethoden von billigem Industriealkohol und den durch die Reblaus verursachten hohen Weinpreis kann den kollektiven Absinth-Rausch der Franzosen in der *Belle Epoque* erklären.

Der tiefe Fall

Zwischen 1870 und 1914 tranken die Franzosen 2/3 der Weltproduktion von Absinth. Absinth war billig, das Leben tobte in den Lokalen und Cabarets und das nachmittägliche Absinth-Trinken in der „Grünen Stunde", der *„heure verte"*, war ein Ritual vieler Franzosen. Bohémiens, Poeten von Baudelaire bis Verlaine, Maler von Toulouse-Lautrec bis van Gogh, viele Schauspieler und Professoren schwärmten von der fantastischen Wirkung des Absinths. Oscar Wilde prägte den Begriff der „Grünen Fee", die nach einigen Gläsern den Trinker umarmt und ihm zu unglaublichen Kreativitätsschüben verhalf. Dass Absinth ein Aphrodisiakum sein sollte, dürfte den Verkauf kräftig angeheizt haben. Kurzum: Absinth war „in".

Der hohe Absinth- bzw. der insgesamt stark gestiegene Alkoholkonsum der Franzosen hatte Folgen: die Zahl der Insassen von Heimen für Geisteskranke und Selbstmordgefährdete nahm zu. Bei chronischem Absinth-Missbrauch kam es zu Sucht, Verwirrtheit, Nachlassen der geistigen Fähigkeiten, Verblödung, schweren Halluzinationen mit nachfolgenden Depressionen, Krämpfen, Paralyse und schließlich zum Tod. Dieses Syndrom wurde als Absinthismus bezeichnet.

Erste Forderungen aus medizinischen Kreisen nach einem Verbot wurden laut, wobei Absinth nicht nur für psychische Störungen, sondern plötzlich auch für Tuberkulose, Syphilis, Kriminalität und dem Verfall der allgemeinen Moral verantwortlich gemacht wurde.

Ironischerweise wurde das Militär, das Absinth in Frankreich populär gemacht hatte, nun ein unerbittlicher Gegner. Wegen der schlechten körperlichen Verfassung wehrpflichtiger Franzosen schlug das Kriegsministerium Alarm und verlangte ein Verbot. Die französischen Weinbauern schlossen sich dem an, denn sie waren natürlich an weniger Absinth- aber mehr (teuren) Weinverbrauch interessiert. Viele Mediziner und schließlich auch die *Académie de Médecine* unterstützten ein Verbot. Dessen ungeachtet tranken die Franzosen unverdrossen ihren Absinth weiter. Erst ein spektakuläres Familiendrama führte zu einem schlagartigen Stimmungsumschwung in Europa:

Am 28. August 1905 begann Jean Lanfray, ein 31-jähriger Weinbergarbeiter im Schweizer Kanton Vaud (Waadt), den Tag um 6:00 Uhr früh mit zwei Gläsern Absinth, ging anschließend ins Café, trank dort einen Pfefferminzlikör und einen Cognac. Während der Arbeit im Weinberg trank er sieben Gläser Wein, um vier

*Albert Maignan:
„La muse verte –
Die grüne Muse"*

Uhr nachmittags im Café einen Kaffee mit Branntwein und schließlich daheim einen Liter Rotwein. Dort geriet er mit seiner Frau in einen heftigen Streit über seine von ihr nicht geputzten Stiefel. Der Streit eskalierte und er erschoss seine Frau, seine ins Zimmer kommende vierjährige Tochter Rose und seine im Nebenzimmer schlafende zweijährige Tochter Blanche. Dann versuchte er, sich selbst das Leben zu nehmen. Jean Lanfray wurde des vierfachen Mordes angeklagt, da seine Frau schwanger war. Trotz der vergleichsweise geringen Menge des bereits morgens getrunkenen Absinths führte der Gerichtsgutachter, der bekannte Psychiater Albert Mahaim, die Ursache des Mordes eindeutig und ausschließlich auf Absinthismus zurück. Der Angeklagte bekam eine Gefängnisstrafe von 30 Jahren. Er erhängte sich wenige Tage nach der Verurteilung in seiner Gefängniszelle.

Vincent van Gogh: „Verre d'absinthe – Absinthglas"

Dieser Prozess schlug hohe Wellen und es folgten Verbote in fast allen Ländern: Belgien schon 1905, die Schweiz 1908 per Volksabstimmung, die USA 1912 und Frankreich 1915. Reichspräsident Friedrich Ebert unterschrieb am 27. April 1923 ein Gesetz, das die Herstellung und den Import von Absinth in Deutschland verbot.

Schlagartig verschwand der Absinth vom Markt. Die traditionellen Produzenten in Frankreich und der Schweiz, allen voran Pernod, stellten ihre Produktion auf Anisschnäpse ohne Wermut-Zusatz um, die sich heute noch als Pastis großer Beliebtheit erfreuen.

Das Absinthverbot wurde 1981 in Deutschland aufgehoben, die Verwendung von Wermutöl war aber durch die Aromenordnung zunächst weiterhin verboten. Seit 1991 ist Absinth nach EU-Recht in Deutschland und den anderen europäischen Ländern zulässig [13]. Auf dem deutschen Markt sind derzeit über 100 verschiedene Sorten erhältlich, die überwiegend in Spanien, Frankreich und Tschechien hergestellt werden.

Auf der Suche nach der Grünen Fee

Die Grüne Fee, das war die euphorisierende und stimulierende Wirkung von Absinth. In diesem rauschähnlichen Zustand sollen, will man den Berichten der damaligen Künstler Glauben schenken, viele ihrer Meisterwerke entstanden sein. Oscar Wilde beschrieb die Wirkung so:

Nach dem ersten Glas, siehst Du die Dinge so, wie Du sie Dir wünschst. Nach dem zweiten, siehst Du die Dinge, wie sie nicht sind. Zum Schluss siehst Du die Dinge, wie sie wirklich sind, und das ist das Schrecklichste auf der Welt.

Trank man zu viel, wurde aus der Grünen Fee ein Ungeheuer, das dem Trinker einen bösen Kater bescherte. Bei chronischem Missbrauch traten psychische Störungen und schwere Muskelkrämpfe auf, im fortgeschrittenem Stadium schließlich Persönlichkeitszerfall, Suizidgefahr, Gedächtnisstörungen, Paralyse und der Tod. Obwohl die beobachteten Symptome denen des chronischen Alkoholismus entsprechen, war die Mehrheit der *scientific community* des ausgehenden 19. Jahrhunderts davon überzeugt, dass Absinth im Gegensatz zu anderen alkoholischen Getränken gesundheitsschädlich war. Man glaubte fest an eine neue Krankheit: den Ab-

HERSTELLUNG EINES KLEINEN ABSINTH-VORRATS

Ein Spitzen-Absinth kann nur aus einem hochwertigen Branntwein und Kräutern bester Qualität hergestellt werden [32]. Hier eine Originalvorschrift von 1855 aus Pontarlier [33]:

1. Stufe: Mazeration und Destillation
Man übergießt eine Mischung von 2,5 kg Wermutkraut (Artemisia absinthum), 5 kg Anis, 5 kg Fenchel insgesamt 95 l Branntwein (85 Vol% Ethanol) pflanzlichen Ursprungs. Nach 12 h bei Raumtemperatur gibt man 45 l Wasser hinzu und destilliert langsam bis insgesamt 95 l Destillat übergegangen sind. In der ersten Fraktion mit einem Alkoholgehalt von 80-60 Vol% Alkohol gehen vor allem die leichtflüchtigen, feinwürzigen Komponenten des Wermutaromas, in der mittleren Fraktion eher die nelken- und zimtartigen Komponenten [34] über.

2. Stufe: Coloration
Eine Mischung von 1 kg Wermutkraut, 1 kg Ysop und 500 g Zitronenmelisse werden mit 40 l des in der ersten Stufe gewonnenen Kräuterdestillats übergossen. Nach einer längeren Wartezeit wird filtriert und die klare, blassgrüne Lösung mit den restlichen in der ersten Stufe gewonnenen 55 l des Destillats vereinigt und mit Wasser auf ein Gesamtvolumen von 100 l aufgefüllt. Der Ethanolgehalt des so gewonnen Absinths beträgt 74 Vol.%.

Einen Eindruck über die Anzahl flüchtiger Komponenten des Wermuts gibt das Gaschromatogramm eines Wermutöls. Es enthält Hunderte von Stoffen. Da die Basis eines guten Absinths aus mindestens einem halben Dutzend verschiedener Kräuter besteht, die ihre flüchtigen Bestandteile bei der Destillation und die nicht-flüchtigen bei der Mazeration abgeben, ist Absinth chemisch gesehen ein äußerst komplexes Substanzgemisch [35].

sinthismus. Vor diesem Hintergrund wurden wissenschaftliche Studien durchgeführt, die die Schädlichkeit des Wermuts gegenüber der Harmlosigkeit des Ethanols nachweisen sollten, denn man war überzeugt, dass die Grüne Fee irgendwo im Wermut steckte. Bei der experimentellen Suche nach ihr wurde reines etherisches Öl (Wermut- oder Absinthöl) eingesetzt, das durch Wasserdampfdestillation aus der Pflanze direkt gewonnen wurde [14].

Experimentelles

Zwei Experimente sollen hier vorgestellt werden:

I. Carl Friedrich Bohm, ein verwegener Hallenser, trank 1879 in einem Selbstversuch abends um 19:00 Uhr auf leeren Magen fünf Gramm Absinthöl. Er berichtete darüber in seiner Doktorarbeit [15]:
„Nach einer Stunde roch mein Atem intensiv ätherisch und ich hatte einen eigentümlich-kühlenden Geschmack im Mund. Alle anderen subjektiven Empfindungen blieben aus. Ich hatte kein Brennen im Magen und meine psychische Sphäre zeigte sich nicht im geringsten beeinflusst. Am anderen Morgen um acht Uhr nahm ich völlig nüchtern noch einmal fünf Gramm Öl ein. Mein Atem roch den ganzen Tag über, sonst konnte ich nichts an mir merken. … Das war alles. Vielleicht war die Dosis für mich noch nicht stark genug, aber zu größeren Dosen hatte ich keine Neigung."

Dieser Selbstversuch zeigte, das die orale Aufnahme von zweimal 5 g Absinthöl (jeweils 70 mg/kg Körpergewicht) zu keinen subjektiven Störungen führt. Dieser tollkühne Selbstversuch wurde im Jahre 1997 mit doppelter Dosis unfreiwillig wiederholt [16].

II. Ein 31jähriger Mann hatte Wermutöl über das Internet bestellt und 10 ml davon auf einmal im Glauben getrunken, es handele sich um hochprozentigen Absinth. Wenige Stunden später war er desorientiert und bekam starke Muskelkrämpfe. Im Krankenhaus verschlechterte sich sein Zustand und es trat schließlich akutes Nierenversagen auf. Der Patient wurde mehrere Tage intensivmedizinisch betreut und mit normalen klinischen Werten am 8. Tag entlassen.

Trotz der ungenauen Mengenangaben und der unbekannten Zusammensetzung der aufgenommenen Wermutöle, zeigt besonders das letzte, unfreiwillige Experiment, dass Wermutöl bei sehr hoher Dosierung (140 mg/kg oral) schwere Krämpfe und Gewebeschäden hervorrufen kann.

Hat die Grüne Fee die Summenformel $C_{10}H_{16}O$?

Den Wissenschaftlern des ausgehenden 19. Jahrhunderts war es noch nicht möglich, die gesundheitsschädliche Komponente im Wermut zu identifizieren. Erst um die Jahrhundertwende konnte Otto Wallach ein als Thujon bezeichnetes Keton aus dem Lebensbaum *Thuja occidentalis* isolieren, das sich später auch als Hauptinhaltsstoff einiger *Artemisia*-Arten, vor allem Wermut und Salbei erwies [17]. Thujon ist eine farblose, leicht ölige und mit Wasser nicht mischbare Verbindung mit erfrischendem, mentholähnlichem Geruch. Die chemische Struktur war sehr ungewöhnlich und erwies sich als das bicyclische Keton 4-Methyl-1-(1-methylethyl)bicyclo[3.1.0] hexan-3-on (*1*).

Thujon (*1*) ist ein bicyclisches Monoterpen, d.h. der Grundkörper besteht aus 10 Kohlenstoffatomen und kann formal durch Aneinanderfügen von zwei Isoprenbausteinen (2-Methyl-1,3-butadien) zusammengesetzt werden. Thujon enthält zwei stereogene Kohlenstoffatome (in 1- und 4-Position) mit jeweils vier verschiedenen Substituenten, so dass vier Stereoisomere möglich sind. Zwei davon, das α-Thujon (*2*) und das β-Thujon (*3*), kommen im Wermut vor, die beiden Diastereomere haben unterschiedliche chemische, physikalische und toxikologische Eigenschaften (Tabelle 1).

Erst in den ersten Jahrzehnten des 20. Jahrhunderts standen die beiden natürlich vorkommenden Thujon-Isomere für Experimente zur Verfügung, doch wegen des Verbots waren Absinth, Wermut und Thujon nicht mehr von toxikologischem Interesse [18]. Die Suche nach der Grünen Fee wurde abgebrochen, doch blieb Thujon weiterhin der Hauptverdächtige!

Die Wirkung von Thujon

Eine Zuschrift in „*Nature*" lenkte 1975 die Aufmerksamkeit der Wissenschaft wieder auf Thujon bzw. Absinth. Da in unzähligen Berichten die subjektive Wirkung von Absinth und Marijuana (*Cannabis sativa*) ähnlich zu sein schienen, vermuteten Castillo et al., dass beide wirksamen Inhaltsstoffe – Thujon und Tetrahydrocannabinol – am gleichen, dem Cannabinoid-Rezeptor im Zentralnervensystem binden [19]. Diese Vermutung stellte sich später zwar als falsch heraus [20], aber mit der abzusehenden Legalisierung von Absinth war Thujon wieder von Interesse.

Nach neuen Untersuchungen wirkt Thujon an einer anderen Stelle im Nervensystem. Grob vereinfacht werden die Aktivitäten von Nervenzellen durch zwei chemische Verbindungen (Neurotransmitter) kontrolliert. Eine Anregung erfolgt durch Glutaminsäure und eine Inhibierung durch GABA (γ-Aminobuttersäure) [21]. Die GABA-Rezeptoren kommen sowohl im zentralen, als auch peripheren Nervensystem vor. Thujon blockiert die GABA-Rezeptoren [22],

TAB. 1 | EIGENSCHAFTEN VON THUJON

		spez. Drehwert	Siedepunkt	LD_{50} (Maus) [30]
α-Thujon (2)	(-)-Thujon	– 19,9°	Kp_{17} = 84°C	87,5 mg/kg
β-Thujon (3)	(+)-Isothujon [31]	+ 73,4°	Kp_{17} = 86°C	442,5 mg/kg

d.h. GABA kann die Nervenzellen nicht mehr wirkungsvoll inhibieren, sie sind dann extrem leicht erregbar. Die in Tierexperimenten beobachteten schnell aufeinander folgenden Muskelkrämpfe spiegeln diese leichte Erregbarkeit wider und sind Folge der Blockade der GABA-Rezeptoren.

Ist Absinth gesundheitsschädlich?

Für die lebensmittel-toxikologische Beurteilung von Absinth sind zwei Fragen entscheidend: wie toxisch ist Thujon und wieviel davon wird beim Trinken aufgenommen? Obwohl einige Studien mit Thujon-Isomerengemischen unbekannter Zusammensetzung durchgeführt wurden, stimmen die publizierten Werte für die letale Dosis für Maus, Ratte, Hund und Meerschweinchen mit 70-400 mg/kg Körpergewicht überein (Tabelle 1). Die krampfauslösende Dosis (Maus, Ratte, Kaninchen, Katze, nicht intravenös) von Thujon liegt oberhalb von 72 mg/kg [23] und Ratten zeigten

nach mehrwöchiger Aufnahme von täglich 10 mg/kg Thujon keine Änderungen der Spontanaktivität oder des Verhaltens [24]. Insgesamt kann beim gegenwärtigen Kenntnisstand davon ausgegangen werden, dass eine chronische Thujonaufnahme von 10 mg/kg Körpergewicht nicht schädlich ist. Sollte die Grüne Fee also die Summenformel $C_{10}H_{16}O$ haben, müsste ein Absinth-Trinker die 10 mg/kg Grenze überschritten haben, also mindestens 700 mg Thujon aufgenommen haben. Erst dann darf er auf ihren Besuch hoffen.

Die maximale aufgenommene Thujon-Menge kann an Hand des Originalrezepts abgeschätzt werden (Kasten S. 88). Danach werden zur Herstellung von 100 l Absinth 3,5 kg Wermut eingesetzt. Bei einem Ölgehalt von maximal 1,5 % des getrockneten Wermutkrauts und einem Thujongehalt des Öls von 80% können höchstens 400 mg Thujon pro Liter in den Absinth gelangen. Um die 10 mg/kg Grenze zu überschreiten, müsste ein Mensch zwei Liter Absinth in kurzer Zeit hinuntertrinken. Allerdings dürfte bereits ab einem halben Liter mit 74 Vol% Alkohol (entsprechend einer Flasche Wodka) ein eventueller Feebesuch wegen völliger Trunkenheit nicht mehr bemerkt werden, und nach einem Liter Absinth wäre der Blutalkohol jenseits der letalen 5 ‰ Grenze [25].

Es sei nochmals betont: dies ist eine *worst-case*-Rechnung zur Bestimmung der *theoretischen* Obergrenze. Eine professionelle Wasserdampfdestillation liefert höchstens 0,2 – 0,4% etherisches Öl und unter Berücksichtigung weiterer Faktoren ergibt eine realistische Abschätzung [26] Thujon-Werte unterhalb von 100 mg/l Absinth. Dann würde die Grüne Fee frühestens nach dem Genuss von sieben (!) Litern Absinth auftauchen.

Fazit: Sollte sich die Grüne Fee im Thujon verstecken, bliebe ein Besuch unbemerkt, soviel Absinth wir auch trinken mögen.

DIE FEINE ART, ABSINTH ZU GENIESSEN

Abb. *Ein altes Postkartenmotiv der Absinthzubereitung*

Absinth wird nicht einfach getrunken, sondern zelebriert! Der Connaisseur hat dazu die stilechte Gerätschaft zur Hand: ein Absinthglas und einen durchlöcherten Absinth-Löffel. Zuerst werden 2 cl Absinth in das Glas gegossen. Auf den auf dem Glas quer liegenden, durchlöcherten Löffel legt man, je nach Geschmack, ein bis zwei Stückchen Würfelzucker. Nun hat man die Wahl zwischen zwei Trinkritualen:

Das tschechische Ritual
Die Zuckerstückchen werden mit Absinth beträufelt und wie bei einer Feuerzangenbowle angezündet. Beginnt der Zucker, Blasen zu schlagen und zu karamelisieren, wird die Flamme gelöscht und der Löffel in den im Glas befindlichen Absinth getaucht und mit kaltem Wasser bis zum Verhältnis 1:4 bis 1:5 aufgefüllt.

Das französisches Ritual *(Abbildung)*
Man lässt über den Würfelzucker langsam und vorsichtig eiskaltes Wasser tröpfeln. Mit verträumten Blicken verfolgt man das Eintropfen des Zuckerwassers in den Absinth. Zuerst bilden sich nur Schlieren, dann eine milchiggrünliche Emulsion (louche-Effekt). Auch hier wird die Wasserzugabe bei einer Verdünnung auf 1:4 bis 1:5 beendet.

Schon der erste Schluck verrät die Herkunft: bei Absinthen aus Frankreich, Spanien oder der Schweiz dominiert eine kräftige Anisnote ähnlich dem (modernen) Pastis, tschechische Absinthe zeichnen sich durch eine stärker minzige Note aus.

Je suis la Fée Verte,
Ma robe est couleur d'espérance
Je suis la ruine et la douleur,
Je suis la bonté,
Je suis le deshonneur,
Je suis la mort,
Je suis l'Absinthe.

Ich bin die Grüne Fee,
meine Robe hat die Farbe der Hoffnung ...
ich bin das Verderben und der Schmerz,
ich bin die Scham,
ich bin die Schande,
ich bin der Tod,
ich bin der Absinth.

Anonymus [37]

War der Absinth in der Belle Epoque besser?

Eine moderne gaschromatographische Analyse eines Absinths von 1900 (Pernod) mit zwei nach alten Rezepten hergestellten Absinthen, einmal aus einer Schwarzbrennerei (!) in Val de Travers und aus einer modernen Brennerei in Pontarlier ergab ein überraschendes Ergebnis: der alte Pernod hatte den niedrigsten Thujongehalt und alle Absinthe lagen deutlich unterhalb der von der EU festgelegten Höchstgrenze von 35 mg/l [27]. Ob alte Absinthe Thujonwerte über 100 mg/l jemals erreichten, muss aus heutiger Sicht stark angezweifelt werden.

Bei der Wirkung alter Absinthe müssen noch andere Substanzen berücksichtigt werden. Im 19. Jahrhundert wurden viele Absinthe nicht immer fachgerecht hergestellt, mehr noch: es wurde verschnitten, gepanscht und gefälscht. Minderwertige Branntweine mit viel zu hohen Methanol- und Fuselöl-Anteilen wurden verwendet, der bittere Geschmack des Wermuts verdeckte alles! Die häufig beobachteten Sehstörungen können auf Methanol zurückgeführt werden. Schlechter Absinth wurde mit fragwürdigen Methoden „verbessert": mit toxischem Kupfersulfat wurde die grüne Farbe verstärkt, und schlechte Absinthe bezeichnete man umgangssprachlich als *sulfat des cuivre* (Kupfersulfat); Absinth mit Zusatz von Zinksulfat wurde als *sulfat des zinc* bezeichnet. Mit Antimontrichlorid, das nach Zugabe von Wasser zu unlöslichen, weißen basischen Antimonchloriden hydrolysiert, wurde die charakteristische Eintrübung (*louche*-Effekt) verstärkt. Wie viele Menschen durch das Verschneiden und die Zusätze damals geistigen und körperlichen Schaden nahmen, ist nicht nachzuvollziehen.

Ein Gläschen à votre santé ?

Eine umfangreiche Gesetzgebung und entsprechende Behörden sorgen heute für die Definition und Einhaltung von Qualitätsstandards unserer Lebensmittel. Dies gilt auch für Ab-sinth, denn mit der von der EU festgelegten Höchstgrenze von 35 mg Thujon/l für hochprozentige Bitterspirituosen ist man nach Auffassung aller Fachleute auf der sicheren Seite. Das Bundesinstitut für gesundheitlichen Verbraucherschutz und Veterinärmedizin (BgVV) hat festgestellt, dass es „wenig wahrscheinlich ist, durch Absinth-Konsum eine schädigende Menge Thujon aufzunehmen" [28]. Bei ihren Untersuchungen hat das BgVV insgesamt 30 auf dem Markt erhältliche Absinthe untersucht und nur bei einem lag der Thujongehalt mit 45 mg/l über dem zugelassenen Höchstwert. Auf der anderen Seite hatten 25 Absinthe Thujon-Gehalte unter 10 mg/l. Bei 12 Absinthsorten muss sogar angezweifelt werden, ob bei Herstellung überhaupt Wermut dabei war, denn der Thujonwert lag unter 1 mg/l [29].

Mit dem amtlichen Segen des BgVV können wir uns also bedenkenlos eine Grüne Stunde gönnen. Aber wird uns das auch schmecken? Keine Sorge, auch hier haben die Mitarbeiter des BgVV ganze Arbeit geleistet. In einer wahrhaft heroischen Anstrengung haben sie unter Hintanstellung ihrer eigenen Gesundheit die 30 Absinthe gekostet und sensorisch bewertet. Dabei stellten sie eine große Bandbreite von Geschmacks- und Geruchsnoten und -verirrungen fest: Absinth #12 roch nach altem Gummi und schmeckte rau, Absinth #16 roch und schmeckte nach Gurkenwasser und #24 war leicht muffig, hatte aber wenigstens eine deutliche Kräuternote. Mit anderen Worten: zum vollendeten Genuss gehört ein guter Absinth, und der ist leider teuer, von € 30 aufwärts.

Schlussbetrachtungen

Die Frage, ob und wo sich die Grüne Fee im Absinth versteckt, kann nicht abschließend beantwortet werden. Thujon kann ausgeschlossen werden, da die aufgenommenen Mengen viel zu gering sind. War es vielleicht doch der viele Alkohol? War die Grüne Fee vielleicht nur eine Vorstufe zum Delirium? Oder war alles nur Einbildung?

DIE BITTERKEIT VON ABSINTH UND WERMUTWEINEN

Absinth und die verschiedenen Wermutweine (Martini, Cinzano & Co.) schmecken angenehm bitter.

Der dafür verantwortliche Inhaltsstoff des Wermuts ist das Absinthin (4), dessen Struktur 1960 aufgeklärt wurde [36]. Absinthin ist nicht flüchtig und geht bei der Absinth-Herstellung während der Destillation nicht mit dem Thujon über, sondern erst bei der Coloration. Dabei wird Wermut direkt mit dem Destillat extrahiert und Absinthin wird aufgenommen. Wermutwein bekommt seine bittere Geschmacksnote auf die gleiche Weise, wobei hier die Pflanze direkt mit Wein extrahiert wird. Wermut ist eine der bittersten Pflanzen und das Absinthin ist noch in einer Verdünnung von 1:70 000 zu schmecken. Schon beim Genuss geringster Mengen schlägt unsere angeborene Abneigung gegen Bitterkeit Alarm, was in der Volksmedizin zum Abstillen von Säuglingen genutzt wurde. In Shakespeares „Romeo und Julia" erinnert sich Julias Amme noch lebhaft an dieses Erlebnis:

> *Ich hatte Wermut auf die Brust gelegt*
> *Und saß am Taubenschlage in der Sonne...*
> *Als es den Wermut auf der Warze schmeckte*
> *Und fand ihn bitter – närr'sches, kleines Ding –*
> *Wie böse zog der Brust es ein Gesicht!"*

Über diese Fragen sollte man in einer Grünen Stunde bei einem, höchstens zwei Gläsern Absinth nachsinnen. Wenn das Zuckerwasser langsam in den Absinth tropft, wenn das Grün sich milchig trübt, lichtet sich der Nebel vor unserer Fantasie und dann, ja dann dürfen wir vom Besuch der Grünen Fee träumen. Wahrscheinlich, nein sicherlich, werden wir vergebens warten, aber was macht das schon? Träumen von der Umarmung einer schönen Fee *und* einem kleinen bicyclischen Keton, noch dazu mit einem Dreiring, – kann Zeit schöner dahinrinnen?

Danksagung

Ich danke den folgenden Kolleginnen und Kollegen für ihre wertvolle Hilfe bei den Recherchen und ihren kritischen Kommentaren:
Dr. M.-C. Delahaye, Auvers-sur-Oise;

Dr. J. Emmerich, Basel; M. Günther,
Prof. Dr. H. Hartl und H. Kleinhuber,
Berlin, E. Vaupel, Deutsches Museum
München und H. Werner, Hohen-
mölsen.

Literatur und Anmerkungen

[1] Der Wermut wird erstmals im Westger-
manischen als *wer(i)muota* erwähnt, die
Herkunft seiner Bedeutung ist aber unklar (*Deutsches Wörterbuch*, J. und W.
Grimm, Bd. 29, **1960**). Einmal könnte
Wermut wegen der wärmenden Wirkung
des Aufgusses an *warm* oder, da Wermut
in der Volksmedizin als Antiwurmmittel
verwendet wurde, an *Wurm* angelehnt
sein, „*weil er die Würmer in des Menschen Leib tödtet und abtreibet, und daher manchen Quacksalber ernehren
muß*" (*Curioses Natur-Kunst-Gewerck
und Handlungs-Lexicon*, Marperser,
1712, Leipzig). Für diese zweite Anleh-
nung spricht auch die englische Bezeichnung *wormwood* für Wermut.

[2] Hildegard von Bingen, Naturkunde zitiert
nach *Absinth*, H. Werner, **2002**, Ullstein
Taschenbuchverlag, München

[3] *Confect Büchlin und Hausz Apothek*,
Walther Ryff, **1544**, 113, Frankfurt/Main

[4] W. N. Arnold, *Scientif. Amer.* **1989**, *260*
(June), 86; *Spektrum Wiss.*, **1989**,
August, 64.

[5] S. Lee et al., *J. Econ.Entomol.* **1977**, *90*,
883.

[6] A.-M. Villon, *La Nature* **1894**, *22*, 149,
181.

[7] *L'Absinthe histoire de la Feé Verte*, M.-C.
Delahaye 1983, Auvers-sur-Oise; *L'Absinthe, Son Histoire*, M.-C. Delahaye,
2001, Musée de l'Absinthe, Auvers-sur-
Oise.

[8] Die Vermutung, dass Wermut *Artemisia
absinthium* gegen Malaria wirkt, beruht
wahrscheinlich auf einer Verwechselung
mit *Artemisia annua*, die tatsächlich gegen Malaria wirksam ist.

[9] Die Volumenangaben beziehen sich auf
das reine Ethanol. *Social Drinking in the
Belle Epoque*, M.R. Marrus, *J. Soc. Hist.*
1974, *8*, 116.

[10] Die Wohnbedingungen und die hygieni-
schen Verhältnisse waren katastrophal,
um 1860 wütete noch die Cholera in
Paris.

[11] Ursprünglich bezeichnete man die aus
Böhmen in Frankreich eingewanderten
Zigeuner als Bohémiens, die ihren
Lebensunterhalt als Musiker und Gaukler
verdienten. Später wurde dieser Begriff in
der Umgangssprache auf alle mehr oder
weniger verwahrlosten, scheinbar un-
bekümmerten und ungebunden vor sich
hin lebenden Menschen ausgedehnt. Ein
„*Vie de Bohème*" war ein Leben mit ver-
lotterter Sitte und Moral, ein wunderba-

rer Stoff für Romane und Opern (z.B. La
Bohème von Giacomo Puccini).

[12] Die Reblaus erreichte 1867 Klosterneu-
burg bei Wien, 1874 die Gartenanlage
Annaberg bei Bonn, 1907 die Mosel und
1913 Baden. In vielen wissenschaftlichen
Studien untersuchte man den komplizierten Fortpflanzungszyklus der Reblaus, die
vor allem im Winter die Wurzeln angreift.
Nach vielen Jahren fand man eine Lösung:
auf amerikanische Wurzelstöcke der Gat-
tungen *vitis riparia* und *vitis berlandieri*,
die gegen die Reblaus resistent sind, wurde einheimischer Wein *vitis vinifera* ge-
pfropft.

[13] In der Schweiz, dem Mutterland des Absinth, wurde das Verbot im Juni 2004 aufgehoben, seitdem können die dort jährlich illegal hergestellten 10 000 l über
dem Ladentisch verkauft werden. In den
USA bleibt Absinth verboten.

[14] Dieses Öl entspricht ungefähr den bei der
destillativen Absinth-Herstellung überge-
henden flüchtigen Bestandteilen.

[15] *Über die Wirkung des ätherischen Ab-
sinthöls*, 1879, Universität Halle *loc.cit.* in
Absinth, H. Werner, **2002**, Ullstein Taschenbuchverlag, München.

[16] S.D. Weisbord et al. *N.Engl.J.Med.* **1997**,
337, 825.

[17] *Die ätherischen Öle*, E. Gildemeister und
F. Hoffmann, **1963**, Bd.IIIC, 270, Akade-
mie-Verlag, Berlin.

[18] Thujon spielte allerdings in der experimentellen Medizin zur Erzeugung von
epileptischen Muskelkrämpfen in Labortieren weiterhin eine wichtige Rolle.

[19] J. del Castillo et al., *Nature*, **1975**, *253*,
365. In ihrem „letter" setzten die Autoren
voraus, dass Thujon in der energetisch
sehr ungünstigen Enolform am Cannabinoid-Rezeptor bindet. Dies ist eine zumindest sehr kühne Hypothese.

[20] J.P.Meschler und A.C. Howlett,
Pharm.Biochem.Behaviour **1999**, *62*,
473.

[21] P. Krogsgaard-Larsen et al. *The Chemical
Record* **2002**, *2*, 419.

[22] K. M. Höld et al. *Proc. Nat. Acad. Sciences
USA* **2000**, *97*, 3826 Diese Autoren untersuchten nur α-Thujon.

[23] *Die Grüne Fee*, A. Erb, Seminararbeit AG
P. Schreier, **2003**, Universität Würzburg.

[24] B.H. Gahwiler, *Trends. Neurosci.* **1988**,
11, 48. R. Margaria, **1963** loc.cit.in I. Hutton, *Curr.Drug.Discov.* **2002**, 62.

[25] Einen sehr gelungenen und kritischen
Überblick gibt W. Huckenbeck www.uni-
duesseldorf.de/WWW/MedFak/Serolo-
gy/sero/sero-3-01/absinth.htm

[26] B. Max, *Trends Pharm. Sci.* **1990**, *11*, 56.

[27] I. Hutton, *Curr. Drug. Discov.* **2002**, *9*, 62.

[28] *Belastungssituation von Absinth mit Thujon*, M. Lang et al., **2002**, Heft 8, BgVV
Hefte, Berlin.

[29] Leider ist gesetzlich nicht festgelegt, dass
Absinth aus Wermut hergestellt worden
sein *muss*, so dass auch Kräuterspiri-
tuosen, die gänzlich ohne Wermut hergestellt worden sind, als Absinthe verkauft werden dürfen.

[30] K.C. Rice und R.S. Wilson, *J. Med. Chem.*
1976, *19*, 1054.

[31] Wie so häufig verwirren Trivialnamen: es
gibt noch ein zweites Isothujon, das aus
Thujon mit konzentrierter Schwefelsäure
entsteht. Dieses Konstitutionsisomere
entsteht durch Öffnen des Dreirings und
ist ein Cyclopentenon-Derivat.

[32] Es gibt von dieser Grundrezeptur unzählige Variationen bezüglich der Zutaten und
Verfahrensweise. Bei den Kräutermi-
schungen werden auch Süßholzwurzel,
Muskatnuss, Holunder, Zitronenmelisse,
Wacholder, Muskatnuss und Ehrenpreis
u.v.a. verwendet. Einige weitere Rezepte:
http://www.feeverte. net/recipes.html#1

[33] siehe Lit. [4] Die angegebene Vorschrift
ist nur in der amerikanischen Ausgabe,
nicht aber in der deutschen Übersetzung
abgedruckt.

[34] D.W. Lachenmeier et al., *Dtsch. Lebensm.-Rundsch.* **2004**, *100*, 117.
www.cvua-karlsruhe.de/seiten/cvua/
aktuelles/absinth04.htm

[35] Nach neuesten Untersuchungen von Em-
mert et al. (*Dtsch. Lebensm. Rundschau*,
2004, *100*, 352) wird der hohe Gehalt von
α-Thujon durch einen anderen Inhaltsstoff, das Linalool, vorgetäuscht.

[36] L. Novotný, V. Herout und F. Šorm,
Collect. Czech. Chem. Commun. **1960**,
25, 1492.

[37] Dieses Gedicht wurde von den Absinth-
Gegnern im Stile von Rimbaud und
Verlaine verfasst.

Les buveurs d'absinthe – Der Absinthtrinker

Jean Béraud Musée de l'Absinthe, Auvers-sur-Oise. Quelle: Marie-Claude Delahaye. La petite histoire de l'absinthe. 1999, Les editions de l'Amateurs, Paris

Papierkonservierung
Chemie kontra Papierzerfall

Papier ist geduldig, aber vergänglich. In den wissenschaftlichen Bibliotheken Deutschlands zerfallen vor unseren Augen viele der 200 Millionen Bücher, nahezu alle der zwischen 1850 bis 1970 hergestellten Druckwerke sind gefährdet, und ein Teil ist bereits heute kaum benutzbar.

Auch um das Archivgut, d.h. unsere ganze amtliche Geschichte, jedes Blatt ein unwiederbringliches Unikat, steht es schlecht: allein im Bundesarchiv in Berlin und Koblenz warten 300 laufende Kilometer (!) Dokumente auf eine Konservierung. Was wird aus den Akten der Reichskanzlei, des Politbüros der SED, des Bundeskanzleramts oder des Konzentrationslagers Buchenwald?

Verfahren zur Konservierung alten Schriftguts wurden in den letzten Jahren entwickelt und sind einsatzbereit. Aus Kostengründen werden wir nur wenige Bestände konservieren können. Ein Blick in die Chemie des Zerfalls und der Rettung von altem Papier.

Im Jahr 105 n.Chr. berichtete der chinesische Hofbeamte Tsái Lun seinem Kaiser Ho Ti über eine neue Erfindung. Er hatte aus Baumrinden, Bastfasern des Maulbeerbaumes, Hanf, Lumpen und alten Fischernetzen eine neue, preiswerte Schreibunterlage erfunden, das Papier. Das Herstellungsverfahren war denkbar einfach: die Abfallprodukte wurden gesäubert, zerkleinert, zerstampft, gekocht und gewässert. Mit einem Sieb wurde aus dem wässrigen Faserbrei eine Schicht abgeschöpft, die anschließend gepresst und getrocknet wurde [1]. Der Kaiser war begeistert: ein Produkt aus nachwachsenden Rohstoffen (*sustainable development*) und Altmaterialien (*recycling*) hergestellt und biologisch vollständig abbaubar.

Die erste deutsche Papiermühle wurde 1390 bei Nürnberg errichtet, und in ihr wurde das Papier weitgehend nach dem chinesischen Originalverfahren hergestellt, mit einer Ausnahme: in Europa wurde Papier ausschließlich aus Lumpen (Hadern) hergestellt. Wäschefetzen, Seilreste und Netze wurden in einer alkalischen Soda- oder Pottaschelösung für Tage aufgeschlossen und dann in von Wasserrädern angetriebenen Stampfwerken mechanisch in einzelne Fasern zerlegt. Anschließend wurde das Papier mit Sieben geschöpft. Das getrocknete Papier war sehr saugfähig und als Schreibpapier völlig unbrauchbar, da die Tinte beim Schreiben sofort zerlief [2]. Zur Herabsetzung der Saugfähigkeit wurde Papier seit dem 13. Jahrhundert geleimt. Den Leim stellten die Papiermacher selbst her: Knochen, Hufe, Hörner und Sehnen von Schlachttieren wurden in einem Kessel über längere Zeit gekocht und der Sud abfiltriert. Das Papier wurde in den Knochenleim getaucht oder damit bestrichen. Durch Zugabe von Alaun [3] wurde der Knochenleim verfestigt (denaturiert) und so die Saugfähigkeit und Quellbarkeit des Papiers herabgesetzt [4].

Nach der Erfindung des Buchdrucks (Infokasten S. 95) boomte das Papiergeschäft, und Lumpen wurden knapp. Heute kaum vorstellbar, aber vom Ende des 15. bis Mitte des 19. Jahrhunderts, also fast 400 Jahre lang, herrschte permanent Lumpenmangel. Lumpensammler durften nur mit behördlicher Lizenz arbeiten und zum Schutz der heimischen Papiermühlen Lumpen nicht exportieren (Abbildung 1).

Die Folgen der Restriktionen waren absehbar: Lumpen wurden gestohlen, geschmuggelt und auf Schwarzmärkten verschoben. Die Jagd auf Lumpen nahm kuriose Formen an: 1666 wurden in England Totenhemden aus Leinen verboten, denn man versprach sich davon zusätzliche 200 000 Pfund Leinenlumpen. Auch noch 1800 berichtete der *Westfälische Anzeiger* über ein Rechenexempel der Papiermüller:

„Sie rechnen, dass bloß in einer einzigen Stadt, darin jährlich 3000 Menschen sterben, in 10 Jahren 90.000 Pfund feiner Leinwand, daraus uns herrliches Papier gemacht werden könnte, unverantwortlich den Würmern zur Speise in die Erde vergraben wird.“

Am makabersten war Mr. Standwoods Geschäftsidee, der als Papiermühlenbesitzer während des amerikanischen

Bürgerkrieges mehrere Schiffsladungen Mumien aus Ägypten importierte und deren Leinenumhüllungen zu Papier verarbeitete [5].

Der Beginn der industriellen Papierproduktion

Viele findige Köpfe suchten über Jahrhunderte nach einem Ersatz für Lumpen. Ruhm und Geld winkten dem erfolgreichen Finder. Der heute völlig vergessene Gelehrte Jacob Christian Schäffer publizierte im 18. Jahrhundert allein sechs Bände mit „*Versuche und Muster ohne alle Lumpen oder doch mit einem geringen Zusatz derselben Papier zu machen*". In jahrelanger mühseliger Arbeit hatte er alle möglichen Pflanzen auf ihre Eignung zur Papierherstellung untersucht, von Hopfenranken bis Brennnesseln, von Weinreben bis Sägespänen, von Torf bis Rotkohlstrunken, von Tannenzapfen bis Beifuß. Letztlich war alle Mühe vergebens, es fand sich kein Ersatz für Lumpen [6].

Trotz des hohen Preises stieg der Papierbedarf ständig an. 1800 erfand Nicolas-Louis Robert die maschinelle Endlosfertigung von Papier mit einem umlaufenden Sieb anstelle des Handschöpfens. Zur Leimung der dabei anfallenden Endlosbahnen hatte der Uhrmacher Friedrich Moritz Illing 1807 einen genialen Einfall: entsprechend seiner „*Anleitung auf eine sichere einfache wohlfeile Art Papier in der Masse zu leimen*" wurde das Papier nicht *nach*, sondern gleich *mit* dem Siebschöpfen auf neuartige Weise geleimt [7]. Anstelle mit Gelatine wurde mit Alkalisalzen von Baumharzsäuren (Baumharzseifen) geleimt, die sich nach Zugabe von Alaun auf die Cellulosefasern niederschlug. Jeweils bis zu 3% Harzseifen wurden dem Faserbrei zugemischt und mit einem Überschuss Alaun ausgefällt. Dahinter verbirgt sich aus heutiger Sicht ein schönes Stück angewandter Koordinationschemie (Infokasten S. 99).

Die maschinelle Papierproduktion und das Leimungsverfahren von Illig vereinfachten zwar die Papierproduktion, aber der Rohstoffmangel blieb. Die vier Jahrhunderte dauernde Suche nach einem Ersatz für Lumpen endete erst 1840, als der sächsische Webermeister Friedrich Gottlob Keller erstmals feinsten Holzschliff als Papierrohstoff einsetzte. Da Holz billig und in großen Mengen vor der eigenen Haustür produziert werden konnte, erlebte die Papierindustrie einen bis heute andauernden, atemberaubenden Aufschwung. Leider hatte diese positive Entwicklung einen Preis: die Leimung auf Harzseifen/Alaun-Basis und die Nutzung von Holz zur Papierproduktion führte zu dem heute beklagenswerten Zustand alten Schrift- und Druckguts. Diese Entwicklung ist tragisch, denn aus Sicht des 19. Jahrhunderts waren es wirklich revolutionäre und segensreiche Erfindungen. Erst sie machten Papier zu einem Massenprodukt und ermöglichten die Herstellung von für jedermann erschwinglichem Zeitungen, Büchern, auch Schulbüchern und Schreibpapier. Vergessen wir daher nicht, dass viele Bücher und Dokumente, deren langsamen Zerfall wir heute so bitter beklagen, ohne die Erfindungen von Nicolas-Louis Robert, Moritz Illig und Friedrich Keller nie geschrieben oder gedruckt worden wären.

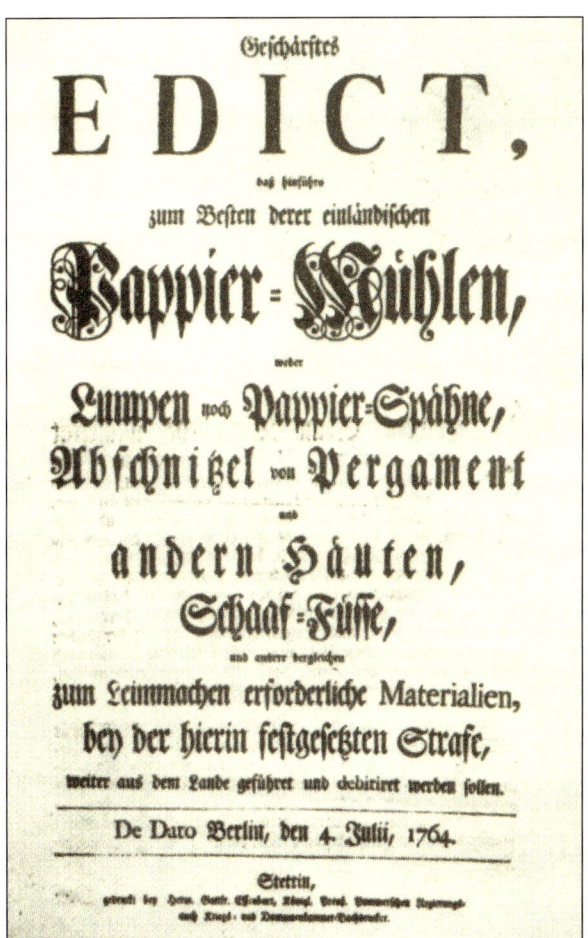

„Geschärftes Edict zum Besten derer einländischen Pappier-Mühlen".

Abb. 1 *Ausdruck des über 400 Jahre dauernden Rohstoffmangels für die Herstellung von Papier ist dieses Edikt. Friedrich II. (Alter Fritz) verbot darin die Ausfuhr von Lumpen und allen Rohstoffen zur Leimherstellung (Pergament und Häute, Schafsfüße). Danach wurden die staatlich lizensierten und vereidigten Lumpensammler „welche sich gelüsten lassen, die gesammelten Lumpen an jemanden anders als die inländischen Papiermacher oder deren bestellte Factors wider ihren Eid abzuliefern und außer Landes zu praktizieren, außer der auf Meineid gesetzten Strafe noch mit dreimonatiger Festungsarbeit (!!) ohne alle Nachsicht bestraft". Solche drakonischen Strafen waren notwendig, denn der Mangel an Lumpen war so groß, dass in Preußen den Bauern sogar die Vogelscheuchen von den Bäumen geholt wurden.*

DIE STRUKTUR VON CELLULOSE, HEMICELLULOSE UND LIGNIN

links oben: Cellulose ist mit ca. 10^{11} t/a der mengenmäßig am meisten biosynthetisierte Naturstoff und besteht aus einigen Tausend kettenförmig verknüpften Glucosebausteinen ($C_6H_{12}O_6$). Cellulose ist ein Poly-(β-1,4-Glucopyranosylglucopyranosid), d.h. die Glucosebausteine liegen als Pyranosen (Sechsring mit einem Sauerstoffatom) vor, und benachbarte Ringe sind über eine Sauerstoffbrücke zwischen dem C-1- und dem C-4'-Atom miteinander verknüpft. Mit dem Deskriptor β wird die äquatoriale Stellung der Hydroxylgruppe in 1-Position symbolisiert. Diese Konfigurationsangabe ist notwendig, da die Polyglucose mit α-Konfiguration (axiale Hydroxylgruppen) die Stärke (Amylose) ist und völlig andere chemische Eigenschaften besitzt.

links unten: Hemicellulose ist ein heterogen aufgebautes Polysaccharid, in dem neben Glucose auch andere Hexosen ($C_6H_{12}O_6$) wie Galaktose und Mannose sowie Pentosen ($C_5H_{10}O_5$) wie Xylose und Arabinose miteinander verknüpft sind. Zusätzlich ist das Polysaccharid über 1,2'-Sauerstoffbrücken verzweigt und die Hydroxylgruppen teilweise acetyliert und methyliert. Da ein Teil der primären –CH_2OH-Gruppen der Hexosen zu Carboxylgruppen (-COOH) oxidiert ist, lösen sich Hemicellulosen in alkalischer Lösung.

rechts: Lignin ist ein polymeres Phenylpropanderivat. Je nach Holzart befinden sich am aromatischen Ring neben der phenolischen OH-Gruppe eine oder zwei Methoxygruppen. Da die phenolischen Hydroxylgruppen deprotoniert werden können, löst sich Lignin im Alkalischen und kann so von Cellulose abgetrennt werden.

DER CHEMISCHE ZERFALL VON CELLULOSE

Die C1-C4'-Sauerstoffbrücken zwischen den Glucose-Bausteinen in Cellulose sind jeweils Teil einer Acetalgruppe $R_2C(OR^1)(OR^2)$. In Gegenwart von Säuren steht die neutrale (Acetal-OH) mit der protonierten Form (Acetal-OH$^+$) im Gleichgewicht (links, von oben nach unten). Im langsamsten Reaktionsschritt wird die C1-O-Bindung des Kations gebrochen [30]. Die folgenden Reaktionen, nämlich die Anlagerung von Wasser und die Abspaltung eines Protons, sind sehr schnell, und es entsteht schließlich ein Kettenende mit einer Halbacetal-Gruppe $R_2C(OR^1)(OH)$ und ein Kettenende mit einer OH-Gruppe. Da die Spaltung des Kations (Acetal-OH$^+$) geschwindigkeitsbestimmend ist, hängt die Reaktionsgeschwindigkeit allein von dessen Konzentration ab [31]. Da die Konzentrationen des Kations [Acetal-OH$^+$] und der Protonen (pH-Wert) über die Gleichgewichtskonstante verknüpft sind, ist die Zerfallgeschwindigkeit v der Cellulose zur Protonenkonzentration proportional. Die Folgen sind klar: eine Abnahme des pH-Wertes von 7 auf 5 verhundertfacht die Geschwindigkeit der Kettenspaltung. Tatsächlich reichen schon wenige Brüche pro Cellulosekette, um die Reißfestigkeit des Papieres merklich zu verringern.

Bei der oxidativen Alterung von Papier wird zunächst die primäre Alkoholgruppe (-CH_2OH) durch Sauerstoff zur Carbonsäuregruppe (-COOH) oxidiert. Dadurch steigt die Protonenkonzentration, und der Zerfall wird beschleunigt. Weiterhin wird das protonierte Acetal-Kation (Acetal-OH$^+$) durch eine Wasserstoffbrücke zur COOH-Gruppe energetisch stabilisiert und liegt im Gleichgewicht in höherer Konzentration vor als in der nicht-oxidierten Cellulose. Dadurch wir K_s größer. Auch dies beschleunigt den Zerfall der Cellulose.

$$K_s = \frac{[\text{Acetal-OH}^+]}{[\text{Acetal}] \cdot [\text{H}^+]}$$

$$v = k \cdot [\text{Acetal-OH}^+]$$
$$v = k \cdot K_s \cdot [\text{Acetal}] \cdot [\text{H}^+]$$
$$= k' \cdot [\text{H}^+]$$

Die Ursachen des Papierzerfalls

Wie jede organische Materie kann auch Papier seinem thermodynamischen Schicksal nicht entkommen, nämlich in Gegenwart von Sauerstoff zu Kohlendioxid und Wasser oxidiert zu werden. Die Frage ist also nicht *ob*, sondern nur *wie schnell* Papier altert. Viele Faktoren beschleunigen den Oxidationsprozess: schlechte Lagerbedingungen wie hohe Temperaturen und Luftfeuchtigkeit, Licht, Luftverschmutzung, Schimmel, Käfer und die menschliche Dummheit [8].

Aber selbst bei sachgerechter Aufbewahrung wird Papier mit der Zeit brüchig. Das erkennt auch ein Laie: Bricht die Ecke einer Papierseite nach zweimaligem Falzen ab, dann bezeichnet man das Papier als „gefährdet", bricht es schon bei leichtem Biegen, ist es „unbrauchbar". Dieser Knicktest ist einfach durchzuführen, simuliert allerdings nur bedingt die Belastungen einer normalen Nutzung. Zumindest aber erlaubt er eine qualitative Bewertung der mechanischen Belastbarkeit des untersuchten Papiers.

Schriftgut und Drucke aus dem Spätmittelalter und der Renaissance haben bei sachgerechter Lagerung bis heute fast nichts von ihrer ursprünglichen Schönheit verloren. Anders sieht es mit Papier aus, das nach 1850 hergestellt wurde, dieses Papier altert dramatisch schnell und wird brüchig. Vergleichen wir die Papierherstellung vor und nach 1850 aus chemischer Sicht [9].

Vor 1850 waren ausschließlich Stoffreste aus Leinen oder Baumwolle die stoffliche Basis für Papier. Beim alkalischen Aufschließen und mechanischen Zerstampfen in der Papiermühle entstanden lange Fasern aus fast reiner Cellulose und verfilzten beim Schöpfen und Trocknen. In den Elementarfibrillen lagerten sich die einzelnen Cellulose-Ketten über Wasserstoffbrückenbindungen parallel zusammen und bildeten streckenweise hochgeordnete, kristalline Bereiche. Dies erhöhte die Festigkeit und die chemische Widerstandsfähigkeit, da die inneren Cellulosestränge aggressiven Agenzien nicht direkt zugänglich waren.

Holz musste für die Papierherstellung extrem zerkleinert werden (Holzschliff), wodurch die Faserlänge von vornherein stark verkürzt war. Zusätzlich haben die Cellulosefasern aus Holz einen deutlich geringeren Anteil an kristallinen Bereichen im Vergleich zu Leinen oder Baumwolle. Vor allem aber hat Holz eine andere chemische Zusammensetzung: Buchenholz z.B. enthält neben 40% Cellulose zusätzlich 40% Hemicellulose und 20% Lignin (Infokasten S. 96, oben). Es ist vor allem das Lignin, das die mechanische Qualität von Papier auf Holzbasis vermindert, da die Elementar-Fibrillen von relativ unpolarem Lignin umhüllt sind und deswegen keine Wasserstoffbrückenbindungen untereinander ausbilden können. Später konnte zwar Lignin durch chemische Verfahren [10] aus dem Holz entfernt werden, jedoch erreichte auch dieses „holzfreie" [11] Papier nie die Qualität eines aus Lumpen hergestellten.

Vor allem die Leimung begünstigte den Papierzerfall. Vor 1850 wurden die Lumpen durch alkalischen Aufschluss mit Soda oder Pottasche zum Faserstoff verarbeitet, das Papier war alkalisch. Die geringen Mengen bei der Leimung

In wässriger Lösung dissoziiert das überschüssige Aluminiumsulfat $Al_2(SO_4)_3$ vollständig in seine Ionen (Gl.1). Als Salz einer schwachen Base (Gl.2) und einer starken Säure senkt Aluminiumsulfat den pH-Wert des Papiers auf 4,5-5,5.

$$Al_2(SO_4)_3 \xrightarrow{+ H_2O} 2\,Al^{3+} + 3\,SO_4^{2-} \tag{1}$$

$$Al^{3+} + 3\,H_2O \rightleftharpoons Al(OH)_3 + 3\,H^+ \tag{2}$$

$$n\,Al(OH)_3 \longrightarrow [Al(O)(OH)]_n\downarrow + H_2O \tag{3}$$

$$n\,Al_2(SO_4)_3 + 4n\,H_2O \longrightarrow 2n\,[Al(O)(OH)]\downarrow + 3n\,H_2SO_4^{2-} \tag{4}$$

Die Hydrolyseprozesse von Al^{3+}-Ionen sind allerdings noch komplizierter:

Zunächst sind Al^{3+}-Ionen in Wasser je nach pH-Wert mit einer wechselnden Anzahl von Hydroxylionen oder Wassermolekülen koordiniert: $Al(H_2O)_6^{3+}$ (pH < 3), $Al(OH)(H_2O)_5^{2+}$ (pH < 3-7), $Al(OH)_2(H_2O)_4^{2+}$ (pH <4-8), $Al(OH)_3(H_2O)_3$ (pH <5-9) und $Al(OH)_4(H_2O)_2^-$ (pH >6) [32].

In Abhängigkeit vom pH-Wert kondensieren diese Ionen unter Wasserabspaltung zu di- und oligomeren Hydroxiden.

Schließlich bilden sich amorphe Aluminiumoxihydrate mit wechselnder Bruttozusammensetzung, die in Säuren unlöslich sind [32] und sich auf die Fasern und in die Zwischenräume ablagern (Gl.3). Summa summarum führt die Polykondensation und die Bildung unlöslicher Aluminiumoxihydrate zur zunehmenden Versauerung des Papiers (Gl.4).

zugegebenen Alauns erniedrigten den pH-Wert kaum, da auch der Knochenleim ein großes Pufferreservoir bildete. Nach 1850 wurden dem Faserbrei zur Leimung alkalische Harzseifen und ein großer *Überschuss* an Aluminiumsulfat zugemischt. Der Faserbrei war mit pH-Werten zwischen 4,5 und 5,5 sauer, denn überschüssiges Aluminiumsulfat senkte als Salz der schwachen Base Aluminiumhydroxid und starken Schwefelsäure den pH-Wert.

Warum zerfällt saures Papier mit der Zeit? Selbst trockenes Papier enthält etwa 5% Restwasser, so dass die Cellulosefäden des Papiers von der Herstellung an im Kontakt mit saurem Wasser standen. Das konnte nicht lange gut gehen, denn die Glucose-Bausteine der Cellulose-Kette sind über Acetalbindungen miteinander verbunden. Acetalgruppen hydrolisieren in Gegenwart von wässriger Säure zu einem Halbacetal und einem Alkohol (Infokasten S. 96, unten). Im Falle der Cellulose führt diese Reaktion zu einem Kettenbruch. Da die mechanische Stabilität von Papier auf der Verfilzung langer Fasern beruht, nimmt bereits bei Spaltung nur jeder tausendsten Bindung zwischen den Glucosebausteinen die Reißfestigkeit deutlich ab. Die Erfahrung von Restauratoren hat gezeigt, dass Papier bereits bei einem pH-Wert von 6 zu zerfallen beginnt [12].

Das nach 1850 hergestellte Papier hatte aus chemischer Sicht von vornherein keine Chancen gegen den Zahn der Zeit. Es kam aber noch schlimmer, denn das zwischen 1850 und 1970 industriell produzierte Papier war nicht nur bereits bei der Herstellung sauer, sondern wurde mit der Zeit

NACHSÄUERUNG NACH DER BEHANDLUNG MIT AMMONIAK

Beim Behandeln von saurem Papier z.B. mit gasförmigen Ammoniak in einer Reaktionskammer löst sich ein Teil davon in der Feuchtigkeit des Papiers und neutralisiert sofort vorhandene Säure. Der pH-Wert des Papiers steigt an. Die gebildeten Ammonium-Ionen stehen jedoch auch weiterhin mit dem gasförmigen Ammoniak im Gleichgewicht. Außerhalb der Reaktionskammer, d.h. im Bücher- oder Archivregal, gibt das Papier ständig gasförmiges Ammoniak ab, bis schließlich das Papier genauso sauer ist wie vor der Begasung.

Begasung mit Ammoniak: $\quad NH_{3(gasförmig)} \rightleftharpoons NH_{3(gelöst)}$

Neutralisation der Schwefelsäure: $\quad 2 NH_3 + H_2SO_4 \rightleftharpoons (NH_4)_2SO_4$

Dissoziation des Salzes: $\quad (NH_4)_2SO_4 \rightleftharpoons 2 NH_4^{\oplus} + SO_4^{2\ominus}$

Säure-Base-Gleichgewicht: $\quad NH_4^{\oplus} \rightleftharpoons NH_{3(gelöst)} + H^{\oplus}$

Entweichen von Ammoniak: $\quad NH_{3(gelöst)} \rightleftharpoons NH_{3(gasförmig)}\uparrow$

DAS ENTSÄUERUNGSVERFAHREN MIT DIETHYLZINK

Diethylzink reagiert als metallorganische Verbindung heftig mit den im Papier enthaltenen Säuren und Wasser unter Bildung von gasförmigen Ethan.

$$2\, Al(HSO_4)_3 + 3\, Zn(C_2H_5)_2 \longrightarrow Al_2(SO_4)_3 + 3\, ZnSO_4 + 6\, C_2H_6\uparrow$$

$$H_2SO_4 + Zn(C_2H_5)_2 \longrightarrow ZnSO_4 + 2\, C_2H_6\uparrow$$

$$H_2O + Zn(C_2H_5)_2 \longrightarrow ZnO + 2\, C_2H_6\uparrow$$

immer saurer. Mehrere Ursachen sind dafür verantwortlich. Einmal sind die Oxidationsprodukte von Cellulose sauer, z.B. werden die primären Alkoholgruppen in 6-Position der Cellulose zu Carbonsäuren oxidiert [7]. Die Geschwindigkeit dieser Oxidationsprozesse hängt von den Lagerbedingungen (Luftfeuchtigkeit, Lagertemperatur, Luftqualität) ab. So tut Büchern das Klima in Manhattan in New York offensichtlich nicht gut, wie ein Vergleich identischer Bände in Bibliotheken in Californien oder Chicago [13] ergab. Auch einige Bände in der Bayrischen Staatsbibliothek, die nach dem 2. Weltkrieg aus einer New Yorker Bibliothek angekauft wurden, sind in einem wesentlich schlechteren Zustand als entsprechende Exemplare anderer deutscher Bibliotheken [14]. Die unterschiedlichen Lagertemperaturen und/oder die erhöhte Belastung der New Yorker Luft mit Schwefeldioxid können dafür verantwortlich sein.

Zum anderen zeigt Aluminiumsulfat ein äußerst komplexes Hydrolyseverhalten, da das zunächst entstehende Aluminiumhydroxid langsam unter Dehydratisierung zu unlöslichen Produkten polymerisiert und die zurückbleibende Schwefelsäure den pH-Wert im Laufe der Zeit weiter erniedrigt. (Infokasten S. 97).

Zusammenfassend muss festgestellt werden, dass der Zerfall des Papiers chemisch durch die säurekatalysierte Spaltung von Cellulose verursacht wird. Das zwischen 1850 und 1970 hergestellte Papier war durch den Überschuss von Aluminiumsulfat beim Leimen von vornherein sauer. Mit der Zeit führen die Alterung der unlöslichen Aluminiumoxihydrate und der oxidative Abbau der Glucose zum weiteren Absinken des pH-Wertes. Mit anderen Worten: der Papierzerfall ist ein mit der Zeit immer schneller ablaufender, autokatalytischer Prozess [15].

Verfahren zur Papierentsäuerung

Die Rettung sauren Papiers scheint aus chemischer Sicht auf den ersten Blick einfach: sofortige Erhöhung des pH-Wertes auf 7-9. Die Erfahrungen zeigen allerdings, dass eine nachhaltige Entsäuerungsmethode mehr leisten muss:

- die pH-Wert-Erhöhung darf nicht nur kurzfristig, sondern muss dauerhaft sein,
- eine alkalische Reserve muss gegen zukünftige Säureeinflüsse im Papier angelegt werden und
- das bereits geschädigte Papier sollte mechanisch verstärkt werden.

Im Folgenden betrachten wir *nicht* wertvolle Originalmanuskripte, Partituren oder Briefe berühmter Persönlichkeiten, sondern – im wahrsten Sinne des Wortes – kilometerhohe Bücher- bzw. Aktenberge aus den Jahren 1850-1970. Darum wird an ein Massenentsäuerungsverfahren eine weitere Forderung gestellt [16]:

- es muss einfach durchführbar und preiswert sein.

Staunen wir an einigen Beispielen, mit welch unglaublicher chemischer Fantasie sich Archivare, Restauratoren und Chemiker auf die Suche nach geeigneten Verfahren gemacht haben.

Entsäuerung mit Gasen

Der große Vorteil einer Begasung liegt auf der Hand: das Papier kommt nicht mit einem Lösungsmittel in Kontakt, kann nicht aufquellen und die Tinte, Stempelfarben oder Schreibmaschinenfarbe können nicht auslaufen [17].

Bereits in den Fünfziger Jahren des letzten Jahrhunderts wurde Papier mit Ammoniak, und später mit anderen leichtflüchtigen Aminen (z.B. Diethylamin, Butylamin, Cyclohexylamin, Morpholin und Piperidin) behandelt. In allen Fällen stieg der pH-Wert sofort an, allerdings war die Freude nur von kurzer Dauer, denn bereits nach wenigen Wochen war das Papier wieder sauer.

Des Rätsels Lösung war einfach. Die bei der Neutralisation gebildeten Ammonium-Ionen standen mit gasförmigen Ammoniak weiterhin im Gleichgewicht, ständig wurde gasförmiger Ammoniak an die Umluft abgegeben, bis schließlich das Papier wieder sauer war.

Eine aus chemischer Sicht besonders originelle Methode der Massenentsäuerung entwickelten George Kelly und John Williams von der Library of Congress 1977 auf metallorganischer Basis. Unter reduziertem Druck wurden Bücher mit gasförmigem Diethylzink (DEZ, Siedepunkt 118°C bei Raumdruck) begast. Das in das Papier hineindiffundierende Diethylzink reagiert mit der vorhandenen

Feuchtigkeit, mit saurem Aluminiumsulfat, mit Schwefelsäure und anderen vorhandenen Säuren. Das dabei gebildete unlösliche Zinkhydroxid bzw. Zinkoxid lagert sich im Papier ab und bildet eine gute alkalische Reserve [18].

Das Verfahren hatte leider einen ganz großen Nachteil: Diethylzink ist pyrophor, d.h. ist an Luft selbstentzündlich. Trotz hoher Sicherheitsmaßnahmen kam es in einer Versuchsanlage im NASA Goddard Space Flight Center bei der Bedienung durch Mitarbeiter der Library of Congress am 5. Dezember 1983 zu einem Zwischenfall. In der Reaktionskammer verblieb etwas flüssiges Diethylzink, das sich beim Öffnen selbst entzündete und die Sprinkleranlage auslöste. Das Löschwasser unterbrach die automatische Steuerung zum Leerpumpen der Zuleitungen. Da nicht klar war, ob dort weiteres flüssiges Diethylzink vorhanden war, musste eine Spezialeinheit der Armee anrücken und aus der Ferne in die Leitungen schießen. In den Leitungen war tatsächlich noch Diethylzink, das sich sofort entzündete. Das Feuer konnte zwar unter Kontrolle gehalten werden, aber die Anlage war irreparabel zerstört.

Nach diesem Zwischenfall und umfangreichen Untersuchungen beauftragte die Library of Congress die Weiterentwicklung an Akzo, der Herstellerfirma von Diethylzink. 1994 gab Akzo das Projekt mit der offiziellen Begründung auf, dass die Investitionskosten so groß wären, dass Anlagen dieser Art nicht wirtschaftlich betrieben werden können.

Entsäuerung in flüssiger Phase

Da gasförmige Entsäuerungsmittel nicht die Erwartungen erfüllen konnten, wurden alternative Methoden in flüssiger Phase erprobt. Erste Entsäuerungsversuche basierten auf Lösungen von Erdalkalibicarbonaten in Wasser [19]. Dann wurden feinste Magnesiumoxid-Partikel suspendiert und das Papier damit durchtränkt (Bookkeeper-Prozess).

In nicht-wässrigen Lösungsmitteln wurden verschiedenste Alkoholate erprobt: Magnesiummethylat $Mg(OCH_3)_2$ in Methanol oder Methanol/Freon-Gemisch (Wei T'o-Prozess), Magnesiumtriethylenglykolat $Mg[O(CH_2CH_2O)_3-(CH_2)_3CH_3]_2$ in Freon (Lithco Prozess) und gemischte Alkoholate von Magnesium und Titan in Hexamethyldisiloxan (Batelle-Verfahren).

Stabilisierung des geschädigten Papiers

Die Entsäuerung und das Einbringen einer alkalischen Reserve schützt das Papier zwar gegen weiteren Zerfall, aber das Papier bleibt weiterhin brüchig. Deswegen wurden Methoden entwickelt, die neben der Entsäuerung gleichzeitig das Papier mechanisch stabilisieren. Eine originelle Idee bestand darin, ein polymeres Netzwerk in den Zwischenräume der Cellulosefibrillen aufzubauen. Dazu wurde das Papier mit monomerem Methacrylsäuremethyl- oder -ethylester getränkt, der anschließend mit niedrig dosierter γ-Strahlung polymerisiert. Durch Zusatz von Alkylmethacrylaten mit basischen Aminogruppen in der Seitenkette gelang gleichzeitig eine Entsäuerung. Auf diese Weise bekommt

PAPIERLEIMUNG NACH MORITZ ILLIG (1777-1845)

Das seit Beginn des 19. Jahrhunderts maschinell hergestellte Endlospapier wurde nicht mehr mit Knochenleim, sondern mit Baumharzen geleimt. Hauptbestandteile von Baumharz sind Abietin- und Lävopimarsäure ($C_{20}H_{30}O_2$) und deren Ester (links). Die Papiermacher kochten das Harz mit Soda (Na_2CO_3), wobei die Ester teilweise verseift wurden und sich die Natriumsalze der Harzsäuren (Harzseifen oder Resinate) bildeten. Nach Zugabe eines Überschusses von Alaun [$KAl (SO_4)_2 \cdot 12 H_2O$] flockten die Aluminiumresinate aus [24]. Da Aluminiumkationen Al^{3+} gleichzeitig an Harzsäure-Anionen und an die Hydroxylgruppen der Cellulosemoleküle koordinativ binden können, wird die Faseroberfläche nach außen mit den unpolaren Resten der Harzsäuren umgeben. Diese hydrophobe Hülle verhinderte ein Auseinanderlaufen von wässrigen Schreibtinten (schematische Darstellung unten).

Lävopimarsäure

Abietinsäure

selbst sehr brüchiges Papier wieder gute Materialeigenschaften (British Library Process) [20].

Auch andere Polymere können das geschädigte Cellulosenetzwerk verstärken. Nach einem Verfahren der Österreichischen National-Bibliothek erreicht man eine gute Entsäuerung mit einer wässrigen Lösung von Calciumhydroxid und gleichzeitiger Zugabe von Methylcellulose. Methylcellulose ist eine chemisch modifizierte Cellulose, in der ein Teil der Hydroxylgruppen z.B. mit Methylchlorid in Methoxygruppen umgewandelt wurde. Wegen der teilweise fehlenden Hydroxylgruppen ist die polymere Methylcellulose unpolarer, kann aber noch genügend Wasserstoffbrücken zu den nativen Celluloseketten ausbilden und dadurch die mechanische Stabilität des Papiers verbessern.

Vergleich der Entsäuerungsverfahren

Kritische Vergleiche der verschiedenen Massenentsäuerungsverfahren wurden von mehreren Institutionen vorgenommen und ergaben, dass alle Methoden Stärken und

Schwächen haben, je nach Art und Zustand des zu behandelnden Materials. Alle Fachleute waren sich aber einig, dass Untätigkeit die schlechteste Lösung sei *"In any way, it is better to deacidify than to do nothing at all"*.

Bückeburger Konservierungsverfahren

Im folgenden soll das als Bückeburger Verfahren bezeichnete Entsäuerungsverfahren näher vorgestellt werden. Die wissenschaftlichen Grundlagen gehen auf Arbeiten im Niedersächsischen Staatsarchiv in Bückeburg zurück. Ursprünglich wurde das Archivgut durch drei verschiedene Bäder geführt. Inzwischen hat die Firma Neschen AG das Verfahren übernommen, kommerzialisiert und zu einem Einbadverfahren weiterentwickelt.

Mit der neuesten Großanlage, die im Bundesarchiv in Berlin-Hoppegarten installiert wurde, können bei voller Auslastung über 3 Millionen Blatt DIN A4 im Jahr konserviert werden.

ABB. 2 | DAS BÜCKEBURGER PAPIERENTSÄUERUNGSVERFAHREN

Diese Anlage der Neschen AG steht im Bundesarchiv in Berlin-Hoppegarten, in der früher die Stasi-Dechiffrierabteilung untergebracht war. Nach Durchlauf des Archivguts wird ein pH-Wert des Papiers zwischen 7-9 garantiert. Gleichzeitig wird eine alkalische Reserve erzeugt, die der von alkalischen Neupapieren entspricht (äquivalent zu 1-2% $CaCO_3$). Die integrierte Nachverleimung mit Methylcellulose verstärkt das Papier mechanisch um ca. 30%.

Schriftgut ist sehr heterogen und jede Seite muss einzeln begutachtet werden, ob sie ohne Schaden das Konservierungsbad durchlaufen kann. Zur Vermeidung von Rostbildung werden metallische Bestandteile wie Büro- und Heftklammern entfernt. Aufgeklebte Materialien wie Briefmarken, Telegrammstreifen und Papierausschnitte werden mit Schutzfolie gesichert.

Mit einem Tintenstrahldrucker wird jede Seite berührungslos (!) mit einer Akten- oder Bestandsnummer und Seitenzahl beschriftet. Anschließend werden Fotografien und Dokumente mit Wachs- oder Papiersiegeln, sowie sehr brüchige und eingerissene Papiere für eine Handkonservierung separiert. Besonders bedeutendes und häufiger benutztes Schriftgut wird vor der Konservierung auf Mikrofilm gesichert.

In vier Bahnen werden die Dokumentenseiten einzeln auf ein Siebband aufgelegt. Nach Auflegen der Dokumente auf das erste Sieb läuft ein zweites Sieb von oben zu und hält die Dokumente während des gesamten Maschinendurchlaufes sicher und unverrückbar fest.

Die im Doppelsiebband fixierten Dokumente werden für etwa 7 Minuten durch das auf 13 °C gekühlte Entsäuerungsbad geführt. Die grobmaschigen Transportsiebe und zusätzliche Düsen sorgen für eine lückenlose und intensive Tränkung. In dem Bad wird die Tinte auf dem Papier fixiert, das Papier entsäuert, eine ausreichende alkalische Reserve hinzugefügt und das Papier durch Leimung mit Methylcellulose verstärkt - alles in einem Arbeitsgang!

Anschließend werden die Dokumente über fünf verschieden temperierte Trockenzylinder geführt und durch Luft bei Temperaturen bis maximal 60°C getrocknet. Ein Ab- und Umluftsystem sorgt für optimale Verteilung der Warmluft und Entsorgung der feuchten Luftmenge. An der Ausgabestation werden die Dokumente von Hand abgenommen. Die gesamte Durchlaufzeit eines Dokuments beträgt ca. 18 Minuten.

Nach dem Maschinendurchlauf sind die Seiten etwas aufgequollen und leicht gewellt und können in heizbaren Pressen geglättet werden. Insgesamt nimmt das Papiervolumen durch die Behandlung um 3-5% zu.

Zum Abschluss werden die maschinell entsäuerten Dokumente mit den Einzelblättern aus der Handkonservierung vereinigt und Blatt für Blatt auf Vollständigkeit überprüft.

Beim Bückeburger Verfahren werden die Einzelblätter in einem einzigen Bad für einige Minuten getränkt. Dieses Bad erfüllt mehrere Funktionen:

Fixierung der Tinten und Stempelfarben: Die wasserlöslichen kationischen, meist blauen, violetten und schwarzen Tinten und Stempelfarben haften wegen der Wechselwirkung mit den sauren, negativ geladenen Gruppen recht gut auf Papier, die anionische roten und grünen Tinten dagegen nur schlecht. Durch Zugabe entsprechend geladener Fixiermittel können kationische und anionische Tinten für das Säurebad fixiert werden.

Neutralisierung der Säure und Schaffung einer alkalischen Reserve: Die Neutralisation der Säure im gealterten Papier erfolgt durch Magnesiumhydrogencarbonat $Mg(HCO_3)_2$. Da bei der Neutralisationsreaktion neben Kohlendioxid unlösliches Magnesiumhydroxid bzw. -oxid entsteht, wird eine alkalische Reserve im Papier angelegt.

Mechanische Verstärkung des Papier: Im Entsäuerungsbad wird das Papier gleichzeitig mit Methylcellulose nachgeleimt. Bei der Trocknung bindet die Methylcellulose über Wasserstoffbrücken an die Cellulosefibrillen und verbessert dadurch die mechanische Stabilität des Papier um ca. 30%.

Im Bundesarchiv wurden nach der Installation der Anlage zwischen 2001 bis zum Jahre 2003 vor allem die Akten des Ministerrats der DDR behandelt, d.h. entsäuert und verstärkt. Dies waren 550 laufende Meter Schriftgut mit insgesamt 3,2 Millionen Blatt, wobei die Kosten bei etwas über 1000 Euro je Meter Schriftgut liegen. Die Entsäuerung war besonders dringlich, da das für den Ministerrat verwendete Papier stark holzhaltig und von schlechter Qualität war.

Im Bundesarchiv warten nun die Bestände „Politbüro der SED", „Reichskanzlei" und „Bundeskanzleramt" auf die Entsäuerung. Es bleibt zu hoffen, dass diese Aufgaben in den nächsten 10-12 Jahren abgeschlossen werden können. Dann wären allerdings erst 1% des Gesamtbestandes des Bundesarchivs für zukünftige Generationen gesichert.

Modernes Papier

Bibliotheken haben mit den Verlagen schon vor Jahren vereinbart, dass Bücher nur noch auf alterungsbeständigem Papier gedruckt werden, das bereits bei der Herstellung mit einer ausreichenden alkalischen Reserve versehen wird. Dieses Papier muss bei sachgerechter Lagerung in den nächsten Jahrhunderten aller Voraussicht nach nicht mehr entsäuert werden.

Die Entsäuerung ist somit eine zeitlich begrenzte Aufgabe. Besondere Probleme bereiten das Schriftgut aus den Siebziger Jahren, als die Verwendung von nicht alterungsbeständigem Recycling-Papier sehr gefördert und in Behörden oftmals angeordnet wurde. Die Industrienorm „Papier für Schriftgut und Druckerzeugnisse" (DIN EN ISO 9706) ist streng und Recycling-Papiere können sie nur selten erfüllen. Kein Wunder, denn Recyclingpapier ist ein bunter Cocktail von unbekannten sauren und holzhaltigen Papiersorten, mit unbekannten Leimungen, Resten von Druckfarben etc.

AUFBEWAHREN, KOPIEREN ODER AUF DEN MÜLL?

Amtliche Akten sind zwar keine Kunstwerke, trotzdem geht auch von einem Schriftstück mit Unterschrift, Siegel oder handschriftlichen Randbemerkungen der Zauber eines Originals aus. Aber Zauber hin, Zauber her, man kann nicht alles aufheben. Wenn wir aber die Akten der Reichskanzlei, der Volkskammer und des Deutschen Bundestages als Teil unseres kulturellen Erbes ansehen, müssen dann unbedingt die zerbrechlichen Originale mit großen Aufwand erhalten bleiben, reichen nicht Kopien auf Film oder in digitaler Form?

Leider löst Kopieren das Konservierungsproblem nicht, sondern verlagert es nur von Papier auf einen anderen Informationsträger (Film, Magnetband) [25]. Manchmal treiben wir dabei den Teufel mit dem Beelzebub aus, denn so waren die früher üblichen Gelatinefilme weniger alterungsbeständig als Papier.

Viele Menschen setzen auf die digitale Speicherung von Schriftgut. Trotz der beeindruckenden Vorteile mahnen Erfahrungen zur Vorsicht. Ältere Magnetbänder aus Nitrocellulose oder Celluloseacetat wurden durch Hydrolyse brüchig und jedes magnetische Material verliert mit der Zeit seine Magnetisierung, wobei auch externe Störfelder (Motore, Fahrstühle etc.) die Daten unwiderruflich löschen können [26].

Das Hauptproblem der Speicherung digitaler Information liegt jedoch in der kurzen Lebensdauer der Hard- und Software [27]. Ein Beispiel: 1975 wollte das amerikanische Nationalarchiv die Daten der Volkszählung von 1960 archivieren. Für die Magnetbänder gab es nur noch zwei Lesegeräte auf der Welt (!)[28], eines davon stand bereits im Smithsonian Museum. Tatsächlich konnten die Daten nicht vollständig gerettet werden, ganz im Gegensatz zur Volkszählung von 1860. Diese Daten waren auf Papier festgehalten worden und können auch heute noch problemlos gelesen werden [29].

Auch die Software zur Kodierung der Information hat eine begrenzte Lebenszeit. Populäre Software erlebt in zehn Jahren Dutzende von Upgrades, und häufig kann die aktuelle Version Daten der vorvorletzten schon nicht mehr fehlerfrei lesen. In Konsequenz müssten Archive ihren gesamten Bestand an digitalen Daten mindestens alle zehn Jahre mit alter Hard- und Software auslesen und mit neuer wieder speichern. Wer soll das bezahlen? Vielleicht wäre ein Ausdruck auf hochwertigem Papier langfristig doch sicherer und billigerer?

Die Erhaltung wertvoller Schriftstücke gerade aus dieser Zeit wird die Archivare noch in den nächsten Jahrzehnten beschäftigen [21].

Packen wir es an

Alle zwischen 1850 und 1970 geschriebenen und gedruckten amtlichen Schriftstücke und Bücher sind durch die saure Leimung und die Verwendung von ligninhaltigem Papier vom Zerfall bedroht. Nun zerkrümelt gealtertes saures Papier zwar nicht gleich zu Staub, wie in manchen Publikationen übertrieben dargestellt wird, jedoch ist die Situation schon schlimm genug. Das Papier ist teilweise so brüchig, dass eine *normale Nutzung* durch Archiv- und Bibliotheksnutzer nicht mehr gestattet werden kann. Es ist schon bittere Ironie, dass wir heute mit unseren nahezu unbegrenzten Informationsmöglichkeiten hilflos zusehen müssen, wie der Zahn der Zeit uns wertvolle Kulturgüter zerstört. Aber Jammern hilft nicht, denn schon im 4. Jahrhundert nach Christus standen wir vor einer ähnlichen Situation. Die gesamte klassische Literatur der Römer und Griechen zerfiel auf zerkrümelnden Papyrusrollen. Konstantin der Große und sein Sohn Konstantin II. ließen in einem gewaltigen Kraftakt 100 000 Werke auf Tierhäute (Pergament) abschreiben [22]. So schlimm sieht es heute nicht aus, denn viele Werke können durchaus noch für kommende Generationen erhalten werden. Moderne Techniken

bieten sich hier an, jedoch darf dies nicht dazu führen, dass die Originale nach der Mikroverfilmung oder Digitalisierung einfach weggeworfen werden, um drückende Platzprobleme zu lösen [23]. Originale sind unwiederbringlich und müssen – wenn sie uns wertvoll erscheinen – erhalten werden. Viele Verfahren zur Entsäuerung sind ausgetüftelt worden, einige davon haben sich schon bewährt und garantieren das Überleben des Papierguts für die nächsten Jahrhunderte. Dann werden andere über dessen Schicksal entscheiden.

Zusammenfassung

Papier ist geduldig, aber vergänglich. In den wissenschaftlichen Bibliotheken Deutschlands sind 200 Millionen Bücher gefährdet. Ein großer Teil davon kann heute schon nicht mehr normal benutzt werden. Um das Archivgut, d.h. unsere ganze amtliche Geschichte, steht es genauso schlecht: allein im Bundesarchiv warten 300 laufende Kilometer (!) Unterlagen auf eine Konservierung. Verfahren zur Konservierung sind in den letzten Jahren entwickelt worden, kommen aber für viele Akten bereits zu spät. Ein Blick in die Chemie des Zerfalls und der Konservierung von altem Papier.

Summary

After a short introduction and review of the history of paper, the basic chemistry involved in industrial paper production is explained with special emphasis on the role played by sizing. The chemical basis and consequences of using alum are discussed. Existing deacidification methods are compared, and the Bückeburg technique for deacidifying large amounts of single-sheet documents is shown in greater detail.

Danksagung

Mein Dank gilt einigen Kollegen, die mir bei der Durchdringung der komplexen Hintergründe dieses spannenden Gebietes der Chemie mit Geduld, Rat und Tat halfen: Dr. H. Bansa, Herausgeber der Zeitschrift Restaurator und ehemaliger Leiter des Instituts für Handschriften- und Buchrestaurierung in München, Dr. A.-C. Brandt von der Bibliothèque National in Paris, Dr. R. Hofmann vom Bundesarchiv in Berlin und Koblenz, Dr. H. Kleifeld und Dr. W. Markiewicz von der Firma Neschen AG in Bückeburg. Der Neschen AG danke ich für die Überlassung von Bildmaterial.

Literatur und Anmerkungen

[1] A. Pingel Keuth, *Chem. unserer Zeit*, **2005**, *39*, 402.

[2] Papiertaschentücher und Küchenrollen sind ungeleimtes Papier.

[3] Alaun ist das Doppelsalz aus Kalium- und Aluminiumsulfat, $KAl(SO_4)_2 \cdot 12\,H_2O$. In der Papiermacherei wurde es später durch Aluminiumsulfat $Al_2(SO_4)_3 \cdot 18\,H_2O$ ersetzt, allerdings wurde weiterhin der traditionelle Name Alaun verwendet (Papiermacheralaun). Siehe K. Garlick
http://aic.stanford.edu/sg/bpg/annual/v05/bp05-11.html

[4] Knochenleim besteht hauptsächlich aus Gelatine, einem an Glutaminsäure (Seitenkette: $-(CH_2)_2-COOH$) und Lysin (Seitenkette: $-(CH_2)_4-NH_2$) reichen Protein. Die Al^{3+}- Ionen binden an deren Seitenketten und brechen dabei das dreidimensionale Netzwerk aus Wasserstoffbrücken der nativen Gelatine teilweise auf (Denaturierung). Dadurch verfestigt sich das Gelatine-Gel.

[5] Diese Geschäftsidee ging allerdings nach hinten los, mit den Mumien wurde Cholera eingeschleppt. Rache der Pharaonen?

[6] Papier, W. Sandermann, **1992**, Springer Verlag, Heidelberg.

[7] G. Dessauer, *Forum Bestandserhaltung*, www.uni-muenster.de/Forum-Bestandserhaltung/grundlagen/herst-dessauer2.shtml

[8] Die menschliche Dummheit war und ist der größte Feind aller Kulturgüter. Die große Bibliothek von Alexandria, in der das Wissen der Antike für künftige Generationen aufbewahrt wurde, wurde durch Caesar und dann 640 n.Chr. endgültig durch Kalif Omar I. zerstört. Gelernt wurde daraus Nichts: als heidnisches Teufelswerk verbrannte Ludwig der Fromme die von seinem Vater, Karl dem Großen, gesammelten germanischen Heldensagen und die Spanier fast alle Codices der mittelamerikanischen Hochkulturen, die Deutsche Armee zerstörte im 1. Weltkrieg die alte Bibliothek von Leuwen in Belgien, Hitler verbrannte Bücher jüdischer und missliebiger Schriftsteller, die bosnisch-serbische Armee zerstörte 1993 die Bibliothek in Sarajewo usw. usw. usw.

[9] S.T. Putnan et al., *Kirk-Othmer's Encyclopedia of Chemical Technology*, 3rd ed., Vol. 16, S. 768

[10] Im einfachsten Fall wurde das Holz mit starker Lauge behandelt. Die phenolischen Gruppen (Ar-OH) des Lignins und die Carboxylgruppen (COOH) der Hemicellulose werden dabei deprotoniert (Formelschema 1) und beide Polymere lösen sich und können von der Cellulose abgetrennt werden (Natron- oder Soda-Zellstoff). Weitere Verfahren (Sulfit- , Sulfat- und das Organocell-Verfahren) zur Gewinnung möglichst reiner Cellulose wurden später entwickelt. Siehe [9].

[11] „Holzfreies" Papier enthält kein Lignin, wird aber trotzdem aus Holz hergestellt.

[12] H. Cheradame, S. Ipert und E. Rousset, *Restaurator*, **2003**, *24*, 227.

[13] R.D. Smith, *Restaurator*, **1987**, *8*, 69.

[14] H. Bansa, *Bibliotheksforum Bayern* **1976**, *4*, 40.

[15] W. Dalrymole, *Libr. Congr. Inform. Bull.* **1997**, *56*, 148.

[16] Viele der im folgenden vorgestellten Methoden sind für die Konservierung von Büchern entwickelt worden. Im Gegensatz zu Büchern sind amtliche Schriftstücke immer ein Unikat, d.h. es gibt nur ein Exemplar auf der Welt.

[17] H. Cheradame et al, *Restaurator*, **2003**, *24*, 227.

[18] A.N. Maconnes et al. *J.Mater.Chem.* **1992**, *2*, 1049.

[19] A.D. Baynes-Cope, *Restaurator*, **1969**, *1*, 2.

[20] D.W.G. Clements, *Paper Preservation Symposium* **1988**, Tappi Press, Atlanta.

[21] Darstellung de Entsäuerungsproblematik aus Sicht des Deutschen Literaturarchivs siehe einen Aufsatz von R.S. Kamzelak in www.bibliophilie.de/kamzelak.html

[22] K. Kleve, www.clir.org/pubs/reports/bellagio/bellag1.html

[23] Einen spannenden Bericht über die unglaubliche Verantwortungslosigkeit einiger US-amerikanische Bibliotheken gegenüber ihren wertvollsten Zeitungsbeständen gibt *Der Eckenknick*, N. Baker, **2005**, Rowohlt Verlag, Hamburg.

[24] A.-C. Brandt, *Mass Deacidification of Paper*, **1991**, Bibliothèque National, Paris.

[25] Es gibt auch eine nicht-materielle Speicherung, das Auswendiglernen. Der Film „Fahrenheit 451" von François Truffaut zeigt eine gleichgeschaltete Gesellschaft, in der alle Bücher von der Feuerwehr verbrannt werden. Nur eine kleine Gruppe von „Büchermenschen" versteckt sich in Wäldern und versucht die Inhalte der Bücher durch Auswendiglernen zu bewahren.

[26] Aus Sicherheitsgründen werden Magnetbänder gegenwärtig alle zehn Jahre umkopiert, und selbstverständlich darf nicht die magnetische „Originalkopie", sondern nur Kopien der „Originalkopie" tatsächlich benutzt werden.

[27] H. Bansa, *Restaurator*, **1991**, *12*, 226.

[28] F.H. Westheimer in *Durability and Change*, (ed. W.E. Krumbein et al.), Dahlem Workshop Report, **1974**, Wiley, Chichester.

[29] H. Cerutti, *unimagazin zürich*, **1995**, 3.

[30] D.P.N. Satchell et al. *Chem.Rev.* **1990**, *19*, 55.

[31] Die Acetalgruppe ist eine schwache Base, d.h. die Konzentration der nicht-protonierten Acetalgruppen in Cellulose ist sehr groß und bleibt während der Reaktion praktisch konstant.

[32] *Gmelins Handbuch der Anorganischen Chemie*, **1953**, *35 b*, 98 *ff*, Verlag Chemie, Weinheim.

Der Bücherwurm

*Carl Spitzweg
(1808 – 1885)
Sammlung
Georg Schäfer,
Schweinfurt*

*Ob zur Informationssuche, zum Stillen des Wissensdurstes oder zum unterhaltsamen Schmökern …
ganz ohne Papier ist das auch heute noch nicht vorstellbar.*

Nobelpreise 2004 –
Same procedure as every year?

Wie in jedem Jahr werden Anfang Oktober in Stockholm die neuen Nobelpreisträger bekanntgegeben. Wie in jedem Jahr wird die Auswahl nicht auf einhellige Zustimmung stoßen, wobei sich die verhaltene Kritik nicht gegen die Auserwählten, sondern gegen die Auswählenden richten wird, denn nach Meinung einiger Kritiker werden die Nobel-Komitees – wie in jedem Jahr – preiswürdige Kandidaten übergangen haben. Nach Bekanntgabe der letztjährigen Nobelpreisträger erreichte der angeschlagene Ton aber eine bisher unvorstellbare Schärfe: „Eine Stockholmer Piratenbande betrügt Menschen seit einem Jahrhundert mit ihren Verbrechen"[1] zeterte ein schlechter Verlierer. Ein Blick zurück.

In jedem Jahr sollen diejenigen Persönlichkeiten geehrt werden, die im vergangenen Jahr auf den Gebieten der Physik, Chemie, Physiologie und Medizin, Literatur und der Erhaltung des Friedens am meisten zum Wohle der Menschheit beigetragen haben. Alfred Nobel überraschte mit seinem letzten Willen nicht nur seine Familie, denn sein riesiges Vermögen [2] sollte fortan von einer Stiftung verwaltet werden und die Königlich-Schwedische Akademie der Wissenschaften und das Karolinska Institut in Stockholm wurden ungefragt mit der Auswahl der Preisträger testamentarisch betraut [3].

Abb. *Paul Lauterbur bei der Entgegennahme des Preises für Medizin 2003.*

Wie werden Nobelpreisträger ausgewählt?

Für jeden Nobelpreis sichtet ein fünfköpfiges Komitee die bis zum 1. Februar des Jahres eingegangenen Nominierungen [4], lässt Experten über die aussichtsreichsten Kandidaten anfertigen und erarbeitet schließlich einen Vorschlag, wobei in jedem Fachgebiet maximal drei Preisträger möglich sind. Nach einem internen Beratungsprozess fällen um den 10. Oktober die Königlich-Schwedische Akademie der Wissenschaften und das Karolinska Institut in Stockholm ihre Entscheidungen, die auf einer Pressekonferenz bekannt gegeben werden.

Was nach der Bekanntgabe der Preisträger passiert, ist fast schon ein Ritual: der Medienrummel läuft auf Hochtouren und die Preisträger erreichen kurzzeitig die Popularität von Olympiasiegern. Die *scientific community* ist von der Medienpräsenz entzückt, man freut sich über und mit den geehrten Wissenschaftlern. Wenn nach wenigen Wochen das öffentliche Interesse abgeflaut ist, trudeln bei den führenden Wissenschaftsjournalen wie *Science* und *Nature* Leserbriefe ein, in denen auf ungerechtfertigt übergangene Kandidaten hingewiesen wird. Dann wechseln sich pro- und contra-Kommentare ab, man diskutiert hin und her, die neuen Nobelpreisträger geben keine Kommentare ab und die Nobelstiftung schweigt sowieso. Bei der fei-

erlichen Preisverleihung am 10. Dezember, dem Todestag Alfred Nobels, haben sich die Wogen längst geglättet, kleinformatige Bilder vom königlichen Handschlag finden sich versteckt auf der Wissenschaftsseite weniger Zeitungen, die Tagesthemen widmen im Nachrichtenblock „Buntes aus aller Welt" der Zeremonie ganze zwanzig Sekunden, aber auch nur, wenn ein Deutscher dabei ist.

Nobelpreise 2004: Same procedure as last year?

Hoffentlich nicht, denn im letzten Jahr ging es nach der Bekanntgabe der Preisträger wie im Tollhaus zu. Was war passiert? Mit dem Nobelpreis 2003 für Physiologie und Medizin wurden der US-amerikanische Chemiker Paul Lauterbur und der englische Physiker Peter Mansfield für die Entwicklung der Kernspin-Tomographie [5] geehrt. Dieses Verfahren ist heute ein klinisch-diagnostisches Routineverfahren mit weltweit über 60 Millionen Untersuchungen im Jahr, der Nobelpreis kommt daher nicht überraschend. Einer war stocksauer: der US-amerikanische Mediziner Raymond Damadian polterte in ganzseitigen Anzeigen in der New York Times, Los Angeles Times, Frankfurter Allgemeine (Abbildung 1) und der Stockholmer Dagens Nyheter gegen seine Nicht-Berücksichtigung. Die Leser wurden aufgefordert, gegen die Entscheidung in Stockholm schriftlich zu protestieren, damit *„dieses schändliche Unrecht wieder gut gemacht wird"*. Er sieht sich als der wahre Entdecker der Kernspin-Tomographie. *„Wenn ich nicht geboren worden wäre, gäbe es heute keine Kernspin-Tomographie"*, erklärt er selbstbewusst und bei dieser egozentrischen Ausgangssituation muss die Enttäuschung besonders bitter gewesen sein, denn das Nobel-Komitee des Karolinska Instituts hätte ihn als dritten Preisträger vorschlagen können. Damadian wettert: *„Wenn man die dazu bringen will, ihre Entscheidungen zu erläutern, kann man keinen Gerichtshof anrufen. Sie sagen nur, dass sie ihre Entschei-*

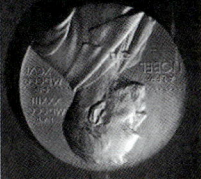
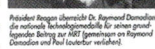
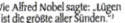
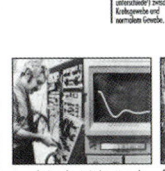

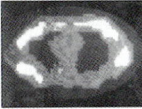
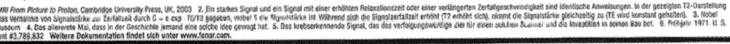

Abb. 1 *Frankfurter Allgemeine Zeitung vom 9. Dezember 2003; in einer ganzseitigen Anzeige macht R. Damadian seinem Ärger Luft.*

THE WINNER TAKES IT ALL, THE LOOSER STANDING SMALL

In der Liste der Chemie-Nobelpreisträger vermissen wir viele Namen, z.B. W. Gibb und L. Boltzmann mit ihren grundlegenden Arbeiten auf den Gebieten der Thermodynamik und Kinetik, Mendelejew und V. Mayer als Entdecker des Periodischen Systems der Elemente, G.N. Lewis formte unsere Vorstellungen von der chemischen Bindung und viele andere mehr. Unverständlich ist die Nichtbeachtung von Martin Kamen für die Entdeckung des Kohlenstoffisotops ^{14}C und seine Verwendung beim Studium zur Biosynthese von Zuckern. Dies erstaunt, da sowohl 1960 W.F. Libby für die Entwicklung der Altersbestimmung von geologischen und archäologischen Proben als auch M. Calvin 1961 für die Untersuchungen der Photosynthese jeweils allein einen Nobelpreis verliehen bekamen. Bei beiden basierte die Forschungen ganz wesentlich auf dem Isotop ^{14}C [34].

Obwohl Fehler der Nobel-Komitees offiziell nie zugegeben werden, wird in dem von der Nobelstiftung selbst herausgegebenen Buch „Nobel – The Man and his Prizes" bedauert, dass Oswald Avery, trotz vielfacher Nominierungen zwischen 1932 und 1950, für seine Entdeckung der DNA als Erbsubstanz keinen Nobelpreis bekam. Auch die Auswahl der Preisträger für den Nobelpreis in Physiologie und Medizin 1923 war wohl ein schwerer Fehler. Frederick Banting und John Macleod erhielten ihn für die Entdeckung des Insulins, obwohl sich beide nicht ausstehen konnten und nicht zusammengearbeitet hatten. Der eigentliche Entdecker des Insulins war Charles Best, ein Mitarbeiter von Banting. Macleod war als Direktor zum Zeitpunkt der Entdeckung des Insulins in den Ferien und hatte bei der Entdeckung keine aktive Rolle gespielt. In Anerkennung der Leistung und als Ausdruck seines Protestes gegen die Ungerechtigkeit gegenüber seinem Mitarbeiter teilte Banting die Geldsumme mit Best [35].

Bei einigen Kandidaten hat das Nobelkomitee noch Gelegenheit, die längst überfällige Ehrung vorzunehmen. Neil Bartlett wäre dafür ein Kandidat. Seine Synthese der ersten Edelgasverbindung $XePtF_6$ im Jahre 1962 zeigte, dass auch Edelgase chemische Reaktionen eingehen können. Dies widersprach völlig der damaligen Lehrmeinung [36]. Wie überfällig dieser Nobelpreis wäre, dokumentiert Primo Levi in seinem wunderbaren Buch „Das periodische System" [37]. Auf der ersten Seite des ersten Kapitels schreibt er: „… erst 1962 gelang es einem zuversichtlichen Chemiker nach langwierigen, raffinierten Bemühungen, „das Fremde" (Xenon) zu einer Verbindung mit dem äußerst gierigen, lebhaften Fluor zu zwingen, und das Unterfangen erschien so außergewöhnlich, dass ihm dafür der Nobelpreis verliehen wurde." Es bleibt nur zu hoffen, dass die Mitglieder des Nobel-Komitees Levi nicht alles glauben, denn tatsächlich haben sie Bartlett den Nobelpreis bisher noch nicht verliehen.

dungen nicht kommentieren. Dieser Haufen ist somit niemandem in der Welt eine Rechenschaft darüber schuldig" [6]. Der Protest und die ganze Unterschriftenaktion nutzten nichts: das Nobel-Komitee gab keinen Kommentar ab, blieb bei seiner Entscheidung und Damadian bekam keinen Nobelpreis. Als „Trostpflaster" verlieh ihm eine schwedischen Erfinderorganisation am 10. Dezember 2003, dem Tag der Nobelpreisverleihung, eine Goldmedaille. Damadian berichtete stolz, dass seine Unterstützer mehr als 1,2 Millionen $ aufgebracht hätten, die Welt über das offensichtliche Unrecht aufzuklären. „Was mir niemand nehmen kann, ist die Genugtuung, dass die Kernspin-Tomographie ohne meine Arbeit nicht existieren würde" [7].

Ist es vorstellbar, dass einer der Pioniere der Kernspin-Tomographie vom Karolinska-Institut übersehen wurde? Basierte die Entscheidung auf einer mangelhaften Recherche? War es Konkurrenzneid von Kollegen? Bevor wir den Prioritätsstreit genauer betrachten, muss daran erinnert werden, dass die Auswahl der Nobelpreisträger eine äußerst schwierige Aufgabe ist, um die ein Nobel-Komitee nicht zu beneiden ist. So verglich

Bruce Merrifield (Nobelpreis Chemie 1984) die Vergabe des Nobelpreises mit einer Lotterie: „Es gibt so viele qualifizierte Wissenschaftler. Ich weiß überhaupt nicht, wie das Komitee alles gegeneinander abwägen und eine gerechte Bewertung vornehmen will." Für Eugene Garfield muss das Nobel-Komitee ein „Meisterstück von Rembrandt mit einem von Matisse" vergleichen und von beiden das Bessere auswählen [8]. Weiterhin sollte man nicht vergessen, dass die Preisträger von Menschen vorgeschlagen und ausgewählt werden. Dass bei deren Entscheidungen auch persönliche Interessen, Vorlieben und Emotionen bewusst oder unbewusst ein Rolle spielen, liegt in der Natur der beteiligten Menschen. Es kann daher nicht verwundern, dass manche Entscheidungen unglücklich, gelegentlich sogar falsch waren [9] (Infokasten oben).

War nun die Entscheidung des Nobel-Komitees für den Medizin-Nobelpreis 2003 ein Fehler? Versuchen wir aus der zeitlichen und emotionalen Distanz den Streit zu beleuchten. Dies scheint eine einfache Fleißaufgabe zu sein, denn die Eingangstage aller publizierten Manuskripte sind bekannt und deren Inhalt

kann nachgelesen werden. Beginnen wir unseren Blick zurück und urteilen Sie selbst.

Der Weg zur Kernspin-Tomographie [10]

Die NMR-Spektroskopie ist eine der wichtigsten physikalischen Untersuchungsmethoden zur Strukturaufklärung von Molekülen. Bereits Ende der 60er-Jahre waren Tausende von ^1H-NMR-Spektrometern weltweit im Einsatz. Über viele Aspekte der Methodik (Infokasten rechts) wurde in dieser Zeitschrift berichtet [11]. Natürlich stopften neugierige Chemiker und Physiker schon seit Beginn dieser Technik biologische Proben in ihre NMR-Spektrometer, aber das ^1H-NMR-Spektrum bestand immer nur aus dem einzigen Signal für das Gewebewasser, also keine wirkliche Überraschung für eine biologische Probe. Zur Gewinnung von aussagekräftigen Informationen waren neuartige Messstrategien notwendig.

März 1971

Raymond Damadian von der State University von New York in Brooklyn berichtete 1971 in der Zeitschrift *Science* unter dem Titel „*Tumor Detection by Nuclear Magnetic Reso-*

DAS NMR-EXPERIMENT

Bringt man Wasser in ein Magnetfeld, so richten sich die zunächst unausgerichteten Kernmagnete (links) der Wasserstoffkerne (Protonen) entweder parallel oder antiparallel aus (Mitte). Durch kurzzeitiges Einstrahlen von elektromagnetischer Energie werden Übergänge induziert, die anschließend als ¹H-NMR-Signal gemessen werden. Bei den heute üblichen Magnetfeldstärken von 1-2 Tesla liegen die Resonanzfrequenzen im Radiofrequenzbereich. Da weder das Magnetfeld, noch die intensitätsschwache Radiofrequenzstrahlung physiologische Auswirkungen haben, ist die Untersuchungsmethode für Patienten völlig gefahrlos.

Nach der kurzzeitigen Störung durch den Radiofrequenzpuls strebt das System wieder in sein thermisches Gleichgewicht zurück. Zwei Relaxationszeiten T_1 und T_2 charakterisieren diesen Prozess: T_1 beschreibt den Aufbau der Gleichgewichtsmagnetisierung entlang der Magnetfeldrichtung und T_2 das Abklingen der nach der Einstrahlung auftretenden Quermagnetisierung.

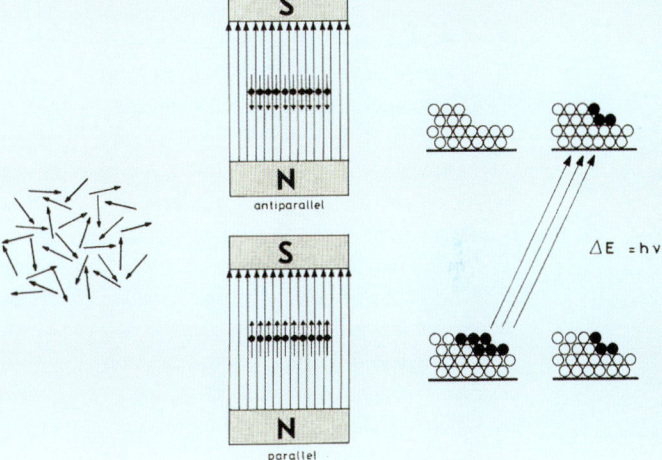

TAB. 1 | T_1-WERTE DES WASSERSIGNALS VERSCHIEDENER NORMALER UND PATHOLOGISCH VERÄNDERTER GEHIRNGEWEBE

Gewebe	T_1 [ms] [38]
weiße Gehirnsubstanz	290 ± 22
graue Gehirnsubstanz	365 ± 40
Hirnflüssigkeit	546 ± 1048
Astrozytom	360 ± 472
Meningiom	690 – 795
Neurinom	235 – 290
Lipom	645 ± 70
Metastase (prim. Nierenkarzinom)	605 – 696

nance" [12] über seine Messungen der Relaxationszeiten T_1 und T_2 des Wassersignals in normalen und tumorösen Geweben. Danach lagen z.B. die T_1-Zeiten von normalem Lebergewebe bei etwa 293 ms, in tumorösem Lebergewebe aber bei 826 ms. Seine Arbeit endete mit dem vorsichtig formulierten Ausblick: *„Auch wurde die Möglichkeit untersucht, ob mit Hilfe der NMR schnell zwischen gut- und bösartigen Gewebeproben unterschieden werden kann."*

September 1971

Damadians Publikation erweckte das Interesse einiger Wissenschaftler. Tatsächlich konnten in Tiermodellen schnell wachsende Tumore durch ihre verlängerten Relaxationszeiten vom normalen Gewebe differenziert werden [13], aber die im *Johns Hopkins Medical Journal* umfassenden publizierten Messungen von Donald P. Hollis, einem bekannten NMR-Spek-

troskopiker, und seinem Doktorand Leon Saryan ergaben ein wesentlich differenziertes Gesamtbild: gut- und bösartig verändertes Gewebe lassen sich häufig *eben nicht* unterscheiden und in einigen Fällen kann nicht einmal zwischen normalem und tumorösem Gewebe unterschieden werden [14,15].

Saryan und Hollis führten ihre Experimente wie auch früher Damadian bei der Firma *NMR Specialities* in der Nähe von Pittsburgh durch. Diese Firma hatte ein NMR-Spektrometer entwickelt, mit dem Relaxationszeiten besonders einfach gemessen werden konnten. Der damalige Firmendirektor Paul Lauterbur beobachtete durch Zufall Leon Saryans Rattenexperimente. Lauterbur arbeitete hauptberuflich an der State University of New York in Stony Brook und war ein international anerkannter NMR-Spektroskopiker, der z. B. das erste ¹³C-NMR-Spektrum einer organischen Verbindung mit natürlicher ¹³C-Isoto-

penhäufigkeit gemessen hatte [16]. Diese zufällige Beobachtung löste bei Lauterbur einen Geistesblitz aus, der in eine ganz andere Richtung ging [17]:

„Eine Methode, bei der Gewebeproben erst chirurgisch entfernt werden mussten, schien mir nicht sehr erfolgversprechend zu sein. Nach allem, was ich wusste, kann man Gewebeproben einfacher mit einem Mikroskop untersuchen. Besser wäre es, wenn Messungen am intakten Menschen gemacht und daraus Bilder erzeugt werden könnten. Ich fragte mich, ob es irgendeinen Weg gäbe, dieses Problem zu lösen. An diesem Abend ging ich in das nächste Eat ‚n' Park Restaurant – eine lokale Art von McDonalds – und wollte einen großen Hamburger namens „Big Boy" verdrücken. So saß ich in einem einsamen Hamburger-Restaurant, dachte nach und kam schließlich darauf, dass Magnetfeldgradienten eine all-

gemeine Lösung des Problems sein könnten."

Am 2. September 1971 schrieb Paul Lauterbur seine Idee in ein braunes Spiralheft nieder und ließ es sich am nächsten Tag von seinem Mitarbeiter Don Vickers gegenzeichnen, eine Vorsichtsmaßnahme für eine mögliche spätere Patentanmeldung (Abbildung 2).

März 1972

Damadian beantragt ein Patent *„Apparatus and Method for Detecting Cancer in Tissue"* [18], in dem er ein konventionelles NMR-Spektrometer beschreibt, in dessen Magneten sich allerdings ein Mensch befindet. Seine Vision ist der Bau eines *„Apparats und einer Methode zum Nachweis von Krebs im Menschen, die nicht auf chirurgisch entfernten Gewebeproben beruht, sondern mit Sonden durchgeführt werden kann, die sich außerhalb des zu untersuchenden Menschen befinden"*. Krebsgewebe

wird durch Messung der Relaxationszeit identifiziert. Die örtliche Begrenzung des Messbereichs erfolgt durch *„einen Sender mit einer Strahlfokussierung, so dass die vom Radiofrequenz-Generator abgestrahlte magnetische Energie einen Strahl mit schmalem Querschnitt erzeugt."* Dies ist sehr diffus beschrieben, aber bewusst unklare Formulierungen sind bei Patentanmeldungen üblich. Hervorgehoben werden muss, dass sich im Patent keinerlei Hinweis auf ein bildgebendes Verfahren findet.

Dezember 1972

Auf einer Tagung in New York City berichtete Damadian, dass nicht nur tierisches, sondern auch menschliches Krebsgewebe eindeutig vom normalem Gewebe an den verlängerten Relaxationszeiten unterschieden werden kann. Donald Hollis hörte den Vortrag und bat anschließend schriftlich um die Übersendung der experimentellen Daten. Damadian antwortete ihm in einem kurzen Brief [19]:

„Ihre Arbeitsgruppe versucht, mir den Ruhm meiner Entdeckung zu stehlen. Erwarten Sie nun, dass ich Ihnen meine Daten auch noch gebe?"

Raymond Damadian

Hollis versuchte ein klärendes Telefongespräch mit Damadian zu führen. Dazu kam es aber nicht, denn der explodierte sofort [19]:

„Was wollen Sie eigentlich erreichen? Mir meine Entdeckung stehlen?" brüllte Damadian ins Telefon.

„Hey, nun beruhigen Sie sich doch, warum regen Sie sich denn so auf?", versuchte Hollis ihn zu besänftigen.

„Ich habe ihre Publikation in Johns Hopkins Medical Journal gelesen, Sie erwähnen meinen Namen erst in der Mitte des zweiten Absatzes", beklagte sich Damadian.

„Ja und! Ich zitiere doch ihre Publikation und erkenne Ihre Leistung voll an", erwiderte Hollis.

„Ja schon, aber nicht im ersten Satz. Jede Publikation über NMR und Krebs sollte meine Arbeit im ers-

ten Satz oder wenigstens im ersten Absatz zitieren", beendete Damadian das Telefonat.

Dieser kurze Dialog charakterisiert Raymond Damadian als einen Menschen mit großem Selbstvertrauen und einer gehörigen Portion Aggressivität, zwei Eigenschaften, die er auch in späteren Auseinandersetzungen zeigte.

März 1973

Unter dem Titel *„Image Formation by Induced Local Interactions: Examples Employing NMR"* erscheint in *Nature* Lauterburs Idee für ein neuartiges bildgebendes Verfahren [20]. Die Arbeit erscheint mit einiger Verzögerung, da sie zunächst abgelehnt und erst nach Einspruch und Überarbeitung zur Publikation angenommen wurde. Diese Publikation markiert für die meisten Fachleute die Geburt der Kernspin-Tomographie (Infokasten rechts).

1974

Lauterbur veröffentlicht das erste NMR-Tomogramm eines Säugetiers, einer Maus [22].

1975

Völlig unabhängig von Lauterbur und Damadian untersuchte die Arbeitsgruppe des Festkörperphysikers Peter Mansfield in Nottingham, ob eine zur Röntgenstrukturanalyse analoge Untersuchung mit NMR-Techniken möglich sei. Schon 1973 publizierten sie in der Zeitschrift *Solid State Physics* unter dem Titel *„NMR diffraction in solids?"* eine Arbeit [22], in der sie mit neuartigen NMR-Messtechniken das „Bild" eines eindimensionalen Modellkristallgitters aus festen Campherschichten erzeugen konnten. Sie selbst zeigten, dass für eine NMR-Beugung am Kristall so starke Magnetfeldgradienten notwendig wären, die damals (und noch heute) nicht realisierbar waren. Nach Lauterburs Publikation im Jahre 1973 erkannte Mansfield, dass sich viele seiner eigentlich für Festkörper entwickelten Messtechniken auch für biologische Objekte eignen. 1977

Abb. 2 *Die erste Seite von Lauterburs am 2. September 1971 niedergeschriebenen Notizen eines neuen bildgebenden Verfahrens. Die Notizen ließ er am nächsten Tag von seinem Kollegen D. Vickers gegenzeichnen.*

LAUTERBURS GENIALES NMR-EXPERIMENT

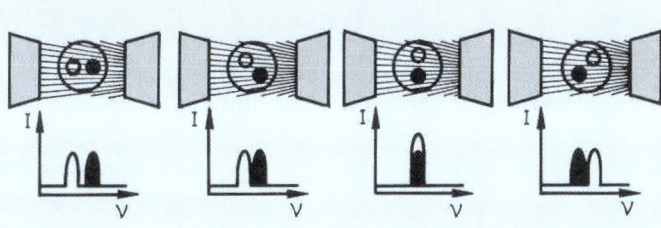

Es ergibt keinen Sinn, einen menschlichen Körper in einem homogenen Magnetfeld NMR-spektroskopisch zu untersuchen, denn das einzige zu beobachtende ^{1}H-NMR-Signal wäre eine Überlagerung der Wassersignale aller Organe. Lauterburs brillanter Geistesblitz beim Essen eines Riesen-Hamburgers führte ihn zur Verknüpfung der ^{1}H-NMR-Resonanzfrequenz mit der räumlichen Position des Wassers. Versuchen wir seine pfiffige Idee nachzuvollziehen. Bringt man zwei wassergefüllte Röhrchen in ein homogenes Magnetfeld, sind beide Röhrchen der gleichen Magnetfeldstärke ausgesetzt, haben beide identische Resonanzfrequenzen und ergeben folglich nur ein ^{1}H-NMR-Signal. Und jetzt

kommt der Trick: Lauterbur überlagerte dem Magnetfeld ein zusätzliches Magnetfeld, das in eine Raumrichtung linear zunimmt (Magnetfeldgradient). In diesem Fall wird die Magnetfeldstärke in beiden Röhrchen unterschiedlich, beide zeigen entsprechend ihrer Position unterschiedliche Resonanzfrequenzen (links). Im gewissen Sinne ist es eine Projektion der Wasserdichte des Objekts auf die Frequenzachse des ^{1}H-NMR-Spektrums. Eine Drehung des Objektes (bzw. der Gradientenrichtung) führt zu einer anderen Projektion und aus einer Vielzahl von Projektionen lässt sich ein Bild der Wasserverteilung über eine Rückprojektion rekonstruieren (rechts).

publizierte Mansfields Gruppe das NMR-Tomogramm eines menschlichen Fingers. Dies war die erste NMR-tomographische Darstellung der Anatomie eines Teils vom Menschen [23].

Ab 1975 arbeiteten viele Gruppen auf der ganzen Welt an der methodischen Weiterentwicklung der Kernspin-Tomographie. Ausschlaggebend für den Durchbruch im klinisch-diagnostischen Bereich war schließlich die Verkürzung der Messzeit, so dass Untersuchungen an Patienten vertretbar wurden. Die Darstellung der gewaltigen Anstrengungen vieler Arbeitsgruppen und Herstellerfirmen bis zum Erreichen der heutigen Bildqualität würde den Rahmen dieses Artikels sprengen [24], beispielhaft soll die Auswahl und gleichzeitige Aufnahme mehrerer Schichten und das Echo-Planar-Verfahren [25] erwähnt werden. Dadurch wurden Aufnahmen im Subsekunden-Bereich möglich, die detailreiche Aufnahmen z.B. am schlagenden Herz erlaubten. An beiden Techniken haben Mansfield und seine Gruppe wesentlich mitgearbeitet.

1976
Damadian ging einen völlig anderen Weg und entwickelte das FONAR-(field focusing NMR)-Verfahren [26].

Dabei wird ein Magnetfeld erzeugt, dass nur im Mittelpunkt homogen ist. Misst man ein NMR-Spektrum z.B. eines ganzen Menschen, dann ergibt nur der kleine Volumenbereich im Magnetzentrum ein scharfes Signal. Ein vollständiges Schnittbild lässt sich erzeugen, indem das Objekt im Magneten entsprechend verschoben wird und alle Einzelmessungen zu einem Bild zusammengesetzt werden.

1977
Am 3. Juli 1977 misst Damadian das erste NMR-Schnittbild eines Menschen mit seinem FONAR-Verfahren, der axiale Querschnitt durch den Brustkorb seines Mitarbeiters Lawrence Minkoff [27]. Die Messzeit betrug 4,5 Stunden und die räumliche Auflösung 8 mm. Minkoff musste während der ganzen Messung aufrecht und bewegungslos auf einem Stuhl in dem Magneten sitzen. Das aktive Messvolumen befand sich genau im Mittelpunkt des Magneten, ein Spektrum wurde gemessen, und anschließend verschoben zwei Studenten den Stuhl um 8 mm nach vorn oder hinten bzw. links oder rechts und ein neuer Messpunkt wurde gemessen, insgesamt 64 Punkte [17].

Über diese Messung ist viel spekuliert worden, da sich Damadians

Angaben der experimentellen Details in verschiedenen seiner Publikationen unterschieden [28]. Die entsprechende Seite aus seinem Labortagebuch und seine persönlichen Anmerkungen dazu [17] zeigen, dass erkennbare 53 Messpunkte aufgenommen wurden, wobei wohl jeder Messwert dem Mittelwert aus zwei Einzelmessungen entspricht (vermerkt sind 106 Datenpunkte). Jede Einzelmessung dauerte etwas über zwei Minuten. Für jeden der 106 Messpunkte musste Minkoff für mehr als zwei Minuten die Luft anhalten: eine sportliche Höchstleistung! Daraus berechnet sich eine totale Messzeit von fast vier Stunden, zuzüglich einer Pause für von etwa einer halben Stunde, insgesamt also 4,5 Stunden.

Bei der kritischen Bewertung der Bildqualität dürfen nicht das publizierte Farbbild, sondern nur die Originaldaten herangezogen werden (Abbildung 3), denn offensichtlich wurden die 53 Bildpunkte per Computer auf 1504 Punkte mit einem Grafikprogramm vergrößert und dabei geglättet. Selbst ein Laie erkennt, dass im bearbeiteten Bild anatomische Strukturen zu erkennen sind, die im Original nicht vorhanden sind. Obwohl es sich bei der FONAR-Technik ganz außer Frage um eine origi-

nelle Idee handelt, drängen sich die Grenzen dieser Methode förmlich auf. Damit das Signal nur von einem kleinen, scharf definierten Volumen stammt, müsste das Magnetfeld so beschaffen sein, dass es ausschließlich in diesem kleinen Bereich homogen ist. Aus vielen Jahrzehnten Erfahrungen mit NMR-Spektrometern ist bekannt, dass dies technisch in einem Ganzkörpergerät nicht gewährleistet ist. Dadurch ist das Volumen nicht präzise definiert, so dass eine hohe Detailtreue nicht erreichbar sein wird. Weiterhin können bestimmte Bewegungen (Herzschlag, Peristaltik) nicht verhindert werden und das

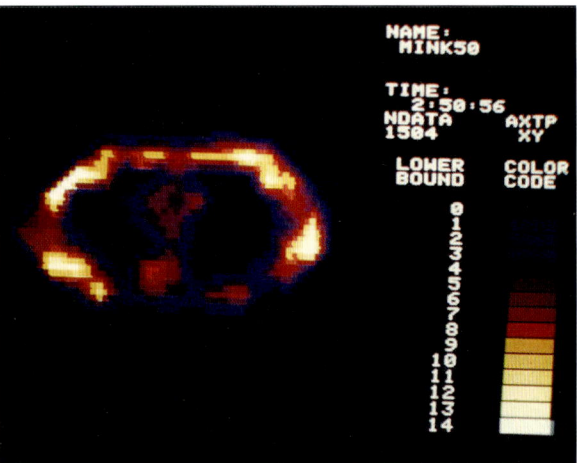

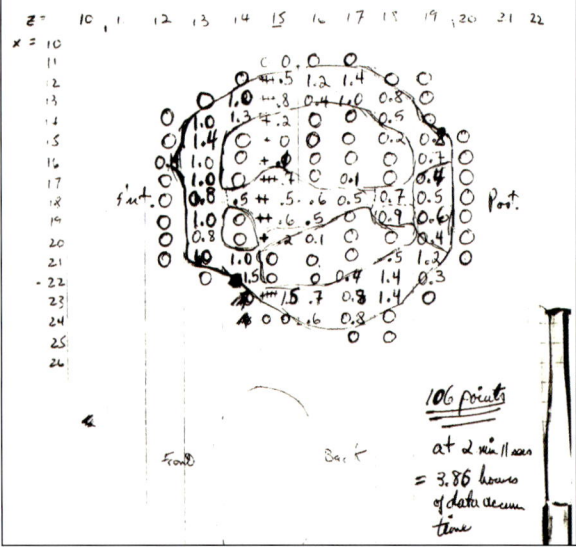

Abb. 3 *Das erste Ganzkörper-Kernspin-Tomogram eines Menschen wurde am 3. Juli 1977 von R. Damadian aufgenommen und zeigt einen Querschnitt durch den Brustkorb seines Mitarbeiters Lawrence Minkoff; oben: das publizierte mit einem Computer bearbeitete Bild, unten: die Originaldaten aus Damadians Labortagebuch.*

ständige Luftanhalten macht die Methode für Patienten unpraktikabel. *Last not least* ist die Messzeit viel zu lang und macht die Methode für praktische Anwendungen unbrauchbar. Die FONAR-Methode erreichte daher nie eine klinische Bedeutung und selbst Damadians eigene Firma (FONAR) nutzte und nutzt allein die auf Lauterburs und Mansfields Ideen beruhenden Messverfahren.

Kurzum: Damadian hatte eine originelle Idee, baute einen eigenen Ganzkörpermagnet (eine beachtliche Leistung!) und führte die Messungen durch. Leider erwies sich die Idee als technische Sackgasse, da andere Wissenschaftler bessere Verfahren parallel entwickelt hatten.

1978 – heute

P. Mansfield publiziert das erste Kernspin-Tomogramm des Bauchraums seines Mitarbeiters Peter Morris [29]. Die Messung basiert auf Lauterburs Idee und nutzt die von Mansfield entwickelte geschickte Abfolge von Radiofrequenzeinstrahlungen und geschalteten Magnetfeldgradienten. Dadurch muss nicht, wie bei Damadian, Punkt für Punkt gemessen werden, sondern das Signal der ganzen Schnittfläche wird aufgenommen, wodurch die Messzeit wesentlich verkürzt werden kann, bei deutlich verbesserter räumlicher Auflösung. Dieses Verfahren mit Modifikationen und vielen Verbesserungen ist auch heute noch die Basis der Bildgebung.

Die danach einsetzende Entwicklung der Ganzkörper-Tomographen kann nur als explosionsartig bezeichnet werden. Die großen Gerätehersteller wie General Electric, Philips und Siemens erkannten das enorme medizinische Potential, investierten viel Kapital, so dass die ersten supraleitenden Ganzkörper-Magnete gebaut werden konnten. Durch die technologischen Fortschritte auf den Gebieten der Radiofrequenz-, Schaltungs- und Computertechnik konnte die Empfindlichkeit und das Auflösungsvermögen bei gleichzeitig verkürzter Messzeit so gesteigert werden, dass die heutige atemberaubenden

de Bildqualitäten erreicht werden konnte (Abbildung 4). Paramagnetische Kontrastmittel zur besseren Tumorabgrenzung wurden in Deutschland bei Schering entwickelt, die selektive Darstellung von Gefäßen (Angiographie) gelang, und viele andere an die diagnostischen Bedürfnisse optimierten Geräte und Messtechniken wurden entwickelt. Heute sind auf der Welt über 20 000 Kernspin-Tomographen im Einsatz, mit denen über 60 Millionen Untersuchungen im Jahr durchgeführt werden.

Im Laufe dieser dynamischen Entwicklung und der klinisch-diagnostischen Erfolge wird allen klar, dass früher oder später ein Nobelpreis für die Kernspin-Tomographie vergeben werden wird. Die Namen sind bekannt, aber statt einem respektvollen Miteinander geht Damadian bei vielen Gelegenheiten auf Konfrontation. Er ist nicht bereit, die Leistungen von Lauterbur und anderen anzuerkennen. Als er 1981 als Gasteditor in einer Buchreihe einen Band über „NMR in der Medizin" betreut, kommen nur seine Anhänger zu Wort. Folgsam ist bei fast allen Autoren dieses Bandes die erste zitierte Literaturstelle „R. Damadian, *Science* **1971**, *171*, 1151". Er selbst schreibt den ersten Artikel, der mit den folgenden Sätzen beginnt [30]:

„Die medizinische Diagnose mit einem NMR-Scanner ist eine Schöpfung von Damadian. Andere folgten. Das enorme medizinische Potential spiegelt sich in der schnellen Entwicklung von der ersten Konzeption durch Damadian im Jahr 1969 bis zur praktischen Realisierung des ersten Ganzkörper-Scanners in unserem Laboratorium im Jahre 1977 wider. Seit der Aufnahme des ersten Scans eines Menschen durch uns konnten auch andere Arbeitsgruppen Bilder vom Menschen erzeugen. Im größeren Zusammenhang betrachtet, wird diese Entdeckung zu einer grundlegenden Veränderung der medizinischen Philosophie führen, deren volle Auswirkung auf die Medizin und Gesellschaft sich

Alfred Nobel (1833–1896), Stifter der Nobelpreise

Der 2003 übergangene US-amerikanische Mediziner Raymond Damadian

Die beiden Preisträger des Nobelpreises für Physiologie und Medizin 2003

Der US-amerikanische Chemiker Paul Lauterbur

Der englische Physiker Peter Mansfield

erst nach fünfzig oder mehr Jahren zeigen wird. [31].

Die Pioniere der Kernspin-Tomographie wurden vielfach geehrt. Damadian bekam 2001 den *Lemelson-MIT Lifetime Achievement Award* in 2001, die *National Medal of Technology* ging 1988 gemeinsam an Damadian und Lauterbur, wobei Damadian bei der Ehrung die Hand von Lauterbur ausschlug. Damadian wurde 1989 in die *Inventors Hall of Fame* aufgenommen und das *National Museum of American History* in Washington D.C. stellte eines seiner ersten Ganzkörpersysteme aus. Mansfield wurde *Fellow of the Royal Society* und die Queen verlieh im den Titel Sir. Lauterbur bekam 1985 den gut dotierten und ehrenvollen *Kettering Prize* der Krebs-Stiftung von General Motors. Damadian schäumte: *„Er hatte nie auch nur das geringste mit Krebs zu tun gehabt und er hat den Preis der Krebs-Gesellschaft bekommen. Ich war wütend. Manchmal fragen mich Leute, ob ich ein schlechter Verlierer sei? Ich sage dann, so ist es; ich bin ein sehr, sehr, sehr, sehr schlechter Verlierer.“* [32]. Aber was sind all diese Ehrungen verglichen mit dem Nobelpreis? Die meisten Fachleute sprechen Damadian keineswegs seine wissenschaftlichen Beiträge ab. Er hat tatsächlich auf das diagnostische Potential der NMR-Spektroskopie als erster hingewiesen. Er hatte als Erster die Vision, einen Menschen in einen Magneten zu stecken und zu vermessen. Der englische Radiologe Ian Young sieht darin aber noch keine wissenschaftliche Leistung, denn *„man muss zeigen, wie eine solche Maschine auszusehen hat, um behaupten zu können, man hätte sie erfunden“* [32]. Dieser Meinung dürften sich viele Naturwissenschaftler anschließen, aber einige Mediziner sehen das anders. *„Wenn Du erst einmal die Idee hast, dass wir einen T_1- und T_2-Tomographen brauchen, dann ist das medizinischer Fortschritt“*, sagt der Radiologe David Stark aus New York, *„um den Rest kümmern sich dann die Ingenieure.“* [32]. Trotz aller Kri-

tik an Damadians Benehmen muss anerkannt werden, dass er mit seinen Beiträgen Kollegen wie Lauterbur dazu brachte, näher über die Anwendung der NMR-Spektroskopie in der Medizin nachzudenken. Seine eigenen Entwicklungen, obwohl originell, erwiesen sich dabei als nicht tragfähig; die eigentlichen Durchbrüche schafften Lauterbur und Mansfield [33].

Beide wurden daher für ihre Beiträge völlig zu recht mit dem Nobelpreis 2003 geehrt. Warum Damadian nicht dabei war, erfahren wir erst in 50 Jahren, wenn die Nobelstiftung die Akten zugänglich machen wird. Bis dahin können wir nur spekulieren. Einmal wäre es denkbar, dass Damadian von niemanden als Kandidat vorgeschlagen wurde. Dies erscheint unwahrscheinlich, denn der Nobel-

preis für die Kernspin-Tomographie war so lange überfällig, dass davon ausgegangen werden muss, dass die Querelen zwischen Damadian und dem Rest der Welt die eigentliche Ursache für das jahrelange Zögern des Nobel-Komitees waren. Durch seine verbalen Attacken, die völlig überzogen, ungerechtfertigt und unnötig waren, durch sein ständiges Zurechtweisen von Kollegen, durch sein provozierendes Auftreten bei Tagungen hat er es sich in der *science community* letztlich mit allen verdorben, bis er nicht mehr als deren Teil angesehen wurde. Zum Nobelpreis gehört neben einem außerordentlichen Beitrag zum Fortschritt der Wissenschaften sehr viel Glück, aber man muss, um erfolgreich zu sein – wie James Watson es einmal ausdrückte – seine Kollegen nicht gerade lieben, aber man muss mit ihnen auskommen.

Danksagung

Der Autor dankt R. Damadian und P. C. Lauterbur für die großzügige Überlassung von Originalmaterial und vielen wertvollen Kommentaren. Dr. J. Heinzerling und Dr. Schnackenburg von der Fa. Philips Hamburg danke ich für die Aufnahme des Kernspin-Tomogramms. Dem Deutschen Herzzentrum Berlin danke ich für die großzügige Unterstützung und die Bereitstellung von Messzeit an ihrem Kernspin-Tomographen.

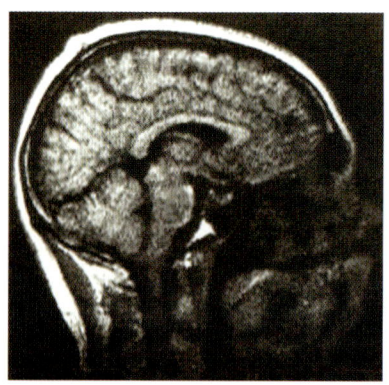

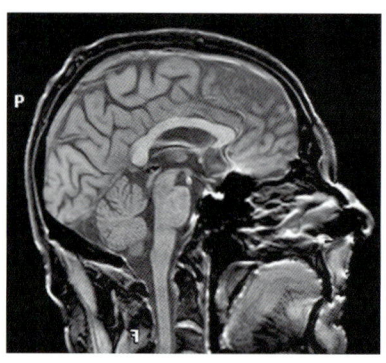

Abb. 4 *Die Bildqualität von kommerziellen Kernspin-Tomographen hat sich in den letzten 20 Jahren dramatisch verbessert: Mediosagittales Kernspin-Tomogramm durch den Kopf des Autors, oben: 1983 mit einem Gerät der Fa. Technicare (Magnetfeldstärke = 0.2 T, Messzeit 40 min), unten: 2004 mit einem Gerät der Fa. Philips (Magnetfeldstärke = 3.0 T, Messzeit 1,5 min).*

Literatur und Anmerkungen

[1] *„There's a band of buccaneers in Stockholm that has been victimizing people for a century with their crimes“* loc.cit. Chem.&Engin. News **1993**, *Nov. 3*, 39.

[2] M. Sohlman, *Spektrum Wissenschaft* **Dez. 1997**, 124; O. Krätz, *Chem. unserer Zeit* **2001**, *35*, 230.

[3] Das Karolinska Institut wählt die Preisträger in Physiologie und Medizin, die Schwedische Akademie der Wissenschaften diejenigen für Chemie, Physik und Ökonomie aus, wobei der letztere als Stiftung einer großen schwedischen Bank erst seit 1969 vergeben wird. Der Friedensnobelpreisträger wird vom norwegischen Parlament ausgewählt.

[4] Vorschlagsberechtigt sind die Mitglieder der Schwedischen Akademie der Wissenschaften (Literatur), die Mitglieder der Königlich-Schwedischen Akademie der Wissenschaften (Chemie, Physik und Ökonomie), alle bisherigen Nobelpreisträger, die Lehrstuhlinhaber der

bereits um 1900 existierenden skandinavischen Universitäten, die Professoren von mindestens sechs ausgewählten Universitäten oder vergleichbaren Institutionen und weitere vom Nobelkomitee benannte Persönlichkeiten.

[5] Über die NMR-Bildgebung in der Medizin: K. Roth und A. M. Gronenborn, *Chem. unserer Zeit* **1982**, *16*, 35; K. Roth, *NMR-Tomographie und -Spektroskopie in der Medizin*, **1984**, Springer Verlag, Berlin; U. Katscher, *Spektrum Wissenschaft* **2003**, *Heft 12*, 16; C. G. Fry, *J. Chem. Educ.* **2004**, *81*, 922; J. Heinzerling, *Mensch & Technik*, **2004**, *10 (1)*, 8.
Über die NMR-Bildgebung in der Materialforschung: A. Guthausen, G. Zimmer, S. Laukemper-Ostendorf, P. Blümler und B. Blümich, *Chem. unserer Zeit* **1998**, *32*, 73.

[6] loc. cit. *Chem. & Eng. News* **2003**, Nov. 3, 39.

[7] loc. cit. *Science* **2003**, *302*, 2065.

[8] I. Hagittai, *The Road to Stockholm*, **2002**, Oxford University Press, Oxford.

[9] R. M. Friedman, *The Politics of Excellence*, **2001**, A. Freeman Book, New York; B. Feldman, *The Nobel Prize*, **2000**, Arcade Publishing, New York.

[10] Die Namensgebung ist verwirrend. Ausgangspunkt war die *Nuclear Magnetic Resonance(NMR)-Spectroscopy*, die früher auf deutsch als Kernresonanz-Spektroskopie, heute als NMR-Spektroskopie bezeichnet wurde. Lauterbur taufte sein bildgebendes Verfahren NMR-Zeugmatographie (*zeugma* gr. = Gespann), um die Verknüpfung von Ort und Frequenz auszudrücken. Die Mediziner verwendeten zunächst den Ausdruck NMR-Tomographie, dann *NMR-Imaging* und schließlich wurde aus psychologischen Gründen der Begriff *Nuclear* gestrichen, um die Ängste vieler Patienten vor Radioaktivität zu nehmen. Heute wird die Technik als MRI (*Magnetic Resonance Imaging*) und im deutschen als Kernspin-Tomographie bezeichnet.

[11] J. Rudolph, *Chem. unserer Zeit* **1967**, *1*, 76, 116; H. Günther, *Chem. unserer Zeit* **1974**, *8*, 84; A. M. Gronenborn und K. Roth, *Chem. unserer Zeit* **1982**, *16*, 1; H.-O. Kalinowski, *Chem. unserer Zeit* **1988**, *22*, 162; A. Rapp und A. Markowetz, *Chem. unserer Zeit* **1993**, *27*, 149; H. Friebolin und G. Schilling *Chem. unserer Zeit* **1994**, *28*, 88; B. Wrackmeyer, *Chem. unserer Zeit* **1994**, *28*, 309.

[12] R. Damadian, *Science* **1971**, *171*, 1151.

[13] I. D. Weisman et al, *Science*, **1972**, *178*, 1288.

[14] D. P. Hollis und L. A. Saryan und H. O. Morris, *The Johns Hopkins Medical Journal* **1972**, *131* , 441.

[15] D. P. Hollis, L. A. Saryan *Cancer Research* **1973**, *33*, 2156.

[16] P.C. Lauterbur, *Ann. N. Y. Acad. Sci.* **1958**, *20*, 841.

[17] S. Kleinfield, *A Machine called Indomitable*, 1985, Times Books, New York.

[18] US Patent 37 89 832, eingereicht 17. März 1972, erteilt 5.2.1974.

[19] D. P. Hollis, *Abusing Cancer Science*, **1987**, The Strawberry Fields Press, Chehalis.

[20] P. C. Lauterbur, *Nature* **1973**, *242*, 290.

[21] P. C. Lauterbur, *Pure Appl. Chem.* **1974**, *40*, 149.

[22] P. Mansfield und P. K. Grannell, *J. Physics C: Solid State Physics* **1973**, *6*, L 422; A. N. Garroway, P. K. Grannell und P. Mansfield, *J. Physics C: Solid State Physics* **1974**, *7*, L 457.

[23] P. Mansfield und A.A. Maudsley, *Br. J. Radiol.* **1977**, *50* 188.

[24] F.W. Wehrli, *Progr. NMR Spectr.* **1995**, *28*, 87.

[25] M. K. Stehling et al., *Science* **1991**, *254*, 43.

[26] R. Damadian et al. *Science* **1976**, *194*, 1430.

[27] R. Damadian et al., *Physiol. Chem. Phys.* **1977**, *9*, 97.

[28] Die Pressekonferenz, auf der das erste Ganzkörper-Tomogram vor den Augen der Reporter aufgenommen werden sollte, endete in einem Fiasko, und z.B. Zweifel äußerte die *New York Times* an der Seriosität Damadians. Die Details sind akribisch in Lit. [19] zusammengestellt.

[29] P. Mansfield et al., *Br. J. Radiol.* **1978**, *51*, 921.

[30] *NMR in Medizin*, NMR Basic Principles and Progress (ed. R. Damadian), *Vol. 19*, **1981**, Springer Verlag Berlin.

[31] Vielleicht ahnen Sie es: Damadian ist Mitglied des Technischen Beratergremiums des Instituts für Creation Research.

[32] loc. cit. *Chem. & Eng. News*, **2003**, *Nov. 3*, 39.

[33] R. R. Ernst (Nobelpreis in Chemie 1991) für die Entwicklung der mehrdimensionalen NMR-Spektroskopie: loc. cit *Nature* **2003**, *425*, 648.

[34] J. Lehmann, *Chem. unserer Zeit* **1968**, *2*, 67; H. Grisebach, *Chem. unserer Zeit* **1969**, *3*, 87.

[35] E. Crawford, *Science* **1998**, *282*, 1256.

[36] C. L. Chernick, *Chem. unserer Zeit* **1967**, *1*, 33; K. Seppelt und D. Lentz, *Progr. Inorg. Chem.* **1982**, *29*, 167.

[37] P. Levy, *Das periodische System*, **1991**, DTV, München.

[38] M.R. Mitchell und G.D. Smith, in *Magnetic Resonance Imaging Vol. 1*, C. L. Partain et al (eds), **1988**, W.B. Saunders, Philadelphia.

Weitere Literatur

H. Zankl, *Nobelpreise – Brisante Affairen, Umstrittene Entscheidungen*, **2005**, Wiley-VCH, Weinheim.

Die Leiden des *cand. chem.* Donald Duck

Was macht einen guten und erfolgreichen Wissenschaftler aus? Talent? Fleiß? Geduld? Glück? Zufall? Geld? Beziehungen? Wie viele von uns sucht auch der legendäre Donald Duck nach der „Seele der Wissenschaft".

Als Mann der Tat versinkt er dabei nicht in tiefsinniges Brüten, sondern will wie Sophokles „Durch Leiden Lernen". Und wo kann man am besten wissenschaftlich leiden? Natürlich in einem chemischen Laboratorium! Eine gute Entscheidung, denn gerade für die Chemie, der Königin der Wissenschaften, bringt Duck die besten charakterlichen Voraussetzungen mit: Er ist furchtlos, risikofreudig, leidensbereit und begeisterungsfähig mit einem Schuss gesunden Masochismus. Zwar agiert er gelegentlich unglücklich, verfolgt aber seine Ziele hartnäckig und verliert auch bei Rückschlägen nie seinen Optimismus und seine Neugier. Kurzum: Donald Duck ist der ideale Chemie-Doktorand. Verfolgen wir seine in Bildern dokumentierte wissenschaftliche Karriere [1].

Duck ist kein Dünnbrettbohrer: er bewirbt sich an der ETH (Entenhausener Technische Hochschule). Der dortige Bachelor- und Master-Studiengang basiert auf einer gelungenen Synthese aus Marburger Modell, klassischem Chemiestudiengang und den Erfordernissen einer globalen Industriegesellschaft unter besonderer Berücksichtigung von *„sustainable development"*. Donald hat das Glück des Tüchtigen, er wird angenommen und darf am Daniel-Düsentrieb-Institut für Innovative Chemie arbeiten. Leider sind gerade alle EAT II/2-Stellen [2] besetzt, aber sein Professor [3], ein begnadeter Haushaltsmittel-Jongleur, finanziert ihn über eine unbesetzte Hausmeisterstelle.

Duck will sich die ersten wissenschaftlichen Sporen auf dem Gebiet

Chemische Delikatessen. Klaus Roth · Copyright © 2007 WILEY-VCH Verlag GmbH & Co. KGaA, Weinheim · ISBN: 978-3-527-31984-8

der Physikalischen Chemie verdienen und untersucht die optischen Eigenschaften chromophorer Systeme in Mehrphasensystemen [4]. Niemand kann von einem Anfänger Geniestreiche erwarten, trotzdem können sich die erzielten Ergebnisse durchaus sehen lassen. Statt aber die ersten selbstständigen Schritte seines Mitarbeiters positiv zu begleiten, macht ihn sein Chef nieder. Sein Professor hat einfach keine Führungsqualitäten, ihm fehlt jegliches Fingerspitzengefühl; kein Lob, sondern eine drakonische Bestrafung zu niederen Tätigkeiten wie Kolbenwaschen und Putzen. So kann jedes aufblühende Genie zum Verkümmern gebracht werden.

Aber seien wir vorsichtig und urteilen nicht voreilig! Jede Arbeitsgruppe der ETH ist als eigenständige GmbH organisiert. Die ETH übernimmt im Rahmen einer leistungsorientierten Mittelzuweisung maximal 20% der Basisfinanzierung, der Rest muss über Drittmittel eingeworben werden. Die Arbeitsgruppen stehen daher permanent unter dem Druck der ETH-internen Evaluations-Exekutions-Kommissionen. Ducks Professor braucht dringend Drittmittel, denn ohne Drittmittel ist man zweitklassig. Ohne Drittmittel keine ETH-Haushaltsmittel, ohne Haushaltsmittel keine Mitarbeiter, ohne Mitarbeiter keine Publikationen, ohne Publikationen keine Reputation, ohne Reputation keine Drittmittel, ohne Drittmittel keine ETH-Haushaltsmittel, etc.

In dieser kritischen Situation hat sich Dagobert Duck, Besitzer eines großen *venture capital fond* mit Gutachtern der EFG [5] zum Besuch angekündigt. Es wundert nicht, dass die Nerven des Professors blank liegen, denn sein eigener wissenschaftlicher Ruf und das Wohl vieler Mitarbeiter hängen vom Ausgang dieses Besuchs ab. In seiner Not gesteht er Duck, dass er viele seiner kostspieligen Geräte nicht bedienen kann und auch in letzter Zeit keine vorzeigenswerten industrierelevanten Ergebnisse erzielen konnte. Der Professor hofft, die eigene wissenschaftliche

Unzulänglichkeit bei der Begehung ein wenig verdecken zu können, wenn die Labore vor Ordnung und Sauberkeit glänzen.

Duck erfasst die kritische Situation, sieht seine eigene wissenschaftliche Karriere in Gefahr und erkennt den Unsinn des Laborputzens. Er setzt klare Prioritäten: Nicht mit sauberen Fußböden, sondern nur mit einer genialen Entdeckung lassen sich Industriegelder einwerben. Diese messerscharfe Analyse zeugt von Überblick, und Duck wendet sich sofort und mit Hochdruck der anorganischen Festkörperchemie zu. Feindisperse Schwefelblüte und Nanopartikel von Aktivkohle werden gekonnt mit Mörser und Pistill vermengt. Dann werden wir Zeugen einer wissenschaftlichen Erleuchtung: Duck entdeckt seine Liebe zu den Oxidationsmitteln, besonders Kaliumnitrat hat es ihm angetan. Als kleiner Schönheitsfehler erweist sich eine gewisse Transportempfindlichkeit der Substanzmischung, die zu einer unkontrolliert ablaufenden Redoxreaktion führt. Wie schon zuvor versagt sein Professor auch hier menschlich; statt den psychisch angeschlagenen Jungforscher in dieser Ausnahmesituation mental aufzubauen, macht er ihm kleinliche Vorwürfe wegen lückenhafter Bibliotheksarbeit.

Solches akademisches Mobbing kann Duck nur ertragen, weil er mit der wichtigsten Charaktereigenschaft aller Chemiedoktoranden reichlich gesegnet ist: Er hat grenzenloses Durchhaltevermögen! Er erkennt und akzeptiert seine Grenzen in der anorganischen Festkörperchemie und wendet sich einem biochemischen Projekt zu: der Synthese leicht flüchtiger Anästhetika. Seine kombinatorische Synthesestrategie basiert auf der im Arbeitskreis bereits vorhandenen Substanzbibliothek. Und was hat Duck für ein glückliches Händchen! Schon der erste stochastische Syntheseansatz erweist sich als Volltreffer: bei einem olfaktorischen Selbstversuch verliert der Professor schlagartig das Bewusstsein. Ein umwerfender Erfolg für den jungen Duck!

Wichtig:
Grenzenloses
Durchhalte-
vermögen

Nun spitzt sich die Situation zu, denn der Investor und die EFG-Gutachter betreten den Schauplatz. Da sich sein Professor noch in der Rekonvaleszenzphase des Anästhesieprojekts befindet, wagt Duck ganz auf sich allein gestellt den kühnen Sprung in ein neues Forschungsgebiet: die stereoselektive $2p4f$-Wechselwirkungs-Polymerisation! Ja, das ist wahre „*cutting edge*"-Chemie! Duck setzt hier nämlich in einem Geniestreich Diesium und Dasium, zwei besonders seltene Seltene Erden, in Form ihrer Oxide Di_2O_3 und Da_2O_3 ein. Durch die perfekte Stereokontrolle zeigt das Polymer verblüffende Werkstoff-Eigenschaften: Hervorragende sensorische, physiologische und pharmakologische Eigenschaften bei gleichzeitig geringem spezifischen Gewicht und exorbitantem Elastizitätsmodul. Am spektakulärsten erweist sich der negative textile Lotus-Effekt des Polymers. An Gewebeoberflächen adsorbierte Festkörperpartikel werden beim Polymerkontakt, wahrscheinlich durch Van-der-Waals-Wechselwirkung, desorbiert und die reine, nackte Gewebeoberfläche freigelegt. Die Existenz eines negativen textilen Lotus-Effekts wurde bisher aufgrund quantenchemischer Rechnungen auf extraterritisch hohem Basissatz-Niveau ausgeschlossen. Hier werden wir Zeugen eines Paradigmenwechsels!

Der Investor und die EFG-Gutachter jubeln und Ducks Professor, gerade einmal aus seiner Anästhesie erwachend, schmückt sich sofort mit den Federn seines Schülers. *Cand. chem.* Duck wird gefeiert, allerdings nur, bis die Frage nach den Versuchsvorschriften gestellt wird. Ja, es ist richtig, die Führung des Labortagebuchs war suboptimal, musste unter dem enormen psychischen Druck auch suboptimal bleiben. Duck hätte nun die Möglichkeit sich herauszureden, etwa dass die Festplatte irrtümlich neu formatiert wurde oder ähnliches. Es wäre auch moralisch durchaus zu tolerieren, wenn Duck die Protokolle nachliefern würde, denn schließlich hat er die Experimente tatsächlich

Ohne Drittmittel ist man zweitklassig

Die Seele der Wissenschaft: Genaue Aufzeichnungen

durchgeführt. Ein solches Vorgehen entspricht aber nicht Ducks Auffassung von guter wissenschaftlicher Praxis. Er unterscheidet sich damit wohltuend von einigen in jüngster Zeit bekannt gewordenen Fällen, in denen in renommierten Zeitschriften *erfundene* Versuchsergebnisse von *erfundenen* Experimenten publiziert wurden. Er steht zu seinen Prinzipien, er steht zu seiner lückenhaften Protokollführung. Das ist menschliche Größe! Das ist ein wahres Vorbild für unsere junge Forschergeneration! Die EFG-Gutachter sind trotzdem entsetzt, denn die allgemeinen, speziellen und kleingedruckten Bewilligungsbedingungen der EFG berücksichtigen nicht menschliche Integrität, sondern nur penible Protokollführung. Die Gutachter, eben noch himmelhoch jauchzend, lassen Duck fallen wie einen heißen Porzellantiegel, die Drittmittel sind gestrichen, eine Nachbesserung wird verwehrt. Der Investor sorgt als Vorsitzender des *Scientific Advisory Board* der GmbH für eine fristlose Kündigung von cand. chem. D. Duck und seinem Professor. Eine entenhausener Tragödie findet ihren Abschluss.

Nur die unglückliche Verkettung widriger Umstände mit externem Druck zwang Donald Duck zum vorzeitigen Abbruch seiner hoffnungsvollen wissenschaftlichen Karriere. Ein schwerer Schlag, von dem sich die scientific community nicht so schnell erholen wird. Trotz des bitteren Schicksalsschlages hadern Donald Duck und sein Professor nicht mit dem Schicksal. Im Gegenteil, es scheint, als hätten sie mit ihrer neu gewonnenen abgeklärten Gelassenheit die heitere Seite des Lebens wieder entdeckt. Befreit vom permanenten Druck eines gnadenlosen Wissenschaftsbetriebes können beide in ihrer neuen Tätigkeit als Angestellte der Entenhausener Stadtreinigung zeigen, was sie gelernt haben: Nicht Geld, nicht Wissen, nicht Beziehungen, nicht Effizienz, nicht Genialität, sondern allein genaue Aufzeichnungen sind die wahre Seele der Wissenschaft.

Danksagung

Ich danke meinen Söhnen Justus und Tim für die Überlassung der Originalliteratur und D. Mendoza vom Egmont Ehapa Verlag (Stuttgart) für seine Unterstützung des Projekts. Besonders bedanken möchte ich mich bei J. Drescher von The Walt Disney Company (Germany) GmbH, der meiner Idee, Donald Duck als Autor zu gewinnen, so offen und positiv gegenüberstand und diesen Abdruck ermöglichte.

ABDRUCK

Abdruck des Donald-Duck-Comics *Die Seele der Wissenschaft* mit freundlicher Genehmigung der Walt Disney Company (Germany) GmbH

Literatur und Anmerkungen

[1] *The Soul of Science* in Donald Duck **1987**, *249*, 1, Gladstone Publishing, Ltd., Scottsdale; *Die Seele der Wissenschaft* in Micky Maus **1998**, *43*, 24, Egmont Ehapa Verlag, Berlin.

[2] EAT ist der Entenhausener Angestellten-Tarif.

[3] Der Name des Hochschullehrers ist der Redaktion bekannt.

[4] Bei den Farbstoffen muss es sich um ein gelbes Carotinoid und feindisperses Berliner Blau handeln, vgl. dazu: K. Meyer, *Chem. unserer Zeit* **2002**, *36*, 178 und K. Roth, *Chem. unserer Zeit* **2003**, *37*, 150.

[5] EFG = Entenhausener Forschungsgemeinschaft.

Glucosekristalle unter dem Polarisationsmikroskop.
[Bild: Michael Davidson, http://microscopy.fsn.edu/micro/gallery/sugars/sugar.html]

Das chemische Meisterstück:
Emil Fischers Strukturaufklärung der Glucose

Mit dem komplizierten Aufbau vieler Naturstoffe sind wir durch Lehrbücher so vertraut, dass uns deren Strukturformeln selbstverständlich erscheinen. Wie die Forschergenerationen vor uns diese Strukturen ohne spektroskopische Methoden ermittelt haben, liegt für uns meist im Dunkeln. Dass uns damit wahre chemische Meisterstücke verborgen bleiben, soll am Beispiel der Strukturaufklärung der Glucose (Traubenzucker) durch Emil Fischer gezeigt werden.

Wie ihm die Strukturaufklärung mit viel scharfem Verstand, chemischer Experimentierkunst und einer kräftigen Portion Glück gelang, ist auch aus heutiger Sicht eine Glanzleistung. Anlässlich seines 150. Geburtstages wollen wir das spannende Strukturpuzzle erneut zusammenfügen [1]. Aber keine Angst: wir benötigen nur chemische Grundkenntnisse, viel Nachdenken und Freude beim Lösen eines stereochemischen Puzzles.

Das Glucose-Puzzle

Als Emil Fischer 1884 mit seinen Untersuchungen der Zucker begann, waren die chemischen Kenntnisse auf diesem Gebiet äußerst lückenhaft. Von den einfachen Zuckern mit der Summenformel $C_6H_{12}O_6$ waren nur drei bekannt: Glucose (Traubenzucker), Galaktose und Fructose (Fruchtzucker). Die Konstitutionen, d.h. die Verknüpfung der Atome in den drei Verbindungen, waren gesichert: Glucose und Galaktose sind Pentahydroxy-aldehyde und Fructose ein Pentahydroxy-keton, deren Strukturen in der damaligen Formelsprache wie folgt wiedergegeben wurden:

Chemische Delikatessen. Klaus Roth · Copyright © 2007 WILEY-VCH Verlag GmbH & Co. KGaA, Weinheim · ISBN: 978-3-527-31984-8

ABB. 1 | STEREOISOMERE EINER ALDOHEXOSE C$_6$H$_{12}$O$_6$

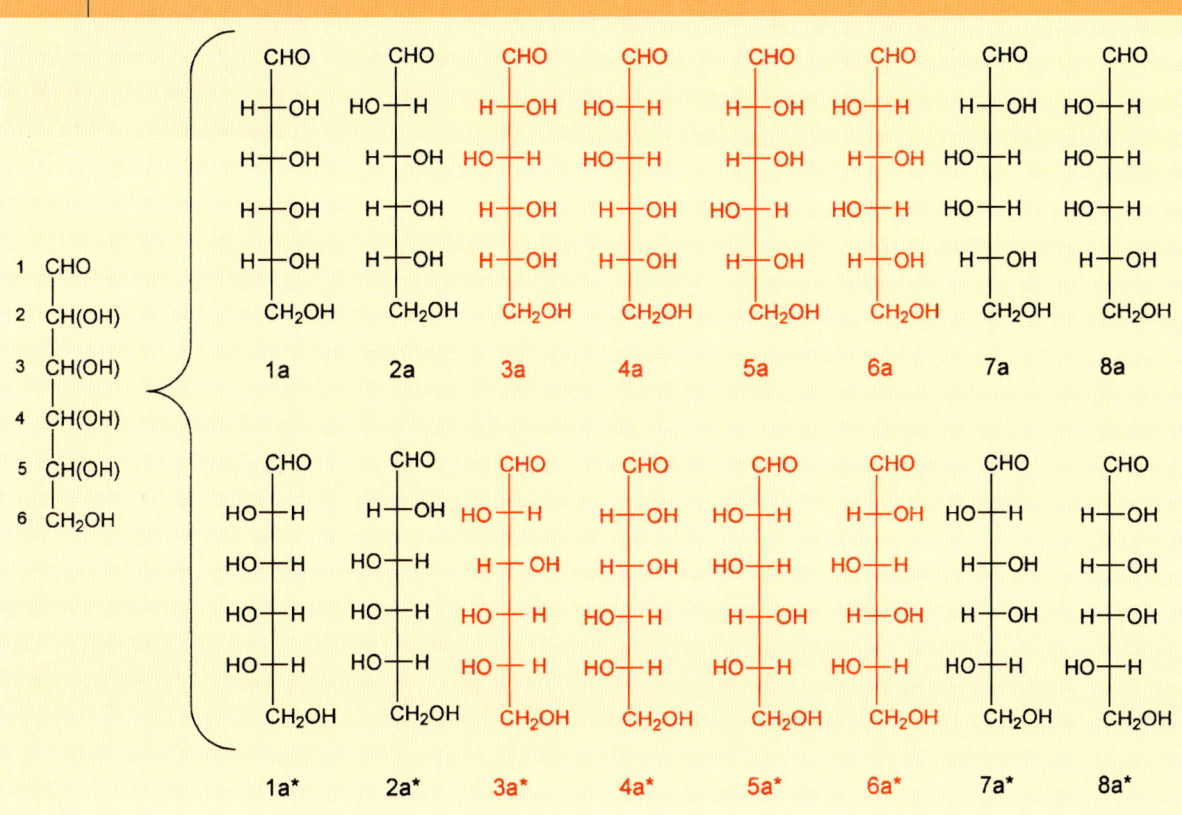

Werden die Konfigurationen der vier stereogenen Kohlenstoffatome unabhängig permutiert, ergeben sich acht Enantiomerenpaare, also insgesamt 16 Stereoisomere Aldohexosen. Eine davon ist Glucose, fragt sich nur welche?

COH . CH(OH) . CH(OH) . CH(OH) . CH(OH) . CH$_2$OH
(+) Galaktose und (+)-Glucose
CH$_2$OH . CO . CH(OH) . CH(OH) . CH(OH) . CH$_2$OH
(−) Fructose

Diese Strukturformeln berücksichtigten nur Bindungen zwischen Atomen. Zwei Verbindungen mit gleicher Summenformel aber unterschiedlichen Konstitutionen wie Fructose und Glucose wurden durch zwei Strukturformeln korrekt wiedergegeben. Die Grenzen dieser Schreibweise zeigten sich bei Glucose und Galaktose: *eine* Strukturformel repräsentierte *zwei* chemisch unterschiedliche Substanzen. Genau diese Schwäche der Formelsprache war Ausgangspunkt für die Entwicklung der Tetraeder-Theorie des Kohlenstoffatoms. *„Über die Beziehungen zwischen den atomistischen Formeln organischer Verbindungen und dem Drehvermögen ihrer Lösungen"* [2] und *„Ein Vorschlag über die räumliche Ausdehnung der gegenwärtig in der Chemie benutzten Strukturformeln und eine Notiz über die Beziehungen zwischen der optischen Aktivität und der chemischen Konstitution organischer Verbindungen"* [3] hießen die beiden 1874 unabhängig voneinander publizierten Arbeiten von Le Bel und van't Hoff, in denen die Tetraeder-Theorie des Kohlenstoffs entwickelt wurde. Danach bestimmte die Anordnung der Atome im Raum, ob zwei Moleküle gleicher Konstitution identisch oder Stereoisomere waren, d.h. sich entweder wie Spiegelbilder

zueinander verhalten (Enantiomere) oder ob sie verschieden waren (Diasteromere).

Van't Hoff und Le Bel erkannten, dass Verbindungen mit *einem asymmetrischen* (heute präziser: stereogenen) Kohlenstoffatom in zwei spiegelbildlichen Formen (Enantiomere) vorliegen können. In der erweiterten, deutschen Ausgabe von 1877 analysierte van't Hoff [4] kompliziertere Verbindungen und dabei mit Seitenblick auf die Zucker den Fall mit vier stereogenen Kohlenstoffatomen. Da jedes einzelne davon unterschiedlich konfiguriert sein konnte, ergab eine einfache Permutation acht Enantiomerenpaare, insgesamt also 16 Stereoisomere. Nach diesen stereochemischen Betrachtungen kam Galaktose demnach eine und Glucose eine andere der 16 möglichen Strukturen zu (Abbildung 1).

Fischer war von der Richtigkeit der noch jungen Tetraeder-Theorie überzeugt. Dies war keineswegs selbstverständlich. Van't Hoff [5] und Le Bel [6] gehörten nicht zum akademischen Establishment und bekamen das zu spüren. So giftete der einflussreiche Kolbe im Mai 1877:

„Ein Dr. J.H. van't Hoff, an der Tierarzneischule zu Utrecht angestellt, findet, wie es scheint, an exakter chemischer Forschung keinen Geschmack. Er hat es bequemer erachtet, den Pegasus zu besteigen (offenbar der Tierarzneischule entlehnt) und in seiner „La chimie dans l'espace" zu verkünden, wie ihm auf dem durch kühnen Flug erklommenen chemischen Parnaß die Atome im Weltraume gelagert erschienen sind."

GLUCOSESTRUKTUR

ABB. 2 | **REAKTION VON ALDOHEXOSEN MIT PHENYLHYDRAZIN**

```
CHO                     HC=N-NH-C6H5              HC=N-NH-C6H5
|                       |                         |
CH(OH)                  CH(OH)                    C=N-NH-C6H5
|         + H2N-NH-C6H5 |        + 2 H2N-NH-C6H5  |
CH(OH)    verd. HAc, RT CH(OH)   100°C            CH(OH)
|        ------------>  |       ------------>     |
CH(OH)                  CH(OH)    - NH3           CH(OH)
|                       |         - H2N-C6H5      |
CH(OH)                  CH(OH)                    CH(OH)
|                       |                         |
CH2OH                   CH2OH                     CH2OH

Aldose                  Phenylhydrazon            Phenylosazon
```

Aldosen wie Glucose reagieren mit Phenylhydrazin in kalter essigsaurer Lösung zu Phenylhydrazonen und bei höheren Temperaturen zu Osazonen [23].

Die Aufklärung der Glucose-Struktur war ein sehr ehrgeiziges und kühnes Vorhaben. Am Ziel warteten die größten wissenschaftlichen Anerkennungen, der Weg dorthin aber war dornenreich, denn dass die Kenntnisse der Zuckerchemie um 1885 so lückenhaft waren, lag *„zumeist an den eigenthümlichen Schwierigkeiten, welche sie durch ihre physicalische Beschaffenheit der experimentellen Behandlung darbieten“.* Fischer umschrieb damit in sehr zurückhaltender Weise den verzweifelten Kampf aller Zuckerchemiker mit Ölen, Sirupen und karamellartigen Massen.

Damals wie heute musste jede neu synthetisierte Verbindung durch physikalische und chemische Daten charakterisiert werden, bei organischen Feststoffen sind dies u.a. Kristallform, Schmelzpunkt, optischer Drehwert, relativer Gehalt an Kohlen-, Wasser- und Sauerstoff und die daraus abgeleitete Summenformel, Farbe. Zur experimentellen Ermittlung dieser Daten mussten zwei Voraussetzungen erfüllt sein: der zu charakterisierende Feststoff musste *fest* und er musste *rein* sein. Beides ließ sich durch mehr-

Die sechs mit dem Puzzlestein gekennzeichneten Abbildungen entsprechen den Einzelinformationen, die Emil Fischer bei der Aufklärung der Glucosestruktur zusammensetzte.

faches Umkristallisieren erreichen. Blieb der Schmelzpunkt nach mehreren Umkristallisationen unverändert, lag eine reine Substanz vor. Erst nach der Charakterisierung der Reinsubstanz galt die Substanz als nachgewiesen. Soweit die Theorie; in der Praxis versagte die Umkristallisationstechnik in der Zuckerchemie leider häufig. Reaktionsgemische fielen als zähe, lösungsmittelhaltige Sirupe an. Fischer verdeutlichte die Schwierigkeiten [7]:

„Wer es jemals versucht hat, den Trauben- oder Fruchtzucker nur aus Salzlösungen in der früher üblichen Weise in reinem Zustande zu gewinnen, der wird mir zugeben, dass es so ganz unmöglich ist, ein Produkt aus einem Gemenge mit anderen organischen Verbindungen abzuscheiden und als chemisches Individuum zu charakterisieren.“

Dass sich Fischer in Anbetracht der absehbaren experimentellen Schwierigkeiten an die Zucker überhaupt heranwagte, verdanken wir einer chemischen Verbindung: dem Phenylhydrazin, *seinem* Phenylhydrazin. Fischer entdeckte diese Verbindung 1875 als frisch Promovierter im Alter von 23 Jahren und setzte sie mit verschiedenen Aldehyden zu den gut kristallisierenden Phenylhydrazonen um. Warum Fischer nicht sofort auch Zucker umsetzte, deren Aldehydstruktur gesichert war, ist unklar. Wahrscheinlich machte das verworrene Gesamtbild die Zucker nicht zu lohnenden Studienobjekten. Erst 1884 holte er die Umsetzungen nach (Abbildung 2). Dies war einer von Fischers Glücksgriffen, denn Phenylhydrazin entpuppte sich als chemischer Tausendsassa, ohne den seine Arbeiten nicht zum Erfolg geführt hätten.

Phenylhydrazin reagierte in der Kälte mit den Aldehydgruppen von Aldosen in essigsaurer Lösung zu gut kristallisierenden Phenylhydrazonen, die sich hervorragend zur Charakterisierung der Stammverbindung eigneten. Der große praktische Wert dieser Umsetzung bestand darin, dass auch Zuckergemische mit Phenylhydrazin umgesetzt und daraus die einzelnen Phenylhydrazone durch fraktionierte Kristallisation isoliert werden konnten. Die gereinigten Phenylhydrazone ließen sich durch milde Hydrolyse wieder in die freien Aldosen umwandeln. Phenylhydrazin diente also nicht nur zur Charakterisierung der Zucker, sondern über die Reaktionssequenz Aldose – Phenylhydrazon – Aldose ließen sich Zucker aus nicht trennbaren Gemischen rein isolieren. Phenylhydrazin hatte aber noch eine Überraschung bereit: Bei höheren Temperaturen reagiert es mit Aldosen wie Glucose in essigsaurer Lösung zu einer von Fischer als Osazone bezeichneten Substanzklasse (Abbildung 2).

Die Steine des Glucose-Puzzles

Über mehrere Jahre, beginnend etwa 1884, arbeitete Fischers Gruppe an allen ihnen zugänglichen Zuckerderivaten. Aber keiner dieser Versuche lieferte einen direkten

STEREOISOMERE

Als Stereoisomere bezeichnet man zwei Verbindungen mit gleicher Summenformel und gleicher Konstitution aber unterschiedlicher Anordnung der Atome im Raum [17]. Verhalten sich die beiden Stereoisomere wie Bild und Spiegelbild sind es Enantiomere, verhalten sie sich nicht wie Bild und Spiegelbild, sind es Diastereomere. Diastereomere unterscheiden sich grundsätzlich in allen physikalischen und chemischen Eigenschaften.

Enantiomere haben gleiche physikalische Eigenschaften, sind beide optisch aktiv, d.h. drehen die Ebene des polarisierten Lichts, aber in entgegengesetzter Richtung. Das Vorzeichen kann dem Namen in Klammern vorangestellt werden: (+)-Glucose dreht nach rechts.

Moleküle mit mehreren stereogenen Kohlenstoffatomen, die aber eine intramolekulare Spiegelebene haben, werden als meso-Verbindungen bezeichnet. Sie sind optisch nicht aktiv.

ABB. 3 │ OXIDATION VON (+)-MANNIT ZU (+)-MANNOSE

CH$_2$OH		CHO		CH=N-NH-C$_6$H$_5$		CH=N-NH-C$_6$H$_5$
CH(OH)	verd. HNO$_3$	CH(OH)	+ H$_2$N-NH-C$_6$H$_5$	CH(OH)	+ H$_2$N-NH-C$_6$H$_5$	C=N-NH-C$_6$H$_5$
CH(OH)	42°C/ 8h	CH(OH)		CH(OH)		CH(OH)
CH(OH)		CH(OH)	verd. HCl	CH(OH)		CH(OH)
CH(OH)		CH(OH)	0°C	CH(OH)		CH(OH)
CH$_2$OH		CH$_2$OH		CH$_2$OH		CH$_2$OH
(+)-Mannit		(+)-Mannose		Mannosephenylhydrazon		Mannosephenylosazon

Durch Oxidation von (+)-Mannit mit verdünnter Salpetersäure stellte Fischer mit der (+)-Mannose den ersten künstlichen Zucker her. Die leichte Hydrolyse des Phenylhydrazons mit verdünnter Salzsäure zur Mannose bildete die Basis seines eleganten Reinigungsverfahrens.

Beweis, welche der 16 möglichen Strukturen Glucose tatsächlich hat. Wie in einem echten Puzzle ergab sich die Lösung erst durch das Zusammenfügen vieler Einzelbausteine.

Erster Puzzlestein:

Mannit kann zu Mannose, einem Stereoisomeren der Glucose oxidiert werden

Die Konstitution des im Pflanzenreich häufig vorkommenden (+)-Mannits war gesichert: es ist ein sechswertiger Alkohol, der sich vom Hexan ableitet. Es hat nicht an Versuchen gefehlt, (+)-Mannit durch Oxidation in den entsprechenden Zucker umzuwandeln. Alle Versuche schlugen aber fehl, da sich aus den öligen Rohprodukten keine Verbindung rein isolieren ließ. Fischer wiederholte 1887 die Oxidation von (+)-Mannit mit verdünnter Salpetersäure. Auch er erhielt eine sirupöse Masse, hatte aber anders

als seine Vorgänger mit seinem Phenylhydrazin einen wertvollen Helfer. Die Umsetzung des Rohprodukts bei Raumtemperatur mit Phenylhydrazin lieferte schwach gelbliche, feine prismatische Kristalle vom Schmelzpunkt 205 °C (Abbildung 3). Damit war bewiesen, dass es sich um einen bisher unbekannten, von Fischer als Mannose benannten Zucker handelte, denn das Phenylhydrazon von Glucose schmolz bei 144 °C, das von Galaktose bei 158 °C. Diese Untersuchung *„führte zu dem überraschenden Resultate, dass sie (die Mannose) die gleiche Struktur wie der Traubenzucker besitzt, dass sie der wahre Aldehyd des Mannits ist.“*

Phenylhydrazin konnte aber noch mehr! Mit verdünnter Salzsäure bei 0 °C ließ sich das mehrfach umkristallisierte Phenylhydrazon zu hochreiner Mannose hydrolysieren (Abbildung 3). Dieses elegante, aber verlustreiche Reinigungsverfahren setzte Fischer bei vielen Zuckersynthe-

CHEMIE UND NOMENKLATUR DER EINFACHEN ZUCKER

Die einfachen Zucker können als Oxidationsprodukte mehrwertiger Alkohole aufgefasst werden. Wird eine endständige, primäre Alkoholgruppe zum Aldehyd oxidiert, entsteht eine Aldose, bei Oxidation einer sekundären Alkoholgruppe eine Ketose. Die Anzahl der Kohlenstoffatome fügt man dem Namen hinzu, wobei die Pentosen und Hexosen in der Natur am häufigsten vorkommen. Glucose und seine Stereoisomere (siehe Abb. 1) sind Aldohexosen.

CH$_2$OH		CHO		COOH		COOH		COOH
CH(OH)		CH(OH)		CH(OH)		CH(OH)		CH(OH)
CH(OH)	Reduktion	CH(OH)	Oxidation	CH(OH)	Oxidation	CH(OH)	Reduktion	CH(OH)
CH(OH)	←	CH(OH)	→	CH(OH)	→	CH(OH)	→	CH(OH)
CH(OH)		CH(OH)		CH(OH)		CH(OH)		CH(OH)
CH$_2$OH		CH$_2$OH		CH$_2$OH		COOH		CHO
Zuckeralkohol		Aldose		Aldonsäure		Zuckersäure		Uronsäure
z.B. Sorbit		Glucose		Gluconsäure		Glucarsäure		Glucuronsäure

Einfache Zucker lassen sich in zahlreiche Redoxprodukte umwandeln.

ABB. 4 | OSAZONBILDUNG VON (+)-GLUCOSE UND (+)-MANNOSE

$$
\begin{array}{l}
1 \quad CHO \\
2 \quad CH(OH) \\
3 \quad CH(OH) \\
4 \quad CH(OH) \\
5 \quad CH(OH) \\
6 \quad CH_2OH
\end{array}
\quad + H_2N\text{-}NH\text{-}C_6H_5 \longrightarrow \quad
\begin{array}{l}
HC=N\text{-}NH\text{-}C_6H_5 \\
C=N\text{-}NH\text{-}C_6H_5 \\
CH(OH) \\
CH(OH) \\
CH(OH) \\
CH_2OH
\end{array}
\quad \longleftarrow + H_2N\text{-}NH\text{-}C_6H_5 \quad
\begin{array}{l}
1 \quad CHO \\
2 \quad CH(OH) \\
3 \quad CH(OH) \\
4 \quad CH(OH) \\
5 \quad CH(OH) \\
6 \quad CH_2OH
\end{array}
$$

(+)-Mannose   Osazon   (+)-Glucose

Bei der Umsetzung von (+)-Mannose und (+)-Glucose bei 100°C mit Phenylhydrazin im Überschuss entsteht das gleiche Osazon. Damit steht fest: (+)-Mannose und (+)-Glucose unterscheiden sich nur in der Konfiguration des C2.

sen ein. Die so gewonnene reine Mannose drehte die Ebene des polarisierten Lichts nach rechts und war mit Bäckerhefe leicht vergärbar. Fischer überprüfte auch den Geschmack der (+)-Mannose, sie schmeckte süß. Voller Mitleid denken wir an Joseph Hirschberger, dem bedauernswerten Doktoranden, der zusehen musste, wie die wenigen Milligramm seiner über Wochen mühselig hergestellten und gereinigten (+)-Mannose auf Nimmerwiedersehen im Munde seines Chefs verschwanden.

Für weitere Studien wurden größere Mengen an reiner Mannose benötigt, so dass Hirschberger seine Ansätze von 200 g auf 3 kg Mannit (+ 30 l Salpetersäure!) vergrößern musste. Als Alternative zur aufwendigen Synthese suchte

FISCHER-PROJEKTIONSFORMELN

In dieser Arbeit wird ausschließlich die von Fischer erst später entwickelte und heute übliche, nach ihm benannte Schreibweise verwendet. Sie entspricht einer Projektion des Tetraeders auf die Papierebene, wobei folgende Konvention gilt: Das stereogene Kohlenstoffatom in der Papierebene, die beiden Substituenten oben und unten jeweils hinter und die beiden Substituenten links und rechts vor der Papierebene.

Fischer schlug eine Konvention für die Angabe der relativen Konfiguration von Zuckern vor. Dazu wählte er ein Kohlenstoffatom der rechtsdrehenden Glucarsäure aus und legte fest: Wenn die Hydroxylgruppe am C5 in der Projektionsformel nach rechts angeordnet ist, hat C5 die D-, wenn die Hydroxylgruppe nach rechts angeordnet ist, hat C5 die L-Konfiguration. Die anderen stereogenen Kohlenstoffatome der Glucarsäure blieben dabei unberücksichtigt. Fischer verallgemeinerte

seine Definition, in dem er Hexosen immer dann der D-Reihe zuordnete, wenn die Hydroxylgruppe am C5 nach rechts angeordnet war. Diese Festlegung lässt sich auf Pentosen (dann ist C4 Bezugspunkt) und andere Zucker bis zum Glycerinaldehyd (ganz rechts) übertragen [19].

Die D/L-Nomenklatur hatte sich bei den Zuckern bewährt, ließ sich aber nicht ohne Schwierigkeiten auf andere Substanzklassen übertragen.

Deswegen wird heute meist der R/S-Nomenklatur nach Cahn-Ingold-Prelog [20] der Vorzug gegeben, da hier die Benennung der Konfiguration nicht von einer Bezugssubstanz abhängt. In zwei Substanzklassen wird jedoch nach wie vor Fischers D/L Klassifizierung verwendet: Zucker und Aminosäuren. Biologische Systeme enthalten danach fast ausschließlich D-Zucker [21] und L-Aminosäuren.

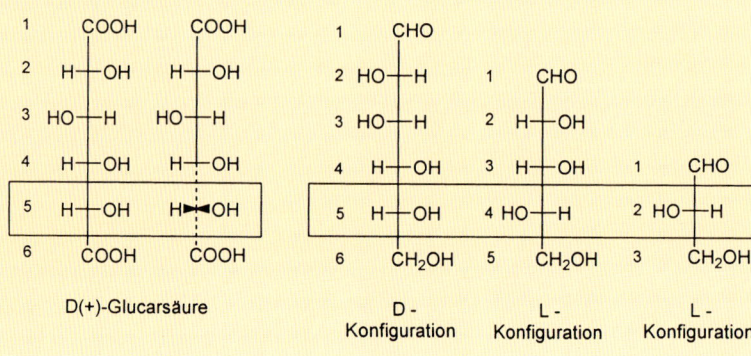

D(+)-Glucarsäure   D-Konfiguration   L-Konfiguration   L-Konfiguration

ABB. 5 | OXIDATION VON (+)-MANNOSE UND (+)-GLUCOSE

CHO		COOH		COOH		COOH		COOH		CHO
CH(OH)		CH(OH)		CH(OH)		CH(OH)		CH(OH)		CH(OH)
CH(OH)	Br₂/H₂O	CH(OH)	HNO₃	CH(OH)		CH(OH)	HNO₃	CH(OH)	Br₂/H₂O	CH(OH)
CH(OH)	→	CH(OH)	→	CH(OH)		CH(OH)	←	CH(OH)	←	CH(OH)
CH(OH)		CH(OH)		CH(OH)		CH(OH)		CH(OH)		CH(OH)
CH₂OH		CH₂OH		COOH		COOH		CH₂OH		CH₂OH
(+)-Mannose		Mannonsäure		Mannarsäure		Glucarsäure		Gluconsäure		(+)-Glucose

$CHO / CH(OH) / CH(OH) / CH(OH) / CH(OH) / CH_2OH$

Mit konzentrierter Salpetersäure können Mannose und Glucose zu Mannar- und Glucarsäure oxidiert werden. Beide Säure sind optisch aktiv.

ABB. 6 | ÜBERFÜHRUNG VON (+)-GLUCOSE IN (+)-GULOSE

CHO		COOH		CO⎤		CH₂OH		CH₂OH
CH(OH)		CH(OH)		CH(OH)		CH(OH)		CH(OH)
CH(OH)		CH(OH)		CH(OH) O		CH(OH)		CH(OH)
CH(OH)	→	CH(OH)	→	CH⎦	→	CH(OH)	→	CH(OH)
CH(OH)		CH(OH)		CH(OH)		CH(OH)		CH(OH)
CH₂OH		COOH		COOH		COOH		CHO
(+)-Glucose		(+)-Glucarsäure		Glucarsäurelacton		Gulonsäure		(+)-Gulose

Die aus Glucose leicht zugängliche Glucarsäure bildet beim Eindampfen aus wässriger Lösung ein Lacton. Reduziert man dieses mit Natrium-Amalgam, kann über die Gulonsäure ein bisher unbekannter Zucker, die Gulose, gewonnen werden.

Fischer in einer Vielzahl von Naturprodukten nach (+)-Mannose: verschiedene Sorten von Melasse, Kartoffelstärke, Quittensamen, Gummiarabikum, Leinsamen etc. Aber sein Suchen war vergebens, andere hatten da mehr Glück: Tollens isolierte Mannose aus Orchideenknollen und Reiss aus den Schalen der Steinnuss.

Zweiter Puzzlestein:
Mannose und Glucose bilden ein Osazon

Die Umsetzung von Phenylhydrazin in der Wärme mit (+)-Mannose und (+)-Glucose lieferte das gleiche Osazon vom Schmelzpunkt 205 °C (Abbildung 4).

Dritter Puzzlestein:
Mannar- und Glucarsäure sind beide optisch aktiv

Sowohl (+)-Mannose als auch (+)-Glucose lassen sich mit konzentrierter Salpetersäure zu zwei verschiedenen Zuckersäuren oxidieren, der Mannar- und der Glucarsäure (Abbildung 5). Beide Säuren sind optisch aktiv.

Vierter Puzzlestein:
Glucose kann in Gulose umgewandelt werden

Glucarsäure kristallisierte beim Eindampfen einer wässrigen Lösung als Lacton aus. Durch Umsetzung dieses Lac-

tons mit Natrium-Amalgam gelang Fischer 1889 die selektive Reduktion der Lactongruppe zum primären Alkohol, ohne dass dabei die zweite, freie Carboxylgruppe angegriffen wurde. Im nächsten Reaktionsschritt konnte diese Carboxylgruppe zur Aldehydgruppe reduziert werden und es entstand ein bisher unbekannter Zucker. Da während dieser Reaktionssequenz die Konfigurationen der stereogenen Kohlenstoffatome 2-4 unverändert blieben, entstand letztlich aus der Aldehydgruppe der Glucose eine endständige CH₂OH-Gruppe und aus der endständigen CH₂OH-Gruppe der Glucose eine Aldehydgruppe. Der neue Zucker ist damit ein „Kopf-Schwanz"-Isomeres der Glucose (Abbildung 6). Fischer drückte diese strukturelle Beziehung im Namen bildlich aus, in dem er die mittleren Buchstaben *u* und *l* einfach umdrehte: aus Glucose wurde Gulose. In der Entwicklung dieses ungewöhnlich selektiven und eleganten Reduktionsverfahrens der Lactone sah Fischer selbst seinen wertvollsten Beitrag zur präparativen Zuckerchemie.

Fünfter Puzzlestein:
Xylarsäure ist optisch inaktiv

1889, mitten in Fischers Untersuchungen platzte die Strukturaufklärung einer natürlich vorkommenden Pentose, der (+)-Xylose (aus Holz) durch Tollens. Fischer untersuchte

ABB. 7 | UMWANDLUNG VON (+)-XYLOSE IN (−)-GULOSE NACH KILIANI

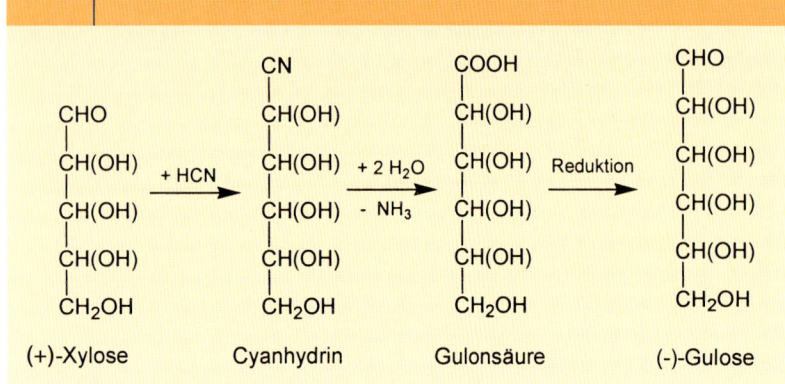

(+)-Xylose   + HCN →   Cyanhydrin   + 2 H₂O / − NH₃ →   Gulonsäure   Reduktion →   (−)-Gulose

Aldosen addieren als Aldehyde Blausäure unter Bildung von Cyanhydrinen, aus denen durch Hydrolyse und Ammoniakabspaltung eine Aldonsäure entsteht, die zu einer um ein Kohlenstoffatom längeren Aldose reduziert werden kann.

ABB. 8 | OXIDATION ...

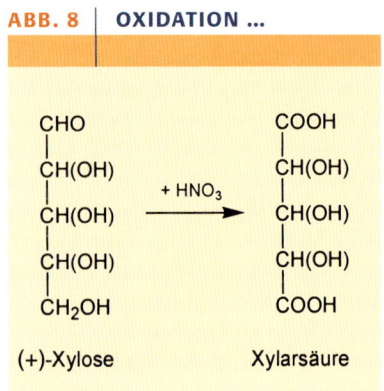

(+)-Xylose   + HNO₃ →   Xylarsäure

... von (+)-Xylose zu Xylarsäure
Die natürliche, rechtsdrehende Xylose ergibt nach Oxidation mit konzentrierter Salpetersäure die optisch inaktive Xylarsäure. Der Xylarsäure kommt daher eine meso-Struktur zu, die durch eine intramolekulare Spiegelebene charakterisiert ist.

sofort ihre chemischen Eigenschaften und oxidierte sie mit konzentrierter Salpetersäure zur Xylarsäure [8], die sich als optisch inaktiv herausstellte (Abbildung 8).

Sechster Puzzlestein:
Xylose kann in Gulose umgewandelt werden

Heinrich Kiliani hatte ab 1885 eine interessante Reaktionssequenz entwickelt, die Fischer auf die (+)-Xylose übertrug (Abbildung 7). (+)-Xylose wurde mit Blausäure umgesetzt, wobei als Additionsprodukt ein Cyanhydrin entstand. Die anschließende Hydrolyse ergab eine Carbonsäure, die zum Zucker reduziert werden konnte. Insgesamt wurde durch die Kiliani-Reaktionssequenz eine Pentose in eine Hexose umgewandelt. Aus (+)-Xylose erhielt Fischer die (−)-Gulose.

Da in der Kiliani-Synthese die Konfigurationen der drei stereogenen Kohlenstoffatome der Pentose unverändert blieben, gelang eine strukturelle Verknüpfung von Aldo*pentosen* mit Aldo*hexosen*. Fischer bezeichnete 1890 Kilianis Synthese daher als *„den grössten Fortschritt in der Erforschung der Zuckergruppe während der letzten Dezennien“.*

Das Zusammenlegen des Glucose-Puzzles

Im Frühling des Jahres 1891 hatte Fischer alle Puzzlesteine zusammen:

1. Mannit konnte zu Mannose, einem Stereoisomeren der Glucose oxidiert werden
2. Mannose und Glucose bildeten ein Osazon
3. Glucar- und Mannarsäure waren optisch aktiv

4. Glucose konnte in Gulose umgewandelt werden
5. Xylarsäure war optisch inaktiv
6. Xylose konnte in Gulose überführt werden

Auf den ersten Blick ein Durcheinander von lose zusammenhängenden stereochemischen Hinweisen, die alle in der Literatur publiziert waren. Es bedurfte des scharfen Verstandes eines Emil Fischers, um daraus ein in sich konsistentes Gesamtbild zusammenzufügen. Im Sommer 1891 publizierte er unter dem Titel *„Über die Configuration des Traubenzuckers und seiner Isomeren“* seine bahnbrechende Strukturaufklärung der Glucose [9]. Versuchen wir es ihm nachzumachen. Das Ziel ist klar: Welche der in Abbildung 1 zusammengestellten 16 Strukturen hat Glucose?

Wir beginnen mit dem ersten Puzzlestein
Die von Fischer und Hirschberger aus natürlichem Mannit durch Oxidation gewonnene (+)-Mannose ist ein Diastereomeres der natürlichen (+)-Glucose.

Anlegen des zweiten Puzzlesteins
Da (+)-Mannose und (+)-Glucose verschiedene Phenylhydrazone, aber ein identisches Osazon bilden, unterscheiden sich beide *nur* in der Konfiguration am C2, die Konfigurationen der anderen drei stereogenen Kohlenstoffatomen beider Zucker sind identisch.

Anlegen des dritten Puzzlesteins
(+)-Mannose und (+)-Glucose unterscheiden sich nur in der Konfiguration am C2. Diese strukturelle Beziehung bleibt bei der Oxidation beider Zucker zu den beiden Zuckersäuren Glucarsäure und Mannarsäure (Abbildung 5) erhalten. Um daraus stereochemische Rückschlüsse ziehen zu können, müssen wir zunächst herausfinden, wie viele Stereoisomere die Zuckersäuren überhaupt bilden können. Dies kann mathematisch [10] bestimmt werden oder in einem chemischen Gedankenexperiment, in dem alle Zucker aus Abbildung 1 zu den entsprechenden Zuckersäuren oxidiert werden: Ein Vergleich der 16 Strukturformeln in Abbildung 9 zeigt, dass einige Zuckersäuren zweimal vorkommen. Dies liegt an den COOH-Endgruppen. Wie viele verschiedene Zuckersäuren tatsächlich existieren, können wir einfach herausfinden: da Fischer-Formeln um 180° gedreht werden dürfen, stellen wir jede Formel auf den Kopf und suchen nach Dubletten. Stellt man in Abbildung 9 z.B. Formel 1b auf den Kopf, wird daraus 1b*, aus 3b* wird 5b usw. Zum Schluss bleiben 10 stereoisomere Zuckersäuren übrig (1b-7b, 2b*, 4b* 6b*) .

Mannarsäure und Glucarsäure sind beide optisch aktiv und deswegen kommt *keiner von beiden* die *meso*-Strukturen 1b, 1b*, 7b und 7b* zu. Da sich Mannarsäure und Glucarsäure in der Konfiguration des C2 unterscheiden, können auch die Strukturen 2b und 2b* (und die identischen 8b und 8b*) ausgeschlossen werden, denn diese entstehen durch Konfigurationsumkehr des C2 aus 1b bzw. 1b* (siehe Puzzlestein 2). Durch Umkehrschluss können wir unsere Argumentation überprüfen: Hätte Mannarsäure z.B. die

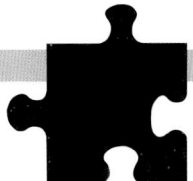

ABB. 9 | **DIE 10 STEREOISOMEREN ZUCKERSÄUREN**

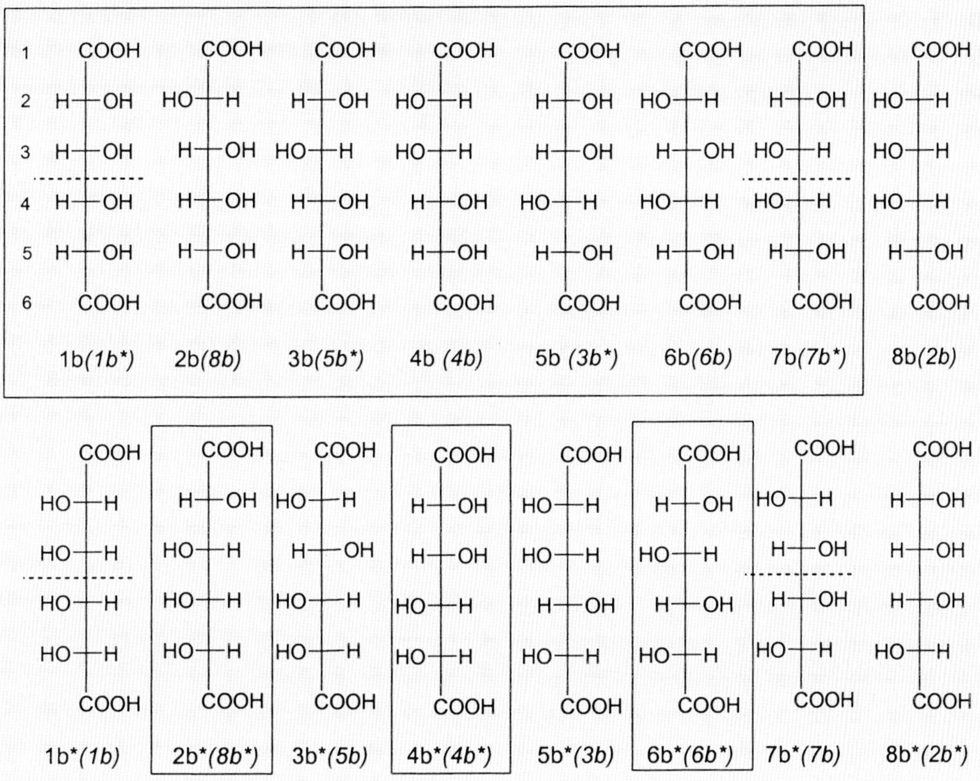

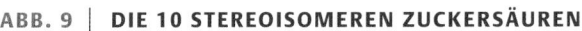

Die Oxidation der 16 stereoisomeren Aldohexosen führt nur zu 10 verschiedenen Zuckersäuren, da die beiden COOH-Endgruppen zu symmetriebedingten Identitäten führen. Die Dubletten lassen sich leicht identifizieren, in dem jede Struktur um 180° gedreht wird. So wird z.B. aus Zuckersäure 8b nach Drehung 2b. In Klammern ist jeweils die Struktur angegeben, zu der eine 180° Drehung führt. Die 10 stereoisomeren Zuckersäuren sind durch Umrahmung markiert, die gestrichelten Linien deuten intramolekulare Spiegelebenen an.

ABB. 10 | **ÜBERFÜHRUNG DER ALDOSEN IN IHRE „KOPF-SCHWANZ"-ISOMERE**

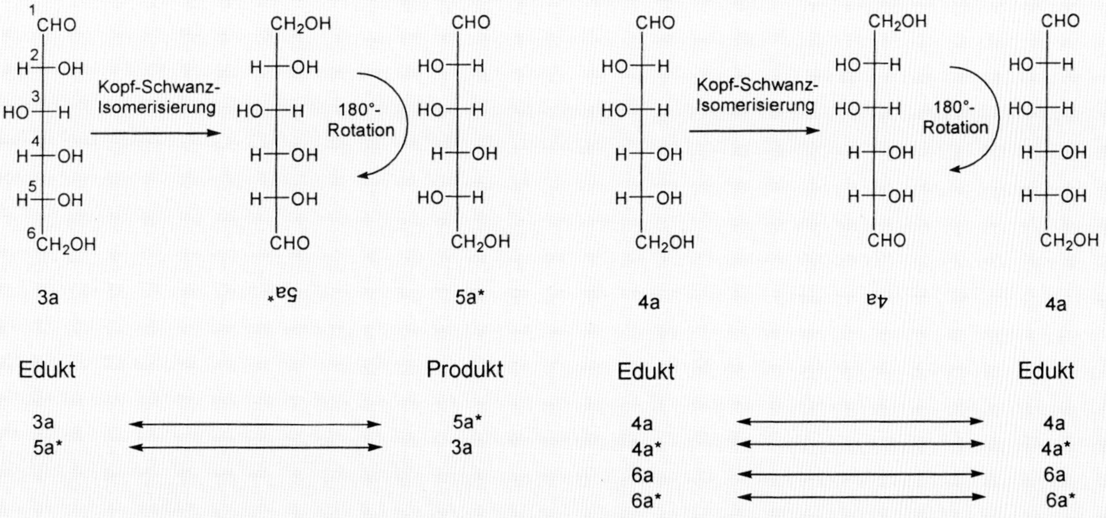

In einem Gedankenexperiment kann jede der verbliebenen acht möglichen Glucose-Strukturen (Abbildung 10) über das Zuckersäurelacton ins Kopf-Schwanz-Isomere überführt werden. Bei der von Fischer entwickelten Reaktionssequenz gehen vier Stereoisomere in sich selbst und vier in jeweils andere Zucker über.

Struktur 2b, wäre Glucarsäure 1b, denn beide unterscheiden sich in der Konfiguration des C2. Das Stereoisomere 1b hat aber eine *meso*-Struktur, wäre optisch inaktiv und kann deswegen nicht (+)-Glucarsäure sein. Unsere Annahme, (+)-Mannarsäure hätte Struktur 2b, muss also falsch gewesen sein!

Für Mannar- und Glucarsäure können damit die Strukturen 1b,2b,7b, 8b (= 2b) und 1b*,2b*,7b*, 8b* (= 2b*) ausgeschlossen werden. Für (+)-Mannose und (+)-Glucose kommen dementsprechend nur noch die Stereoisomeren 3a-6a und 3a*-6a* infrage (siehe die acht roten Formeln in Abbildung 1). *Da waren's nur noch Acht.*

ABB. 11 | (+)-GLUCOSE, (+)-GULOSE UND (+)-GLUCARSÄURE

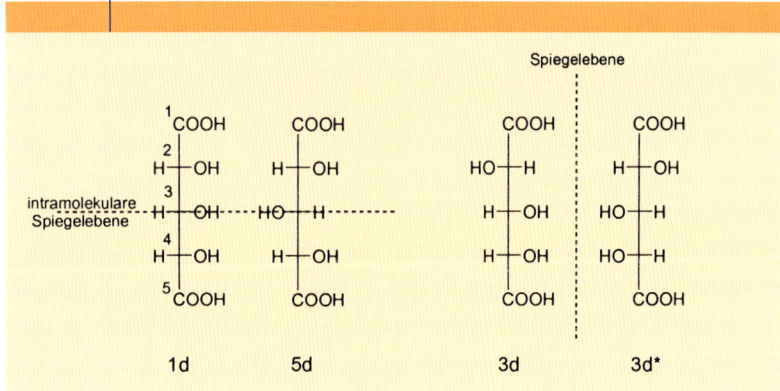

Die Reduktion der mit einem * markierten Carboxylgruppe zur Aldehydgruppe und der nicht markierten COOH-Gruppe zum primären Alkohol überführt das Enantiomer 1 der (+)-Glucarsäure in die Aldose 3a. Wird umgekehrt die markierte Carboxylgruppe zur primären Alkoholgruppe und die nicht markierte zur Aldehydgruppe reduziert, entsteht die Aldose 5a*. Die Umsetzungen mit dem Enantiomer II verlaufen analog unter Bildung der Aldosen 3 a* und 5a.

ABB. 12 | DIE VIER STEREOISOMERE DER XYLARSÄURE

Der Xylarsäure kommt eine der vier stereoisomeren Strukturen zu, von denen zwei optisch inaktive meso-Strukturen 1d und 5d besitzen und zwei ein Enantiomerenpaar bilden.

Anlegen des vierten Puzzlesteins

(+)-Glucose kann über das Lacton der Glucarsäure in (+)-Gulose umgewandelt werden (Abbildung 6). Durch den Syntheseweg ist vorgegeben, dass (+)-Glucose und (+)-Gulose „Kopf-Schwanz"-Isomere sind. Spielen wir diese chemischen Umwandlungen einfach für die verbliebenen möglichen Glucosestrukturen (3a-6a und 3a*-6a*) durch. Wir vertauschen also die Aldehyd- und die CH₂OH-Gruppe und drehen die Formeln zur leichteren Vergleichbarkeit um 180° (Abbildung 10). Stereoisomer 3a geht dabei z.B. in 5a* über, das Stereoisomer 4a wird in 4a, also in sich selbst überführt. Da Fischer aber (+)-Glucose in (+)-Gulose, also eine

andere Verbindung überführt hat, kann Glucose nicht Struktur 4a haben, denn dann wäre (+)-Glucose durch die Reaktionssequenz in sich selbst überführt worden. Mit der gleichen Begründung können die Strukturen 4a*, 6a und 6a* ausgeschlossen werden. Für (+)-Glucose und (+)-Gulose kommen somit nur die Strukturen 3a,3a*,5a oder 5a* infrage. *Da waren's nur noch Vier.*

Intermezzo:

Wir setzen mit dem Puzzle aus und Fischer darf würfeln. Aber nur einmal!

(+)-Glucarsäure kann als Stammverbindung sowohl der (+)-Glucose als auch der (+)-Gulose angesehen werden (Abbildung 6). Aus (+)-Glucose wird sie hergestellt, in (+)-Gulose kann sie über eine selektive Reduktion des Lactons umgewandelt werden (siehe vierter Puzzlestein).

Während für Glucose und Gulose nach dem Zusammenlegen der ersten vier Puzzlesteine vier Strukturen infrage kommen, sind es für die (+)-Glucarsäure nur zwei, und zwar ein Enantiomerenpaar (Abbildung 11). Fischer sah mit den damaligen chemischen und physikalischen Techniken keine Möglichkeit, die tatsächliche räumliche Anordnung der Atome (*absolute* Konfiguration) experimentell zu bestimmen. Nur die Angabe einer *relativen* Konfiguration war möglich, wenn für *eine und nur für eine* Verbindung, die Konfiguration willkürlich definiert wäre. Fischer nahm diese Festlegung vor, in dem er der (+)-Glucarsäure die linke Strukturformel in Abbildung 11 willkürlich zuordnete. In der (+)-Glucarsäure sind die Hydroxylgruppen an den beiden zu den Carboxylgruppen benachbarten Kohlenstoffatomen jeweils auf der rechten Seite. Um zwischen den Angaben des optischen Drehsinns und der Konfiguration deutlich zu differenzieren, wurden die Buchstaben D (*dextro*) und L (*laevo*) als Präfixe für die Angabe der Konfiguration eingeführt [11]. Der Buchstabe D für die (+)-Glucarsäure „*ist allerdings für die Gruppe der natürlichen Zucker deshalb gewählt worden, weil die meisten nach rechts drehen*". Die durch Oxidation von natürlicher (+)-Glucose gewonnene (+)-Glucarsäure ist also *per Definition* die D(+)-Glucarsäure [12]. Fischer strich in seinen Publikationen die Willkür seiner Festlegung deutlich heraus: „*... wobei es natürlich unentschieden bleibt, ob ... die Reihenfolge von Hydroxyl und Wasserstoff im Sinne des Uhrzeigers oder umgekehrt statthat*". Mit anderen Worten: Fischer hatte geraten.

Erst über 60 Jahre später konnte Bijvoet durch eine spezielle Technik der Röntgenstrukturanalyse (anomale Röntgendispersion) die *absolute* Konfiguration einiger organischer Verbindungen bestimmen [13]. Und tatsächlich, Fischer hatte Glück, er hatte richtig geraten.

Durch die Festlegung der Konfigurationen in D(+)-Glucarsäure bleiben von den ursprünglich 16 Strukturen in Abbildung 1 nur noch 3 und 5* übrig. Wir haben es fast geschafft! Wir müssen nur noch herausfinden, welche von den beiden Strukturen (+)-Glucose und welche (+)-Gulose hat. *Da waren's nur noch Zwei.*

Wohin mit dem fünften Puzzlestein?

Mit diesem Puzzlestein können wir zunächst nicht viel anfangen, denn es geht hier um eine Pentose und nicht um eine Hexose. Für die Dicarbonsäuren von Pentose mit drei stereogenen Kohlenstoffatomen hatte van't Hoff *drei* Stereoisomere vorhergesagt, eine davon wäre die Xylarsäure. Fischer kam an dieser Stelle mit seinen theoretischen Betrachtungen nicht recht weiter. In seinen Lebenserinnerungen [14] berichtete er über seine Ratlosigkeit auf einer gemeinsamen Italienreise mit seinem Lehrer von Baeyer:

„Die Osterferien 1891 verbrachte ich zu Bordighera an der Riviera di Ponente in Gesellschaft von Baeyer. Selbstverständlich fehlte es auch bei dem Zusammenleben an der Riviera, besonders auf den Spaziergängen, nicht an wissenschaftlichen Gesprächen, und es gab wohl kaum ein wichtiges Problem der Chemie, das wir nicht behandelt hätten. In besonderer Erinnerung ist mir eine stereochemische Frage geblieben. Im voraufgegangenen Winter 1890/91 hatte ich mich mit der Aufgabe beschäftigt, die Konfiguration der Zucker aufzuklären, ohne ganz zum Ziele zu gelangen. Da kam mir in Bordighera der Gedanke, die Entscheidung über die Konfiguration der Pentosen durch ihre Beziehung zu den Trioxyglutarsäuren (z.B. Xylarsäure) zu treffen. Leider konnte ich wegen Mangel eines Modells nicht feststellen, wie viel solcher Säuren nach der Theorie möglich seien, und ich legte deshalb die Frage Baeyer vor. Er griff solche Dinge mit großer Wärme auf und konstruierte gleich aus Zahnstochern und Brotkügelchen Kohlenstoffatommodelle. Aber nach langem Probieren gab auch er die Sache auf, angeblich, weil es ihm zu schwer wurde. Es ist mir erst später in Würzburg durch lange Betrachtung von guten Modellen gelungen, die endgültige Lösung zu finden.“

Was gelang Fischer nun nach längerem Betrachten guter Modelle? Er muss herausgefunden haben, dass *vier* und nicht *drei* Stereoisomere der Xylarsäure möglich waren. Er vergewisserte sich der Richtigkeit seiner Überlegungen bei van't Hoff. *„Herr van't Hoff hatte die Güte, mir auf private Anfrage mitzuteilen, dass hier ein Versehen vorliege, dass vielmehr seine Theorie 4 Isomere und zwar 2 active und 2 inactive Formen verlange“* [9].

Die vier Stereoisomere der Xylarsäure sind in Abbildung 12 zusammengestellt. Die Strukturen 3d und 3d* sind optisch aktiv und bilden ein Enantiomerenpaar. Da Xylarsäure optisch inaktiv ist, muss sie eine der beiden *meso*-Strukturen 1d und 5d besitzen. Für die weiteren Überlegungen ist es wichtig, dass gemeinsame Strukturelement der beiden *meso*-Strukturen 1d und 5d zu erkennen: In beiden Stereoisomeren sind C2 und C4 *gleich konfiguriert*.

Zusammenlegen von Puzzlesteinen 5 und 6

Durch die Übertragung der Kiliani-Reaktionssequenz auf die Xylose verknüpfte Fischer die Xylose mit der Gulose. Es war bekannt, dass die Konfigurationen von C2 und C4 der Xylarsäure identisch sind. Daraus folgt, dass auch die C2- und C4-Konfigurationen der Xylose gleich sind (Abbildung 13). Wir wissen allerdings nicht, welche Konfiguration

ABB. 13 | **UMWANDLUNG VON (+)-XYLOSE IN (−)-GULOSE**

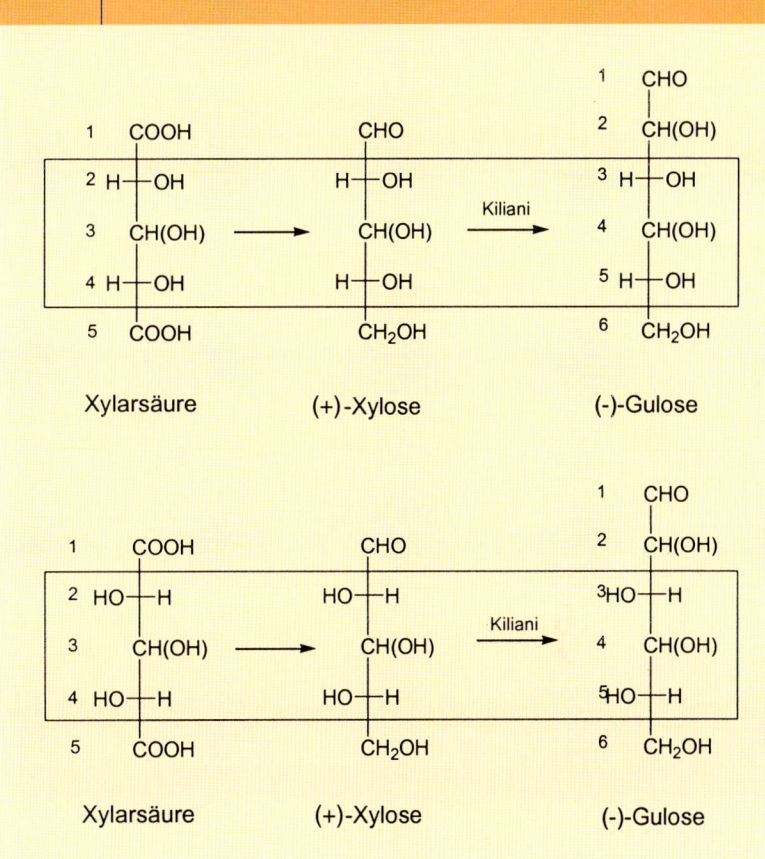

Über die Reaktionssequenz von Kiliani konnte Fischer Xylose in Gulose überführen. Die Konfigurationen der Kohlenstoffatome C2-C4 der Xylose bleiben dabei erhalten. Da die Konfigurationen von C2 und C4 der Xylose gleich sind, muss dies auch für die Konfigurationen von C3 und C5 der Gulose gelten.

OPTISCHE AKTIVITÄT

Enantiomere drehen die Ebene des polarisierten Lichts [22]. Zur Quantifizierung des Drehvermögens wird die reine Substanz in einem Lösungsmittel aufgelöst und in einem Polarimeter untersucht. Der Drehsinn wird als positiv bezeichnet, wenn aus der Sicht des Beobachters die Ebene im Uhrzeigersinn gedreht wird. J.B. Biot entdeckte die Proportionalität des beobachteten Drehwinkels α (in grad) zur Schichtdicke der Kuvette d und der Konzentration c.

$$\alpha = [\alpha]\, d\, c$$

Der Proportionalitätsfaktor $[\alpha]$ wird als spezifische Rotation bezeichnet. Der Wert von $[\alpha]$ hängt ab von der Wellenlänge des eingestrahlten monochromatischen Lichts, der Temperatur, dem Lösungsmittel und den Dimensionen für Konzentration und Schichtdicke. Die physikalischen Messbedingungen werden durch Sub-und Superscripts angegeben, das Lösungsmittel in nachgestellten Klammern. Die spezifische Rotation mit der Bezeichnung α_D^{25} (H_2O) wurde also bei 25°C mit dem gelben Licht der D-Linie des Natriums (589 nm) in Wasser gemessen. Konzentration und Schichtdicke werden aus historischen Gründen in ungewöhnlichen Dimensionen angegeben: Gramm/100 ml Lösungsmittel für die Konzentration und dm für die Schichtdicke. Achtung: Die Dimension des beobachteten Drehwinkels α ist grad, die der spezifischen Rotation $[\alpha]$ aber grad cm^2 $(10\,g)^{-1}$

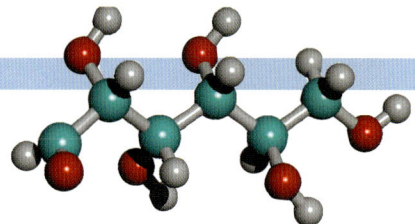

diese Kohlenstoffatome haben und wir können keine Angaben über die Konfiguration des C3 der (+)-Xylose machen.

Bevor wir das Rätsel lösen, wollen wir nicht aus den Augen verlieren, was für den endgültigen Strukturbeweis der Glucose nötig ist: (+)-Glucose und (+)-Gulose haben die Struktur 3a oder 5a*, wir müssen nur noch herausfinden, wer welche Struktur hat. Fischers Strukturbeweis gipfelte nun in einer wunderbaren Argumentationskette, die in Abbildung 13 dargestellt ist:

- Wir kennen *nicht eine* Konfiguration der drei stereogenen Kohlenstoffatome in der Xylarsäure oder in der (+)-Xylose. Wir wissen nur, dass die Kohlenstoffatome C2 und C4 in beiden Verbindungen gleich konfiguriert sind. In der Fischer-Projektion müssen die beiden OH-Gruppen am C2 und C4 also entweder beide nach rechts oder beide nach links angeordnet werden.

- Während der Reaktionssequenz nach Kiliani (Abbildung 13) finden sich die Konfigurationen der drei stereogenen Kohlenstoffatome C2-C4 der (–)-Xylose unverändert in der (–)-Gulose in den Kohlenstoffatomen C3-C5

wieder. Da wir keinerlei Anhaltspunkte für die Konfiguration des in der Kiliani-Sequenz neu entstandenen Kohlenstoffatoms C2 haben, gilt auch für die (–)-Gulose: Wir kennen *nicht eine* Konfiguration der vier stereogenen Kohlenstoffatome. Wir wissen nur, dass die Kohlenstoffatome C3 und C5 gleich konfiguriert sein müssen. In der Fischer-Projektion müssen die beiden OH-Gruppen am C3 und C5 also entweder beide nach rechts oder beide nach links angeordnet werden (Abbildung 13).

Ein kurzer Blick auf Abbildung 11 bringt uns die Lösung. Im Stereoisomer 5a* sind die Konfigurationen an C3 und C5 gleich, in 3a unterschiedlich. Damit ist entschieden: von den beiden Strukturalternativen in Abbildung 13 hat (+)-Gulose die Struktur 5a*, somit kennen wir die Struktur der Glucose. Wir haben es, Fischer sei Dank, endlich geschafft:

Fischer hat bei seiner Strukturaufklärung eine Menge verdienten Glücks gehabt. Die Entdeckung der Mannose als enger Verwandter der Glucose [15] und die Zusammenführung von Experimenten an Hexosen und Pentosen [16]

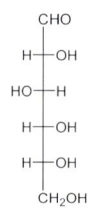

und vor allem seine brillanten stereochemischen Schlussfolgerungen waren der Schlüssel zum Erfolg. Fischer war sich seines Glückes sehr wohl bewusst:

„Der Chemiker darf deshalb von Glück reden, wenn er von zwei entgegengesetzten Punkten seine Stollen durch die Materie treibt und im Innern, sei es auch nach einigen Zickzackzügen, die Verbindung findet." [7]

Summary

On the occasion of his 150th birthday Fischer's proof of glucose's structure is shown here in the form of a stereochemical puzzle. Four of glucose's six carbons are stereogenic, thus making eight pairs of enantiomers. Fischers elucidated the structure of glucose step-by-step by using three chemical reactions: oxidation of aldoses to aldaric acids and study of their optical activities, condensation of aldoses with phenylhydrazine forming osazones, and the Kiliani reaction by which pentoses can be converted into hexoses. In addition Fischer made one of the most fortunate guesses in scientific history. He placed one of the hydroxyl groups in glucaric acids projection formula to the right, using it as a reference for the D/L classification system. Much later it was proven in 1951 that he had made the right choice. All the pieces of this stereochemical puzzle when put together according to Fischer's ideas have determined the structure of glucose.

Zusammenfassung

Anlässlich des 150. Geburtstages von Emil Fischer wird seine Strukturaufklärung der Glucose als stereochemisches Puzzle dargestellt. Vier der sechs Kohlenstoffatome sind stereogen, so dass 8 Enantiomerenpaare möglich sind. Fischer bestimmte die Struktur schrittweise nach Durchführung von drei chemischen Reaktionen: Oxidation von Aldosen zu den Zuckersäu-

EMIL FISCHER (1852 – 1919)

Seine zahllosen wissenschaftlichen Entdeckungen machten ihn zum führenden Chemiker seiner Zeit, die Entdeckung von bedeutenden Wirkstoffen wie dem Schlafmittel Veronal und dem Schmerzmittel Pyramidon machten ihn auch in der Bevölkerung populär. Mit der Ernennung zur „Exzellenz" erhob ihn das wilhelminische Kaiserreich endgültig zum akademischen Superstar. „Wen Helmholtz für eine Professur vorschlug, der war so gut wie berufen, wen Fischer vorschlug war so gut wie ernannt.", hieß es damals in akademischen Kreisen.

Er verlangte von seinen Mitarbeitern sehr viel Einsatz, wurde aber im persönlichen Umgang als lieblos, unnahbar und überheblich beschrieben. Vor allem gefürchtet war sein kommentarloses „Flügelschlagen", wenn einem Praktikanten etwas im Labor misslang; Prüfungen bei ihm glichen mehr Verhören und jedem Prüfling war hinterher klar, dass er eigentlich nichts wusste.

Die Entdeckung des Phenylhydrazin erwies sich als sein wohl größter wissenschaftlicher Glücksgriff. Den Erfolg erkaufte er teuer: der ständige Umgang mit Phenylhydrazin führte zu chronischen Vergiftungen, die ihn immer wieder ans Krankenbett fesselten und zu langwierigen Kuraufenthalten zwangen. Mit großer Wahrscheinlichkeit ist Phenylhydrazin auch die Ursache für das 1919 bei ihm diagnostizierte inoperable Darmkarzinom. Fischer entzog sich im selben Jahr dem langen Siechtum durch Freitod mit Blausäure.

In Anerkennung seiner außerordentlichen Leistungen wurde ihm 1902 der zweite Nobelpreis für Chemie verliehen. Im letzten Satz der Laudatio konnte der damalige Präsident der Schwedischen Akademie der Wissenschaften seine Bewunderung für Fischers experimentelle Arbeiten nur im Superlativ ausdrücken: „From the experimental point of view they are unsurpassed ".

Aus Fischers Institut an der Berliner Universität gingen viele hervorragende Chemiker hervor, u.a. die Nobelpreisträger Adolf Windaus, Hans Fischer, Otto Warburg und Otto Diels.

ren und Bestimmung deren optischen Aktivitäten, Umsetzung von Aldosen mit Phenylhydrazin zu Osazonen und der Kiliani Reaktionssequenz zur Umwandlung von Pentosen in Hexosen. Weiterhin machte er eine der glücklichsten Entscheidungen in der Geschichte der Wissenschaft: Er orientierte in der Projektionsformel der Glucarsäure die Hydroxylgruppe eines Kohlenstoffatoms nach rechts und definierte diese Konfiguration als Bezugspunkt der D/L-Klassifizierung. Erst 1951 konnte bewiesen werden, dass er die richtige Seite geraten hatte. Aus allen Puzzlesteinen wird nach Fischers Ideen die Struktur der Glucose bestimmt.

Literatur und Anmerkungen

[1] Ziel ist es, den Lesern die Strukturaufklärung der Glucose nacherleben zu lassen. Leider ist gute Lesbarkeit nur mit Abstrichen bei der wissenschaftshistorischen Genauigkeit möglich. So wird die von Fischer erst später entwickelte Formelschreibweise und Nomenklatur durchgehend verwendet. Auf die Darstellung der Irrungen und Wirrungen in diesem Bereich wird bewusst verzichtet, obwohl dies ein spannendes Gebiet ist. Dem interessierten Leser sei die folgende Publikation empfohlen, in der die Strukturaufklärung der Glucose umfangreich und dennoch verständlich dargestellt wurde: F.W. Lichtenthaler, *Angew. Chem.* **1992**, *104*, 1577

[2] J. A. Le Bel, *Bull. Soc. Chim. Fr.* **1874**, *22*, 337; engl. Übersetzung: http://dbhs.wvusd.k12.ca.us/Chem-History/LeBel-1874.html

[3] J.H. van't Hoff, *Voorstel tot Uitbreiding der tegenwoordig in de Scheikunde gebruikte Structuur-Formules in de Ruimte*, J.Greven, Utrecht 1874; *J.H. van't Hoff, Sur les formules de structure dans l''espace, Arch. Neerd. Sci. Exact. Nat.* **1874**, *9*, 445, deutsche Übersetzung: in E. Cohen, *J.H. van't Hoff, Sein Leben und Wirken*, **1912**, Akademische Verlagsgesellschaft, Leipzig; engl. Übersetzung: http://dbhs.wvusd.k12.ca.us/Chem-History/Van't-Hoff-1874.html

[4] J.H. van't Hoff, *Die Lagerung der Atome im Raume*, Vieweg, Braunschweig, **1877**

[5] O. Krätz, *Chem. unserer Zeit* **1974**, *8*, 135

[6] J. Weyer, *Chem. unserer Zeit* **1974**, *8*, 143

[7] E. Fischer, *Ber. Dtsch. Chem. Ges.* **1890**, *23*, 2114

[8] Es klingt so einfach, aber Xylose konnte damals nicht irgendwo bestellt werden. Fischers Doktorand Rudolf Stahel reiste zu den Farbwerken Hoechst und verarbeitete dort 150 kg Buchenholzsägemehl, um 1,5 kg Xylose für seine Arbeiten zu gewinnen.

[9] E. Fischer, *Ber. Dtsch. Chem. Ges.* **1891**, *24*, 1836; *ibid.* 23, 2683; In der ersten Publikation vom 6. Juni 1891 verwendete Fischer die Schreibweise van't Hoffs, der die Konfiguration jedes einzelnen Kohlenstoffatoms mit + oder – charakterisierte. Diese etwas unglücklich definierte Schreibweise führte zu Verwirrungen: *„Die Bezeichnung der räumlichen Anordnung durch + und –, welche von van't Hoff eingeführt und von mir in unveränderter Form beibehalten wurde, kann aber bei solchen complicirten Molekülen leicht eine irrthümliche Auffassung zur Folge haben."* Schon am 8. August reichte Fischer eine 2. Mitteilung ein, in der sein Strukturbeweis nochmals beschrieben wurde, diesmal aber mit der noch heute üblichen Schreibweise.

[10] Von einer Verbindung mit *n* verschiedenen stereogenen Zentren existieren 2^n chirale Stereoisomere, die 2^{n-1} diastereomere Enantiomerenpaare bilden. Bei gleichen Endgruppen reduziert sich die Anzahl der Stereoisomere auf $2^{n/2-1} \cdot (2^{n/2}+1)$ wenn *n* gerade und auf 2^{n-1} wenn *n* ungerade ist.

[11] Diese heute üblichen Bezeichnungen D/L für die Konfiguration und (+)/(–) für den optischen Drehsinn wurden erst seit den Vierziger Jahren des letzten Jahrhunderts einheitlich verwendet, also lange nach Fischers Tod. Davor sorgte die Verwendung der beiden Vorzeichen und der Symbole *d* und *l*, δ und λ, sowie D und L mal für den Drehsinn, mal für die Konfiguration für ein großes Durcheinander.

[12] Der Bezugspunkt der D/L-Konfiguration ist also *nicht* (+)-Glucose, wie in den meisten Lehrbüchern dargestellt wird, sondern (+)-Glucarsäure.

[13] J.M. Bijvoet, A.F. Peerdemann, A.J. van Bommel, *Nature*, **1951**, *168*, 271.

[14] E. Fischer, *Aus meinem Leben*, Springer, Berlin, **1987**.

[15] Nachdem die Struktur der D(+)-Glucose feststand, ergaben sich die Strukturen der anderen Zucker zwanglos. (+)-Mannose ist 4a und D(+)-konfiguriert, (+)-Gulose ist 5a* und L-konfiguriert.

[16] Zur besseren Verständlichkeit haben wir im Text ein stereochemischen Detail bewusst übergangen. Aus natürlicher (+)-Xylose kann nach Kiliani die D(–)-Gulose 5a hergestellt werden, nicht die aus D(+)-Glucarsäure erhältliche L(+)-Gulose 5a* (Abbildung 12). Dieses Detail spielt bei der Strukturaufklärung der Glucose keine Rolle, da wir dazu nur die Gleichheit der Konfigurationen am C2 und C4 der Xylose bzw. C3 und C5 der Gulose verwendet haben. Für die Strukturaufklärung der natürlichen (+)-Xylose ist das von uns übergangene stereochemische Detail allerdings entscheidend. Mit den gleichen Puzzlesteinen und den nun bekannten Strukturen von Glucose und Gulose bewies Fischer die Struktur der natürlichen (+)-Xylose in folgender Argumentationskette: Da (+)-Xylose nach Kiliani in D(–)-Gulose umgewandelt werden kann (sechster Puzzlestein), ist auch die (+)-Xylose D-konfiguriert, d.h. die Hydroxylgruppe am C4 ist in der Fischer Formel nach rechts angeordnet. Die Konfiguration am C2 ist die gleiche wie am C4, also auch nach rechts. Da wir wissen, dass in der L(+)-Gulose das C4 nach links angeordnet ist, muss das C3 der Xylose auch nach links angeordnet sein. D(+)-Xylose hat demnach die Struktur

$$
\begin{array}{c}
\text{CHO} \\
| \\
\text{H} - \text{C} - \text{OH} \\
| \\
\text{HO} - \text{C} - \text{H} \\
| \\
\text{H} - \text{C} - \text{OH} \\
| \\
\text{CH}_2\text{OH}
\end{array}
$$

[17] E.L. Eliel, *Chem. unserer Zeit*, **1974**, *8*, 148; E.L. Eliel, S.H. Wilen, *Organische Stereochemie*, Wiley, Weinheim, **1998**; S.R. Buxton, S.M.Roberts, *Einführung in die Organische Stereochemie*, Vieweg, Braunschweig, **1999**; K.-H. Hellwich, *Stereochemische Grundbegriffe*, Springer, Heidelberg, **2002**.

[18] K. Roth, S. Hoeft-Schleeh, *Chem. unserer Zeit* **1995**, *29*, 338.

[19] Genauer: In einem D-konfigurierten Kohlenhydrat muss die Hydroxygruppe am stereogenen Kohlenstoffatom mit dem höchsten Lokanten in der Fischer Projektion rechts der Hauptkette stehen.

[20] R.S. Cahn, C. Ingold, V. Prelog, *Angew. Chem.* **1966**, *78*, 413; V. Prelog, G. Helmchen, *Angew. Chem.* **1982**, *94*, 614.

[21] Glucophilen Lesern sei der Besuch der skurrilen Webseite http://students.washington.edu/crowther/SciSongs/glucose.html empfohlen, auf der die biochemische Rolle der Glucose nach dem Hit „Sugar, Sugar" von den Archies besungen wird. Besonders beeindruckend ist dabei der Refrain:
"Ah, glucose – ah, sugar, sugar –
You help me make ATP
When my predators are chasing me.
Ah glucose – you're an aldehyd sugar,
And you're sweeter than a woman's kiss
'cause I need you for glykolysis."

[22] C. Reichardt, *Chem. unserer Zeit* **1970**, *4*, 188.

[23] Bei der Osazonbildung wirkt überschüssiges Phenylhydrazon im Laufe der Reaktion als Oxidationsmittel und wird dabei selbst zu Ammoniak und Anilin reduziert.

Louis Pasteur (1822–1895)
Pasteur und die Weinsäure

„Ich hab's!" rief ich wie Archimedes und mein Herz raste beim Blick durchs Polarimeter. Ich war so aufgeregt, daß ich mich nicht traute, nochmals durch das Gerät zu schauen. Ich stürzte auf den Korridor, umarmte den zufällig vorbeilaufenden Institutsdiener, zerrte ihn ins Freie und erklärte ihm im nahegelegenen Jardin du Luxembourg meine gerade gemachte Entdeckung.

Die erste Racemattrennung ist ein Meilenstein in der Organischen Chemie. War es der Geniestreich eines begnadeten Wissenschaftlers, oder hatte Pasteur einfach nur eine gehörige Portion Glück? (Graphik: Tim Roth)

So beschreibt Louis Pasteur seine Gefühle unmittelbar nach der ersten erfolgreichen Racemattrennung [1]. Um die überschwengliche Begeisterung des 25jährigen nachfühlen zu können, müssen wir uns den Kenntnisstand über die Struktur chemischer Verbindungen im Jahre 1848 vor Augen führen. Man wusste zwar, dass Moleküle aus miteinander verknüpften Atomen bestehen, hatte jedoch keine Vorstellungen über deren räumliche Anordnung. Das Tetraedermodell des Kohlenstoffs wurde erst 25 Jahre später entwickelt. Berzelius hatte 1830 beim Studium der Weinsäuren erkannt, dass chemisch unterschiedliche Verbindungen gleiche Bruttozusammensetzung haben können. Er

hatte dafür den Begriff Isomerie geprägt [2]. Beide Weinsäure-Isomere [3], die „natürliche" Weinsäure (Schmp. 170 °C) und die Paraweinsäure (Schmp. 205 °C), unterschieden sich nicht nur in ihren Schmelzpunkten [4], sondern auch in ihren optischen Aktivitäten (siehe Kasten auf S. 133). J. B. Biot hatte nachgewiesen, dass wäßrige Lösungen der natürlichen Weinsäure und ihrer Salze (Tartrate) die Ebene des polarisierten Lichts nach rechts drehen ($[\alpha]_D^{25} = +12°$) [5], Paraweinsäure und ihre Salze (Paratartrate) aber optisch inaktiv [6] sind.

Pasteur hatte die Erforschung des Zusammenhangs zwischen der äußeren Kristallform und der molekularen Struk-

132

Chemische Delikatessen. Klaus Roth · Copyright © 2007 WILEY-VCH Verlag GmbH & Co. KGaA, Weinheim · ISBN: 978-3-527-31984-8

tur zu seinem Arbeitsgebiet gewählt. Nach Abschluss seiner Doktorarbeit (1847) begann er, Weinsäure und Tartrate systematisch zu untersuchen. Dabei entdeckte er, dass alle von ihm untersuchten Tartratkristalle unsymmetrisch waren. Einige kleine, sogenannte hemiedrische Flächen waren immer so angeordnet, dass der Gesamtkristall unsymmetrisch war (siehe Kasten auf S. 133). Im Gegensatz dazu waren die Kristalle der optisch inaktiven Paratartrate symmetrisch. Pasteur entdeckte somit einen Zusammenhang zwischen Kristallsymmetrie und der optischen Aktivität der gelösten Moleküle.

Wir wissen nicht, ob Pasteur weiter an den Tartraten gearbeitet hätte, wenn nicht die berühmte Mitteilung des deutschen Kristallographen Einhard Mitscherlich an die Académie des Sciences gewesen wäre [1]:

Die Natrium-ammonium-Doppelsalze der Weinsäure und der Paraweinsäure haben identische chemische Zusammensetzungen, zeigen die gleiche Kristallform mit gleichen Winkeln, gleiches spezifisches Gewicht, gleiche Brechungsindices und gleiche Winkel zwischen den optischen Achsen. Wässrige Lösungen beider Salze zeigen den gleichen Brechungsindex. Allein das in Wasser gelöste Tartrat dreht die Ebene des polarisierten Lichts, während das Salz der Paraweinsäure dies nicht tut, wie Herr Biot bereits für eine ganze Serie dieser beiden Salze gefunden hatte, trotzdem die Natur und die Anzahl der Atome, ihrer Anordnung und ihrer Abstände in beiden Verbindungen gleich sind.

Ein merkwürdiger Befund. Zwei chemische Verbindungen unterscheiden sich in ihrer optischen Aktivität und sollen trotzdem völlig identische Kristalle ausbilden. Dieses Ergebnis des für seine sorgfältige Arbeitsweise bekannten Deutschen ließ Pasteur an der allgemeinen Gültigkeit seiner eigenen Befunde zweifeln. Er wiederholte die Untersuchung Mitscherlichs in der stillen Hoffnung, doch Unterschiede zwischen den Kristallen des optisch aktiven Natrium-ammonium-tartrats und des optisch inaktiven Paratartrats zu finden. Zu seiner großen Enttäuschung zeigten beide Doppelsalze hemiedrische Flächen. Mitscherlich hatte wohl recht. Plötzlich aber kam ihm der glückliche Einfall [1],

... die Kristalle bezüglich einer Ebene senkrecht zum Beobachter zu orientieren. Mir fiel auf, dass die verwirrende Kristallvielfalt des Paratartrats entsprechend der Orientierung der hemiedrischen Facetten in zwei Sorten aufgeteilt werden konnte. In einer Sorte waren die näher an meinem Körper liegenden Facetten rechts von der Orientierungsebene, in der anderen Gruppe links angeordnet. Das Paratartrat schien eine Mischung aus zwei Kristallformen zu sein, eine asymmetrisch nach rechts, die andere asymmetrisch nach links.

Bald darauf kam mir ein neuer, naheliegender Gedanke. Die nach rechts asymmetrischen Kristalle, welche ich manuell von den anderen abtrennen konnte, waren völlig identisch mit denen des rechtsdrehenden Tartrats. Meiner Idee folgend trennte ich diese rechts asymmetri-

DAS SPRACHGEWIRR UM DIE WEINSÄURE

Das Sprachgewirr um die Weinsäure
Weinsäure (engl. tartaric acid, franz. acide tartarique, dtsch. Threarsäure, Weinsteinsäure) und ihre Salze, die Tartrate sind Bestandteil vieler Früchte und Pflanzen und bereits seit dem Altertum bekannt. Weinsäure tritt in drei stereoisomeren Formen auf: L(+)-Weinsäure, D-(–)-Weinsäure und meso-Weinsäure. Die sogenannte natürliche L-Weinsäure dreht die Ebene des polarisierten Lichts nach rechts. Nach der heute verbindlichen Nomenklatur wird die natürliche Weinsäure als (2R,3R)-Dihydroxybutandisäure oder (1R,2R)-1,2-Dihydroxyethan-1,2-dicarbonsäure bezeichnet [17].
Die linksdrehende, „unnatürliche" Weinsäure kommt entgegen ihrem Namen in der Natur vor, z. B. in den Blättern des westafrikanischen Baums Bankina reticulata. Die erstmalige Isolierung dieser unnatürlichen Weinsäure gelang Pasteur durch die in diesem Artikel beschriebene Technik.
Die Paraweinsäure (engl. racemic acid, franz. acide racemique, dtsch. Traubensäure, Vogesensäure) fällt bei der technischen Isolierung von natürlicher Weinsäure aus Weinhefe an. Die entsprechenden Salze wurden als Racemate (lat. racemus = Traube) oder Paratartrate bezeichnet. Heute bezeichnet man als Racemat jede 1:1-Mischung zweier Enantiomere. Paraweinsäure ist das Racemat aus L- und D-Weinsäure.

schen Kristalle des Paratartrats ab und stellte daraus die freie Säure her. Die Kristalle dieser Säure erschienen völlig identisch zur natürlichen Weinsäure zu sein, auch ihre Wirkung auf das polarisierte Licht waren gleich. Mein Glück war sogar noch größer als ich aus abgetrennten links-asymmetrischen Paratartratkristallen eine weitere Säure herstellte. Diese Säure entsprach völlig der natürlichen Weinsäure, ... nur die Kristallform entsprach dem Spiegelbild der rechtsdrehenden Weinsäure und sie drehte das polarisierte Licht genauso stark nach links wie die gleiche Menge an Weinsäure nach rechts. Schließlich ergab eine Mischung zweier Lösungen mit gleichen Mengen der beiden Säuren eine Kristallmischung, die völlig identisch zur authentischen Paraweinsäure war.

Damit war der Widerspruch gelöst; Pasteur hatte eine neue Art der Isomerie entdeckt. Man kann nun den begeisterten Ausruf „Ich hab's!" und die von dem jungen Mann empfundenen Gefühle verstehen.

In den wissenschaftlichen Kreisen von Paris sprach sich die Entdeckung schnell herum, aber die Skepsis blieb groß. Ein junger Doktor sollte etwas entdeckt haben, was Biot und der große Mitscherlich übersehen hatten? Der 74jährige Biot kommentierte die zu ihm gedrungenen Gerüchte lakonisch „Man muss die Resultate des jungen Mannes erst genau nachprüfen".

Pasteur kannte Biot nicht persönlich, aber wegen seiner Hochachtung vor dem renommierten Forscher entbrannte in ihm der Ehrgeiz, gerade ihn zu überzeugen. Pasteur bat um eine Unterredung.

Beim Besuch in Biots Arbeitszimmer im College de France überreichte dieser dem verblüfften Pasteur ein Gefäß mit Paraweinsäure [1]. „Ich habe sie mit besonderer Sorgfalt untersucht. Sie ist gegen polarisiertes Licht völlig neutral." Biots Stimme verriet Mißtrauen. „Ich bringe Ihnen nun alles weitere, was sie noch brauchen werden." Biot

ENANTIOMORPHE KRISTALLFORMEN

Das orthorhombische Kristallsystem wird durch drei senkrecht aufeinander-stehende ($\alpha = \beta = \gamma = 90°$) Achsen unterschiedlicher Länge ($a \neq b \neq c$) charak-terisiert. Die einfachste Form ist der Quader (a). Die Bildung weiterer Flächen führt schrittweise zu den Kristallformen (b) und (c), wobei die Gesamtsym-metrie nicht vermindert wird.

Wenn bestimmte Flächen nicht ausgebildet sind, kann eine Kristallform ent-stehen, die weder Symmetriezentren noch Spiegelebenen enthält. Solche Kristalle verhalten sich zueinander wie Spiegelbilder (d und e) und werden als enantiomorph bezeichnet. Natrium-ammonium-paratartrat ist eine der weni-gen Verbindungen, bei der das Racemat als racemische Mischung in enantio-morphen Kristallformen auskristallisiert und die Antipoden mechanisch von-einander getrennt werden können.

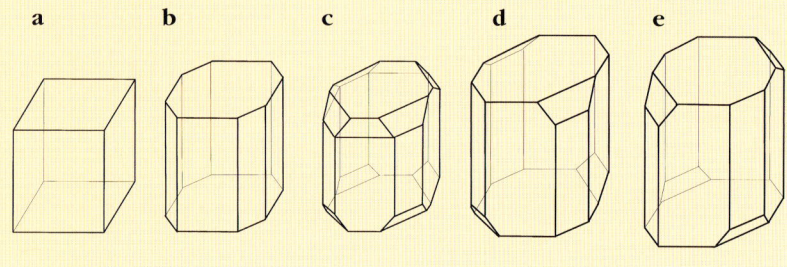

brachte Soda und Ammoniak und bestand darauf, dass Pas-teur die Herstellung des Doppelsalzes und dessen Race-matspaltung vor seinen Augen durchführte.

Pasteur stellte aus Paraweinsäure, Soda und Ammoniak das Doppelsalz her und goß die Lösung in eine Kristalli-sierschale. Biot trug die Schale in eine Ecke seines Arbeits-zimmers, um sicher zu sein, dass niemand sie berühren konnte. „Ich werde Ihnen mitteilen lassen, wann Sie wie-derkommen können" verabschiedete er Pasteur.

Nach einigen Tagen hatten sich Kristalle gebildet, und Biot ließ Pasteur wieder zu sich kommen. Pasteur fischte, immer unter Biots kritischem Blick, einen Kristall nach dem anderen aus der Schale. Dann zeigte er Biot die hemiedri-schen Kristallflächen und trennte die Kristalle in zwei Grup-pen: in rechts- und links-hemiedrische Kristalle. „Sie be-haupten also, dass die Kristalle, die Sie auf der rechten Sei-te gelegt haben, die Polarisationsebene rechts drehen und die auf der linken Seite links?" fragte Biot. „Ja", antwortete Pasteur. „Gut, lassen Sie mich den Rest erledigen."

Biot stellte die beiden Lösungen selbst her und füllte zu-erst diejenige in sein Polarimeter, die nach links drehen soll-te. Als er sich von der optische Aktivität mit eigenen Augen überzeugt hatte, ergriff er Pasteurs Arm und sprach bewegt:

„Mein lieber Junge, ich habe die Wissenschaft in mei-nem Leben so sehr geliebt, dass dies mein Herz höher schlagen lässt [7]."

Pasteur trug seine Entdeckung unter dem Titel *„Recherches sur les relations qui peuvent exister entre la forme cristalline, la composition chimique, et le sens du pouvoir rotatoir"* der Académie des Sciences vor. Biot selbst berichtete darüber im Mitteilungsblatt der Académie [8]. Nur mit einem kleinen Satz erwähnt Biot die bewe-gende Begegnung im Collège de France: *„Nous avons vé-rifié l'exactitude de sa remarque par le même procédé."*

Pasteurs Darstellung aus heutiger Sicht

Am „Eureka"-Ausruf nach der ersten Racemattrennung muss aus heutiger Sicht gezweifelt werden, obwohl Pasteur die-se Version bei mehreren Gelegenheiten selbst verbreitete. Die in der Bibliothèque National in Paris aufbewahrten La-bortagebücher belegen, dass der Weg zur Entdeckung kei-neswegs so geradlinig verlief, wie dies Pasteur und viele sei-ner Biographen beschrieben. Im folgenden soll der Leser an Pasteurs Irrungen und Wirrungen auf dem Weg zu seiner großen Entdeckung teilhaben und dabei auch die Arbeits-bedingungen und die menschlichen Seiten dieses großen Forschers kennenlernen [9].

Die Tagebücher und Korrespondenz belegen, dass Pas-teur am Anfang seiner Studien durch den Chemiker und Dichter Auguste Laurent (1807–1853) stark beeinflusst wur-de. Laurents schillernde Persönlichkeit, seine radikalen po-litischen Ansichten und vor allem seine wissenschaftliche Brillanz beeindruckten Pasteur. Er nahm begeistert das An-gebot für eine wissenschaftliche Zusammenarbeit an und wurde von Laurent in die Analyse der Kristallformen sorg-fältig eingearbeitet.

„Eines Tages ereignete es sich, dass ... Herr Laurent beim Studium des Natriumwolframats, das sehr schön kristallisierte, ..., mir im Mikroskop zeigte, wie dieses sehr reine Salz in der Tat eine Mischung aus drei verschiede-nen Kristallformen war, die ein mit diesen Gebilden ver-trautes Auge leicht unterscheiden konnte. Dieses Beispiel und andere mehr machten mir klar, was für eine Be-deutung die Kenntnis der Kristallformen bei den chemi-schen Untersuchungen haben konnte ... Um also ge-nügende Fertigkeit in Winkelmessungen zu erlangen, ging ich sorgfältig an das Studium einer großen Reihe von Ver-bindungen, die sehr leicht kristallisieren, nämlich die Weinsäure und ihre Salze".

Nach Laurents Vorstellungen wurde die äußere Kris-tallform einer Verbindung im wesentlichen durch ein „Ra-dikal" (im Sinne von Grundkörper) bestimmt. Verbindun-gen mit ähnlichen „Radikalen" sollten deswegen ähnliche Kristallformen haben. Pasteur wollte diese Hypothese be-weisen; und untersuchte dazu eine ganze Reihe von Tar-traten. Alle Tartrate besaßen das Weinsäure-„Radikal" und unterschieden sich nur in den Kationen und im Kristall-wassergehalt.

In seine Studie bezog Pasteur auch Natrium-ammoni-um-tartrat und -paratartrat ein. Das Natrium-ammonium-tar-trat enthielt acht Moleküle Kristallwasser [10] und Pasteur nahm an, dass auch das Paratartrat mit acht Molekülen Kris-

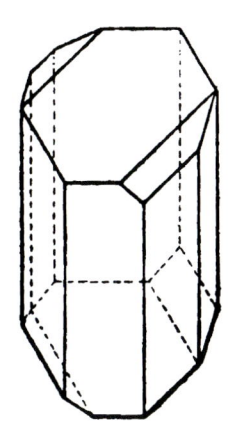 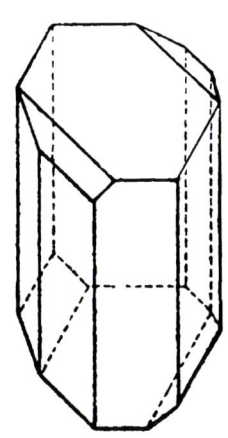

tallwasser kristallisierte. Völlig überraschend ergab eine experimentelle Bestimmung nur zwei Moleküle Kristallwasser für das Paratartrat. „M. Gerhardt [11]", schrieb Pasteur in sein Laborbuch „gibt zwei HO als die Menge des Wassers [12] im Paratartrat an. Aber wie soll man dann den Isomorphismus zum Seignette-Salz [13] erklären? Hier muss einiges überprüft werden."

Pasteur war durch die unterschiedlichen Kristallwassergehalte des Natrium-ammonium-tartrats und -paratartrats verunsichert. Entweder Mitscherlichs Beobachtung der völligen Gleichheit der Kristallformen beider Doppelsalze war falsch, oder unterschiedliche Zusammensetzungen führten entgegen Laurents Hypothese nicht immer zu veränderten Kristallformen. Pasteur stellte sich selbst die jetzt zu erledigenden Aufgaben: „Stelle das Natrium-ammonium-tartrat her. Seine Form und Analyse? Ditto analysiere das Doppelparatartrat dieser Basen."

Den Laurentschen Ideen immer noch folgend suchte Pasteur nach kleinen kristallographischen Unterschieden zwischen dem Natrium-ammonium-tartrat und -paratartrat,

um den Einfluss der unterschiedlichen Kristallwassergehalte auf die Kristallform zu finden. Zunächst untersuchte Pasteur das Natrium-ammonium-tartrat und entdeckte dabei die Hemiedrie der Kristalle. Nun erfolgte der entscheidende Schritt: Pasteur fiel auf, dass nicht nur jeder Kristall hemiedrisch war, sondern dass die hemiedrischen Flächen aller Kristalle nur in eine Richtung zeigten.

Dann untersuchte Pasteur das Paratartrat. Das Ergebnis war verwirrend „Die Kristalle sind häufig hemiedrisch nach links und hemiedrisch nach rechts. Und manchmal wiederholen sich alle diese Flächen entsprechend dem Gesetz der Symmetrie." Pasteur glaubte, den Unterschied in den Kristallformen gefunden zu haben: Das Tartrat war hemiedrisch und das Paratartrat nicht. „Darin liegt der Unterschied zwischen den beiden Salzen."

Warum Pasteur diese Interpretation später verwarf und diese Sätze in seinem Labortagebuch ausstrich, wissen wir nicht mit Sicherheit. Wahrscheinlich war es seine Hartnäckigkeit, die ihn ständig über das Problem der hemiedrischen Facetten nachdenken ließ. Schließlich erkannte er, dass das Paratartrat eine Mischung aus links- und rechtshemiedrischen Kristallen war. Die Labortagebücher belegen, dass Pasteur erst jetzt begann, den möglichen Zusammenhang zur optischen Aktivität zu vermuten. Seine große Entdeckung war also nicht die momentane „Erleuchtung eines aufnahmebereiten Geistes" [1], sondern stand als

Abb. 1.
Oben: Zwei von L. Pasteur selbst dargestellte und in seinen Vorlesungen benutzte Kristalle des (+)- und (–)-Natrium-ammonium-tartrats befinden sich im Deutschen Museum München. Unten: Originalabbildungen der beiden enantiomorphen Kristalle des Natrium-ammonium-paratartrats [18] (Photo: Deutsches Museum, München).

18

Abb. 2. *Originalseite aus dem Labortagebuch von L. Pasteur. Hier beschreibt er die Vereinigung der beiden Weinsäureantipoden. Zunächst mischte er die links- und rechtsdrehende Weinsäure, die er aus den von Hand getrennten beiden Antipoden des Natrium-ammonium-paratartrats über das Bariumsalz hergestellt hatte. Beim Mischen beider Lösungen wird Wärme frei (Zeile 6: ... le chaleur très sensible à la main). Pasteur vereinte auch die natürliche (rechtsdrehende) Weinsäure mit der von ihm isolierten (unnatürlichen) linksdrehenden Weinsäure. In beiden Fällen kristallisierte Paraweinsäure aus. Mit diesen im Frühjahr 1849 durchgeführten Versuchen bestätigte Pasteur, daß Paraweinsäure eine 1:1-Mischung aus linksdrehender und rechtsdrehender Weinsäure ist.*

KRISTALLE VON NATRIUM-AMMONIUM-PARATARTRAT

Natrium-ammonium-paratartrat kristallisiert aus Wasser in Abhängigkeit von der Temperatur in unterschiedlichen Kristallformen aus.

$$NaNH_4(+)C_4H_4O_6 \cdot 4\,H_2O + NaNH_4(-)C_4H_4O_6 \cdot 4\,H_2O$$

Kristalle der racemischen Mischung. Eine Antipodentrennung ist möglich.

$$28\ °C \downarrow -3\,H_2O$$

$$NaNH_4\,(\pm)\,C_4H_4O_6 \cdot H_2O$$

Kristalle der racemischen Verbindung (Scacchis Salz). Eine Antipodentrennung ist nicht möglich.

$$35\ °C \downarrow -H_2O$$

$$Na_2\,(\pm)\,C_4H_4O_6 + (NH_4)_2\,(\pm)\,C_4H_4O_6$$

Mischung von Ammonium- und Natrium-(±)tartrat, die beide als racemische Verbindungen kristallisieren. Eine Trennung ist nicht möglich.

Eine racemische Mischung des Natrium-paratartrats, die eine mechanische Zerlegung in die Antipoden überhaupt zuläßt, kristallisiert nur unterhalb von 28 °C aus.

Überraschung am Ende eines Forschungssprozesses voller Irrtümer und Verwirrungen.

Natürlich war Pasteur sofort klar, dass diese neue Art der Isomerie eine Sensation war und ihn ins wissenschaftliche Rampenlicht bringen würde. Um so mehr fällt auf, dass Pasteur in den Publikationen Laurents Namen praktisch nicht mehr erwähnte. Was trieb Pasteur zu dieser Distanzierung von dem vor kurzem noch so bewunderten Lehrmeister?

Wir vergessen beim Lesen älterer wissenschaftlicher Literatur fast immer, dass die Autoren sich selten ungestört und ohne finanzielle Not ihrer Forschungsarbeit widmen konnten, sondern häufig in sehr unruhigen Zeiten lebten. Im Februar 1848 musste König Louis Philippe abdanken, und es wurde eine provisorische Republik ausgerufen. Pasteur folgte begeistert den radikalen politischen Ideen von Auguste Laurent, diente freiwillig kurze Zeit in der Nationalgarde und stiftete trotz seiner finanziell katastrophalen Lage 150 Francs für die junge Republik. „Wenn es notwendig wäre, würde ich tapfer für die heilige Sache der Republik kämpfen."

Die große Entdeckung änderte sein Leben. Pasteur kam plötzlich mit Vertretern des wissenschaftlichen Establishments wie Biot und Dumas zusammen, die ihn von nun an förderten. Diese politisch Konservativen waren für sein Vorwärtskommen natürlich wichtiger als die Bekanntschaft mit einem kontroversen und schillernden Republikaner wie Laurent. In einem Brief an Dumas schrieb Pasteur im Februar 1852:

„Ich hatte unter der Anleitung des guten Herrn Laurent gearbeitet ... in einem Alter als der Geist noch durch die ihm begegnenden Ideen geformt wird. Ich war umgeben von Hypothesen ohne jegliche Grundlage, ... und ich war blind gegenüber neuen und interessanten Entwicklungen. Schnell wurde ich aber durch Ihre Ratschläge erleuchtet."

Diese Distanzierung war geschickt, da Dumas einen langen wissenschaftlichen Streit mit Laurent über dessen Molekülmodell hatte und ein Mann mit großem Einfluss war: Landwirtschaftsminister 1850-51, hochrangiger Professor an der Sorbonne, der Ecole Polytechnique und der Ecole Centrale des Arts et Manufactures. Seine konservative Haltung entsprach dem Zeitgeist, und Louis Napoleon II. machte Dumas später zum Senator. Laurent dagegen mit seinen radikalen politischen Ideen und seiner schwierigen Persönlichkeit musste sein Forscherleben in der Provinz an der Universität von Bordeaux beenden. So wird verständlich, warum Pasteur nach der großen Entdeckung nicht mehr mit Laurent in Verbindung gebracht werden wollte; dies hätte seiner wissenschaftlichen Karriere erheblich geschadet.

Hüten wir uns aber davor, aus der Sicherheit und dem Wohlstand unserer Zeit rückblickend ein moralisches Urteil zu fällen. Wissenschaftler zu sein, bedeutete damals in erster Linie materieller Verzicht. Pasteur, dessen ganze Liebe der Wissenschaft gehörte, musste selbst nach seiner großen Entdeckung und trotz intensiver Fürsprache von Biot

und Dumas zunächst in die Provinz. Er unterrichtete an einer höheren Schule in Dijon Physik und Chemie und hatte dort keine wissenschaftlichen Arbeitsmöglichkeiten. Dieses Schicksal war nicht außergewöhnlich, viele anerkannte Wissenschaftler fristeten ein karges Leben.

Claude Bernard, der große Physiologe, arbeitete in einem Kellerloch im Collège de France, der Chemiker Wurtz hatte lediglich eine Rumpelkammer unter dem Dach des Dupuytren-Museums zur Verfügung. Nur Dumas war besser dran. Sein Schwiegervater stellte ihm ein Haus zur Verfügung, das er auf eigene Kosten in ein Laboratorium umwandelte. Ein Wissenschaftler ohne privates Vermögen musste in Kellerräumen oder irgendwelchen Kammern mehr schlecht als recht seinen Forschungen nachgehen. Vor diesem Hintergrund wird Pasteurs Verhalten verständlich, denn er wollte nur eins: seinen geliebten Forschungen nachgehen.

Die Entdeckung aus heutiger Sicht

Louis Pasteur hatte bei seiner Entdeckung eine Menge Glück. Zunächst lenkte ein Widerspruch seine Aufmerksamkeit auf das Natrium-ammonium-paratartrat: Das Paratartrat enthielt zwei, das entsprechende Tartrat acht Moleküle Kristallwasser. Trotzdem sollten nach den Ergebnissen der Untersuchungen von Mitscherlich beide völlig identische Kristalle bilden. Diesen Widerspruch wollte Pasteur aufklären und entdeckte dabei mehr zufällig die getrennt kristallisierenden Enantiomere des Paratartrats. Wir können heute den Widerspruch zwischen beiden Aussagen auflösen: Die Kristallwasserbestimmung und die Analyse der Kristallformen wurden wahrscheinlich an Paratartrat-Kristallen mit unterschiedlichem Kristallwassergehalt durchgeführt (siehe Kasten auf S. 136). Die Kristallisation eines Racemats in zwei mechanisch trennbare Kristalle der reinen Enantiomere ist äußerst selten. Es sind nur ganz wenige Beispiele bekannt [14], denn zwei Bedingungen müssen gleichzeitig erfüllt sein:

- Das Racemat muss als racemisches Gemisch (Konglomerat) kristallisieren. Nur dann besteht jeder Kristall aus nur einem der beiden Enantiomere. Dies wird nur selten beobachtet, denn die meisten Racemate organischer Verbindungen kristallisieren als racemische Verbindungen, in denen jeder Kristall beide Enantiomere im Verhältnis 1:1 enthält. Eine Enantiomerentrennung ist dann nicht möglich.
- Man muss die Kristalle der beiden Enantiomere voneinander unterscheiden können. Dies ist nur möglich, wenn hemiedrische Kristallflächen ausgebildet werden. Die meisten racemischen Mischungen kristallisieren jedoch in symmetrischen Kristallformen. Dann besteht zwar jeder Kristall aus nur einem Enantiomer, aber man kann diese an der Form nicht unterscheiden.

Pasteur hatte eben doppeltes Glück: Natrium-ammonium-paratartrat und Seignette-Salz sind die einzigen Paratartrate, die als racemische Gemische, d. h. als Kristallmischung der reinen (+)- und (−)-Enantiomere kristallisieren und mechanisch getrennt werden können. Mit allen anderen Paratartraten hätte es nicht geklappt, denn diese kristallisieren als racemische Verbindungen. Natrium-ammonium-paratartrat kristallisiert jedoch nur unterhalb von 28 °C als racemische Mischung, darüber in symmetrischen Kristallen der racemischen Verbindung (Scacchis Salz) aus (siehe Kasten auf S. 138). Glücklicherweise kristallisierte Pasteur das Paratartrat durch langsames Eindampfen bei Raumtemperatur im April im kühlen Paris. Hätte er das Salz aus warmen Wasser nur umkristallisiert oder seine Versuche im Hochsommer am Mittelmeer durchgeführt, wäre ihm seine Entdeckung nicht gelungen.

Louis Pasteurs Racemattrennung: Do-it-Yourself

Pasteurs Racemattrennung benötigt keinen großen Aufwand an Geräten und Chemikalien, und nur selten kann ein so bedeutendes historisches Experiment praktisch in jeder Küche nachvollzogen werden. Beim Analysieren der Kristallformen wird jeder unweigerlich in den Bann dieser großen Entdeckung gezogen. Beim Betrachten der Kristallmasse wird sich jeder fragen, ob ihm die Asymmetrie der Kristalle auch aufgefallen wäre. Wohl kaum, und so wächst die Hochachtung vor Pasteurs Leistung noch mehr. Eine ausgearbeitete Vorschrift findet sich bei Kauffman und Myers [15]; eine Kurzversion enthält der Kasten auf S. 138.

Abb. 3.
Louis Pasteur im Alter von ca. 65 Jahren (Photo: Deutsches Museum, München).

TRENNUNG RACEMISCHER WEINSÄURE DURCH FRAKTIONIERENDE KRISTALLISATION

3g (0,02 mol) DL-Weinsäure werden in 10 ml siedendem Wasser gelöst und unter Rühren langsam mit 1,06 g (0,01 mol) Natriumcarbonat versetzt (Vorsicht, heftiges Aufschäumen). Nach Ende der Gasentwicklung werden der Lösung vorsichtig in kleinen Portionen ca. 1,5 g Ammoniumcarbonat zugesetzt, bis das heiße Gemisch stark nach Ammoniak riecht. Anschließend wird filtriert, das Filtrat läßt man auf unter 26 °C abkühlen (optimal sind 20–25 °C) und das Lösungsmittel verdunsten. Die Temperatur wird während der gesamten Dauer der Kristallisation konstant gehalten. Nach ca. vier Tagen bilden sich erste Kristalle, die, bevor sie zusammenwachsen, durch Dekantieren der Lösung isoliert werden. Man läßt das Lösungsmittel weiter verdunsten und wiederholt das Abdekantieren mehrere Male. Die erhaltenen Kristallfraktionen sind Gemische aus (+)- und (–)-Tartrat. Die Kristalle werden kurz auf ein Filterpapier gelegt, um anhaftende Mutterlauge zu entfernen. Sie können nun unter einem Mikroskop manuell in (+)- und (–)-Tartrat-Kristalle getrennt werden.

Pasteurs Leben

Über Louis Pasteur, nach dem in jedem französischen Städtchen mindestens ein Place, eine Rue oder Avenue benannt ist, sind bereits viele Biographien erschienen [16]. Nur zwei kleine Episoden aus seinem bewegten Leben sollen hier erwähnt werden. Pasteur war voller Bewunderung für die deutsche Sprache, Wissenschaft und Kultur. Nach Abschluss der Doktorarbeit wollte er unbedingt nach Deutschland gehen, um unsere Sprache zu lernen. Diese Pläne konnte er aus finanziellen Gründen jedoch nicht in die Tat umsetzen. Später, im Jahr 1868 verlieh ihm die Medizinische Fakultät der Universität Bonn die Ehrendoktorwürde. Auf diese Ehrung muss er wohl besonders stolz gewesen sein. Nach der Niederlage im Preussisch-Französischen Krieg 1870/71 gab er die Auszeichnung zurück, da sein Nationalstolz das Tragen dieses deutschen Ehrentitels nicht mehr zuließ. Angesichts dieser tragischen Verstrickungen eines Franzosen voller Bewunderung für die deutsche Sprache, Kultur und Wissenschaft sind wir auf Errungenschaften unserer Generation, wie die Deutsch-Französischen Freundschaftsverträge, das ERASMUS- und bilaterale Wissenschaftler-Austauschprogramme viel zu wenig stolz.

Literatur und Anmerkungen

[1] Diese Beschreibung findet sich erstmals in der Biographie *L'histoire d'un savant par un ignorant* (Paris, 1883) von Pasteurs Schwiegersohn René Vallery-Radot. Die dort in der dritten Person beschriebenen Gefühle sind von Pasteur autorisiert, da er die Fahnendrucke selbst korrigiert hat.

[2] J. J. Berzelius, *Ann. Phys.* **1830,** *19,* 319, Berzelius waren nur die natürliche Weinsäure und die Paraweinsäure bekannt. Die *meso*-Weinsäure (Schmp. 160 °C) wurde erst später von Pasteur entdeckt.

[3] Nach heutiger Nomenklatur sind die Weinsäuren Stereoisomere. D- und L-Weinsäure verhalten sich wie Spiegelbilder zueinander und werden als Enantiomere bezeichnet. D- und *meso*-Weinsäure sowie L- und *meso*-Weinsäure sind keine Spiegelbilder und werden Diastereomere genannt.

[4] Enantiomere Verbindungen unterscheiden sich weder in ihrer Reaktivität gegenüber achiralen Reaktionspartnern noch in ihren physikalischen Eigenschaften, mit Ausnahme der optischen Aktivität. Reine Enantiomere haben gleiche Schmelzpunkte. Die Schmelzpunkte einer Mischung zweier Enantiomere ist eine Funktion der Zusammensetzung und wird durch ein Phasendiagramm beschrieben, so dass in aller Regel der Schmelzpunkt der reinen Enantiomere von dem des Racemats abweicht. Vgl. hierzu E. L. Eliel, S. H. Wilen und L. N. Mander, *Stereochemistry of Organic Compounds*, Wiley, Chichester, **1994;** J. Jacques, A. Collet und S. H. Wilen, *Enantiomers, Racemates and Resolutions,* Wiley, Chichester, **1981.**

[5] J. B. Biot, *Compt. Rend.* **1835,** *13,* 457.

[6] J. B. Biot, *Ann. Chim. Phys.* **1838,** *69,* 212.

[7] *„Mon cher enfant, j'ai tant aimé les sciences dans ma vie que çela me fait battre le coeur."*

[8] L. Pasteur, *C. R. Hebd. Séances Acad. Sci.* **1848,** 401.

[9] Die folgende Darstellung beruht im wesentlichen auf der ausführlichen Studie von G. L. Geison und J. A. Secord, *Isis* **1988,** *79,* 7.

[10] Pasteurs Schreibweise des Seignette-Salzes $C^8H^4O^{10}$KO NaO, 8 HO zeigt, dass man bei diesem Salz und allen anderen Tartraten von einer nicht korrekten Summenformel ausging: Der Tartratrest (richtig: $C_4H_4O_6$) und die Zahl der Moleküle Kristallwasser (richtig: 4 H_2O) waren verdoppelt, wobei OH die damals allgemein akzeptierte Summenformel für Wasser war.

[11] Ein Kollege Pasteurs, der die Kristallwasserbestimmung durchgeführt hat.

[12] Die damals allgemein akzeptierte Formel für Wasser war HO.

[13] Mit Seignette- oder Rochelle- Salz bezeichnet man das Kaliumnatrium-tartrat $KNaC_4H_4O_6 \cdot 4\,H_2O$. Dieses Salz wurde vom Apotheker M. Seignette 1672 in La Rochelle erstmals hergestellt.

[14] Vgl. R. E. Pincock und K. R. Wilson, *J. Chem. Educ.* **1973,** *50,* 455, zit. Lit. Ein Beispiel ist das DL-Hydrobenzoin. Eine ausgearbeitete Vorschrift findet sich bei L. F. Fieser, *Organic Experiments*, Raytheon Education Company, Lexington, **1968.**

[15] G. B. Kauffman und R. D. Myers, *J. Chem. Educ.* **1975,** *52,* 777.

[16] B. Birch, *Louis Pasteur*, Arena Verlag, Würzburg, **1992;** R. Dubos, *Pasteur and Modern Science*, Springer, Heidelberg, **1988;** P. Vallery-Radot, *Correspondance de Pasteur,* Flammarion, Paris, **1954;** L. Descour, *Pasteur and his Work,* T. Fisher Unwin, London, **1924;** E. Ducleaux, *Pasteur, The History of a Mind*, W. B. Saunders, Philadelphia **1920;** R. Vallery-Radot, *The Life of Pasteur*, Archibald Constable, Westminster, **1902;** M. Vallery-Radot, *Pasteur, Un génie au service de l'homme*, Favre, Lausanne, **1985;** R. Dujarric de la Rivière, *Pasteur, extraits des ses oeuvres*, Gauthier-Villars, Paris, **1952;** P. Darmon, *Pasteur,* Fayard, Paris, **1995.**

[17] Der Präfix *R* gab zunächst die relativen Konfigurationen der beiden Kohlenstoffatome bezogen auf D-(+)-Glycerinaldehyd an. Am Rubidium-Natrium-Doppelsalz der rechtsdrehenden Weinsäure konnte Bijvoet durch anomale Röntgenstreuung zeigen, dass *R* die tatsächliche, absolute Konfiguration beider Kohlenstoffatome ist. J. M. Bijvoet, A. F. Peerdeman und A.J. van Bommel, *Nature* **1951,** *168,* 271; J. M. Bijvoet, *Endeavour* **1955,** *14,* 71. Diese Zuordnung wurde von J. Tanaka, C. Katayama, F. Ogura, H. Tatemitsu und M. Nakagawa (*J. Chem. Soc. Chem. Commun.* **1973,** 21) aus theoretischen Überlegungen angezweifelt, jedoch mit verfeinerten Messungen an mehreren chiralen organischen Molekülen bestätigt: Vgl. hierzu H. Buding, B. Deppisch, H. Musso und G. Snatzke, *Angew. Chem.* **1985,** *97,* 503; J. D. Dunitz, *X-Ray Analysis and the Structure of Organic Molecules,* Cornell University Press, Ithaca, **1979.**

[18] L. Pasteur, *Ann. Chim. Phys.* **1850,** *28,* 56.

Louis Pasteur in seinem Labor

![Louis Pasteur in seinem Labor]

Albert Edelfelt (1854 – 1905). Quelle: http://www.herodote.net/histoire 11141.htm

Abb. 1 *Der fugu aus der Familie der Tetraodontidae ist ein unscheinbarer, bis zu 50 cm langer Fisch, der vor allem in den Gewässern vor der japanischen Küste lebt.*

Die Angst des Chemikers vor dem 河豚

Für japanische Gourmets ist der Winter die schönste Jahreszeit, denn jetzt schmeckt der Kugelfisch, der fugu (jpn. 河豚) am besten. Unglücklicherweise ist er jetzt auch am giftigsten. Das Fugu-Gift Tetrodotoxin steht ganz weit oben in der internationalen Hitparade der Gifte [1]. Schon ein verschlucktes halbes Milligramm verwandelt die kulinarische Delikatesse in eine Henkersmahlzeit. Sie ahnen es wohl schon, wer so giftig ist, muss ein brillanter Chemiker sein.

Der *fugu* ist mit seiner schleimigen Haut, seiner gedrungenen Gestalt, den wulstigen Lippen und Glubschaugen unter den Fischen nicht gerade eine Schönheit (Abbildung 1). Die kleinen Flossen machen ihn zu einem langsamen Schwimmer, so dass er anstelle der Flucht eine andere Verteidigungsstrategie entwickelt hat: Er kann blitzschnell große Wassermengen schlucken und bläht sich dabei auf. Dabei spreizen sich die wenigen noch vorhandenen Schuppen von der Oberfläche weg und aus dem unscheinbaren Fisch wird eine riesige, stachelige und furchterregende Kugel [2]. Der potentielle Jäger schwimmt dann vor diesem Ungetüm herum, schafft es aber weder, den *fugu* hinunterzuschlucken, noch ein Stückchen abzubeißen (Haben Sie schon einmal versucht, in eine ganze Melone zu beißen?).

Der *fugu* hat noch eine weitere Verteidigungswaffe: Er ist hochgiftig! Das Gift eines ausgewachsenen *fugus* reicht aus, um 30 Menschen binnen einiger Minuten zu paralysieren und innerhalb weniger Stunden ins Jenseits zu befördern. Seine Artgenossen sind gegen das Gift immun, aber auf Fische und andere höhere Lebewesen wirkt es tödlich.

Beide an sich hochwirksamen Abwehrwaffen, das Aufblasen zu einer riesigen Kugel und sein tödliches Gift, haben dem *fugu* nicht geholfen, sich gegen den Menschen zu schützen. Die Evolution machte beim ihm einen entscheidenden Fehler: Er hat wie der Aal nur eine Hauptgräte, das Fleisch ist grätenfrei und schmeckt sehr delikat. Die Angst vor dem tödlichen Gift steigert noch die Attraktivität, jährlich werden über 10 000 Tonnen des Fisches in Japan verzehrt. Der beste *fugu* kommt aus Shimonoseki an der Meerenge zwischen den japanischen Inseln Kyushu und Honshu. Von dort werden Tokyo, Kyoto und die anderen Großstädte täglich frisch beliefert. Wegen der großen Nachfrage werden junge Fische bereits im späten Frühjahr gefangen und in großen schwimmenden Fischkäfigen im Meer aufgezogen. Von den etwa 15 Fuguarten wird der *fugu rubripes rubripes* am meisten geschätzt. Wegen der charakteristischen Musterung der Oberhaut wird er von den Japanern als *torafugu* (Tigerfugu) bezeichnet. Da der Fisch teilweise roh gegessen wird, muss er sehr frisch sein. Den lebend transportierten *fugus* werden die Mäuler zugenäht, damit sich die Tiere nicht während des Transports mit ihren scharfen Zähnen gegenseitig verletzen. Gute *fugu*-Restaurants (*ryotei*) werden täglich beliefert und präsentieren ihre lebende Ware in einem Aquarium mitten im Restaurant.

Das Gift des fugu

Während die wirksamsten Gifte des Pflanzenreichs wie Morphin, Atropin, Strychnin etc. meist schon im 19. Jahrhundert in reiner, kristalliner Form isoliert werden konnten, gelang die Reindarstellung des Tetrodotoxins trotz vieler Versuche erst zu Beginn der 50iger Jahre des letzten Jahrhunderts. Die Ursache lag darin, dass die Pflanzengifte zur Substanzklasse der Alkaloide gehören, die in Wasser wenig, in organischen

Abb. 2 *fugu kann man auch auf dem Fischmarkt erwerben.*

Lösungsmitteln aber gut löslich sind. Die Trennmethoden, die sich bei der Isolierung von Alkaloiden so gut bewährt hatten, versagten völlig beim Tetrodotoxin.

Falls Sie einmal selbst Lust auf Isolierung von ein paar Gramm Tetrodotoxin haben sollten, die folgende Do-it-yourself-Methode [3] hat sich bewährt:

Sie kaufen am besten im März auf dem Fischmarkt von Shimonoseki 1000 kg *fugu*-Rogen, für den Sie etwa 5000 Fische benötigen. Am praktischsten dürfte es sein, den Rogen bereits vor Ort in Formalin einlegen und in Fässern transportieren zu lassen. Im heimischen Labor erhitzen Sie den zerkleinerten Rogen in Wasser für 20 Minuten auf 80-90°C. Das ausgeflockte Eiweiß wird abfiltriert und die wässrige Lösung vorsichtig eingedampft. Nach Reinigen mit Aktivkohle wird mit schwach essigsaurem Methanol-Wasser extrahiert und mit wässrigem Ammoniak schwach alkalisch gemacht. Das ausfallende Produkt wird in Essigsäure-Ethanol gelöst und mit Ether versetzt, wobei Tetrodotoxin in kristalliner Form an-

fällt. Bei sorgfältiger Arbeitsweise erhalten Sie dann etwa 8-9 g Tetrodotoxin, das sich oberhalb von 220°C braun verfärbt. Kristallines Tetrodotoxin löst sich nicht in Wasser und organischen Lösungsmitteln. Es ist gut löslich in angesäuertem Wasser oder Methanol. Die Summenformel ist $C_{11}H_{17}O_8N_3$ und der optische Drehwert beträgt $[\alpha]_D^{20} = -8.1°$.

Nach der gelungenen Reindarstellung von Tetrodotoxin in den fünfziger Jahren des letzten Jahrhunderts entbrannte ein Wettrennen um die Strukturaufklärung, das mit einem gemeinsamen und harmonischen Zieleinlauf von nicht weniger als vier Arbeitsgruppen endete: T. Goto, H. S. Mosher, K. Tsuda und R. B. Woodward. Im April 1964 berichteten alle vier Arbeitsgruppen auf dem IUPAC-Symposium on the Chemistry of Natural Products in Kyoto über ihre erfolgreiche Strukturbestimmung des Tetrodotoxins [4]. Genau genommen untersuchte Mosher nicht das Gift des *fugu*, sondern befasste sich mit der Isolierung und Strukturaufklärung von Tarichatoxin, dem Gift des kalifornischen Molches *taricha torosa*. Im Laufe seiner Untersuchungen stellte er die große pharmakologische Ähnlichkeit zum Tetrodotoxin fest und ein Vergleich mit authenti-

schem Tetrodotoxin ergab überraschend, dass die Gifte des *fugus* und des zur Klasse der Salamander gehörenden Molches identisch sind [5].

Die Strukturaufklärung des Tetrodotoxins war ein schwieriges Unternehmen. Hier kann nur eine kleine Facette herausgegriffen werden. Der strukturelle Aufbau war in groben Zügen durch Abbaureaktionen bekannt, für eine genaue Strukturaufklärung benötigte man ein gut kristallisierendes Derivat für eine Röntgenstrukturanalyse. Jack Gougoutas, ein Postdoc von Woodward, hatte eine besonders glückliche Hand: Bei der Umsetzung von Tetrodotoxin mit Salzsäure in Aceton/Methanol fielen wunderschöne Kristalle aus. Diese Verbindung wird nach ihrem Entdecker Gougoutas-hydrochlorid **1** benannt.

Der nicht organisch-chemisch geschulte Leser schlägt bei einem solch verwirrenden Molekülungetüm mit mehreren carbo- und heterocyclischen Ringen die Hände über dem Kopf zusammen. Der nächste Schritt besteht nun darin, von der gesicherten Struktur des Derivats **1** auf die Stammverbindung Tetrodotoxin zurückzuschließen. Das kann nicht schwer sein, denn wir kennen die Summenformel des Ausgangs- und des Endprodukts und das Gougoutas-

Von der gesicherten Struktur des Derivats 1 wurde schließlich die Struktur 3 für Tetrodotoxin abgeleitet. In saurer Lösung liegen hingegen 4 und 5 im Gleichgewicht vor.

Abb. 3 *fugu-Restaurants (fugu ryotei) erkennt man an den über der Tür hängenden Kugelfisch-laternen und dem bemalten Fisch über dem Eingang.*

hydrochlorid entsteht aus Tetrodotoxin mit Salzsäure/Methanol/Aceton unter sehr milden Bedingungen. Aus dem Vergleich der beiden Summenformeln kann man ableiten, dass Tetrodotoxin mit einem Mol Aceton $(CH_3)_2C=O$ und einem Mol Methanol CH_3OH unter Abspaltung von zwei Molen Wasser reagiert und ein Mol HCl addiert haben muss. Der Rest sollte ein Kinderspiel sein: Aceton bildet mit zweiwertigen Alkoholen (Diolen) unter Säurekatalyse cyclische Acetale (1,3-Dioxalane) – eine beliebte Schutzgruppe in der Zuckerchemie. Im Gougoutas-hydrochlorid springt einem die an zwei Sauerstoffatomen gebundene Isopropylidengruppe $(CH_3)_2C$ direkt ins Auge. Die einzige noch verbleibende Methylgruppe im Gougoutas-hydrochlorid hängt am C-4 und muss durch eine OH-Gruppe ersetzt werden. Zum Schluss wird nur noch HCl abgespalten, wobei das Proton vom protonierten Stickstoff der Guanidingruppe stammen muss. Diese Überlegungen führen uns zur Struktur **2**.

Leider ist die Struktur falsch! Tetrodotoxin kann kein Lacton sein,

denn die sehr charakteristische Schwingung einer $C=O$-Doppelbindung ist im Infrarotspektrum nicht nachweisbar. Den entscheidenden Strukturhinweis gab das Infrarotspektrum. Die Schwingungen der protonierten Guanidiniumgruppe im Gougoutas-hydrochlorid **1** sind mit denen des Tetrodotoxins identisch, d.h. Tetrodotoxin enthält die gleiche protonierte Guanidinium-Gruppe. Es bedurfte noch einiger Studien und Überlegung, bis das Strukturrätsel endgültig gelöst war: Tetrodotoxin hat die Struktur **3** und ist ein 4,10, 11,12-Tetrahydroxy-12-(hydroxymethyl)-2-immonio-octahydro-5,9:7,10a-dimethano[1,3]dioxocino[6,5-d]pyrimidin-7-olat. Hinter diesem komplizierten rationellen Namen verbirgt sich eine Sensation! Tetrodotoxin enthält eine bis dahin völlig unbekannte funktionelle Gruppe, ein Hemilaktal-Anion. Man muss sich dies vor Augen führen: Ein neuer Naturstoff enthielt eine bis dahin weder in der Natur noch im Labor synthetisierte funktionelle Gruppe.

Tetrodotoxin **3** hatte aber noch eine weitere Überraschung parat: in saurer Lösung liegt ein Gleichgewicht der am Guanidinrest protonierten Hemilaktalform **4** [6] und der Hydroxylactonform **5** vor [7].

Beeindruckt von dieser chemischen Kreativität der Natur stellte Woodward bewundernd fest: *In einer schon langen Reihe von Verbindungen ist Tetrodotoxin wieder einmal ein Naturstoff, dessen Studium ein neues und einzigartiges Strukturelement zum Vorschein brachte und dadurch stimulierende Einblicke in die grundlegenden Reaktionsweisen chemischer Systeme gibt.*

Natürlich hat es nicht an Versuchen gefehlt, Tetrodotoxin zu synthetisieren, um so einen flexiblen Zugang zu Derivaten zu bekommen. Tatsächlich gelang Kishi et al. 1972 die Totalsynthese von racemischem (±)-Tetrodotoxin [8].

Trotz mehrerer Anläufe [9] gelang die komplette stereoselektive Totalsynthese des (–)-Enantiomers bisher nicht.

Das fugu-Menü: ein kulinarischer Gaumen- und Nervenkitzel

Lassen Sie uns Tetrodotoxin auch in einem festlichen *fugu*-Mahl sinnlich genießen. Für Japaner ist ein *fugu*-Essen immer ein ganz besonderer Anlass. Man geht nicht in ein nobles *fugu*-Restaurant (Abbildung 3) wie in eine Sushi-Bar, sondern man reserviert lange im Voraus einen Tisch und sucht die Gäste aus. Am besten lässt man sich einladen, denn ein Menü kostet je nach Qualität und Ambiente zwischen 100 und 300 Euro pro Person.

Beginnen wir unser *fugu*-Menü mit dem Aussuchen eines prächtigen Exemplars aus dem Aquarium des *fugu ryotei*. Während wir zu unseren Plätzen geleitet werden, verschwindet der ausgewählte Fisch in der Küche, wo der *fugu*-Chef schon auf ihn wartet. Hoffen wir, dass er heute eine ruhige Hand hat, denn von seinem Geschick hängt unser späteres Wohlbefinden ab. Über seine Qualifikation müssen wir uns keine Gedanken machen, die ist exzellent. Seit 1949 müssen Köche nach einer dreijährigen Ausbildung im Zerlegen und Zubereiten des Fisches eine Prüfung beim *koseisho* (Ministerium für Gesundheit und Soziales) ablegen. Vor allem das richtige Ausnehmen ist entscheidend, denn das Gift ist nicht gleichmäßig im Fisch verteilt, sondern konzentriert sich in der Leber, im Rogen, im Darm und in der Haut. Das zarte Fleisch ist weniger giftig. Die staatliche Prüfung umfasst neben einer praktischen Zerlegung des Fisches auch das sichere Erkennen der verschiedenen *fugu*-Arten, sowie die richtige Zubereitung und Dekoration auf dem Teller.

Die Prüfung ist schwer: Nur 30% der Kandidaten bestehen und dürfen zum Abschluss sich der größten aller denkbaren Prüfungsängste unterziehen: dem Verzehr des selbst zubereiteten *fugus*. Bleiben wir gelassen, denn natürlich hat unser *fugu*-Chef den Fisch richtig ausgenommen, Leber, Rogen und Darm restlos entfernt und gründlich gewaschen. Lassen wir

also den kulinarischen Nervenkitzel beginnen.

Hirezake 鰭酒

Für den ersten Gang, *hirezake*, werden die kleinen Flossen gegrillt und mit heißem *sake* übergossen und serviert. *Hirezake* entpuppt sich als ein kräftiger, streng nach Fisch schmeckender Aperitif. Durch den heißen *sake* wird uns schnell warm, der Alkohol beginnt zu wirken und die Stimmung am Tisch steigt.

Fugusashi 河豚刺し

Beim zweiten Gang, *fugusashi*, wird das rohe Fleisch in hauchdünne, fast durchsichtige Scheiben geschnitten. Diese werden auf dem Teller meist in Form einer Chrysantheme, der Blume des Todes, angerichtet. Für die Dekoration wird viel Aufwand getrieben, das Auge isst besonders in Japan mit. Abgesehen von der ästhetischen Präsentation ist in der japanischen Küche nicht nur der Geschmack, sondern auch die Konsistenz der verschiedenen Bestandteile wichtig. Gutes *fugusashi* schmeckt *shiko-shiko*, eine Mischung aus zart und knackig. Die einzelnen, zarten Fischscheiben werden zwischen die Stäbchen genommen und kurz in eine Sauce getunkt, die man sich vorher durch Ausdrücken einer halben *sudashi* (Bitterlimone) über eine Mischung aus gehackten Frühlingszwiebeln, geraspeltem *daikon* (Rettich) und kleingehackten Pfefferschoten selbst bereitet hat.

Fugushiri 河豚ちり

Endlich beim dritten Gang, *fugushiri*, kann man sogar richtig satt werden. Am Tisch wird ein Fischeintopf mit Nudeln, Pilzen, Karotten, Chinakohl, Tofu und natürlich *fugu* zubereitet. Ein Abend mit einem *fugu*-Menü ist durch das ganze Drumherum sehr aufregend und bleibt unvergesslich. Vom Geschmack her ist man meist etwas enttäuscht, wahrscheinlich wegen der zu hoch geschraubten Erwartungen. Auf jeden Fall werden die meisten Mitteleuropäer wohl nicht so weit gehen, wie der Künstler und

Gourmet Kitaoji Rosanjin, der behauptete „Jeder, der *fugu* aus Angst vor dem Sterben ablehnt, ist ein wirklich bedauernswerter Mensch".

Was tun, wenn der fugu unbekömmlich war?

In jedem Jahr sterben etwa 50 Menschen nach dem Genuss von *fugu*. Fast alle Todesfälle treten in entlegenen, ländlichen Gegenden Japans auf. Die Opfer haben den *fugu* nicht in einem Restaurant gegessen, sondern den Fisch privat gekauft, selbst ausgenommen und zubereitet.

Der letzte Todesfall eines Restaurant-Gastes ist schon fast 30 Jahre her und erschütterte Japan, denn der Verstorbene war der legendäre Kabuki-Schauspieler Mitsugoro Bando VIII. Er war Träger des Ehrentitels „Lebendes Nationales Kulturerbe". In einem Kyotoer Restaurant bestellte er 1975 mit großem Nachdruck *kimo*, die Leber des *fugus*, eine besonders geschätzte Delikatesse. Er hatte dies schon öfter getan, offensichtlich in dem leider weit verbreiteten Irrglauben, dass bei richtiger Zubereitung die Leber ungiftig sei. In Wirklichkeit enthält dieses Organ den höchsten Gehalt an Tetrodotoxin. Bando verputzte vier Portionen. Das war eindeutig zu viel; er verstarb noch im Restaurant. Dem *fugu*-Chef wurde sofort die Lizenz entzogen und er wurde zu acht Jahren Gefängnis verurteilt, die Strafe allerdings zur Bewährung ausgesetzt. Das Servieren der Leber ist heute gesetzlich verboten, wie auch kein Mitglied der kaiserlichen Familie *fugu* serviert bekommen darf.

Selbstverständlich ist, statistisch gesehen, der Genuss des *fugus* in einem guten Restaurant völlig unbedenklich. Aber eben nur statistisch, denn man weiß ja nie. Japaner zitieren in diesem Zusammenhang gern den sarkastischen Spruch *ataruto, ippatsu di chinu* (Ein Schuss reicht zum Sterben).

Sollte es einen tatsächlich erwischt haben, dann werden bereits nach 20 Minuten die Lippen und die Zunge taub, die Gliedmaßen und die

Gesichtsmuskeln gefühllos. Nach Erbrechen und Durchfall mit Bauchkrämpfen beginnen motorische Störungen, der Blutdruck sackt ab, die Pupillen reagieren nicht mehr und man stirbt nach wenigen Stunden durch Atemstillstand. Der nahende Tod wird bis fast zum Schluss bewusst erlebt, man sieht alles, man denkt klar, aber man kann nicht mehr sprechen oder sich bewegen. 50% al-

KAPITÄN COOKS KUGELFISCHMAHL

Abb. 4 *James Cook überlebte seine Kugelfischmahlzeit.*

Auf ihrer zweiten Entdeckungsfahrt durch die Südsee lag das Schiff HMS Resolution am 8. September 1774 bei ruhiger See vor der Küste von Neukaledonien. Kapitän Cook und sein 1. Offizier Foster wollten zum Abendbrot einen ihnen unbekannten Fisch essen. Da der Fisch noch gezeichnet werden musste, wurde es sehr spät und sie kosteten vor dem Schlafengehen nur noch ein wenig vom Rogen und der Leber. Folgendes vermerkt Cook im Logbuch über die Nachwirkungen des nächtlichen Mahls [21]:

„Um drei oder vier Uhr am Morgen waren wir befallen von einer ungewöhnlichen Schwäche in all unseren Gliedern, welche begleitet war von Taubheit oder auch einem Gefühl, das man empfinden mag, so man Hände und Füße zunächst ins Feuer legt, nachdem sie zuvor nahezu erfroren waren; nahezu zur Gänze verloren hatte ich das Gefühl, auch konnte ich schwere und leichte Gegenstände nicht von einander unterscheiden: ein Topf voll Wassers und eine Feder wogen gleichermaßen schwer in meiner Hand. Ein jeder von uns nahm ein Brechmittel und danach einige Süßigkeiten zu sich, welche große Erleichterung verschafften. Der Schweine eines, welche die Eingeweide gefressen hatte, ward tot aufgefunden, die Hunde hatten von den Dienern den Kopf zum Fraße vorgeworfen bekommen und das, was von unserem Tische gewandert war; bald schon jedoch machte es die Hunde krank, und sie würgten alles heraus und waren solchermaßen nicht schwer davon betroffen. Als dann am Morgen die Eingeborenen an Bord kamen und den aufgeschnittenen Fisch erblickten, so gaben sie uns unverzüglich zu verstehen, dass eben derselbe in keiner Weise zum Verzehr bestimmt sei, wobei sie den größten Schrecken vor ihm zur Schau trugen."

Abb. 5 *Der Fugu kann blitzschnell große Wassermengen schlucken und bläht sich dabei auf.*

ler schweren Vergiftungen verlaufen tödlich, denn trotz aller modernen Behandlungsmethoden gibt es bisher kein Gegenmittel. Bei einer leichteren Vergiftung muss ein *fugu*-Genießer den netten Abend folgendermaßen ausklingen lassen: eine schnelle Fahrt ins nächste Krankenhaus, anschließend das künstliche Einleiten von Erbrechen und die orale Verabreichung von 50 Gramm Aktivkohle, dann eine mehrstündige künstliche Beatmung auf der Intensivstation und schließlich die Entlassung nach einigen Tagen [10] mit der ärztlichen Versicherung, dass Spätschäden wahrscheinlich nicht zu befürchten sind.

Warum essen Japaner fugu?

Die Beantwortung dieser Frage ist einfach und komplex zugleich. Mehrere Faktoren spielen eine Rolle: 1. Es wird geglaubt, *fugu* sei ein Aphrodisiakum. Das stimmt zwar nicht, aber der Glaube reicht aus, die überwie-

gend männlichen Gäste in die Restaurants zu locken. 2. Die Teilnahme an einem Russischen Roulette finden die meisten Menschen aufregender als ihren eigenen drögen Alltag. 3. *fugu* ist teuer, extrem teuer. Allein der hohe Wert, ob berechtigt oder nicht, macht viele Dinge in unserem Leben begehrenswert. 4. *fugu* schmeckt hervorragend. Vielleicht nicht gleich beim ersten Mal, aber viele Japaner schwärmen von dem großen sinnlichen Genuss.

Alle diese Faktoren tragen zur Popularität des *fugus* bei, allerdings entscheidend dürfte sein, dass ein *fugu*-Essen ein gesellschaftliches Ereignis ist, eine Art Genuss-Happening. Die Stimmung ist von vornherein aufregend. Am Tisch wird viel gelacht und der getrunkene *sake* tut sein Übriges. Schon nach dem ersten Schluck *hirezake* schwören bereits die ersten Gäste, dass ihre Lippen und die Zunge taub werden. Gruppendynamisch gesehen, stärkt ein gemeinsam „überlebtes" *fugu*-Essen den Zusammenhalt, darum ist schon die Einladung eine Auszeichnung.

Tetrodotoxin aus der Sicht des fugus

Betrachten wir das Tetrodotoxin einmal aus der Sicht des *fugus*. Am wichtigsten für ihn ist die Funktion als Abwehrgift, durch die er seine Überlebenschancen erheblich verbessert. Tetrodotoxin ist für nahezu alle anderen Tiere tödlich. So werden Kapitän James Cook und sein Erster Offizier in ihrem Leben sicherlich kein zweites Mal einen Kugelfisch verzehrt haben (siehe Kasten S. 143).

Für die Biosynthese des komplizierten Tetrodotoxins muss sich der *fugu* mächtig angestrengt haben. Man erkennt in Formel **3** die Strukturelemente eines Zuckers und die aus der Aminosäure Arginin bekannte Guanidingruppe, aber wie das alles zur einzigartigen Hemilaktal-Form zusammenführt, liegt heute noch völlig im Dunkeln. Ja, die Experten sind sich nicht einmal sicher, ob der *fugu* das Tetrodotoxin überhaupt selbst synthetisiert oder mit der Nah-

rung aufnimmt bzw. von einem Symbionten herstellen lässt. Einen ersten Hinweis gibt die Verteilung des Tetrodotoxins im Tierreich. Das Gift kommt nämlich nicht nur in Kugelfischen im indischen und pazifischen Ozean vor [11], sondern in Papageienfischen, taiwanesischen Guppies, Pfeilgiftfröschen des Genus *Atelopus* in Costa Rica, im blaugeringelten Octopus (*Hapalochlaena maculosa*) aus Australien, in einigen japanischen Muscheln, Meeresschnecken und Seesternen, in einigen philippinischen Krabbenarten und im kalifornischen Molch (*taricha torosa*). Es ist unwahrscheinlich, dass Tetrodotoxin im Laufe der Evolution in insgesamt sechs verschiedenen Tierklassen unabhängig voneinander entwickelt wurde [12]. Dies spricht für einen im *fugu* lebenden Symbionten.

Eine sehr ähnliche Verteilung eines Giftes in der Natur finden wir beim Saxitoxin **6**. Diese Verbindung ist chemisch dem Tetrodotoxin sehr ähnlich, blockiert genauso die Natriumkanäle und hat eine fast identische pharmakologische Wirkung. Die in jedem Jahr epidemisch auftretende paralytische Muschelvergiftung mit zahlreichen Toten wird von Saxotoxin verursacht. Hier ist der biosynthetische Übeltäter bekannt: Es sind geißeltragende Algen (Dinoflagellaten), die über die Nahrungskette in die Muscheln wandern und deren Gift sich dort anreichert [13].

Da kontrolliert mit Fischfutter aufgezogene *fugu* kein Tetrodotoxin enthielten, schien der Fall klar: Ein biosynthetisch cleverer Einzeller im *fugu* ist für die Tetrodotoxin-Produktion verantwortlich. Zunächst wurden verschiedene Bakterien verdächtigt, da in einigen Studien Tetrodotoxin z.B. in *Pseudomonas* und *Vibrio alginolyticus* nachgewiesen werden konnte [14] und beide Bakterien aus *fugu* isoliert werden konnten.

Die Ergebnisse dieser Untersuchungen wurden später angezweifelt [15], da der chromatographische Nachweis von Tetrodotoxin nicht eindeutig ist und der viel empfindlichere *in-vivo*-Test in einer Maus ne-

gativ ausfiel. Zusätzlich konnte inzwischen nachgewiesen werden, dass kontrolliert mit Fischfutter aufgezogener *fugu* doch selbst Tetrodotoxin synthetisieren kann, allerdings nur in geringen Mengen [16]. Mit anderen Worten: Ob der *fugu* allein, oder mit Hilfe kleiner Helfer das Tetrodotoxin herstellt, ist nicht geklärt. Der *fugu* jedenfalls nutzt sein Gift nicht nur als Abwehrwaffe, sondern auch als raffiniertes Pheromon. Die Eier des Kugelfisches *fugu niphobles* geben nach der Laichablage Tetrodotoxin ab, das auf Männchen stark anziehend wirkt. Der *fugu*-Mann kann die unglaublich geringe Konzentration von 5 ng/l wahrnehmen [17], den Laich aufspüren und dann befruchten.

Das Genom des fugu

Fugu rubripes hat ein sehr kompaktes Genom. Der *fugu* hat eine zum Menschen vergleichbare Anzahl von Genen, jedoch ist die DNA nur ein Achtel so groß. Die Ursache sind die vielen im menschlichen Genom vorhandenen unnützen DNA-Abschnitte („*junk*" DNA), in der keine genetische Information verschlüsselt ist. Wegen dieser Kompaktheit schlug Sidney Brenner 1993 das *fugu*-Genom zur Sequenzierung vor, die 2002 abgeschlossen werden konnte [18].

Ein Vergleich der Genome von Mensch und *fugu* gibt Aufschluss über das Ausmaß der evolutionären Veränderungen, seit wir uns von unserem gemeinsamen Vorfahren vor 400 Millionen Jahren getrennt haben. Die meisten menschlichen Gene haben im *fugu* ihr Pendant [19]. Allerdings mit Ausnahmen, besonders die Gene für das Immunsystem, die Regulierung von Stoffwechsel und andere physiologische Systeme unterscheiden sich stark. 1000 Gene konnten durch den Genom-Vergleich in beiden Spezies identifiziert werden. Ganz bemerkenswert war, dass große, mehrere Gene umfassende DNA-Abschnitte sowohl im Genom des *fugu* als auch Menschen seit 400 Millionen Jahren unverändert geblieben sind.

Neurochemie für Fugophile

Nach Auffassung japanischer Gourmets erreicht ein *fugu*-Chef den Gipfel aller Kochkunst, wenn der Gast die Wirkung des Tetrodotoxins zu spüren beginnt, ohne Schaden zu nehmen. Die Lust an diesem kulinarischen Spaziergang am Rande des Todes kann noch gesteigert werden, wenn dem *fugu*-Genießer gewisse chemische Grundkenntnisse beim Essen gegenwärtig sind.

Ein *fugu*-Menü ist nicht nur im übertragenen Sinn ein Nervenkitzel, sondern das Gift Tetrodotoxin verändert tatsächlich die Funktion von Nervenzellen, den Neuronen. Wie bei allen Zellen ist die Zellmembran eines Neurons für polare Moleküle und Ionen undurchlässig. Dadurch wird ein unkontrollierter Stofftransport in die Zelle hinein oder aus der Zelle heraus unterbunden. Polare Moleküle und Ionen können nur durch geöffnete Kanäle, spezifische Pumpen oder Carrier durch die Zellmembran transportiert werden.

Hauptaufgabe der Neuronen ist die Weiterleitung von Reizsignalen. Wenn wir z.B. mit dem Finger etwas Heißes berühren, muss diese Information an das Gehirn und nach der Signalverarbeitung von dort zurück an die entsprechenden Hand- und Armmuskeln geleitet werden, damit wir zurückzucken. Um uns vor Schaden zu bewahren, muss dieser Vorgang sehr schnell gehen. Konzentrieren wir uns auf die Reizweiterleitung entlang der bis zu 100 cm langen Neuronen. Es ist offensichtlich, dass die Diffusion eines „Schmerzmo-

leküls" vom kleinen Finger ins Gehirn und von dort ein „Zuckmolekül" zurück zum Finger nicht funktionieren kann, da selbst die beweglichsten Moleküle viel zu langsam diffundieren würden [22]. Neuronen nutzen für die Informationsweiterleitung eine zeitlich veränderliche Spannung zwischen den beiden Seiten der Neuronenmembran.

Wie kann überhaupt eine Spannungsdifferenz über einer Neuronenmembran entstehen, wenn doch eine Zelle ein elektrisch ungeladenes Gebilde ist [23]? Betrachten wir zunächst eine für Ionen völlig undurchlässige Membran. Innerhalb und außerhalb des Neurons sind die Konzentrationen an Kalium- und Natrium-Ionen unterschiedlich. Folgende typische Konzentrationswerte werden beobachtet, wobei auf beiden Membranseiten die Ladungen der Kationen durch entsprechende Mengen an Anionen A^- (wie Acetat, Chlorid, anionische Seitenketten von Proteinen) kompensiert werden. Zwischen beiden Seiten der Membran besteht keine Spannungsdifferenz, das Membranpotential ist Null (Tabelle 1).

6
Saxitoxin

Saxitoxin 6 ist chemisch und pharmakologisch dem Tetrodotoxin sehr ähnlich.

BIZARRE VOODOO-CHEMIE

In den letzten Jahren geisterten Berichte über „Voodoo-Chemie" durch die Presse. Ausgangspunkt dieser Sensationsmeldungen waren Untersuchungen eines jungen, amerikanischen Anthropologen, Wade Davis, der in Haiti von Voodoo-Priestern Zauberpulver gekauft hatte und darin Tetrodotoxin nachweisen konnte. Das klingt auf den ersten Blick einleuchtend, denn Voodoo-Pulver sind Gemische verschiedenster Substanzen: Kräuter, Giftpflanzen, getrocknete Molche, Echsen, Frösche, frische menschliche Leichenteile, trockene Fische und was sonst noch der Voodoo-Priester hineinmischt. Da Tetrodotoxin nicht nur im fugu, sondern in anderen, auch in der Karibik lebenden Tierarten vorkommt, wäre dies durchaus möglich. Über den Tetrodotoxin-Gehalt könnte die Wirkungsweise von Voodoo-Zeremonien leicht erklärt werden: Bei leichten Vergiftungen fallen die Opfer in ein Koma und erscheinen tot. Nach Abklingen der Nervenblockaden könnte der Voodoo-Priester die Scheintoten nach Stunden oder Tagen wiederbeleben. Leider konnte Davis seine bestechende Arbeitshypothese zwar medienwirksam vermarkten, aber nicht durch Fakten belegen. Nur eines seiner Pulver enthielt Tetrodotoxin und das auch nur in völlig unbedenklichen Spuren [20]. Dem kommerziellen Erfolg von Davis populärwissenschaftlichem Buch „The Serpent and the Rainbow" schadete dies keineswegs, es wurde daraus sogar ein gruseliger Hollywoodfilm.

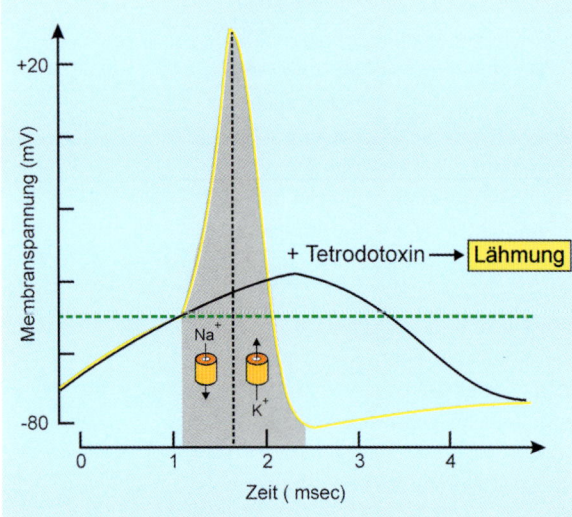

Abb. 6 *Tetrodotoxin verändert das Aktionspotential [31]. Ein Aktionspotential (gelbe Linie) ist eine kurzzeitige Depolarisation der Nervenmembran, die immer dann ausgelöst wird, wenn das Membranpotential vom Ruhewert über einen Schwellenwert (hier –55 mV, grüne Linie) hinaus ansteigt. Das passiert zum Beispiel als Folge von Aktionspotentialen und ermöglicht so die Weiterleitung elektrischer Signale entlang des Neurons. Bei Überschreiten der Schwellenspannung öffnen sich für etwa eine Millisekunde Natriumkanäle und ein depolarisierender Na⁺-Strom fließt in die Zelle. Diese Depolarisierung öffnet ihrerseits zusätzliche K⁺-Kanäle und der K⁺-Ausstrom bringt das Membranpotential wieder auf seinen Ausgangswert von –70 mV zurück. Tetrodotoxin verhindert die Öffnung der Na⁺-Kanäle und damit können keine Aktionspotentiale entstehen und die Signalweiterleitung ist unterbrochen (schwarze Linie).*

In Wirklichkeit ist die Membran nicht vollständig undurchlässig. In der Neuronenmembran sind Proteine eingebettet, durch die Kalium-Kationen durchwandern können. Diese Proteine bezeichnet man als Kaliumkanäle [24]. Da die K⁺-Konzentration innen größer (125 mM) als außen (5 mM) ist, wandern K⁺-Ionen durch die K⁺-Kanäle von hoher zu niedrigerer Konzentration, also von innen nach außen. Da die Na⁺-Ionen und A⁻-Anionen die Membran nicht passieren können, führt die alleinige Wanderung der K⁺-Ionen zu einem negativen Ladungsüberschuss auf der inneren Membranseite. Es entsteht ein negatives Membranpotential [25]. Je mehr K⁺-Ionen nach außen wandern, desto negativer wird das Membranpotential. Schließlich stellt sich ein Gleichgewichtswert von ca. –70 mV ein, bei dem das Diffusionsbestreben

entlang des Konzentrationsgradienten gleich der elektrischen Anziehungskraft der inneren, negativen Membranseite auf die nach außen gewanderten K⁺-Ionen ist. Diese Gleichgewichtsspannung von –70 mV bezeichnet man als Ruhepotential. Membranpotentiale lassen sich heute mit Mikroelektroden bequem messen [26]. Zum Aufbau des Ruhepotentials müssen nur wenige K⁺-Ionen die Membran passieren. In einem typischen Neuron reicht dafür die Wanderung von nur 10⁻⁷ mMol K⁺-Ionen aus. Zum Vergleich: Die intrazelluläre K⁺-Konzentration beträgt 125 mM, d.h. ist neun Zehnerpotenzen geringer.

Wie kommt es aber zu einer Reizleitung entlang eines Neurons? Wird am Ende eines Neurons an dem schmalen Spalt (Synapse) zu einem anderen Neuron durch chemische Signalstoffe (Neurotransmitter) ein Reiz übertragen, kommt es zu einer momentanen Verringerung des Membranpotentials von –70 mV auf ca. –60 mV. Diese geringe Änderung reicht aus, um eine zweite Klasse von Ionenkanälen zu aktivieren: die spannungsgesteuerten Natriumkanäle. Die Na⁺-Kanäle sind bei –70 mV geschlossen, öffnen sich aber schlagartig bei –60 mV. Na⁺-Ionen strömen sofort entlang des Konzentrationsgefälles von außen nach innen ein. Getrieben werden sie einerseits vom Konzentrationsgefälle, aber zusätzlich noch durch den negativen Ladungsüberschuss im Inneren der Zelle. Das negative Membranpotential bricht schlagartig zusammen und steigt sogar auf + 50 mV an (Depolarisation). Dieser als Aktionspotential bezeichnete Spannungsanstieg dauert nur kurze Zeit, denn die gerade erst geöffneten Na⁺-Kanäle schließen nach weniger als 1 ms schon wieder. Gleichzeitig öffnen sich zusätzliche (spannungsgesteuerte) K⁺-Kanäle. K⁺-Ionen strömen schnell von innen nach außen, bis sich wieder das Ruhepotential einstellt [27]. Das Ganze dauert nur etwa eine Millisekunde. Der kurzzeitige Einstrom von Na⁺-Ionen polt nicht nur das Membranpo-

tential direkt an den geöffneten Na⁺-Kanälen um, sondern verändert das Membranpotential in der unmittelbaren Nachbarschaft zu positiveren Spannungswerten. Da schon eine geringe Änderung des Membranpotentials von –70 auf –60 mV zu einer Öffnung der benachbarten Na⁺-Kanäle führt, wird das Aktionspotential entlang der Neuronenmembran weitergeleitet. Die Geschwindigkeiten, mit der das Aktionspotential über das Neuron saust, liegen zwischen 10 und 300 km/h. Nach einer Wartezeit von einigen Millisekunden kann sich der Vorgang wiederholen. Man sagt: das Neuron feuert [28].

Welche Rolle spielt das Tetrodotoxin des *fugus* in diesem neuronalen Prozess [29]? Tetrodotoxin bindet perfekt an die Natriumkanäle und blockiert ihre Öffnung. Dies bedeutet, dass ein ankommender Reiz nicht weitergeleitet werden kann, da das Einströmen von Na⁺-Ionen völlig blockiert ist und sich somit kein Aktionspotential bilden kann (Abbildung 6). Tetrodotoxin ist ein perfektes Lokalanästhetikum, da z.B. Schmerzreize nicht weitergeleitet werden. Der *fugu* selbst hat aus nahe liegenden Gründen Na⁺-Kanäle, an die Tetrodotoxin nicht binden kann. Er ist gegen sein Gift durch eine geringfügige Änderung im Aufbau des Kanalproteins immun.

Wir Menschen leider nicht, denn ein chemisch geschulter *fugu*-Gourmet spürt ganz schnell die verstopften Natriumkanäle – und genießt sie. In den Lippen und Fingern beginnt sich die Wirkung durch ein leichtes Kribbeln und Taubheit zu zeigen [30]. Bedenklich wird die Situation, wenn die Finger völlig taub und nicht mehr steuerbar werden. Fallen einem Gast in einem *fugu*-Restaurant die Essstäbchen aus der Hand, herrscht sofort Totenstille und helle Aufregung beim Küchenpersonal. Trotzdem, werden Sie nicht nervös, wenn dies am Nebentisch passieren sollte, denn das absichtliche Fallenlassen der Essstäbchen ist ein beliebter Scherz von schlecht erzogenen, angetrunkenen Gästen.

TAB. 1	IONEN-KONZENTRATIO-NEN INNERHALB UND AUßERHALB DER ZELL-MEMBRAN

	intrazellulär [mM]	extrazellulär [mM]
K^+	125	5
Na^+	12	120
A^-	137	125

Zusammenfassung

Das hochwirksame Gift des fugus faszinierte die Menschen schon seit Urzeiten. Erst 1964 gelang die Strukturaufklärung des Tetrodotoxin, das sich als eine chemisch ungewöhnliche Verbindung entpuppte. Das Gift ist ein unersetzliches Handwerkszeug bei Untersuchungen von neuronalen Prozessen, da Na^+-Kanäle hochselektiv blockiert werden können. Dass der fugu, trotz seiner Giftigkeit, seit Jahrhunderten von japanischen Gourmets als unvergleichliche Delikatesse geschätzt wird, mag uns Europäern unverständlich sein, erinnert uns aber daran, dass kulturelle Unterschiede reizvoll sind und mit Toleranz und Neugier begegnet werden sollten. Jedes Jahr findet in Shimonoseki eine Trauerfeier unter großer Beteiligung der Bevölkerung statt. Nicht wegen der menschlichen Opfer, sondern wegen der verstorbenen Fische. Shinto-Priester beten für sie und geben eine größere Zahl gefangener fugus symbolisch als Dank an das Meer zurück.

Danksagung

Bei der Arbeit an diesem Artikel haben mir einige Kollegen kräftig mit Rat und Tat zur Seite gestanden. Ich bedanke mich ganz herzlich für den neurochemischen Beistand bei Prof. Ferdinand Hucho (FU Berlin), bei Dr. Karl-Heinz Hellwich (Beilstein GmbH, Frankfurt) für seine Beratung bei der schwierigen Nomenklatur und für die kulinarisch-kulturellen Korrekturen bei Kazue Ishiwada (Fa. Jeol, München).

Literatur und Anmerkungen

[1] H.-J. Quadbeck-Seeger, Chemie-Rekorde, Wiley-VCH, Weinheim, **1999**.

[2] Auch im neuen Walt-Disney-Film „Findet Nemo" bläst er sich im Aquarium des Zahnarztes zum großen Vergnügen der Zuschauer auf.

[3] K. Tsuda, *Naturwissenschaften*, **1966**, *53*, 171.

[4] T. Goto, Y. Kishi, S. Takahashi und Y. Hirata, *Tetrahedron*, **1965**, *21*, 2059; H. S. Mosher, F.A. Fuhrmann, H. D. Buchwald und H.G. Fischer, *Science*, **1964**, *144*, 100; K. Tsuda, *Chem.Pharm.Bull.Japan*, **1964**, *12*, 634,642; R. B. Woodward, *Pure Appl. Chem.* **1964**, *9*, 49.

[5] Da Molche von Menschen nicht gegessen werden, stellen sie für uns keine Gefahr dar. Es gibt Ausnahmen: in einer Mutprobe verspeiste ein junger Mann einen kalifornischen Molch. Er verstarb nach wenigen Stunden. S.G.Bradley und L.J. Kilka, *J.Amer. Med. Ass.* **1981**, *246*, 247.

[6] Die Struktur **4** wurde 1970 durch eine Röntgenstrukturanalyse des Tetrodotoxin-hydrobromids bestätigt. A. Furusaki, Y. Tomiie und I. Nitta, *Bull. Chem. Soc. Jpn* **1970**, *43*, 3332.

[7] H.S. Mosher, *Ann.N.Y.Acad. Sci.* **1986**, *479*, 32.

[8] Y. Kishi, T. Fukuyama, M. Aratani, F. Nakatsubo, T. Goto, S. Inoue, H. Tanino, S. Sugiura und H. Kakoi, *J. Am. Chem. Soc.* **1972**, *94*, 9219.

[9] J. F. W. Keana *et al.*, *J. Org. Chem.* **1983**, *48*, 3627 und dort zitierte Literatur. M. Funabashi, H. Wakai, K. Sato und J. Yoshimura, *J. Chem. Soc., Perkin I*, **1980**, 14 und dort zitierte Literatur. M. Isobe, T. Nishikawa, N. Fukami und T. Goto, *Pure Appl. Chem.* **1987**, *59*, 399.

[10] T. Benzer in www.emedicine.com/emerg/topic576.htm.

[11] H. Becker, *Pharm. unserer Zeit* **1986**, *15*, 8. D. Martinez, *Wissenschaft und Fortschritt*, **1989**, *39*, 5.

[12] T. Yasumoto, H. Nagai, D. Yasumura, T. Michishita, A. Endo, M. Yotsu und Y. Kotaki, *Ann.N.Y.Acad. Sci.* **1986**, *479*, 44.

[13] D. M. Anderson, Spektrum Wiss. **1994**, 70.

[14] T. Yasumoto, D. Yasumura, M. Yotsu, T. Mishishita, A. Endo und Y. Kotaki, *Agric. Biol. Chem.* **1986**, *50*, 793.

[15] K. Matsumura, *Appl.Environ. Microbiol.* **1995**, *61*, 3468 und anschließender Kommentar der Erstautoren.

[16] K. Matsumura, *J. Agric. Food Chem.* **1996**, *44*, 1.

[17] K. Matsumura, *Nature* **1995**, *378*, 564.

[18] http://fugu.hgmp.mrc.ac.uk/

[19] A. McLysaght, A. J. Enright, L. Skrabanek und K. H. Wolfe, *Yeast*, **2000**, *17*, 22.

[20] W. Booth, *Science* **1988**, *240*, 274 vgl. hierzu die Antwort von W. Davis: *Science* **1988**, *240*, 1715.

[21] Captain James Cook, *Entdeckungsfahrten im Pacific, Die Logbücher 1768 bis 1779*, **1983**, K. Thienemanns Verlag, Stuttgart.

[22] Die Übertragung eines Reizes von einem zum nächsten Neuron verläuft tatsächlich über einen Diffusionsprozess. Allerdings ist hierbei die zu überwindende Entfernung an der Verbindungsstelle zweier Neuronen, der Synapse, nur sehr klein.

[23] Diese stark vereinfachende Betrachtung soll nur ein erster Einstieg in das spannende Gebiet der Neurochemie sein. Ein sehr schöne Einführung finden Sie in Vom Reiz der Sinne, A. Maelicke (Hrsg), **1990**, VCH, Weinheim.

[24] Wie raffiniert solche spannungsgesteuerten Kanäle arbeiten, hat Roderick MacKinnon (Nobelpreis 2003) am Kaliumkanal eindrucksvoll gezeigt: U. Koert, *Chem. unserer Zeit*, **2003**, *37*, 430. D. Doyle, J. H. Morais-Cabral, Y. Zou und R. MacKinnon, *Nature* **2002**, *414*, 37.

[25] Da prinzipiell nur Spannungsdifferenzen gemessen werden können, wird der extrazelluläre Spannungswert auf 0 V festgelegt. Ein Wandern von K^+-Ionen nach außen führt damit zu einer negativen Spannungsdifferenz.

[26] Nobel Vorlesung von E. Neher und B. Sakmann: www.nobel.se/medicine/laureates/1991/neher-lecture.pdf; www.nobel.se/medicine/laureates/1991/sakmann-lecture.pdf.

[27] Es fließen zunächst sogar zu viele K^+-Ionen nach außen und ein Überschießen zu negativen Potentialwerten wird beobachtet.

[28] Bei jedem Aktionspotential wandert eine geringe Menge K^+ von innen nach außen und eine geringe Menge Na^+ von außen nach innen. In der Ruhephase pumpt eine durch ATP angetriebene Na-K-Pumpe gleichzeitig K^+ nach innen und Na^+ nach außen, bis die ursprünglichen Konzentrationen erreicht werden. Tatsächlich wird ein beträchtlicher Anteil unseres täglichen Energiebedarfs für die Aufrechterhaltung der Ionengradienten in unseren Zellen (nicht nur Neuronen) verbraucht.

[29] Eine gut lesbare Einführung in die Neurochemie der Schlangen-, Skorpion- und anderen Tiergifte findet sich bei F. Hucho, *Angew. Chem.* **1995**, *107*, 23.

[30] Die Wirkung entspricht völlig der einer lokalen Betäubungsspritze beim Zahnarzt.

[31] I. Putzier und S. Frings, *Biol. unserer Zeit*, **2002**, *32*, 148.

In dieser Kalligraphie des Wortes *fugu* hat Dr. Eiichi Sanuki, Tokio, durch eine besondere Papierpräparation ein gesprenkeltes Schriftbild geschaffen und mit einer speziellen, handgefertigten Tusche die Ränder absichtlich zerfließen lassen, um so an die Hautmusterung und die Herkunft des *fugus* zu erinnern.

Kuriose
Chemische
Delikatessen

Abb. *Mephitis mephitis. Die nur in Nordamerika lebenden Tiere haben eine einzigartige Verteidigungsstrategie entwickelt: bei Bedrohung wird der Angreifer durch Anheben des Schwanzes kurz vorgewarnt und bei Begriffsstutzigkeit mit einigen Millilitern eines übelriechenden Sekrets aus zwei Afterdrüsen besprüht. Für den Betroffenen bleibt diese Begegnung unvergesslich: das Sekret ist tränenreizend, verursacht Übelkeit, ist lang anhaftend und wird selbst in hoher Verdünnung mit Widerwillen wahrgenommen [2].*

Mephitis mephitis, Du stinkst so sehr!

Wer der übelste Stinker in der Natur ist, darüber sind sich Laien und Fachleute einig: es ist Mephitis mephitis, das gestreifte Stinktier [1]. Es wundert daher nicht, dass nur wenige Wissenschaftler verwegen genug waren, sich an das Stinktier heranzuwagen. Aus ihren Arbeiten wissen wir, dass das Sekret ein hochkomplexer Naturstoff und ein Meisterstück der Schwefelchemie ist.

1862: Der erste Anlauf

Es begann mit Friedrich Wöhler, dem Freunde aus „Neuyork" das dunkelgelbe, ölige Sekret des Stinktiers zur Untersuchung geschickt hatten. Wöhler übergab das „sehr widerwärtig riechende" Öl seinem belgischen *postdoc*, T. Swarts zur näheren Untersuchung. Der trennte es durch Destillation in zwei schwefelhaltige Fraktionen: ein farbloses, leicht bewegliches Öl (105-110°C) von „durchdringendem Geruch" und ein dickflüssiges, gelbliches, unangenehm riechendes Öl (195-200°C) [3]. Aus dem Destillationsrückstand konnte durch Wasserdampfdestillation eine stickstoffhaltige Base gewonnen werden. Die geringen Mengen erlaubten nur qualitative chemische Untersuchungen. Wöhler berichtete auch über die physiologischen Wirkungen des Stinktiersekrets: Swarts bekam beim Arbeiten heftige Kopfschmerzen, sein Harn roch nach Moschus und seine „Transpiration hatte mehrere Tage lang den Geruch des Öls". Hier umschreibt Wöhler mit gewählten Worten das Schicksal aller, die sich diesem Forschungsgebiet noch zuwenden sollten: Man stinkt tagelang wie ein Stinktier.

Ergebnis: Das Sekret des Stinktiers ist ein Substanzgemisch. Es besteht mindestens aus einer schwefel- und einer stickstoffhaltigen Verbindung.

1879: Der zweite Anlauf

Als nächster versuchte sich O. Löw am Stinktier [4]. Seine Feldstudien in Texas konnte er allerdings nicht zu Ende führen; weniger aus wissenschaftlichen, vielmehr aus sozialen Gründen. Er berichtete: „*Ich hätte mir leicht eine zur Feststellung der chemischen Constitution hinreichende Menge jener interessanten Schwefelverbindung verschaffen können, wenn meine sämmtlichen Reisegefährten nicht energisch dagegen protestirt hätten; denn der an mir haftende Geruch war unerträglich.*"

Die trotz des massiven Protests gesammelten geringen Mengen des Sekrets untersuchte Löw in einem New Yorker Labor. Erste Untersuchungen bestätigen eine schwefelhaltige und eine stickstoffhaltige Komponente. Weitere Studien scheiterten aber an den verständnislosen Kollegen [5]: „*Nach meiner Rückkehr nach New York City begann ich einige chemische Umsetzungen mit den geringen Mengen, die ich gesammelt hatte, als das gesamte College gegen mich revoltierte und schrie "Ein Stinktier! Ein Stinktier ist hier!". Ich musste meine Untersuchungen abbrechen.*"

Ergebnis: Wöhlers Befunde wurden bestätigt. Aktive Forschung am Sekret des Stinktiers hat auch eine soziale Komponente.

1896: Der dritte Anlauf

Thomas Aldrich beschrieb 1896 [6] das Sekret als „*klare, ölige Flüssigkeit mit goldgelber bis hell-bernsteinfarbener Farbe mit einem charakteristischen, penetranten und extrem kräftigen Geruch mit einer spezifischen Dichte von 0.939.*" Aldrich konzentrierte sich auf die zwischen 100-110°C siedende Fraktion. Durch Vergleich der Siedepunkte schieden Thiole mit bis zu drei Kohlenstoffatomen wegen eines zu niedrigen und Thiole mit fünf oder mehr Kohlenstoffatomen wegen eines zu hohen Siedepunkts als mögliche Inhaltsstoffe aus (Tabelle 1).

Ein Thiol mit vier Kohlenstoffatomen erschien am wahrscheinlichsten. Die experimentell gefundenen Schwefelwerte (35.37% und 34.98%) waren für 1-Butanthiol **1** allerdings etwas niedrig (Theorie für C_4H_9SH: 35.55%) und auch die Werte für Wasserstoff und Kohlenstoff wichen etwas von den theoretisch berechneten Werten ab. Bei der Interpretation seiner Ergebnisse drückte sich Aldrich daher sehr vorsichtig aus: *„Die Analysenergebnisse stimmen ausreichend gut mit den theoretischen Werten überein, so dass ich glaube, dass bei Berücksichtigung der Siedepunkte auch der skeptischste Betrachter überzeugt sein wird, dass die Hauptmenge dieser Fraktion eines der Butylthiole enthält".*

Allerdings spekulierte er bei seinem Strukturvorschlag: *„Das primäre n-Butylthiol siedet bei 97°C. Der Siedepunkt der Fraktion zwischen 100°C – 110°C kann einfach erklärt werden, wenn man annimmt, dass eine kleine Menge an höher siedender Verbindungen vorhanden sind. Mit dieser Annahme können auch die anderen Analysenergebnisse erklärt werden. Ich tendiere dazu mehr an die Gegenwart eines höheren Thiols als an ein Sulfid zu glauben."*

Man muss schon genau lesen, Aldrich weist in seiner Publikation zwar häufig auf 1-Butanthiol **1** hin, sagt aber nie definitiv, dies sei tatsächlich ein Bestandteil des Sekrets. Er sagt nur, dass „es wahrscheinlich sei, dass im Sekret eines der Butanthiole enthalten sei" [7].

Ergebnis: Das Sekret enthält ein Butanthiol, vermutlich 1-Butanthiol 1.

1897: Der vierte Anlauf

Ein Jahr später untersuchen Aldrich und Jones 1897 [8] erneut das Stinktiersekret und identifizierten das höher siedende 2-Methylchinolin **2**. Diese Verbindung ist vermutlich identisch mit der bereits von Swarts und von Löw beschriebenen Stickstoffbase. Hier konnte jedoch ein eindeutiger Strukturbeweis durch Vergleich

mit einer authentischen Probe erbracht werden. Darüber hinaus isolierten die Autoren eine zweite basische Komponente, die mit der Wasserdampfdestillation schwerer überging und neben Stickstoff auch Schwefel enthielt. Nähere Angaben wurden jedoch nicht gemacht.

Ergebnisse: Das Sekret enthält 2-Methylchinolin 2 und eine weitere schwefel- und stickstoffhaltige Verbindung unbekannter Struktur.

1945: Der fünfte Anlauf

Bereits Wöhler hatte den moschusartigen Geruch des Harns seines Gastwissenschaftlers T. Swarts beschrieben. Der geruchsprägende Bestandteil von Moschus, einem Sekret des Moschushirschs, ist Muscon, ein fünfzehngliedriges Ringketon (3-Methylcyclopentadecanon), dessen Struktur 1926 durch Ruzicka [9] aufgeklärt worden war. Moschus ist wegen seiner animalischen Duftnote ein noch heute unersetzlicher und kostbarer Bestandteil hochwertiger Parfums. Der Amerikaner Philip Stevens [10] griff die Beobachtung Wöhlers auf und hoffte, größere Ringketone im Stinktiersekret zu finden. Leider fand sich in keiner Fraktion ein Keton. Als nicht geplantes Ergebnis seiner Untersuchungen isolierte Stevens aus 210 g des „abstoßend riechenden" Sekrets 4,5 g einer neuen schwefelhaltigen Verbindung, die als Bis(2-butenyl)sulfid **3** identifiziert werden konnte.

Ergebnisse: Das Sekret enthält Bis(2-butenyl)sulfid 3 [11], aber keine mit Muscon verwandten cyclischen Ketone.

1975: Der sechste Anlauf

Andersen und Bernstein setzten 1975 erstmals die Gaschromatographie als Trenntechnik ein. Dabei stellte sich heraus, dass *nicht* 1-Butanthiol sondern 2-Buten-1-thiol **4** und 3-Methyl-1-butanthiol **5** mit einem Gesamtgehalt von etwa 66% [12,13] die Hauptkomponenten des Sekrets waren. Als dritthäufigste Verbindung mit einem Gehalt von etwa 7%

wurde (2-Butenyl)methyldisulfid **6** identifiziert.

Ergebnisse: Das Sekret enthält kein 1-Butanthiol 1; die Hauptinhaltsstoffe sind 2-Buten-1-thiol 4 und 3-Methyl-1-butanthiol 5. Als dritthäufigste Komponente wurde (2-Butenyl)methyldisulfid 6 identifiziert.

1982: Der siebente Anlauf

In einer zweiten Studie setzten Andersen und Mitarbeiter eine neue analytische Trenn- und Messmethode für die durch Vakuumdestillation vorgetrennten Fraktionen ein: die direkte Kopplung von Gaschromatographie und Massenspektrometrie [14]. Insgesamt konnten 160 Komponenten nachgewiesen werden, wovon 150 schwefelhaltig sind. Die beiden Hauptbestandteile 2-Buten-1-thiol **4** und 3-Methyl-1-butanthiol **5** wurden

ABB. | VERMUTETE UND TATSÄCHLICHE INHALTSSTOFFE

bestätigt. Das von den Autoren früher gefundene (2-Butenyl)-methyldisulfid **6** konnte nicht mehr nachgewiesen werden und die dritthäufigste Komponente mit 7% Gehalt war nun (2-Butenyl)propylsulfid **7**. Zwei weitere Disulfide konnten identifiziert werden und ihre Struktur aus dem Massenspektrum nahegelegt werden: Butyl(3-methylbutyl)disulfid **8** und (2-Butenyl)butyldisulfid **9**. Weiterhin wurde 2-Methylchinolin **2** als Bestandteil bestätigt und der erste Thioester nachgewiesen [15]: Thioessigsäure-*S*-(3-methylbutyl)ester **10**.

Ergebnisse: Das Sekret enthält kein Bis(2-butenyl)sulfid 3 und kein (2-Butenyl)methyldisulfid 6. Die dritthäufigste Komponente ist nicht 6, sondern (2-Butenyl)-propylsulfid 7. Neu gefundene Inhaltsstoffe sind Butyl(3-methyl-butyl)disulfid 8, Butenyl(2-butyl)-disulfid 9 und Thioessigsäure-S-(3-methylbutyl)ester 10.

1990: Der achte, bisher letzte Anlauf

William Wood war der letzte Mutige, der sich an das Sekret wagte [16].

Er führte GC/MS-Untersuchungen am frischen Sekret durch, das in vielen Fällen nur wenige Minuten nach der Gewinnung aus dem Tier vermessen wurde. Die Arbeit bestätigte die Strukturen der beiden Hauptkomponenten, die Thiole **4** und **5**. Für die dritthäufigste Komponente hatten Andersen et al. in den beiden Studien von 1975 und 1982 die unterschiedlichen Strukturen **6** und **7** vorgeschlagen. Um sicher zu gehen, synthetisierte Wood beide Verbindungen und musste überrascht feststellen, dass *keine von beiden* im Sekret enthalten war. Die Struktur der dritthäufigsten Komponente ergab sich nach seinen spektroskopischen Studien als Thioessigsäure-*S*-(2-butenyl)ester **11**. Eine unabhängige Synthese bestätigte dies.

2-Methylchinolin **2**, das bereits von Aldrich und Jones 1897 und Thioessigsäure-*S*-(3-methylbutyl)ester **10**, der von Andersen 1982 gefunden wurde, konnten bestätigt werden. Allerdings konnte Woods einige bislang vermutete Inhaltsstoffe nicht finden: weder **3**, **8** noch **9** ließen sich im frischen Sekret nachweisen. Diese Produkte müssen aus dem Sekret durch Zersetzung oder Reaktion mit Luftsauerstoff während der Trennung und/oder der spektroskopischen Messung entstanden sein. Die Prozedur der „Isolierung" des Sulfids **3** durch Stevens soll dies verdeutlichen:

Das Sekret wurde vor der Aufarbeitung

– einige Monaten stehen gelassen,
– zur Abtrennung der Thiole mehrere Tage mit ethanolischer Quecksilberchlorid-Lösung behandelt,
– das Lösungsmittel wurde erst nach einiger Zeit (considerable time) abdestilliert,
– im Vakuum destilliert,
– mit 7prozentiger Salzsäure und anschließend 10prozentigem „Alkali" ausgeschüttelt und schließlich zweimal im Vakuum destilliert.

Stevens Methoden waren auch aus damaliger Sicht recht harsch und es verwundert, dass er am Ende überhaupt noch etwas isolieren konnte. Das isolierte Disulfid **3** ist mit großer

Wahrscheinlichkeit durch Oxidation des (damals noch unbekannten) Hauptbestandteils **4** mit Luftsauerstoff und anschließender Zersetzung entstanden. Neu nachweisen konnte Wood im Stinktiersekret die Verbindungen (2-Chinolyl)methanthiol **12** und Thioessigsäure-*S*-[(2-chinolyl)methyl]ester **13**.

Ergebnisse: Als Inhaltsstoffe bestätigt wurden 2-Methylchinolin 2 und Thioessigsäure-S-(3-methylbutyl)ester 10. Dritthäufigste Komponente ist weder 6 noch 7, sondern Thioessigsäure-S-(2-butenyl)ester 11. Die beiden Disulfide 8 und 9 konnten Im Sekret nicht nachgewiesen werden. Als weitere Inhaltsstoffe wurden identifiziert: (2-Chinolyl)methanthiol 12 und Thioessigsäure-S-[(2-chinolyl)methyl]ester 13.

Der Stand der Dinge

Fasst man die Ergebnisse aller Studien zusammen, so besteht das Sekret des gestreiften Stinktiers nach unseren heutigen Erkenntnissen aus den in Tabelle 2 zusammengefassten Hauptkomponenten (>1%) [17].

Quo vadis, Mephitis mephitis?

Ist dies schon das Ende chemischer Forschung am Stinktier, oder sind noch weitere, labile Komponenten im frischen Sekret des Tiers enthalten, die sich an der Luft schnell zersetzen? Welche Zersetzungsprodukte entstehen dabei? Sollten wir beim nächsten Versuch die Afterdrüsen eines betäubten Tieres direkt und unter Schutzgas mit dem Einlasssystem eines Gaschromatographen verbinden, um jede Artefaktbildung zu vermeiden? Riechen eigentlich alle Stinktiere gleich oder kann man an der chemischen Zusammensetzung des Sekrets Verwandtschaftsgrade ablesen? Fragen über Fragen, die einer Beantwortung harren. So hoffen wir, dass es auch in Zukunft tatendurstige Forscherinnen und Forscher geben wird, die sich mit einem kräftigen Deo bewaffnet, den putzigen Stinker mit neuen Ideen wieder vornehmen werden.

TAB. 1 | SIEDEPUNKTE VON THIOLEN

Thiol	Summenformel	Siedepunkt °C
Methanthiol	CH_4S	6
Ethanthiol	C_2H_6S	36
1-Propanthiol	C_3H_8S	67
2-Propanthiol	C_3H_8S	57–60
1-Butanthiol **1**	$C_4H_{10}S$	97
3-Methyl-1-butanthiol	$C_5H_{12}S$	115–120

TAB. 2 | HAUPTKOMPONENTEN DES STINKTIERSEKRETS

Verbindung	Anteil in %
2-Buten-1-thiol **4**	38–40
3-Methyl-1-butanthiol **5**	18–26
Thioessigsäure-*S*-(2-butenyl)ester **11**	12–18
Thioessigsäure-*S*-(3-methylbutyl)ester **10**	2–3
2-Methylchinolin **2**	4–11
(2-Chinolyl)methanthiol **12**	4–12
Thioessigsäure-*S*-[(2-chinolyl)methyl]ester **13**	1–4

Um neugierig gewordenen Forscherinnen und Forschern wenigstens die soziale Vereinsamung während des Arbeit zu ersparen, soll ihnen ein Mittel zur Bekämpfung ihres dann strengen Körpergeruchs an die Hand gegeben werden. Dieses zumindest bei Haustieren bestens bewährte Mittel oxidiert die SH-Reste der flüchtigen Thiole zu wasserlöslichen und geruchlosen Sulfonsäuren:

1/4 Tasse Natriumhydrogencarbonat und ein Teelöffel Geschirrspülmittel werden in einem halben Liter 3proz. wässriger Wasserstoffperoxidlösung gelöst. Mit dieser Lösung wird das Tier eingerieben und nach 5 Minuten Einwirkzeit mit Wasser abgewaschen. Bei Bedarf wiederholen.

Literatur und Anmerkungen

[1] Nur Stinktiere, phillipinische Teledus und südamerikanische Zorrinos benutzen ein Drüsensekret zur Abwehr. Es gibt sechs Spezies von Stinktieren, wobei das gestreifte Stinktier *(Mephitis mephitis)* am häufigsten vorkommt.

[2] Das Stinktiersekret ist in hohen Konzentrationen auch toxisch, wie ein Studentenstreich aus dem Jahr 1881 belegt. Studenten hielten einen Kommilitonen des *Virginia Agricultural and Mechanical College* fest und ließen ihn für längere Zeit das Sekret einatmen. Der Ärmste wurde bewusstlos und ein schnell hinzugezogener Arzt begann mit Wiederbelebungsversuchen: er flößte dem bewusstlosen Opfer Whisky ein. Diese Wildwest-Therapie half sogar, der Student kam zu sich, hatte zwar starke Kopfschmerzen, aber nach einer durchgeschlafenen Nacht waren alle Symptome verschwunden [17].

[3] T. Swarts, *Justus Liebigs Ann. Chem.* **1862**, *123*, 266.

[4] O. Löw, *Ärztliches Intelligenzblatt*, **1879**, 252.

[5] pers. Brief an Prof. Abel, loc.cit. in [6].

[6] T. B. Aldrich, *J. Exp. Med.* **1896**, *1*, 323.

[7] Es gibt vier strukturisomere Butanthiole: 1-Butanthiol, 2-Butanthiol, 2-Methyl-1-propanthiol und 2-Methyl-2-propanthiol. Trotz der vorsichtigen Formulierung wurde in vielen Lehrbüchern 1-Butanthiol als Hauptbestandteil des Stinktiersekrets beschrieben. Dies stellte sich 1975 als völlig falsch heraus, denn 1-Butanthiol ist im Sekret in keinen nennenswerten Mengen enthalten. Trotzdem wird 1-Butanthiol noch heute in vielen Büchern fälschlicherweise als Bestandteil beschrieben (vgl. [12]).

[8] T.B. Aldrich, W. Jones, *J. Exp. Med.* **1997**, *2*, 439.

[9] L. Ruzicka, *Helv. Chim. Acta,* **1926**, *9*, 715 und 1008.

[10] P. G. Stevens, *J. Am. Chem. Soc.* **1945**, *67*, 407.

[11] Alle in diesem Artikel beschriebenen Doppelbindungen sind (*E*)-konfiguriert, was bei 1,2-disubstituierten Alkenen einer *trans*-Anordnung entspricht.

[12] K. K. Andersen, D.T. Bernstein, *J. Chem. Educ.* **1978**, *55*, 159.

[13] K. K. Andersen, D.T. Bernstein, *J. Chem. Ecol.* **1975**, *1*, 493.

[14] K. K. Andersen, D.T. Bernstein, R.L. Caret und L.J. Romanczyk, Jr., *Tetrahedron* **1982**, *38*, 1965.

[15] Thioester sind weniger flüchtig als entsprechende Thiole. An Haut und Haaren haftende Thioester hydrolysieren im Laufe der Zeit zu Carbonsäure und Thiol und sind für die lang anhaltende Wirkung des Stinktiersekrets verantwortlich.

[16] W. F. Wood, *J. Chem. Ecol.* **1990**, *16*, 2057.

[17] W. F. Wood, *Chem. Educator* **1999**, *4*, 44.

„Jäder nor einen wönzigen Schlock"

*Prof. K.W. Crey, von seinen Schülern liebevoll Schnauz ge-
nannt, war und ist der beliebteste Chemielehrer im deutschsprachigen Raum, dem in der Filmkomödie „Die Feuerzangenbowle" mit Heinz Rühmann und Erich Ponto ein Denkmal ge-
setzt worden ist. Wie in seinem Hauptwerk „Die Gärächtigkeit
des Lährers unter besonderer Beröcksächtigong der Höheren
Lähranstalt" ausgeführt, war für ihn der Alltagsbezug des
Schulstoffs die Basis jeden erfolgreichen Unterrichts. Unver-
gessen war sein Unterrichtseinstieg in die komplexe Chemie
der alkoholischen Gärung: Er und seine „Schöler" verkosteten
gemeinsam einen selbst hergestellten Heidelbeerwein. Eine
damals revolutionäre didaktische Glanzleistung! Leider ver-
kannten seine Schüler die edle Intention und spielten ihm
stattdessen einen bösen Streich. Rückblickend muss bedau-
ernd festgestellt werden, dass dadurch Creys Aufarbeitung
des komplexen Lehrstoffs nie angemessen gewürdigt wurde.
Holen wir das endlich nach!*

Das wissenschaftlich Werk von K.W. Crey galt bis auf einige frühe Arbeiten als verschollen. Im Rahmen eines
Forschungsprojekt wurden kürzlich im Staatsarchiv Goslar
Teile seines umfangreichen Unterrichtsmaterials wieder-
entdeckt und inzwischen der Fachöffentlichkeit zugänglich
gemacht [1]. Eine erste wissenschaftliche Sichtung ergab,
dass Creys wegweisendes Unterrichtskonzept nichts von
seiner Aktualität verloren hat. Exemplarisch soll hier seine
Lehreinheit „Alkoholische Gärung" vorgestellt werden, in
der ein komplexer biochemischer Prozess von großer volks-
wirtschaftlicher Bedeutung für Schüler der Oberstufe aufgearbeitet wurde.

Das Elixier des Lebens: ATP

Zu Beginn wirft K.W. Crey die Frage nach der materiellen
Basis allen Lebens auf. Hier wird die Kreativität der Schüler
gefordert und die altersgerechten Ideen und Vermutungen
wie Sauerstoff, Wärme, organische Materie, Fortpflanzung,
Wasser, Sonnenenergie, Essen und Trinken etc. werden gesammelt, kategorisiert und in kleinen Gruppen analysiert.
Vor der Klasse müssen die Schüler ihre Vorschläge vertei-
digen, wobei der Lehrer in einem sportlich-rhetorischen
Streitgespräch immer die Gegenposition einnimmt. Dieser
spannende Diskurs endet immer gleich: alle gemachten Vorschläge berücksichtigen nur Teilaspekte, ergeben aber keine umfassende Definition für die materielle Basis des Lebens. Welcher Stoff könnte das sein, der uns und allen anderen Kreaturen das Leben ermöglicht? Crey greift auf die
Alltagswelt zurück und vergleicht eine lebensfähige Zelle
mit einem betriebsbereiten Auto. Beide sind komplex aufgebaut und bestehen aus vielen miteinander verzahnten
Komponenten, aber ohne Energiezufuhr, im Falle des Au-
tos ohne Benzin, geht nichts. Als universelles Zellen-„Benzin" wird den Schülern das Adenosintriphosphat (ATP) [2]
und seine energiespendende Hydrolyse [3] (Abbildung 1,
Gl. 1) vorgestellt.

Beim Anschreiben dieser für die Schüler völlig unver-
ständlichen Strukturformeln an die Tafel, herrscht in der
Klasse betretenes Schweigen [4]! Crey versteht diese Ver-
blüffung sogar noch zu steigern, indem er den Schülern
klarmacht, dass sie selbst in völliger Ruhe rund 30 Kilogramm pro Tag (!) „von dem Zeug" umsetzen. Im Sportun-
terricht kann bei einem strammen Lauf dieser Wert sogar
auf 500 Gramm pro Minute (!) ansteigen. Mit diesem didaktischen Kanonenschlag weckt Crey auch die naturwissenschaftlich uninteressiertesten Schüler auf. Einfach genial!

Wie wird aus ATP Muskelarbeit? Völlig beiläufig, in einem Vergleich voll bildhafter Kraft führt Crey die gekoppelten Reaktionen ein. Benzin wird im Auto ja nicht wie in einem Ofen unkontrolliert verbrannt, sondern im Motor wird das Benzin/Luft-Gemisch zum richtigen Zeitpunkt gezündet, und das sich ausdehnende Gas treibt den Kolben an. In einer Muskelzelle geschieht nichts anderes: ATP zerfällt, und ein Teil der dabei freiwerdenden Energie wird zum mechanischen Aneinander-Vorbeigleiten zweier Proteinen-Moleküle genutzt [5]. Mit anderen Worten: In unseren Muskeln entspricht ATP dem Benzin und jede Muskelzelle einem kleinen Motor. Die überschüssige, nicht in mechanische Arbeit umgewandelte Energie wird im Auto, wie auch in der Zelle, als Wärme frei und sorgt für die richtige Betriebs- bzw. Körpertemperatur [6].

Ohne näher auf die chemische Struktur des ATPs einzugehen, treibt Crey mit der Frage *„Woher bekommen unsere Zellen das „ATP-Benzin"?* den Unterricht voran.

An dieser Stelle muss daran erinnert werden, dass Schüler der Sekundarstufe II zwar mit dem Aufstellen stöchiometrischer Reaktionsgleichungen und den Begriffen Oxidation und Reduktion gut vertraut sind, jedoch mit den Mechanismen der ATP-Produktion [7] überfordert wären. Dieser spannende Teil der Biochemie (Glykolyse, Zitronensäurezyklus, oxidativer Phosphorylierung etc.) füllt in Lehrbüchern Hunderte von Seiten, jedoch wie es Crey gelingt, das Wesentliche daraus auf das Niveau der Sekundarstufe II herunterzubrechen, verdient unsere Hochachtung.

Abbau von Glucose mit Sauerstoff

Am Anfang stehen zwei Summengleichungen: die unkontrollierte (Gl. 2) und die kontrollierte Verbrennung von Glu-

---

ABB. 1 | ATP – „BENZIN" DER ZELLE

$$ATP \rightleftharpoons ADP + P \qquad -30.5 \, kJ \cdot mol^{-1} \qquad (1)$$

ATP — Adenosintriphosphat
ADP — Adenosindiphosphat
P — Phosphat

unkontrollierte Verbrennung
$$C_6H_{12}O_6 + 6\,O_2 \longrightarrow 6\,CO_2 + 6\,H_2O \qquad -2872 \, kJ \, mol^{-1} \qquad (2)$$

intrazellulärer oxidativer Abbau
$$C_6H_{12}O_6 + 6\,O_2 + 36\,(ADP + P) \longrightarrow 6\,CO_2 + 6\,H_2O + 36\,(ATP+H_2O) \qquad -1772 \, kJ \, mol^{-1} \qquad (3)$$

$$C_6H_{12}O_6 \xrightarrow[\;(ADP+P)\;\rightarrow\;ATP\;]{O_2 \;\; 2H_2O} 2\,C_3H_4O_3 \xrightarrow{O_2 \;\; 2CO_2} 2\,C_2H_4O_2 \xrightarrow[\;(ADP+P)\;\rightarrow\;ATP\;]{+4\,O_2} 4\,CO_2 + 4\,H_2O \qquad (4)$$

Glucose — Brenztraubensäure (Pyruvat) — Essigsäure (Acetat)
Glykolyse — Zitronensäurezyklus

$$C_6H_{12}O_6 + 2\,(ADP + P) \xrightarrow{Milchsäuregärung} 2\,C_3H_6O_3 + 2\,(ATP + H_2O) \qquad -135 \, kJ/mol \qquad (5)$$

Glucose — Milchsäure Laktat

$$C_6H_{12}O_6 + 2\,(ADP + P) \xrightarrow{alkoholische\ Gärung} 2\,(C_2H_6O + CO_2) + 2\,(ATP + H_2O) \qquad -173 \, kJ/mol \qquad (6)$$

Glucose — Ethanol

cose in der Zelle (Gl. 3). Offensichtlich kann die Zelle durch Kopplung von den rund 2800 kJ/mol der Glucose-Oxidation 1100 kJ/mol in Form von ATP speichern [8].

Für das weitere Verständnis gliedert Crey den intrazellulären Abbau von Glucose in drei Schritte: Glykolyse, Umwandlung von Brenztraubensäure (Pyruvat) in Essigsäure und Zitronensäurezyklus (Gl. 4 und Infokasten unten) [9].

Abbau von Glucose ohne Sauerstoff

Die Schüler können aus dem Schaubild im Infoblock 1 und Gl. 4 leicht ableiten, dass Glucose nur aerob, d.h. in Gegenwart von Sauerstoff, abgebaut werden kann und dabei ATP liefert. Crey gibt zwei Gegenbeispiele aus der Alltagswelt: Milchsäurebakterien (Herstellung von Sauerkraut) und Hefen (Herstellung von Wein und Bier) bauen Glucose anaerob, d.h. ohne Sauerstoff, nach Gl. (5) und (6) ab und wachsen und gedeihen auch unter diesen Bedingungen.

Beiden Gleichungen beschreiben *summa summarum* keine Oxidationsreaktionen, dies wird besonders an der Bildung von zwei Molekülen Milchsäure deutlich, die formal einer Halbierung des Glucosemoleküls entspricht.

Ein Vergleich des aeroben und anaeroben Glucose-Abbaus (Gl.(4) – (6)) zeigt den großen Unterschied in der Energieausbeute: Während aus einem Mol Glucose aerob 36 Mol ATP entstehen, sind es anaerob nur zwei Mol. Kein Wunder, denn die Endprodukte beider Gärungen, Milchsäure und Ethanol, enthalten noch viel chemische Energie,

die anaerob nicht genutzt werden kann. Schlimmer noch, in hohen Konzentrationen sind Milchsäure und Ethanol für die Zellen toxisch.

Crey beschreibt in seinen Anmerkungen, dass in dieser Phase die Konzentration der Schüler häufig nachlässt, Milchsäurebakterien erscheinen ihnen einfach zu exotisch, ja ekelig. Das Interesse der Schüler gewinnt Crey schlagartig zurück, in dem er einen sportlichen Schüler benennt, der eine Milchsäuregärung ohne Sauerstoff vormachen muss. Das sitzt, denn die Schüler kennen Sauerstoffmangel nur vom Tauchen im Schwimmunterricht und sind gespannt. Crey holt den Schüler nach vorn und lässt ihn vor der Klasse dreißig Kniebeugen machen. Ungefähr nach der Hälfte der Übungen erklärt Crey den verdutzten Schülern, dass ihr Mitschüler gerade eine kräftige Milchsäuregärung durchführt. Der Stoffwechsel des Menschen basiert auf Sauerstoff, aber bei plötzlicher Belastung z.B. von Skelettmuskeln kann verbrauchtes ATP nicht schnell genug erneuert werden (Infokasten unten). Da plötzliche Muskelarbeit beim Wegrennen vor Raubtieren bzw. beim Jagen für unser Überleben entscheidend war, verhalten sich unsere Muskelzellen in der Not wie Milchsäurebakterien. Um wenigstens genügend ATP für die Muskelarbeit zu synthetisieren, wird Milchsäure (Laktat) produziert, was zu einer Erniedrigung des pH-Wertes im Muskelgewebe führt. Nach den dreißig Liegestützen schickt Crey den schnaufenden Schüler mit der Bemerkung wieder an seinen Platz, dass der pH-

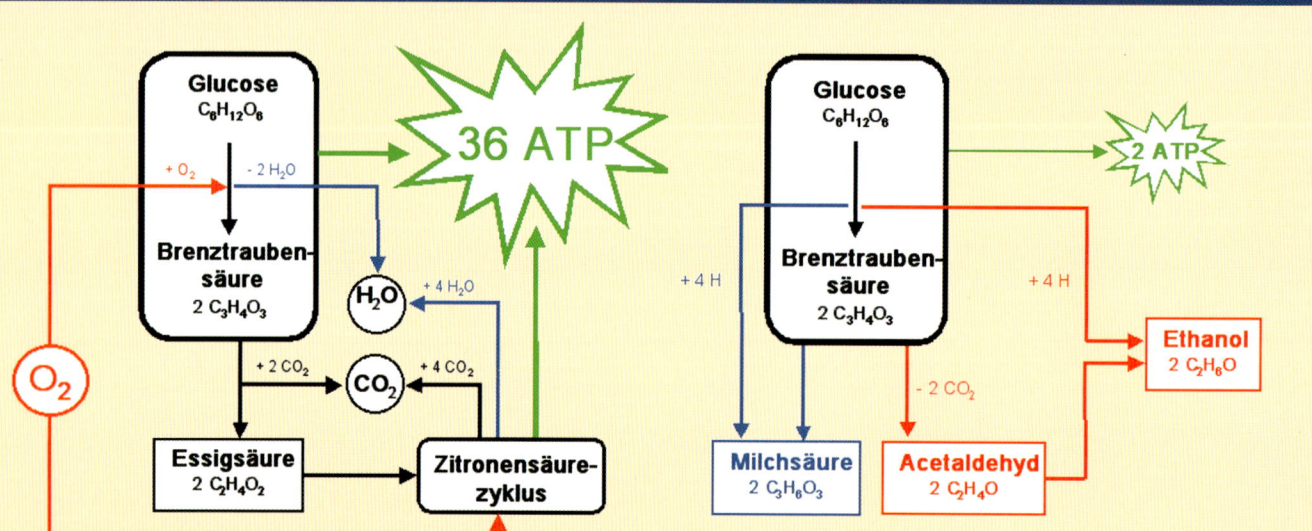

ABBAU VON GLUCOSE

Aerober Abbau (links): In zehn Einzelreaktionen wird in der Glykolyse Glucose ($C_6H_{12}O_6$) zu zwei Molekülen Brenztraubensäure [16] ($C_3H_4O_3$, Pyruvat) und anschließend zu Essigsäure ($C_2H_4O_2$) und CO_2 abgebaut. Die Essigsäure wird im Zitronensäurezyklus zu Kohlendioxid und Wasser oxidiert. Ein Teil der dabei freiwerdenden Energie wird in chemischer Form als energiereiches ATP gespeichert [17].

Anaerober Abbau (rechts): Für den Notfall eines Sauerstoffmangels hat sich im Laufe der Evolution ein biochemischer Trick bewährt. Als ob sich die Zellen an den eigenen Haaren aus dem Sumpf ziehen, nimmt das Endprodukt der Glykolyse, die Brenztraubensäure (Pyruvat), formal die vier in der Glykolyse entstandenen Wasserstoffatome auf [18] und wird dabei als Oxidationsmittel selbst reduziert, zu Milchsäure in einigen Bakterien und unseren Skelettmuskeln (blau) oder zu Ethanol (rot) in Hefezellen. Auf beiden anaeroben Reaktionswegen wird letztlich die Versorgung der Zellen mit einer bescheidenen Menge ATP sichergestellt.

Wert seiner Beinmuskulatur von 7 auf 6,3 abgesunken sei, anders ausgedrückt: seine Beine sind sauer! Crey hat die Lacher auf seiner Seite und tröstet den „sauren" Schüler mit dem Hinweis, dass die Milchsäure während der anschließenden Geschichtsschulstunde aus der Beinmuskulatur über die Blutbahn in seine Leber gelangt, dort zu Brenztraubensäure (Pyruvat) rückoxidiert und schließlich aerob über Essigsäure und Zitronensäurezyklus abgebaut wird.

Alkoholische Gärung

Die Bäckerhefe, *Saccharomyces cerevisia*, hat im Laufe der Evolution einen pfiffigen Trick für das Überleben ohne Sauerstoff herausgetüftelt. Aus Brenztraubensäure wird zunächst CO_2 abgespalten, und es entsteht Acetaldehyd (Ethanal). Im zweiten Schritt wird Acetaldehyd zu Ethanol reduziert. Der anaerobe Gesamtabbau von Glucose (Gl. 6) zu Ethanol ist keine Redox-Reaktion, denn in der Glykolyse werden formal vier Wasserstoffatome abgespalten (Wasserstoffabgabe = Oxidation), die bei der Reduktion von Acetaldehyd zu Ethanol wieder eingesetzt werden (Wasserstoffaufnahme = Reduktion). Die Hefe hat ihr Ziel erreicht: Sie kann ATP anaerob herstellen! (Infokasten unten). Dieser Trick hat seinen Preis, ein Mol Glucose ergibt nur zwei Mol ATP. Das entstandene energiereiche Ethanol kann die Hefe aerob nicht weiterverwenden, es ist ein Abfallprodukt und in hohen Konzentrationen auch noch toxisch. Hefe ist aber recht alkoholtolerant [10] und verträgt über 14% entsprechend 140 Promille Ethanol [11].

Insgesamt ist der Glucoseabbau in Hefe und im Menschen sehr ähnlich: aerob eine für beide praktisch identische Reaktionskaskade zu Kohlendioxid und Wasser [12] und anaerob betreiben Mensch und Hefe ein biochemisches Notprogramm zur ATP-Produktion. Dabei wird die Brenztraubensäure indirekt als Oxidationsmittel für die Glykolyse eingesetzt, um wenigstens ein bisschen ATP zum Überleben herzustellen. Die Strategien sind identisch, aber die reduzierten Endprodukte unterscheiden sich, Milchsäure beim Menschen und Ethanol bei der Hefe. Beide Synthesewege sind energetisch ineffizient (Gl. 5 und 6), ein Herabblicken auf die Hefe ist daher unangebracht, ja manch fröhlicher Zecher mag sogar neidvoll auf den kleinen Einzeller blicken.

Nun kommt der experimentelle Höhepunkt der Lehreinheit, die gemeinsame Verkostung des selbst angesetzten

---

VON DER BÄCKERHEFE, MENSCHEN UND GOLDFISCHEN

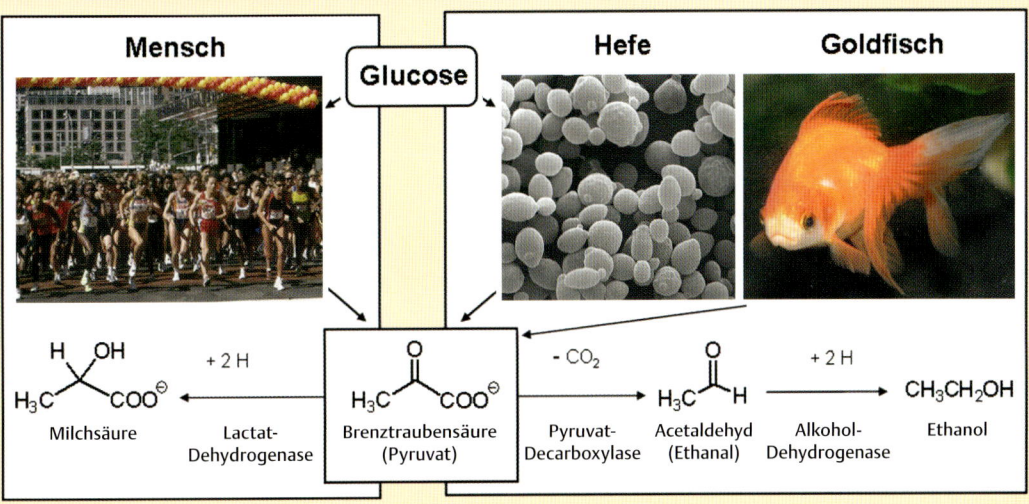

Bei Belastung läuft die Glykolyse in unseren Muskeln fast ausschließlich anaerob ab. Die gebildete Brenztraubensäure (Pyruvat) wird durch das Enzym Laktat-Dehydrogenase zu Milchsäure reduziert (links). Da Milchsäure im Muskelgewebe anaerob nicht abgebaut werden kann, sinkt bei längerer Belastung der pH-Wert. In Ruhephasen wird die Milchsäure vor allem in der Leber zu Brenztraubensäure rückoxidiert, in Essigsäure umgewandelt und dann im Zitronensäurezyklus vollständig zu Kohlendioxid und Wasser abgebaut.

Hefe baut anaerob Brenztraubensäure zunächst zu Kohlendioxid und Acetaldehyd (Ethanal) ab, der anschließend zu Ethanol reduziert wird [19]. Der pH-Wert ändert sich dabei nicht. Auf dieser chemischen Basis verwendet man die Bäckerhefe Saccharomyces cerevisia bereits seit Jahrtausenden zum Backen von Brot oder zur Herstellung alkoholischer Getränke wie Bier und Wein.

Mancher mag es als Ungerechtigkeit empfinden, dass wir Milchsäure und nicht Ethanol herstellen, aber uns fehlt einfach das entscheidende Enzym. Zwar haben wir ausreichende Mengen von Alkohol-Dehydrogenasen, aber eben keine Pyruvat-Decarboxylase. Wir müssen deswegen nicht traurig sein, denn dieses Schicksal teilen wir mit den meisten Kreaturen. Aber ein Wirbeltier schafft das Unmögliche: Carassius auratus, der Goldfisch. Er kann bei Sauerstoffknappheit Brenztraubensäure zu Ethanol abbauen. Trösten mag uns, dass er davon auch nichts hat, denn das Ethanol diffundiert sofort über seine Flossen in das umgebende Wasser [20].

Heidelbeerweins. Unter großem „Hallo" kredenzt Crey den Schülern seinen Wein: „Jäder aber nor einen wönzigen Schlock". Nachdem die Schüler die Wirkung des Alkohols zu spüren glauben, fängt Crey die beginnenden Albernheiten mit einer geschickt gestellten Aufgabe ab und setzt dadurch einen didaktisch raffiniert inszenierten Schlussakkord. Er lässt jeden Schüler einen einseitigen Kurzaufsatz mit dem Thema „Wenn der Mensch eine Hefe wäre" verfassen [13], in dem sie ausmalen sollen, was passieren würde, wenn bei körperlichen Anstrengungen oder bei längerem Luftanhalten nicht Milchsäure sondern Ethanol im Körper produziert würde. In seinen Aufzeichnungen hat uns Crey einige köstliche Beispiele von fantasievollen Schülerbeiträge hinterlassen:

– Ein übergewichtiger Schüler (Sportnote: 5) schrieb, dass Langstreckenläufer bereits nach wenigen Hundert Metern so betrunken wären, dass sie überhaupt nicht ans Ziel gelangen würden, nicht weil die Beine versagen oder sie sich verlaufen, sondern weil sie im Rausch die Sinnlosigkeit eines Dauerlaufs erkennen würden.
– Hektisches Herumrudern oder auch Prügeleien würden zu sofortiger Betrunkenheit führen. Insgesamt verliefe unser Leben sehr viel ruhiger und wäre von großer Langsam- und Heiterkeit geprägt.
– Nach jeder Sportstunde müssten sich die Schüler und der Sportlehrer für einige Stunden zur Ausnüchterung hinlegen.

Die Lehreinheit aus heutiger fachlicher und didaktischer Sicht

Eine kritische Würdigung der Lehreinheit muss berücksichtigen, dass die Kenntnisse von den Stoffwechselprozessen vor über 60 Jahren sehr begrenzt waren. Aus heutiger Sicht sind daher viele Ungenauigkeiten und Fehler nicht zu übersehen. So könnte nach Einführung von $NAD^+/NADH$ [9] der Kreis zwischen der Oxidation in der Glykolyse und der reduktiven Umwandlung von Pyruvat in Milchsäure bzw. Ethanol elegant und für Schüler durchaus nachvollziehbar geschlossen werden. Die oxidative Phosphorylierung als die eigentliche Hauptquelle der ATP-Produktion könnte zumindest in der Oberstufe behandelt werden [14].

Auch der Einsatz von Hefe als Katalysator im chemischen Labor ist denkbar, wobei ausgearbeitete und auch im schulischen Bereich durchführbare Vorschriften vorliegen [15]. Hier ist die Kreativität der jungen Lehrergeneration gefragt.

Sieht man von den fachlichen Schwächen ab, hat der didaktische Ansatz von K.W. Crey nichts von seinem Charme verloren. Ein gemeinsames Verkosten von selbst angesetztem Wein, zusammen vielleicht mit selbstgebackenem Brot, angesetzt mit der gleichen Hefe und das Anschauen der Chemiestunde aus dem Spielfilm *Die Feuerzangenbowle* wäre ganz sicher ein nicht zu überbietender Höhepunkt in einem Schülerleben. Diese Chance sollte sich kein Chemielehrer entgehen lassen.

Fazit

Leider wurde K.W. Crey, einer der großen deutschsprachigen Chemiedidaktiker der ersten Hälfte des 20. Jahrhunderts, allzu häufig mit der gleichnamigen Kunstfigur aus dem Spielfilm „Die Feuerzangenbowle" gleichgesetzt. Seine wissenschaftlichen Leistungen sind deswegen selbst in Fachkreisen kaum bekannt. Erst die Wiederentdeckung einiger seiner verschollen geglaubten Aufzeichnungen, Manuskripte und Tafelbildentwürfe im Stadtarchiv von Goslar erlaubt eine kritische Würdigung seiner damals revolutionären chemiedidaktischen Arbeiten. Besonders für die junge Lehrergeneration ist damit ein Schatz gehoben, der für den modernen, an der Lebenswelt des Schülers orientierten Chemieunterricht genutzt werden sollte. Zu einer unvergesslichen Sternstunde im Chemieunterricht kann seine Lernsequenz „Alkoholische Gärung" führen, wenn Schüler und Lehrer gemeinsam Obstwein ansetzen und schließlich verkosten. Es tut dabei dem Lernerfolg überhaupt keinen Abbruch, wenn die Albernheit pubertierender Schüler einmal überschäumen sollte. Sollte es zu bunt werden, kann die Schülerschar mit Creys berühmten Ausruf zur Ruhe gebracht werden: „Lachen Se nächt so lächerläch und sätzen Sä säch!"

DAS UNGELÖSTE RÄTSEL DES PROF. K.W. CREY

In dem Spielfilm „Die Feuerzangenbowle" stand auf der Tafel des Chemieraums eine chemische Reaktionsgleichung, deren Deutung bis heute unklar ist. Da Prof. Crey das Filmteam bei den Dreharbeiten fachlich beriet, muss davon ausgegangen werden, dass diese Formeln von ihm autorisiert wurden. Der Reaktionspfeil beschreibt eindeutig die Umkehrreaktion der alkoholischen Gärung, nämlich den Aufbau eines Disaccharids Rohrzucker aus einer sehr phosphorreichen Verbindung $H_6P_5O_{11}$, wahrscheinlich ein cyclischer Pentaphosphit-Abkömmling. Da diese Schulstunde, wie allgemein bekannt ist, nicht wie geplant zu Ende geführt werden konnte, ruht nun die Hoffnung auf dem jüngst im Stadtarchiv von Goslar gefundenen Nachlass. Es bleibt zu hoffen, dass eine chemiehistorische Aufarbeitung der Unterlagen Licht in dieses Rätsel bringen wird.

Dieses Standfoto wurde in den Schaukästen der Kinos ausgehängt und zeigt unten links das Logo der Produktionsfirma Terra und unten rechts den Freigabestempel der Filmzulassungsstelle, die Goebbels und seinem Reichspropaganda-Ministerium unterstand.

DIE FILMKOMÖDIE „DIE FEUERZANGENBOWLE"

D 1944, Drehbuch: Heinrich Spoerl, Regie: Helmut Weiss, Produktion: Terra, mit Heinz Rühmann, Karin Himboldt, Hilde Sessak, Erich Ponto, Paul Henckels, Hans Leibelt, Länge 93 Min.

Bei einer Feuerzangenbowle heckt eine feucht-fröhlichen Herrenrunde einen verrückten Plan aus. Einer der Zecher, der erfolgreiche Schriftsteller, Dr. Johannes Pfeiffer, der nur von Privatlehrern unterrichtet worden war, soll die Wonnen des Schülerlebens nachholen.

Einige Tage später sitzt Pfeiffer mit Primanermütze und Nickelbrille als neuer Schüler in der Oberprima des Gymnasiums einer verträumten Kleinstadt. Ein

Streich jagt den anderen, besonders Prof. Crey alias „Schnauz" bekommt zu spüren, dass Pfeiffer es faustdick hinter den Ohren hat. Seine Chemiestunde über die Alkoholische Gärung endet in einem Fiasko. Der nostalgische Kultfilm stellt die heile Welt einer längst vergangenen Schule augenzwinkernd dar: „Dieser Film ist eine Liebeserklärung auf die Schule, aber es kann sein, dass die Schule dies gar nicht merkt."

Um seinen Schülern die alkoholische Gärung schmackhaft zu machen, bringt Prof. Crey eine Flasche mit selbst hergestelltem Heidelbeerwein zur Verkostung mit. In dieser Oberprima mit Pfeiffer war das ein Fehler.....

Heinz Rühmann und „Die Feuerzangenbowle"

Schnauz: [Reicht seinen Schülern ein Glas Heidelbeerwein zum Probieren] Vorsicht! Jädar nor einen wänzigen Schlock, sonst steigt er in den Kopf!

Schnauz: Wir bestimmen inzwischen den Alkoholgehalt. Sähen Se, fast 13%. Die Heidelbeeren habe ich nämlich persönlich gepflockt.

Schnauz: Heidelbeerwein hat nächt nur einen ausgesprochen wörzigen Geschmack, sondern ist auch durchaus gesond und bekömmlich.

Der 1943 gedrehte Spielfilm „Die Feuerzangenbowle" mit seinem nostalgischen Rückblick auf eine heile Schulwelt ist heute ein Kultfilm. Die Zuschauer vergnügen sich bei den Pennälerstreichen und dem skurrilen Lehrerkollegium. Seine Entstehungsgeschichte im „Dritten Reich" ist den meisten Zuschauern unbekannt, muss aber in eine kritische Würdigung einbezogen werden. Bereits kurz nach der Machtübernahme der Nazis begann Goebbels damit, Spielfilme zur ideologischen Beeinflussung der Bevölkerung einzusetzen. Antikriegsfilme wie „Im Westen nichts Neues" wurden verboten und statt dessen Propagandafilme wie „Hitlerjunge Quex", „Quax der Bruchpilot" und „Jud Süß" produziert. Mit scheinbar belanglosen Unterhaltungsfilmen wie „Münchhausen" und „Die Feuerzangenbowle" wurde die Bevölkerung erheitert und besonders nach Kriegsausbruch von der aufziehenden Katastrophe abgelenkt. Als zentraler Teil der nationalsozialistischen Medienpolitik blühte die Filmindustrie auf, und ihre Stars wie Hans Albers, Heinz Rühmann und Marika Rökk wurden für ihr politisches Wohlverhalten, Wegsehen und Stillhalten von den Nazigrößen hofiert und fürstlich bezahlt.

Heinz Rühmann wurde 1902 in Essen geboren und kam aus einfachen Verhältnissen. 1924 heiratete er als junger, noch unbekannter Schauspieler seine Kollegin Maria Bernheim. Sie gab ihm zu Liebe ihre eigene Schauspielkarriere auf und wurde praktisch seine Privatregisseurin. 1930 gelingt ihm mit „Die Drei von der Tankstelle" (mit Willi Fritsch und Lilian Harvey) der große Durchbruch, und im „Dritten Reich" steigt Rühmann zum führenden deutschen Filmkomiker auf. Seine Karriere wurde dadurch beschleunigt, dass die deutsche Schauspielerschar in dieser Zeit stark zusammenschrumpfte: viele Künstler wie Marlene Dietrich verließen Deutschland, und Schauspieler mit jüdischem Glauben oder mit jüdischen Ehepartnern bekamen Berufsverbot und mussten noch viel Schlimmeres erleiden. Auch für Rühmann wurde Mitte der Dreißiger Jahre seine wohl bereits gescheiterte Ehe zum Problem, denn seine Ehefrau war „Volljüdin". Als Publikumsliebling fasste man Rühmann mit Samthandschuhen an. In seiner Autobiographie erinnert sich Rühmann an ein Gespräch mit dem damaligen Propaganda-Minister Joseph Goebbels [21].

Goebbels: „Hängen Sie denn noch an dieser Frau, ist ihre Ehe noch gut?"

Rühmann: „Herr Minister, ich verdanke meiner Frau alles. Sie hat mich zu dem gemacht, was ich bin!".

Goebbels: „Machen Sie sich mit dem Gedanken vertraut, dass es über kurz oder lang zu einer Trennung kommen muss!"

Schnauz: Ackermann, was wässen Se von der alkoholischen Gärung?

Ackermann: Schon die alten Germanen haben aus Honig ein berauschendes Getränk bereitet, den Met. [Redet plötzlich betrunken] Und mit diesem Met legten sie sich auf die Bärenhaut.

Schnauz: Was ist den los, Ackermann, ist Ähnen nicht wohl?

Ackermann: Gar nichts, mir ist nur so, so-so komisch im Kopf.

Schnauz: Dann sätzen sä sech mal! Pfeiffer, fahren Se fort!

Pfeiffer: [Spricht ebenfalls wie betrunken] Die alkoholische Gärung oder die Gärung des Alkohols erzeugt Alkohol, Alkohol erzeugt Gärung, die sogenannte alkoholische Gärung.

Schnauz: Pfeiffer, Se faseln, sätzen Se säch.

Pfeiffer: Der gärende Alkohol beginnt dann zu faseln, und so entsteht Heidelbeer-Fasel oder Heidelbeer-Fusel.

Pfeiffer: [Lallt ziemlich unverständlich]. Und wenn dann der Alkohol, der gärende Altheidelbeer-Kohl ....

Schnauz: Oh Pfeiffer ist Ihnen nicht wohl?

Pfeiffer: Doch sehr.
Schnauz: Machen Se mal das Fenster auf.

Schnauz: Rosen, fahren Se fort!

Im Tagebuch Goebbels' klingt das etwas anders, danach ging die Initiative einer Trennung von Rühmann aus: *„Heinz Rühmann klagt sein Eheleid mit einer Jüdin. Ich werde ihm helfen. Er verdient es, denn er ist ein ganz großer Schauspieler."* [22]

Rühmann war damals am Theater am Gendarmenmarkt engagiert und bat seinen Intendanten Gustav Gründgens um Hilfe. Der hatte exzellente Beziehungen zur Schauspielerin Emmy Sonnemann, der Ehefrau von Hermann Göring, und ein Termin mit dem mächtigen Reichsmarschall wurde arrangiert. Göring empfahl Rühmann knapp: *„Sehen Sie zu, dass Ihre Frau einen neutralen Ausländer heiratet. Das ist die einfachste Lösung! Meinen Segen haben Sie."*

Rühmann folgte dem Rat, die Ehe wurde geschieden und seine Frau ging eine Scheinehe mit einem schwedischen Schauspieler ein und verließ Deutschland. Heinz Rühmann heiratete kurz darauf die Schauspielerin Hertha Feiler und beide zogen in ein prächtiges Holzhaus am Kleinen Wannsee in Berlin in unmittelbaren Nähe der Filmstudios von Babelsberg [23].

Rühmann wurde dieses auf den ersten Blick nicht sehr ehrenhafte Verhalten gegenüber seiner ersten Ehefrau immer wieder vorgeworfen. Es liegt jedoch nahe, dass eine Ehe zwischen einer Jüdin mit ihren Ängsten vor dem Kommenden und einem politisch desinteressierten, karriereorientierten Ehemann zum Scheitern verurteilt war. Auf jeden Fall nutzte Rühmann seine exzellenten Beziehungen zu den Nazigrößen, um seine Ehefrau ins sichere Ausland zu bringen.

Der Spielfilm „Die Feuerzangenbowle" beruht auf einem 1930 erschienenen Roman von Heinrich Spoerl [24], der auch das Drehbuch schrieb. Heinz Rühmann wollte den Pennäler Pfeiffer (mit den berühmten drei *F*, zwei vor und eins nach dem Ei) zuerst nicht spielen, denn er fühlte sich mit 41 Jahren zu alt, um noch glaubhaft einen Primaner darstellen zu können. Erst Probeaufnahmen und ein sehr guter Maskenbildner zerstreuten seine Bedenken.

Die Dreharbeiten begannen im Sommer 1943, also nach der Niederlage von Stalingrad, bei der über 100 000 deutsche Soldaten in Gefangenschaft gerieten und viele von ihnen nie wieder zurückkehrten. Mit der sich klar abzeichnenden Kriegsniederlage und der ungewissen Zukunft vor Augen, müssen die im Nachspann des Films ausgesprochenen Sehnsüchte in besonderer Weise auf die Kinobesucher gewirkt haben: *„Wahr sind auch die Erinnerungen, die wir mit uns tragen; die Träume, die wir spinnen und die Sehnsüchte, die uns treiben. Damit wollen wir uns bescheiden."*

Ein Vergleich zwischen Heinrich Spoerls Roman von 1930 und seinem Drehbuch ist aufschlussreich [25]. Wie subtil Spoerl die im Roman nicht enthaltene Nazi-Ideologie 1943 in das Drehbuch einfließen ließ, zeigt der Dialog zwischen dem altgedienten Physiklehrer Bömmel (Paul Henckels) und dem jungen Oberlehrer Dr. Brett (Lutz Götz), den Pfeiffer übrigens als einzigen Lehrer als „feinen Kerl" explizit bezeichnet. Dr. Brett erläutert Bömmel mit stark verklärtem Blick seine pädagogischen Prinzipien: *„Es wäre ja traurig, wenn eine neue Zeit nicht auch neue Methoden brächte. Junge Bäume, die wachsen wollen, muss man anbinden, dass sie schön gerade wachsen, nicht nach allen Seiten ausschlagen, und genauso ist es mit den jungen Menschen. Disziplin muss das Band sein, das sie bindet – zu schönem geraden Wachstum!".* Der ältere Kollege legt daraufhin seine Hand auf dessen Schulter: *„Brett, das mit den Bäumen haben sie schön gesagt!".* Gerade der Begriff einer „Neuen Zeit" hatte Goebbels schon 1933 als Synonym für den Nazi-Staat eingeführt und nicht zufällig heißt ein Marsch-Lied der Hitlerjugend *„Unsere Fahne ist die neue Zeit".* Auch das „schöne gerade Wachstum" der Jugend entspricht der Wahnvorstellung der Nazi-Ideologen von einer überlegenen „arischen Herrenrasse".

Rosen: [Lacht schwachsinnig]

Schnauz: Lachen Se doch nächt so lächerläch.

Rosen: Aber Herr Professor, ich lach doch gar nicht, ich muss nur an meine arme Mutter denken. Meine arme Mutter. [Schluchzt]

Schnauz: Ich vers-täh' das nächt. Von dem wänzigen Schlock. Das äst doch un-möglich.

Pfeiffer: Der Wein gärt weiter ... der Alkohol, der weinende Alkohol wird durch die Heidelbeeren in Gärung, in gärische Alkoholung..

*Alle: Mir ein Schlückchen.
[Alle brüllen lautstark]
Mir auch!*

*[Direktor Knauer genannt „Zeus"
tritt vom Lärm angelockt ein]*

*Direktor: Was ist denn los hier?
[Gegröle] Direktor: Ich will wissen, was hier los ist!*

*Pfeiffer: Ja, wir ha'm Wein ge-
trunken, schönen Wein getrunken. Komm setz Dich in die Bank,
wir haben Dich alle so lieb.*

*Ackermann: Als gute Deutsche
haben wir guten Deutschen
Wein getrunken.*

*Direktor: Woher habt Ihr denn
den Wein bekommen?*

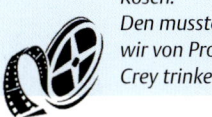

*Rosen:
Den mussten
wir von Prof.
Crey trinken.*

Ende 1943 erreichte Rühmann die Hiobsbotschaft: *„Die Feuerzangen-bowle"* darf nicht aufgeführt werden. Der für den Unterricht zuständige Mi-nister Rust hatte den Film kurzerhand verboten, da es *„an Nachwuchs für den Lehrerberuf fehle, und man es sich nicht leisten könne, solche Typen als Lehrer zu zeigen"*. In dieser Situation bewährten sich wieder einmal Rühmanns gute Beziehungen zu den Nazis. Er drehte gerade den zweiten Teil von *„Quax, der Bruchpilot"*, und für die Flugaufnahmen war eigens ein Oberst der Luftwaffe von Göring abgestellt worden. Rühmann bat den Offizier, Göring für den Film zu interessieren. Dies half, denn nur wenige Tage später wurde Rühmann mit den Filmrollen ins Führerhauptquartier „Wolfsschanze" beordert. Jeden Abend ging ein Sonderzug vom Lehrter Bahnhof in Berlin nach Ostpreußen, und für Rühmann war selbstver-ständlich ein Schlafwagenabteil reserviert. Göring sah sich mit seinen Of-fizieren den Film an und berichtete darüber beim täglichen Frührapport und erwähnte, dass der Film verboten sei. Warum, wüsste er nicht, gestern hätten jedenfalls alle schallend gelacht. Daraufhin fragte Hitler: *„Ist er wirk-lich so komisch?"*

Göring: *„Wir haben uns auf die Schenkel geschlagen!"*

Hitler: *„Dann soll er sofort anlaufen!"*

Der Film wurde am 28. Januar 1944 in zwei Berliner Kinos uraufgeführt. In der Nacht davor hatten 1077 englische Bomber insgesamt 3715 Tonnen Bomben auf Berlin abgeworfen. Viele der jungen Schauspieler aus der „Oberprima" konnten der Premiere nicht mehr beiwohnen; sie waren nach Abschluss der Dreharbeiten eingezogen worden und bereits gefallen.

Unmittelbar nach Kriegsende schien das Glück Rühmann verlassen zu haben. Wegen seiner Nähe zum Naziregime erhielt er zunächst in den West-zonen Auftrittsverbot. Für die US-Behörden war er *„ein unverkennbarer Opportunist"*. Erst 1946 wurde er vor einem deutschen Entnazifizierungs-Ausschuss geladen:

„Warum haben Sie denn im Krieg so viele Filme gemacht? Sie hätten sich doch etwas zurückhalten können."

Rühmann: *„ Ich bin nun mal Schauspieler und spiele gern."*

Da Rühmann *„weder in der Partei, noch in einer ihrer Nebenorgani-sationen Mitglied gewesen war und auch in keinem Tendenzfilm mitge-wirkt hatte"* kam der Entnazifizierungs-Ausschuss zum Ergebnis: *„Der Fall Rühmann zeigt keine politischen Besonderheiten"*.

Im sowjetischen Sektor Berlins wurde er zusammen mit dem Chirurgen Ferdinand Sauerbruch und dem Architekten Hans Scharoun Mitarbeiter des neuen Magistrats. Walter Ulbricht, Mitglied des ZK der neugegründeten SED, begründete dies: *„Er hat in keinem politischen Film für die Nazis mitgewirkt. Er ist sowjetfreundlich gesinnt."* Eine Begründung dafür gab Ulbricht nicht.

Heinz Rühmann setzte nun unbeirrt seine Karriere fort. Ein kritischer Rückblick auf seine Rolle im „Dritten Reich" war nie seine Sache: *„Ich bin Schauspieler, sonst nichts"*, so sagte und so handelte er. Auf der Rückfahrt von den Dreharbeiten des Films *„Der brave Soldat Schwejk"* in Prag wollte der Filmproduzent Artur Brauner, ein Überlebender des Holocausts, einen kurzen Halt machen, um die Gedenkstätte des früheren KZ The-resienstadt zu besichtigen. Er fragte Rühmann, ob er mitkommen wolle, doch der blieb im Auto sitzen [26].

Heinz Rühmann blieb Zeit seines Lebens das, was er immer war, ein be-gnadeter, aber politisch völlig desinteressierter Schauspieler. Trotz oder ge-rade weger seiner dünnen Stimme und der kleinen Statur war er die Ideal-besetzung für den unscheinbaren Mann von nebenan, dem „Durchwurst-ler" und „Gerneklein". Immer vom Publikum geliebt, wurde er mit Ehren-gen überschüttet. In seiner Autobiographie reiht er problemlos die Ernen-

*Schnauz: Herr Däräktor,
ich s-teh' vor einem Rätsel.*

*Schnauz: Herr Däräktor, wenn
Se auch einmal einen kleinen
Schlock ...*

Direktor: Ich verzichte!

*Direktor: Ihr geht jetzt nach
Hause, so leise ihr könnt. Nehmt
Euch ein bisschen zusammen
und dann legt ihr Euch möglichst unauffällig ins Bett.*

*[Die Oberprima verlässt flucht-
artig das Klassenzimmer. Bis auf
Pfeiffer.]*

Die Feuerzangenbowle ⟨GOLDIE⟩

Direktor: Herr Kollege Sie haben meine Oberprima vergiftet.

Schnauz: Ich wollte lädiglich de alkoholische Gärung ...

Direktor: Meine schöne Ober-prima.

Schnauz: Jädär nor einen wän-zigen Schlock!

Direktor: Vergiftet sage ich, vergiftet!

nung zum Staatsschauspieler durch die Nazis im Jahr 1940 und die vielen Bambis, das Bundesverdienstkreuz und Bundesfilmpreise aneinander. *„Zum Lachen und zum Weinen, so schön"*, diese Charakterisierung seiner schauspielerischen Fähigkeiten stammt von Goebbels, aber sie hätte auch unwidersprochen bei den unzähligen Verleihungen und Ehrungen gesagt werden können. Heinz Rühmann dürfte einer der wenigen Menschen sein, von dem es Fotos mit Adolf Hitler, dann mit Walter Ulbricht und schließlich auch noch mit Wim Wenders gibt [27]. Offenbar ist es unmöglich, Heinz Rühmann nicht zu mögen.

Direktor: Herr Kollege, ich erwarte zunächst Ihren schriftlichen Bericht
Das weitere wird sich finden. Nun Pfeiffer, was haben Sie denn?

Anschließend gesteht Pfeiffer reumütig seinen Streich und wird mit Karzer bestraft. Aber keine Angst, am Ende bekommt Pfeiffer das Töchterchen des Schuldirektors und der Film endet mit einem Happy End.

Zusammenfassung

In den Vierziger Jahren des letzten Jahrhunderts entwickelte der bedeutende Chemiedidaktiker K.W. Crey für die Oberstufe eine Lehreinheit „Alkoholische Gärung". Erst durch die im Stadtarchiv Goslar jüngst entdeckten Originalmanuskripte ist es möglich, dieses chemiedidaktische Meisterwerk kritisch zu würdigen. Der Aufbau der Lehreinheit wird dargestellt und seine aus heutiger Sicht fachlichen Mängel identifiziert. Dennoch erfüllt der Aufbau der Lehreinheit und das dahinter steckende didaktische Grundkonzept alle an den modernen Chemieunterricht gestellten Bedingung, insbesondere des Alltagsbezugs. Der Höhepunkt der Unterrichtseinheit, ein gemeinsames Schüler-Lehrer-Experiment, dürfte auch heute noch ein Höhepunkt im Chemieunterricht sein.

Summary

In an April fool's hoax the fictitious teaching material of Prof. K.W. Crey is presented. In the very popular German movie "Die Feuerzangenbowle" (red wine punch with rum) Crey gave a chemistry lesson in which his class tasted his self-produced blueberry wine. The pupils pretended to be totally drunk and the lesson ended in a total chaos. Crey's fictitious educational material on fermentation is presented in detail and critically evaluated from the viewpoint of modern biochemistry. The political role of this movie and of its main actor Heinz Rühmann at the end of the Third Reich is critically reviewed.

Danksagung

Ich danke Frau Dr. Meyer zur Heyde vom Goldie-Filmverleih, Münster, für die Überlassung und Abdruckerlaubnis von Bildmaterial aus dem Film „Die Feuerzangenbowle", Dr. G. P. Resch vom IMBA Wien und W.-D. Krautgartner von der Universität Salzburg für das schöne Bild der Hefe. Frau S. Streller und Prof. C. Bolte von der FU Berlin danke ich für ihre wertvollen Anregungen. Der Stiftung Deutsche Kinemathek danke ich für die Überlassung einer digitalen Kopie des Original-Kinoaushangs von 1944.

Literatur und Anmerkungen

[1] E. Reicher et al., *Arch.Educ.Chem.* **2005**, *17 (4)*, 527.

[2] Lord A. R. Todd, *Chem. unserer Zeit*, **1968**, *2*, 1.

[3] Diese Reaktionsgleichung hat es in sich, und Creys Unterlagen (Bd. IV, 37 *ff*) belegen seine große Sorgfalt. Nur mit monodeprotonierten Phosphatgruppen kann eine Gleichung ohne Protonenverbrauch aufgestellt werden. Dadurch vermeidet Crey eine unnötige Verwirrung der stöchiometrie-geschulten Schüler. Moderne Lehrbücher der Biochemie gehen mit der Stöchiometrie biochemischer Reaktionsgleichungen – höflich formuliert – häufig recht sorglos um und könnten sich an Crey ein Beispiel nehmen.

[4] K.W. Crey pflegte die beim Anblick der ATP-Strukturformel geschockten Schüler auf seine väterliche Art zu beruhigen: *„Das Läben ist nicht so sämple wie Se säch das vorstellen. Wer von Ähnen das wörklich rächtig verstähen wäll, der muss das studieren – lange studieren. Am bästen, Se wärden gleich Kämiker!"*

[5] K. Schmidt-Bäse, *Chem. unserer Zeit*, **1993**, *27*, 306

[6] ATP ist mehr als nur ein Zellen-„Benzin": der gesamte Syntheseapparat der Zelle, der An- und Abtransport von Nahrungs- und Abfallstoffen in und aus der Zelle, die Erzeugung von elektrischen Potentialdifferenzen zur Nervenleitung und andere energieaufwendigen Prozesse basieren auf ATP. Crey bezeichnet ATP gerne als einen „vor Änärgee strotzenden biokämischen Hans-Dampf-in-allen-Gassen".

[7] P. Dimroth, *Chem. unserer Zeit*, **1995**, *29*, 33.

[8] Crey vereinfacht hier drastisch. Die Anzahl der gebildeten ATP-Moleküle ist nicht genau fassbar und dürfte zwischen 32 und 34 liegen. Bei intrazellulären Konzentrationen dürfte die Freie Reaktionsenthalpie der ATP-Bildung nicht bei 30, sondern um 50 kJ/mol liegen. Der Wirkungsgrad der Zelle bei der Speicherung von chemischer Energie ist also höher als hier angenommen.

[9] Die Redoxpaare $NAD^+/NADH$ (Nicotinamid-adenin-dinucleotid) und $FAD/FADH_2$ (Flavin-adenin-dinucleotid) waren Crey noch unbekannt.

[10] Um Glucose z.B. im Traubenmost, konkurrieren viele auf den Früchten lebende Organismen. Da die meisten davon nicht viel Ethanol vertragen, verdrängt die Hefe durch ihre Ethanolausscheidung ihre Konkurrenten und verschafft sich so einen entscheidenden Vorteil im Überlebenskampf.

[11] Die tödliche Dosis für Menschen liegt bei 5 Promille.

[12] Die meisten Lebewesen führen die Glykolyse auf diese Weise durch. Einige Mikroorganismen wie *Escherichia coli* nutzen einen einfacheren und weniger effizienten Vorläufer, den Entner-Doudoroff Abbau.

[13] Crey benotet die Kurzaufsätze nicht, sondern nach Verlesen wählt die Klasse den originellsten Beitrag aus. Der Sieger bekommt eine Flasche Heidelbeerwein, allerdings mit dem Versprechen ihn nur gemeinsam *„mät Ähren Ältern zu verköstigen"*.

[14] E. Schneider, *Chem. unserer Zeit,* **1987**, *21*, 17

[15] N. Hoffmann, *Chem. unserer Zeit* ,**1996**, *30,* 201; *Bioorganikum*, G.E. Jeromin und M. Bertau, **2005**, Wiley-VCH, Weinheim.

[16] Wir behalten hier die von Crey bevorzugte Bezeichnung der Säuren anstelle der heute üblichen Anionen bei, also Brenztraubensäure statt Pyruvat.

[17] Dies ist die erste Begegnung der Schüler mit der Biochemie, und Crey geht äußerst behutsam und stark vereinfachend vor. Aus heutiger Sicht mag dabei die Schmerzgrenze überschritten worden sein, aber es ist eben nicht möglich, auf Schülerniveau die oxidative Phosphorylierung, die Atmungskette, die Strukturen von Acetyl-CoenzymA, ATP, NADH, FADH$_2$ und die Glykolyse in wenigen Schulstunden verständlich zu behandeln.

[18] Aus heutiger Sicht wäre hier die Einführung des Redoxpaares NAD+/NADH von großem Vorteil. In der Glykolyse wird ja nicht Sauerstoff, sondern das Oxidationsmittel NAD$^+$ verbraucht. Mit dem dabei entstehenden NADH wird Pyruvat zu Milchsäure bzw. Ethanol reduziert und wieder NAD$^+$ hergestellt. Der Kreis ist geschlossen.

[19] Neben diesen beiden haben sich im Laufe der Evolution noch andere Stoffwechselstrategien zur anaeroben ATP-Synthese entwickelt, z.B. gewinnen einige Muscheln 4 bzw. 6 Mol ATP durch Abbau von Glucose zu Succinate bzw. Propionat. Siehe *Biochemical Adaptation*, P.W. Hochachka und G.N. Somero, **2002**, Oxford UP, Oxford.

[20] Neben dem Goldfisch kann auch die verwandte Karausche (Bauernkarpfen, *Carassius carassius*) Glucose zu Ethanol abbauen, der normale Silvesterkarpfen aber nicht. Siehe I.A. Johnston und L.M. Bernard, *J.exp.Biol.* **1983**, *104*, 73.

[21] zitiert aus: *Das war's, Erinnerungen*, H. Rühmann, **2002**, Ullstein, Berlin.

[22] *Ich brech' die Herzen ..., Das Leben des Heinz Rühmann*, Fred Sellin, **2001**, Rowohlt, Reinbeck.

[23] Dass er dieses Grundstück von jüdischen Vorbesitzern für 100 000 Reichsmark günstig „gekauft" hat, verschweigt Rühmann in seinen *Erinnerungen*. Vergeblich sucht man in seiner Autobiographie auch Berichte über die engen familiären Beziehungen zur Familie Goebbels nach 1939. Für Goebbels drehte er auch einen Farbfilm mit dessen Kindern.

[24] *Die Feuerzangenbowle*, H. Spoerl, **2003**, Piper Verlag, München.

[25] www.filmportal.de

[26] *Ein guter Freund, Heinz Rühmann Biographie*, Thorsten Körner, **2001**, Aufbau-Verlag, Berlin.

[27] H. Martenstein, *Die Zeit*, Oktober **2002**, Hamburg siehe auch http://literaturbeilage.zeit.de.

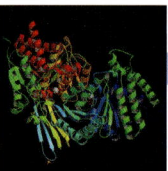

Das Sinnloseste: der Zitronensäurezyklus

Acetyl-CoA

$H_3C - \overset{\overset{\displaystyle O}{\|}}{C} - S\text{-CoA}$

HS-CoA

Citrat

Oxalacetat

NADH

NAD$^+$

8 Malat-Dehydrogenase

1 Citrat-Synthase

2 Aconitase

cis-Aconitat

Malat

Isocitrat

H$_2$O

7 Fumarase

NAD$^+$

NADH

CO_2

3 Isocitrat-Dehydrogenase

Fumarat

α-Ketoglutarat

FADH$_2$

FAD

6 Succinat-Dehydrogenase

NAD$^+$ + CoA-SH

NADH

CO_2

4 α-Ketoglutarat-Dehydrogenase

5 Succinyl-CoA-Synthetase

Succinat

CoA-SH

CoA-S

Succinyl-CoA

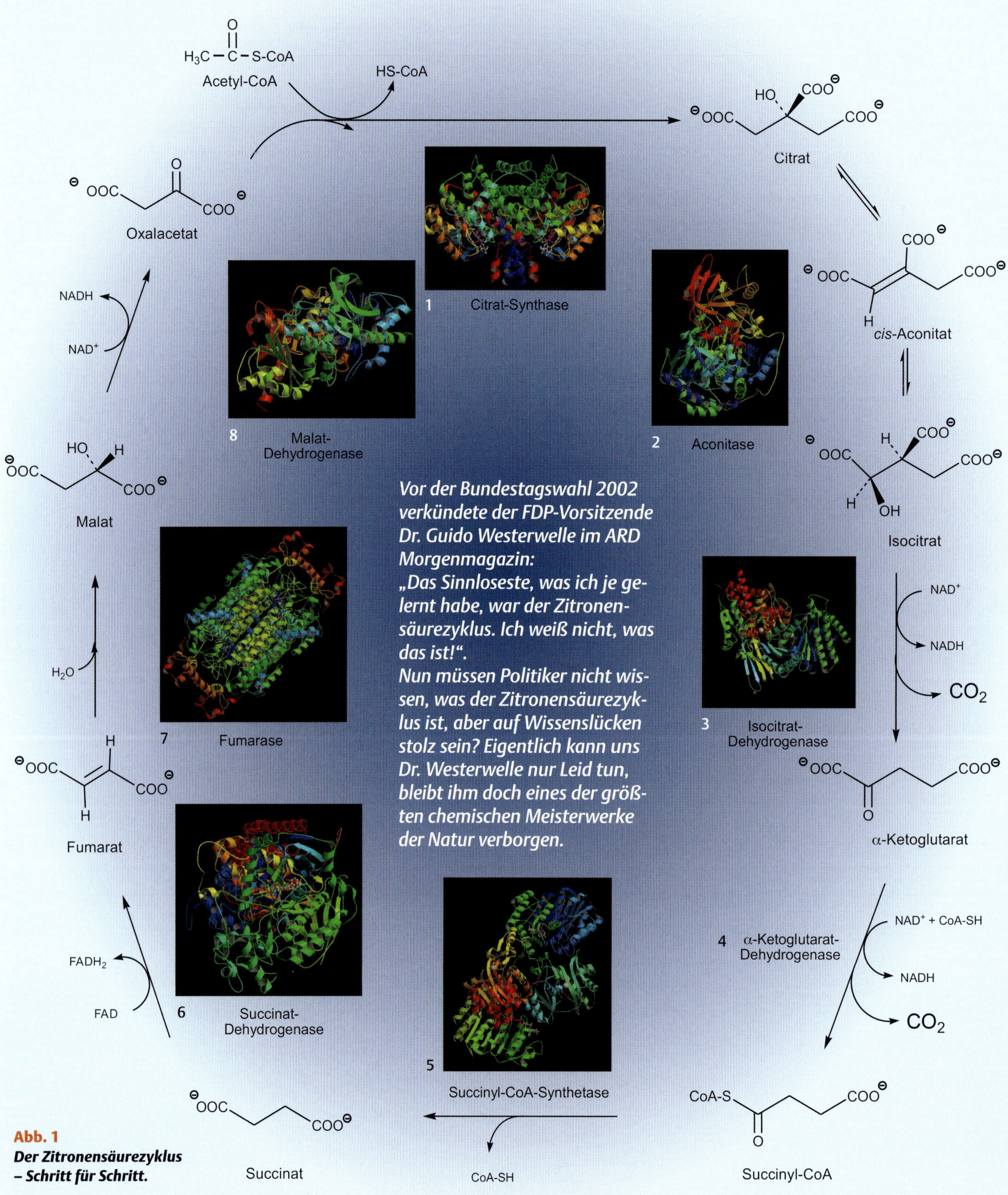

Vor der Bundestagswahl 2002 verkündete der FDP-Vorsitzende Dr. Guido Westerwelle im ARD Morgenmagazin:
„Das Sinnloseste, was ich je ge-lernt habe, war der Zitronen-säurezyklus. Ich weiß nicht, was das ist!".
Nun müssen Politiker nicht wis-sen, was der Zitronensäurezyk-lus ist, aber auf Wissenslücken stolz sein? Eigentlich kann uns Dr. Westerwelle nur Leid tun, bleibt ihm doch eines der größ-ten chemischen Meisterwerke der Natur verborgen.

Abb. 1
**Der Zitronensäurezyklus
– Schritt für Schritt.**

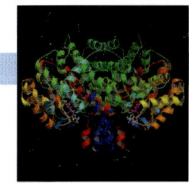

Brief von Prof. Dr. Wolfram Koch, Geschäftsführer der Gesellschaft Deutscher Chemiker, an Dr. Guido Westerwelle vom 12. Juli 2002 [18]:

Sehr geehrter Herr Dr. Westerwelle,

nicht erst seit Bekanntwerden der Ergebnisse der PISA-Studie beobachtet die Gesellschaft Deutscher Chemiker mit zunehmender Sorge die Abnahme der Attraktivität naturwissenschaftlicher Fächer in unseren Schulen und den damit einhergehenden Rückgang an Studienanfängern in den entsprechenden Fächern.

Nach wie vor scheinen naturwissenschaftliche Kenntnisse nicht Teil des allgemein akzeptierten Wissenskanons zu sein, obgleich die Leistungsfähigkeit Deutschlands in Wirtschaft und Wissenschaft maßgeblich von der guten Ausbildung unseres Nachwuchses – gerade im naturwissenschaftlichen Bereich – determiniert wird. Unter diesen Gesichtspunkten hat uns Ihre Äußerung

„Das Sinnloseste, was ich je gelernt habe, war der Zitronensäurezyklus. Ich weiß nicht, was das ist!"

die im ARD Morgenmagazin vom 4. Juli 2002 gesendet wurde, doch sehr betroffen gemacht. Sanktioniert hier doch ein angesehener deutscher Politiker, dem zudem ein besonderes Interesse an der Bildungsthematik nachgesagt wird, die scheinbare Wertlosigkeit naturwissenschaftlicher Inhalte.

Da wir auf der anderen Seite nicht annehmen, dass diese Interpretation Ihre Intention trifft, würden wir uns freuen, in einen vertiefenden Dialog mit Ihnen über diese, für die Zukunft unseres Landes so wichtigen Fragen einzutreten.

Mit freundlichen Grüßen
Ihr Wolfram Koch (Unterschrift)

Antwortschreiben des Büros Westerwelle im Juli 2002

Sehr geehrte * Herr Professor Koch,*

Im Namen von Herrn Dr. Westerwelle darf ich mich für Ihr Schreiben vom 11. Juli 2002 bedanken.

Die Intention von Herrn Dr. Westerwelle bei dem ARD-Morgenmagazin Interview vom 4. Juli 2002, war keineswegs die Abwertung naturwissenschaftlicher Kenntnisse. Das Programm der FDP bekennt sich zu umfassender Bildung auf allen Ebenen, sowie zu Forschung und Lehre.

Ich erlaube mir, Ihnen anbei das FDP-Wahlprogramm 2002 zu schicken.

(Unterschrift Schattschneider)
D. Schattschneider, Büroleiter

* Schreibfehler im Original

Von der Hefe, über Pflanzen, Fische, Vögel bis zu den Säugetieren, in allen Sauerstoff atmenden Lebewesen, ja selbst in Dr. Westerwelle rotiert der Zitronensäurezyklus Tag und Nacht. Versuchen wir diese Reaktionssequenz und seine Entdeckung näher zu ergründen und fragen uns schließlich, was passieren würde, was wir nicht hoffen wollen, wenn plötzlich Dr. Westerwelles Zitronensäurezyklus wegen seiner abfälligen Bemerkung einfach schmollend stehenbleiben würde.

Der Zitronensäurezyklus [1] ist der Motor unseres Stoffwechsels (Abbildung 1): alle Nahrungsstoffe werden über ihn zu Kohlendioxid abgebaut; er ist das Schaltwerk, in dem geregelt wird, ob und wie ein Überangebot an Nahrung z.B. in der Leber als Glykogen oder auf der Hüfte als Fett gespeichert wird und wie bei Nahrungsmangel diese Stoffreserven aufgebraucht werden; er ist die Maschinerie, in der die Ausgangsstoffe für die Synthese vieler Verbindungen (Aminosäuren, Glucose, Lipide, Nukleinsäuren, Cholesterin, Hormone etc.) bereit gestellt werden. Kurzum: der Zitronensäurezyklus beherrscht unseren Stoffwechsel [2].

Die Entdeckung des Zitronensäurezyklus

In den Dreißiger Jahren des letzten Jahrhunderts waren die groben Umrisse des Abbaus von Glucose zu Pyruvat bzw. Laktat [3] bekannt. Wie aber aus einem Molekül Glucose ($C_6H_{12}O_6$) durch Aufnahme von drei Sauerstoffmolekülen insgesamt sechs Moleküle Kohlendioxid und Wasser entstehen, das war völlig unklar. Einige Studien legten die Beteiligung von Dicarbonsäuren nahe, aber zwischen ihnen und der Glucose war kein struktureller Zusammenhang erkennbar. Der ungarisch-amerikanische Biochemiker Albert Szent-Györgyi konnte z.B. 1934 zeigen, dass der Sauerstoffverbrauch von frisch präpariertem Taubenbrustmuskel nach Zugabe von Succinat stark anstieg [4] und schloss daraus, dass Succinat oxidiert worden sein musste. Die quantitative Auswertung ergab zu seiner großen Überraschung, dass sechsmal mehr Sauerstoff verbraucht wurde, als zur vollständigen Oxidation des zugesetzten Succinats nötig gewesen wäre. Aber nicht nur das, alles Succinat war noch da, d.h. beschleunigte zwar die Zellatmung, aber wurde dabei nicht verbraucht, war also ein „nur" ein Katalysator.

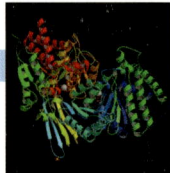

ABB. 2 | TEILSEQUENZEN

Die beiden Reaktionsfolgen spielten eine wesentliche Rolle bei der Entdeckung des Zitronensäurezyklus.

Insgesamt konnte Szent-Györgyi die Reaktionsfolge (1) aufstellen (Abbildung 2). Unabhängig davon wiesen Knoop und Martius 1937 an Leberschnitten nach, dass sich Citrat in α-Ketoglutarat [5] umwandelt (Reaktionsfolge (2)).

Im Frühjahr 1937 war Hans Krebs (Abbildung 3) auf der Suche nach weiteren katalytisch wirksamen Säuren. Er versuchte vergeblich sein Glück mit β-Ketoglutarat und Acetyllactetat [6]. Parallel konnte er am Taubenbrustmuskel bestätigen, dass auch dort Citrat in α-Ketoglutarat, aber auch noch weiter in Succinat umgewandelt wird [7]. Jetzt reichte die Reaktionsfolge vom Citrat bis zum Oxalacetat. Es fehlte nur noch ein Experiment, um den Kreis zu schließen: die Umwandlung von Oxalacetat in Citrat. Krebs gelang dies mit dem folgendem Experiment [8]:

Das zerkleinerte Gewebe eines Brustmuskels einer frisch getöteten Taube wurde in der dreifachen Menge Phosphatpuffer suspendiert und 3 ml dieser Suspension in eine geschlossene Apparatur gegeben, aus der dann der Sauerstoff vollständig entfernt wurde. Nach Zugabe von 0.3 ml einer 1 M Lösung von Oxalacetat wurde für 20 Minuten bei 37 °C geschüttelt. Während dieser Zeit entwickelte sich etwa 1 ml Kohlendioxid. Im Filtrat ließen sich 0.0131 mMol Zitronensäure nachweisen.

Krebs hatte den Zyklus geschlossen und schlug der Namen „Zitronensäurezyklus" vor [9]!

Eine Frage blieb offen: woher kommen die beiden Kohlenstoffatome für die Umwandlung von Oxalacetat mit vier in Citrat mit sechs Kohlenstoffatomen? Krebs nannte diesen Baustein „Triose", wobei *„offen gelassen bleibt, ob eine „Triose" als solche reagiert oder z.B. als Phosphorsäureester, oder Pyruvat oder Essigsäure."*

Die fehlende „Triose" entpuppte sich später als Acetyl-Coenzym A, das nicht nur beim Abbau von Glucose, sondern auch dem der Fettsäuren entsteht. Der Zitronensäurezyklus erwies sich als nahezu universell: er läuft in fast allen Zellen fast aller Lebewesen, von Mikroorganismen über Pflanzen bis zu den Säugetieren.

Neben der Katalyse erfüllt der Zitronensäurezyklus eine weitere wichtige chemische Aufgabe: die Bereitstellung von Bauelementen für die Synthese vieler körpereigener Verbindungen [10].

Der Zitronensäurezyklus ist auch heute noch für wissenschaftliche Überraschungen gut: kürzlich wurden selektive Rezeptoren für Succinat und α-Ketoglutarat entdeckt, die somit als Signalüberträger fungieren können. Dies konnte im Fall des Succinats bereits bestätigt werden: in Mäusen führt die Bindung von Succinat an den Rezeptor zu einer Erhöhung des Blutdrucks [11].

Der Zitronensäurezyklus, Schritt für Schritt

Die chemische Bestimmung des Zitronensäurezyklus ist die Oxidation des C_2-Bausteins Essigsäure zu Kohlendioxid.

Da der Zitronensäurezyklus von der Atmungskette abgekoppelt ist, verwenden die Zellen nicht Sauerstoff, sondern die Oxidationsmittel NAD^+ (Nicotinamid-Dinucleotid) und FAD (Flavin-Adenin-Dinucleotid) (Abbildung 4):

$$CH_3COOH + 2 H_2O \rightarrow 2 CO_2 + 8 H$$
$$3 NAD^+ + FAD + 8 H \rightarrow$$
$$3 NADH + FADH_2 + 3 H^+$$

Abb. 3 *Hans Krebs (1900 – 1981). Er wollte 1937 den von ihm entdeckten Zitronensäurezyklus in der Zeitschrift „Nature" publizieren. Das Manuskript kam bereits nach fünf Tagen mit einer Ablehnung zurück [17]. Nach der Bekanntgabe, dass Hans Krebs den Nobelpreis für Physiologie und Medizin 1953 genau dafür erhalten würde, war „Nature" allerdings schneller: die Zeitschrift gratulierte bereits am nächsten Tag.*

Insgesamt:

$$CH_3COOH + 3 NAD^+ + FAD + 2 H_2O \rightarrow$$
$$2 CO_2 + 3 NADH + FADH_2 + 3 H^+$$

Da Essigsäure für den ersten Reaktionsschritt des Zitronensäurezyklus nicht reaktiv genug ist, wird sie in eine „aktivierte" Form überführt, das Acetyl-CoA (CH_3CO-SCoA).

$$CH_3COOH + HSCoA \xrightarrow{+ \text{chemische Energie}}$$
$$CH_3CO - SCoA + H_2O$$

Insgesamt:

$$CH_3CO - SCoA + 3 NAD^+ + FAD +$$
$$3 H_2O \xrightarrow{\text{Zitronensäurezyklus}} 2 CO_2 +$$
$$3 NADH + FADH_2 + 3 H^+ + CoA - SH$$

Der Zitronensäurezyklus ist genau genommen der Katalysator dieser Reaktion: Im ersten Reaktionsschritt reagiert Acetyl-Coenzym A mit Oxalacetat zu Citrat. Im Weiteren wird der C_2-Baustein durch die Oxidationsmittel NAD^+ und FAD zu zwei Molekülen Kohlendioxid abgebaut und

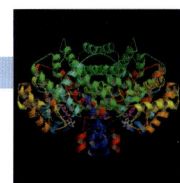

DR. WESTERWELLES „DEFFTIG GRÖÖNKOHL-ÄTEN"

Dr. Guido Westerwelle wurde 2003 Oldenburger Grünkohlkönig [19] und musste als erste Amtshandlung eine Portion des traditionellen Gerichts verdrücken. Der Energiegehalt des deftigen Mahls aus aufgewärmtem Grünkohl, Pinkelwurst, Kochmettwurst, gestreiftem Speck und Kassler, Salzkartoffeln sowie einer „nennenswerten Menge friesischen Biers" und einer Schüssel Rote Grütze als krönendem Abschluss lag im oberen vierstelligen Kilokalorien-Bereich. Zunächst verdaute Dr. Westerwelle die Nahrung, d.h. die Stärke (eine Polyglucose) in Glucose, das Fleisch in Aminosäuren und die Fette (Glycerinester der Fettsäuren) in Fettsäuren. Nach dem Übergang durch die Darmwand in das Blut werden diese kleineren Moleküle in einer zweiten Phase von den Körperzellen aufgenommen und Glucose, die Fettsäuren und der Alkohol der „nennenswerten Menge friesischen Bieres" zu Essigsäure abgebaut [20].

In einer dritten Phase wird die Essigsäure in zwei voneinander getrennten Stufen, dem Zitronensäurezyklus und der Atmungskette, zu zwei Molekülen Kohlendioxid und Wasser oxidiert. Der Wirkungsgrad beeindruckt, denn über 50% des Energieinhalts z.B. von Glucose wird nicht thermisch freigesetzt, sondern chemisch gespeichert.

Fassen wir zusammen: Dr. Westerwelles Gröönkohl-Äten findet im Laufe von mehreren Stunden seinen Weg in jede seiner Zellen. Und dort rotieren seine Zitronensäurezyklen auf Hochtouren. Dies verschafft Erleichterung, denn hier werden die Nahrungsbestandteile zu Kohlendioxid abgebaut. Allerdings wird schon jetzt für eventuelle kommende magere Zeiten ohne Grünkohlgerichte vorgebaut und einige Zwischenprodukte des Zitronensäurezyklus werden gespeichert: Glykogen (ein Kohlenhydrat) in der Leber und den Muskeln, und Fett, das sich leider immer an den falschen Stellen festsetzt. Zum Abnehmen muss Dr. Westerwelle nach dem Grünkohlessen für einige Zeit weniger essen, damit das gespeicherte Fett – wiederum über den Zitronensäurezyklus – abgebaut wird.

Oxalacetat am Ende zurückgewonnen. Man kann es kaum glauben, aber dieser katalytische Kreisprozess läuft in einem Menschen täglich etwa 10^{+25} Mal ab [22].

Die *Oxidationsmittel* NAD^+ und FAD werden im Zitronensäurezyklus zu NADH und $FADH_2$ reduziert. Diese *Reduktionsmittel* werden in der Atmungskette mit Sauerstoff zurückoxidiert. Hier wird die Hauptmenge des Energiegehalts unserer Nahrung freigesetzt und zum großen Teil chemisch gespeichert.

Die einzelnen Schritte (Abb. 1)

Schritt 1: Citrat-Synthase

Die Citrat-Synthase bindet Oxalacetat, wodurch eine Bindungsstelle für Acetyl-Coenzym A freigelegt wird. Nun läuft eine aldolartige Addition [22] mit anschließender Hydrolyse des energiereichen Thioesters zum Citrat ab.

Schritt 2: Aconitase

Die Aconitase katalysiert die Isomerisierung von Citrat über Aconitat (Hydratisierung) zu

Isocitrat (Dehydratisierung), die im Gleichgewicht im Verhältnis von 91: 3: 6 vorliegen.

Schritt 3: Isocitrat-Dehydrogenase

Die Isocitrat-Dehydrogenase hat ein Molekulargewicht von 380.000 und besteht aus acht identischen Untereinheiten. Sie oxidiert mit NAD^+ die Hydroxylgruppe des Isocitrats zu einer Ketogruppe. Es entsteht Oxalsuccinat ($^-OOC-CO-CH(COO^-)-CH_2-COO^-$), das in Gegenwart zweiwertiger Kationen wie Mn^{2+} oder Mg^{2+} decarboxyliert. Hier wird das erste Molekül Kohlendioxid freigesetzt.

Schritt 4: α-Ketoglutarat-Dehydrogenase-Komplex

Der α-Ketoglutarat-Dehydrogenase-Komplex ist ein riesiges Multienzymsystem mit einem Molekulargewicht von etwa 5 Millionen, von dem noch keine Röntgen-Strukturanalyse vorliegt [23]. In einer sehr komplexen Reaktionssequenz wird das α-Ketoglutarat schrittweise in drei katalytischen Untereinheiten verarbeitet, wobei neben den Reaktionspartnern NAD^+ und Coenzym A auch Thiamin (Vitamin B1) benötigt wird [24]. Bei der Reaktion wird das zweite Molekül CO_2 freigesetzt.

Schritt 5: Succinyl-CoA-Synthetase

Die Succinyl-CoA-Synthetase besteht aus zwei Untereinheiten (Molekulargewichte 32.000 und 42.000) und katalysiert die Verseifung (Hydrolyse) des energiereichen Thioesters Succinyl-CoA.

Schritt 6: Succinat-Dehydrogenase

Die Succinat-Dehydrogenase besteht aus vier Untereinheiten. An eine Untereinheit vom Molekulargewicht 70.000 wird Succinat und an eine Untereinheit mit dem Molekulargewicht 30.000 das Oxidationsmittel FAD gebunden.

Schritt 7: Fumarase

Die Addition von Wasser katalysiert die Fumarase, ein Tetrameres vom Molekulargewicht 200.000. Diese Reaktion ist unter physiologischen Bedingungen reversibel.

Schritt 8: Malat-Dehydrogenase

Der letzte Schritt im Reaktionszyklus ist die Oxidation des Malats zu Oxalacetat. Die Malat-Dehydrogenase ist die dritte Dehydrogenase im Zitronensäurezyklus, bei der mit NAD^+ ein sekundärer Alkohol zur Ketogruppe oxidiert wird.

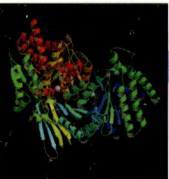

FLUORACETAT UND DIE TÖDLICHE SYNTHESE

Fluoracetat (FA) ist fünfzigmal so giftig wie Kaliumcyanid [25]! Bei der Suche nach der Ursache dieser extremen Toxizität wurde festgestellt, dass das Gewebe von mit Fluoracetat vergifteten Tieren stark erhöhte Mengen an Zitronensäure enthielt. Dies wies auf eine Blockade des Zitronensäurezyklus hin, jedoch bindet FA an keines der entsprechenden Enzyme[14]. Offensichtlich ist nicht FA, sondern eines seiner Abbauprodukte das Gift. Erstmals wurde klar, dass der Stoffwechsel nicht nur ent-, sondern auch vergiftend wirken konnte und man sprach von einer „lethal synthesis", einer tödlichen Synthese [26]. Was ist mit dem FA passiert?

FA verhält sich im Stoffwechsel wie normales Acetat und reagiert mit Coenzym A zum Fluoracetyl-CoA, denn die Acetat-Thiokinase katalysiert diese Veresterung mit Acetat und FA gleichermaßen. Fluoracetyl-CoA tritt dann in den Zitronensäurezyklus ein und reagiert mit Oxalacetat zu 2-Fluorcitrat. Auch hier katalysiert das entsprechende Enzym, die Citrat-Synthase, die Reaktion sowohl mit Acetyl- als auch mit Fluoracetyl-CoA.

Im Schritt 2 des Zitronensäurezyklus katalysiert die Aconitase die Umwandlung von Citrat über cis-Aconitat in Isocitrat. Wie verhält sich nun Fluorcitrat?

Völlig analog zum Citrat wird auch aus 2-Fluorcitrat Wasser abgespalten und es entsteht 2-Fluor-cis-aconitat. Und nun kommt der entscheidende Unterschied: die Hydratisierung der Doppelbindung zum 2-Fluor-isocitrat findet nicht statt, sondern ein Hydroxid-Ion wird addiert und gleichzeitig das Fluor als Fluorid-Anion abgespalten. Das entstehende 4-Hydroxy-trans-aconitat bindet nun extrem stark an die Aconitase und blockiert das Enzym völlig, so dass die Reaktion Citrat → Isocitrat nicht mehr ablaufen kann [27].

Es ist schon kurios: aus Fluoracetat synthetisiert der Zitronensäurezyklus eine Tricarbonsäure, die ihn selbst zum völligen Stillstand bringt; eine Art synthetischer Selbstmord!.

Welche Konsequenzen hat ein gestoppter Zitronensäurezyklus auf den Organismus? Aus biochemischer Sicht produziert der Zitronensäurezyklus keine Reduktionsmittel (NADH und FADH₂) mehr; der in der Zellatmung aufgenommene Sauerstoff kann somit nicht mehr reduziert, also verbraucht werden. Somit wird keine chemische Energie mehr erzeugt und die Funktion der Zelle bricht zusammen. Die Folgen für einen Betroffenen sind dramatisch. Aus dem Krankenbericht eines Vergiftungsfalles aus Sierra Leone:

Ein 24-jähriger Mann aß ein Fischgericht, das mit der gepulverten Frucht von Dichapetalum toxicaria vergiftet worden war. Nach einer halben Stunde erbrach der Mann, hatte schweren Durchfall und sein ganzer Körper zitterte. Seine Beine konnte er nicht mehr bewegen und Reflexe waren nicht mehr vorhanden. Die Innenseite der Ober- und Unterschenkel war extrem berührungsempfindlich. Die Bewegung der oberen Extremitäten war begrenzt koordiniert möglich. Erst nach zwei Wochen Klinikaufenthalt ließen die Symptome langsam nach.

Der behandelnde Arzt hatte ähnliche Fälle z.T. mit tödlichem Ausgang bei jungen Menschen erlebt und vermutete, dass allen Fällen die Verabreichung von giftigen Pflanzen durch einen Medizinmann vorausging [28].

Wie kann man den Zitronensäurezyklus bremsen?

Eine enzymkontrollierte Reaktionsfolge lässt sich durch Zugabe einer Verbindung stoppen, die einem der beteiligten Enzyme die katalytische Wirkung raubt. Das passende Molekül für den Zitronensäurezyklus ist die Fluoressigsäure FCH_2COOH [12], bzw. deren Salze, die Fluoracetate (FA). Diese Verbindungen sind bereits seit dem 19. Jahrhundert bekannt [13], aber erst in die Vierziger Jahren des letzten Jahrhunderts wurde die außerordentlich hohe Giftigkeit näher untersucht. Dabei zeigte sich, dass in Gewebe von mit FA vergifteten Tieren Citrat akkumuliert wird [14]. Dies deutete auf eine Blockade der Aconitase hin, denn dieses Enzym katalysiert die Umwandlung von Citrat zu Isocitrat (s. oben). Für ein Lebewesen sind die Auswirkungen fatal: Versuchstiere sterben nach schweren Muskelkrämpfen nach einiger Zeit an Herz- oder Atemstillstand [15].

FA kommt trotz der extrem hohen Toxizität auch in der Natur vor. Einige Pflanzen der Gattung *Dichapetalum* können diese Verbindung synthetisieren und setzen sie gegen ihre Fressfeinde auch ohne Skrupel ein [16]. So enthält der südafrikanische *Gifblaar*-Busch (Giftblatt, *Dichapetalum cymosum*) so viel Kaliumfluoracetat, dass schon wenige Blätter einen Ochsen töten.

Zusammenfassung

Der Zitronensäurezyklus beherrscht unseren Stoffwechsel; ohne ihn könnten wir unsere Nahrung nicht

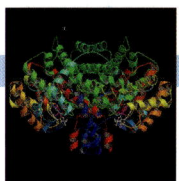

ABB. 4 | NAD, FAD, COENZYM A

Nicotinamid-Dinucleotid

$$+ 2H - H^+$$
$$+ H^+ - 2H$$

NAD$^\oplus$ NADH

Flavin-Adenin-Dinucleotid

$$+ 2H$$
$$- 2H$$

FAD   FADH$_2$

Coenzym A*

$$HS-CH_2CH_2NHCOCH_2CH_2NHCO-\overset{H}{\underset{OH}{C}}-\overset{CH_3}{\underset{CH_3}{C}}-CH_2-O-R$$

Acetyl-Coenzym A

$$CH_3-CO-S-CH_2NHCOCH_2CH_2NHCO-\overset{H}{\underset{OH}{C}}-\overset{CH_3}{\underset{CH_3}{C}}-CH_2-O-R$$

*Im CoA und Acetyl-CoA
sind im Rest R die
3-Hydroxygruppen der
Ribose zusätzlich mit
Phosphorsäure verestert.

$$R = -\overset{O}{\underset{O^\ominus}{P}}-O-\overset{O}{\underset{O^\ominus}{P}}-OCH_2$$

---

abbauen und Energie gewinnen, ohne ihn könnten wir keine körpereigenen Verbindungen wie Proteine, Hormone, Fette und Glucose herstellen. Mit einem kleinen, hochtoxischen Molekül, dem Fluoracetat, können wir den Zitronensäurezyklus zum Stillstand bringen. Studien an Labortieren und Erfahrungen mit Nutztieren, die FA-haltige Pflanzen aufgenommen haben, zeigen eindrucksvoll, was wir ohne den Zitronensäurezyklus wären: Nichts! Uns verbliebe nur noch eine kurze, qualvolle Zeit bis zum Tod durch Herz- oder Atemstillstand. Machen wir uns also den Zitronensäurezyklus bewusst und hoffen, dass er noch lange in uns rotieren möge.

Executive Summary für Dr. Westerwelle:

Ohne Zitronensäurezyklus können Sauerstoff atmende Lebewesen nicht leben, von der Mikrobe bis zum Menschen! Zehntausende Chemiker, Human-, Veterinär- und Zahnmediziner, Biochemiker, Agronomen, Pharmazeuten, Physiologen, Ernährungswissenschaftler, Zoologen, Forstwissenschaftler, Limnologen, Botaniker, Molekularbiologen, Agrarwissenschaftler, Biotechnologen, Brauer, Lebensmitteltechnologen, etc., etc. erlernen nicht nur den Zitronensäurezyklus, sondern wenden dieses Wissen *auch zu Ihrem Wohl* an. Darüber sollten Sie froh sein.

Dank

Frau Dr. U. Hinz vom Swiss Institute of Bioinformatics, Genf danke ich für Ihre wertvolle Hilfe und der University of Sussex für die Übersendung von Fotomaterial.

Literatur und Anmerkungen

[1] Der Zitronensäurezyklus wird auch als Citrat-, *tricarboxylic acid* (TCA) oder nach seinem Entdecker als Krebs-Zyklus bezeichnet.

[2] Nur wenige Lebewesen, wie Archaebakterien und anaerobe Bakterien kommen ohne Zitronensäurezyklus aus.

[3] Statt Brenztraubensäure, Bernsteinsäure, Milchsäure und Äpfelsäure werden heute bevorzugt die Anionen angegeben, also Pyruvat, Succinat, Laktat und Malat. Dies ist sinnvoll, da Carbonsäuren bei pH = 7 vollständig dissoziiert vorliegen.

[4] B. Gözsy und A. Szent-Györgyi, *Hoppe-Seyler's Ztschr. Physiol. Chem.* **1934**, *224*, 1; *ibid.* **1935**, *236*, 1.

[5] C. Martius und F. Knoop, *Z.Physiol.Chem.* **1937**, *246*,1; *ibid.* **1937**, *247*, 104.

[6] Über diese fehlgeschlagenen und unpublizierten Versuche siehe H.A. Krebs, *Persp. Biol.Med.* **1970**, 154.

[7] Der Nachweis des α-Ketoglutarats gelang erst nach Zugabe von Arsenit, das die enzymatische Weiteroxidation von α-Ketoglutarat verhindert. Auf die gleiche Weise konnte Succinat erst nach Zugabe von Malonsäure nachgewiesen werden, das die Umwandlung von Succinat in Fumarsäure blockiert.

[8] H.A. Krebs und W.A. Johnson, *Enzymologia*, **1937**, *4*, 148.

[9] http://nobelprize.org/medicine/laureates/1953/krebs-lecture.pdf

[10] Die Entnahme hat einen Haken: der Zitronensäurezyklus würde an Zwischenprodukten verarmen und stehenbleiben. Der Kohlenstoffpool muss daher durch auffüllende Synthesen konstant gehalten werden, z.B. durch eine Neusynthese von Oxalacetat durch Addition von CO_2 an Pyruvat.

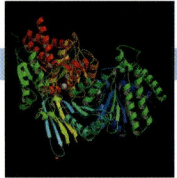

[11] W. Hei et al., *Nature* **2004**, *429*, 188.

[12] G.W. Gribble, *J.Chem.Educ.* **1973**, *50*, 460.

[13] F. Swarts, *Bull.Chem.Chim.* **1896**, *15*, 1134.

[14] R.A. Peters, *Proc.Royal Soc.B.* **1952**, *139*, 143.

[15] FA wurde als Rattengift eingesetzt, da der Tod mit zeitlicher Verzögerung eintritt, so dass die anderen Tiere den kausalen Zusammenhang zum vergifteten Köder nicht erkennen können.

[16] R.A. Peters, in *Carbon-Fluorine Compounds.* **1972**, 55, Ciba Foundation Symposium; weitere Beispiele sind *Dichapetalum toxicarium* aus Sierra Leone siehe R.A. Peters und R.J. Hall, *Nature,* **1960**, *187*, 573 und *Paliucourea marcgravii* aus dem Amazonasgebiet: W. Kemmerling, *Biologie Unserer Zeit,* **1995**, *25*, 307.

[17] Nach der Ablehnung durch „*Nature*" publizierten H.A. Krebs und W.A. Johnson ihre Arbeit in der holländischen Zeitschrift *Enzymologia* (**1937**, *4*, 148) unter dem Titel: *The role of citric acid in intermediate metabolism in animal tissue.*

[18] *Nachr. Chem. Techn.* **2002**, *50*, 965.

[19] www.oldenburg.de/berlin

[20] Die Aminosäuren der verdauten Proteine werden nach Abspaltung der Aminogruppe in Ketosäuren umgewandelt (Transaminierung), die dann direkt oder nach weiterem Abbau in den Zitronensäurezyklus eingeschleust werden.

[21] Ein Mensch synthetisiert täglich mit dem Zitronensäurezyklus etwa 800 g Oxalacetat: J.E. Baldwin und H. Krebs, *Nature,* **1981**, *291*, 381.

[22] Hierbei wird zunächst der Ketosauerstoff des Acetyl-CoA protoniert und ein Wasserstoffatom der Methylgruppe als Proton abgespalten. Das negativierte Kohlenstoffatom des entstandenen Enols greift nucleophil den Ketokohlenstoff des Oxalacetats an und es entsteht Citryl-CoA, das im nächsten Reaktionsschritt unter Abspaltung von Coenzym A zu Citrat hydrolysiert wird.

[23] Zum aktuellen Stand der Strukturbestimmung des 2-Oxoglutyrat Dehydrogenase Komplexes siehe K. Suzuki et al., *Acta Cryst. D,* **2002**, *D58*, 833.

[24] Mangel an Thiamin (Vitamin B1) führt zur Mangelkrankheit Beriberi, bei der ein stark erhöhter α-Ketoglutaratspiegel im Blut beobachtet wird. Klinisch macht sich die Krankheit durch Lähmungen, Zittern und Störungen der Bewegungs- und Sinnesempfindungen an Händen und Füßen bemerkbar. Die α-Ketoglutarat-Dehydrogenase benötigt weiterhin Liponsäure, ein Molekül mit einer S-S-Bindung. Dreiwertiges Arsen bricht diese S-S-Bindung auf und blockiert damit den Zitronensäurezyklus.

[25] Viele Nationen (incl. Deutschland, England, Polen und die USA) hatten bereits Pilotanlagen zur Herstellung von FA vor und während des 2. Weltkrieges entwickelt (M.F.Sartori, *Chem.Rev.* **1951**, *48*, 225).

[26] Organische Giftstoffe werden im Stoffwechsel oxidativ abgebaut werden und die Abbauprodukte sind fast immer weniger toxisch. Aber eben nur fast immer. So basiert die schon lange bekannte carcinogene Wirkung von Benzpyren nicht auf der Verbindung selbst, sondern auf einem Oxidationsprodukt. Für ein anderes, kurioses Beispiel siehe K. Roth, *Chemie Unserer Zeit* **2005**, *39*, 72.

[27] Diese schöne Aufklärung des Mechanismus gelang Hanspeter Lauble *et al.* von der Universität Stuttgart. Der interessierte Leser sei auch auf die aufregende Stereochemie der Isomerisierung Citrat-Isocitrat hingewiesen. H. Lauble et al. *Proc. Natl. Acad. Sci. USA,* **1996**, *93*, 13699.

[28] Epidemieartige Viehvergiftungen treten im südlichen Afrika häufig auf, verursacht durch Heu, das giftiges Pflanzenmaterial (meist *Dichapetalum*) enthält (H.M. Msami, *Trop.Anim.Health.Prod.* **1999**, *31*,1).

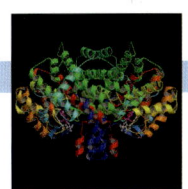

Zitronensäurezyklus und Zitronenscheiben – beides eine runde Sache

Quelle: Stockdisc

Eine unendliche chemische Geschichte – Contergan

Mutter, ihr missgebildetes Kind zwei Frauen zeigend.
Francisco de Goya (1746 – 1828) [Sammlungen des Louvre.
Nachdruck mit freundlicher Genehmigung]

Das Beruhigungsmittel Contergan® war das größte Unglück der Pharmaindustrie. Tausende missgebildete Kinder wurden zwischen 1958 und 1962 geboren. Bei der wissenschaftlichen Aufarbeitung der Tragödie wurde entdeckt, dass von den beiden spiegelbildlichen Formen (Enantiomere) des Wirkstoffs Thalidomid eine beruhigend, die andere aber fruchtschädigend wirkt. Hätte Contergan allein das Thalidomid mit dem „richtigen" Spiegelbild enthalten, wäre die Katastrophe ausgeblieben.

Diese bewegende Darstellung überzeugt sehr eindrucksvoll, dass nicht die Mischungen spiegelbildlicher Wirkstoffmoleküle, sondern immer nur das „richtige" eingesetzt werden sollte. Aber stimmt dies im Falle des Thalidomids überhaupt? Oder entstand durch die Fehlinterpretation einer wissenschaftlichen Untersuchung eine unwahre Geschichte, die nur wegen ihrer didaktischen Wirkung in Schul- und Lehrbüchern und vielen Aufsätzen immer und immer wieder erzählt wird?

K17 war die 17. Verbindung, die Dr. W. Kunz im Forschungslabor der Firma Chemie-Grünenthal 1954 hergestellt hatte. K17 wirkte im Tierversuch als Beruhigungsmittel mit geringer Toxizität [1]. Nach weiteren Ex-

perimenten an Ratten und Mäusen ließ die Firma Chemie-Grünenthal eine klinische Studie durchführen, in der sich K17 auch im Menschen als wirksames Beruhigungsmittel erwies. Unter dem Namen Thalidomid [2] wurde der Wirkstoff (Abbildung 1) in den Beruhigungsmitteln Contergan® und Contergan forte® am 1. Oktober 1957 in den Handel gebracht und war in allen Apotheken der Bundesrepublik rezeptfrei erhältlich.

Contergan schien ein Wundermittel zu sein. Im Gegensatz zu den damals üblichen Barbituraten zeigte Thalidomid keine akute Toxizität, der Blutdruck senkte sich nicht nach Einnahme, man wurde nicht süchtig und selbst bei absichtlicher Überdosierung mit über 100 Tabletten war ein Selbstmord nicht möglich. Kein Wunder also, dass Contergan und andere thalidomidhaltige Präparate von Ärzten und Apothekern mit voller Überzeugung auch für Kinder und Schwangere empfohlen wurden. Nach zwei Jahren war Contergan

Marktführer bei den Beruhigungsmitteln in der Bundesrepublik. Thalidomid war auch ein Exportschlager und in über 40 Ländern erhältlich. 1960-1961 häuften sich Berichte über Nebenwirkungen nach längerer Einnahme, die zu teilweise irreversiblen Nervenschädigungen an den Extremitäten führten. Thalidomidhaltige Präparate wurden deswegen im Herbst 1961 in einigen Bundesländern unter Rezeptpflicht gestellt. Im Herbst 1961 tauchte erstmals der Verdacht auf, Contergan könnte auch für die starke Zunahme von Kindesmissbildungen verantwortlich sein. Dieser Verdacht bestätigte sich später, insgesamt wurden etwa 8 000–10 000 missgebildete Kinder geboren (siehe Infokasten auf S. 173).

Nachdem das ganze Ausmaß der Katastrophe sichtbar geworden war, versuchte man aus allen Blickwinkeln zu verstehen, wie es zu dieser Tragödie kommen konnte. Letztlich trugen viele Faktoren dazu bei, z.B. das völlig unzureichende Zulassungs-

ABB. 1 | THALIDOMID

Thalidomid **1**

(R)-(+)-Enantiomer   (S)-(−)-Enantiomer

Der Wirkstoff mit dem rationellen Namen 2-(2,6-Dioxo-3-piperidinyl)-1H-isoindol-1,3-(2H)-dion besitzt ein Kohlenstoffatom mit vier verschiedenen Substituenten (mit * markiert), so dass zwei zueinander spiegelbildliche Isomere (Enantiomere) möglich sind. Die räumliche Anordnung (R- oder S-Konfiguration) der vier Substituenten in beiden Enantiomeren wird nach dem Cahn-Ingold-Prelog-Regelwerk ermittelt. Enantiomere drehen die Ebene des linear polarisierten Lichts (optische Aktivität) und der gemessene Drehsinn (+) oder (-) wird häufig zusätzlich angegeben. Zwischen der Konfiguration und dem experimentellen Drehsinn besteht kein direkter Zusammenhang.

Chemische Delikatessen. Klaus Roth · Copyright © 2007 WILEY-VCH Verlag GmbH & Co. KGaA, Weinheim · ISBN: 978-3-527-31984-8

Thalidomid wurde von der Firma Chemie-Grünenthal (Aachen) entwickelt [1]. An Nagetieren [25] erwies sich der Wirkstoff als ausgezeichnetes Beruhigungsmittel mit extrem geringer Toxizität. Die gute Verträglichkeit beim Menschen bestätigte eine klinische Studie an dreihundert Patienten in der Universitätsklinik Köln. Am 11. Juni 1956 wurde beim nordrhein-westfälischen Innenministerium die Genehmigung beantragt. Da ein öffentlich-rechtliches Zulassungsverfahren damals nicht existierte, wurde bereits vier Wochen später die Erlaubnis zur rezeptfreien Abgabe erteilt. Unter dem Handelsnamen Contergan (25 mg) und Contergan forte (100 mg) war der Wirkstoff Thalidomid ab 1. Oktober 1957 als Schlaf- und Beruhigungsmittel in allen Apotheken frei erhältlich.

Es begann ein beispielloser Siegeszug: Contergan eroberte innerhalb von 3 Jahren fast die Hälfte des bundesdeutschen Schlafmittelmarktes [26]. Zwischen Oktober 1957 und November 1961 nahmen ca. 5 Millionen Verbraucher 300 Millionen Tagesdosen ein. Auch international war Thalidomid ein Verkaufsschlager: in 48 Ländern wurden thalidomidhaltige Medikamente vermarktet.

In der ausschließlich an Ärzte und Apotheker gerichteten Werbung wurde die hervorragende Verträglichkeit hervorgehoben: Contergan sei „so ungiftig, dass es selbst Säuglingen und Kleinkindern verabreicht werden kann". Kein Wunder also, dass die Ärzte Contergan auch zur Linderung der morgendlichen Übelkeit bei Schwangeren empfahlen.

Erste Nebenwirkungen

Ab Oktober 1959 häuften sich Meldungen über aufgetretene Nervenschäden nach längerer Einnahme von Contergan. Bis Ende November 1961 informierten etwa 1500 Ärzte und Apotheker und mehr als 300 Verbraucher das Unternehmen über mehr als 3000 Fälle.

Bei der Contergan-Polyneuritis handelte es sich um eine Nervenerkrankung, die zu typischen Reiz- und Ausfallerscheinungen der peripheren Nervenenden vor allem an den Füßen und Händen führte. Patienten klagten über Beschwerden beim Gehen: Das Auftreten schmerze so, dass sie Schaumgummi oder Filzeinlagen in die Schuhe legen müssten; sie gingen wie über spitze Steine, Glasscherben, Glassplitter, Stecknadeln oder über 10000 tausend spitze Nägel, die ins Fleisch eindrängen.

Bereits Ende April 1960 berichtete der Düsseldorfer Neurologe Ralf Voss auf einer Fortbildungsveranstaltung über die Nebenwirkungen. Die Forschungsabteilung der Firma Grünenthal versuchte, die Nervenschädigungen an Ratten zu reproduzieren. Ohne Erfolg. Der Forschungsleiter Mückter schloss daraus: „Damit dürften alle Meldungen über Nebenwirkungen nach langfristiger Contergan-Anwendung dahingehend ausgelegt werden, dass es sich bei diesen Fällen um besondere Situationen handelt, für

die Contergan allein ursächlich nur selten in Frage kommen dürfte".

Am 31. Dezember 1960 erschien die erste Publikation über Nervenschädigungen durch Thalidomid. „Is Thalidomid to blame?" fragte die Ärztin Leslie Florence im British Medical Journal. Im Februar 1961 kam es zu Gesprächen von Firmenvertretern mit dem Direktor der Kölner Universitätsnervenklinik Werner Scheid. Er forderte die sofortige Rezeptpflicht des Medikaments. Die Firma Grünenthal bestritt jedoch weiterhin einen ursächlichen Zusammenhang zwischen Thalidomid und den beobachteten Nervenerkrankungen, beantragte jedoch am 26. Mai 1961 beim nordrhein-westfälischen Innenministerium die Rezeptpflicht. Nach Eingang eines unterstützenden Gutachtens des Bundesgesundheitsamtes in Berlin wurde Thalidomid in Nordrhein-Westfalen, Hessen und Baden-Württemberg am 1. August 1961 unter Rezeptpflicht gestellt.

Erst jetzt berichtet erstmals die Presse über Contergan: in zwei Artikeln informierte der Spiegel unter dem Titel „Zuckerplätzchen forte" über die Nervenschäden. Dies führte zu einem drastischen Umsatzeinbruch.

Verdacht von Missbildungen

Seit 1959 wurde in der Bundesrepublik eine deutliche Zunahme von Missbildungen bei Neugeborenen beobachtet. In der ersten Fachpublikation berichtete Wiedemann im September 1961 [27], dass in der Städtischen Kinderklinik Krefeld in den vorausgegangenen 10 Monaten 13 Fälle von Gliedmaßenfehlbildungen beobachtet worden sind. Akribisch führt er alle Fälle seiner Klinik auf und verweist darauf, dass weder in der damaligen DDR noch in der Schweiz oder in Belgien eine Zunahme solcher Fehlbildungen beobachtet wurde. Wiedemann vermutet „einen in unserem engerem Zivilisationsbereich neuerdings eingeführten toxischen Faktor – aber wir kennen ihn nicht".

Im Spätherbst 1961 äußerten zwei Mediziner, der Hamburger Kinderarzt Widukind Lenz [28] und der australische Gynäkologe William Griffith McBride unabhängig voneinander den Verdacht [29], dass Thalidomid für Missbildungen von Neugeborenen verantwortlich sein könnte. Seinen Verdacht teilte Lenz am 15. November 1961 dem Forschungsleiter der Firma Grünenthal telefonisch mit.

Nun nahm die Auseinandersetzung einen dramatischen Verlauf: 24. November 1961: In einer Besprechung im Düssel-

dorfer Innenministerium wurde Chemie Grünenthal aufgefordert, alle Thalidomidpräparate sofort vom Markt zu nehmen. Die Firma lehnte dies ab, drohte bei einem Verbot mit Regressansprüchen und schlug ihrerseits vor, alle Packungen mit der Aufschrift „Nicht in der Schwangerschaft zu nehmen" zu kennzeichnen.

25. November 1961: Das nordrhein-westfälische Innenministerium unterrichtet die anderen Gesundheitsbehörden der anderen Länder, das Bundesinnenministerium, das Bundesgesundheitsamt sowie die Ärzte- und Apothekenkammern über den Verdacht.

26. November 1961: Die „Welt am Sonntag" berichtet unter der Überschrift „Missgeburten durch Tabletten? Alarmierender Verdacht eines Arztes gegen ein weit verbreitetes Medikament" erstmals über den Verdacht.

27. November 1961: Die Firma Grünenthal zieht sämtliche thalidomidhaltige Präparate „bis zur wissenschaftlichen Klärung der aufgeworfenen Fragen" zurück [30].

Erst nach der Rücknahme von Contergan wurde das ganze Ausmaß der Katastrophe klar: zwischen 1958 und 1962 wurden weltweit etwa 10 000 Kinder mit schweren Missbildungen vor allem an den Gliedmaßen geboren. Allein in Deutschland etwa 4000, von denen 2800 überlebten. Die zeitliche Korrelation zwischen den Contergan-Verkaufszahlen und den beobachteten Missbildungen belegt den kausalen Zusammenhang (Abbildung 4). Es stellte sich heraus, dass die Einnahme einer einzigen Tablette während der 4. – 6. Schwangerschaftswoche mit hoher Wahrscheinlichkeit zu Missbildungen führte.

| ABB. 4 | CONTERGAN VERBRAUCH UND MISSBILDUNGEN BEI NEUGEBORENEN IN DER BUNDESREPUBLIK ZWISCHEN 1958 UND 1962 |

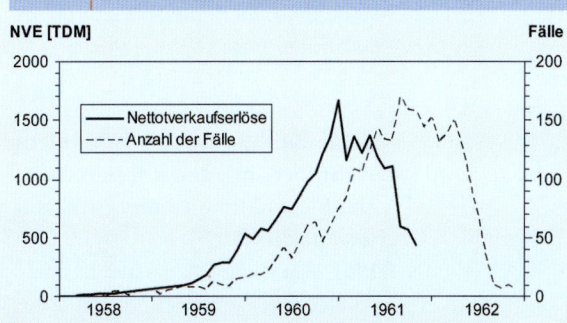

Die völlig identische zeitliche Entwicklung des Nettoverkaufserlöses von Contergan (durchzogene Linie) und der Anzahl der missgebildeten Neugeborenen (gestrichelte Linie) zeigt eindeutig den kausalen Zusammenhang an. Die Verschiebung beider Kurven um etwa 8 Monate entspricht der Zeitdifferenz zwischen der schädigenden Einnahme in der 4.–6. Schwangerschaftswoche und der Geburt.

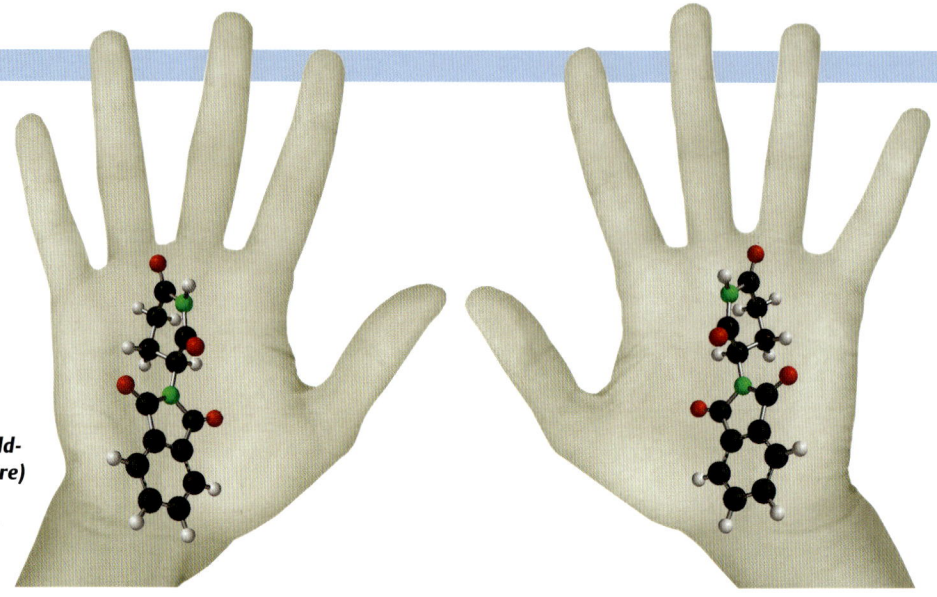

Abb. *Die beiden spiegelbildlichen Formen (Enantiomere) des Thalidomids unterscheiden sich voneinander wie die linke von der rechten Hand.*

verfahren, die nicht standardisierten tierexperimentellen Studien, die damals unüblichen Untersuchungen auf Fruchtschädigung (Teratogenität) an mehreren Spezies, gesetzgeberische Mängel, eine ziemlich unkoordinierte Arbeitsweise der Ministerien und den ihnen unterstellte Behörden in den einzelnen Bundesländern und die mangelnde Sorgfaltspflicht der Herstellerfirma bzw. einzelner handelnder Personen [3].

Aus rein chemischer Sicht war von Bedeutung, dass der Wirkstoff Thalidomid als Racemat eingesetzt wurde, d.h. als 1:1-Mischung beider Enantiomere. Nicht untersucht wurde vor der Markteinführung, ob beide Enantiomere identische oder unterschiedliche physiologische Wirkungen hatten. Hier beginnt unsere unendliche chemische Geschichte, die sich um folgende Frage dreht: *Hätte die Katastrophe verhindert werden können, wenn Thalidomid nicht aus einem Racemat, sondern nur aus einem der beiden Enantiomere bestanden hätte?*

1. Kapitel

Nein, die Katastrophe hätte nicht verhindert werden können! Die Thalidomid-Enantiomere racemisieren schnell.

1965, also vier Jahre nach der Marktrücknahme wurden die beiden Thalidomid-Enantiomere erstmals getrennt hergestellt [4], so dass nun separate Untersuchungen der beiden Enantiomere durchgeführt werden konnten. Das Ergebnis war eindeutig: es machte keinen Unterschied, ob das Racemat oder das reine *R*- bzw. *S*-Thalido-

mid-Enantiomer oral verabreicht wurden, *„alle drei optischen Formen des Thalidomids sind im Kaninchen (weißes Neuseeländer) fruchtschädigend (teratogen)"* [5].

Dieser Befund überraschte, denn prinzipiell müssten sich die Enantiomere in ihrer physiologischen Wirkung unterscheiden: Da die körpereigenen Bindungspartner (z.B. Enzyme) vor allem aus Aminosäuren bestehen, selbst also reine Enantiomere sind, sollten sie die Thalidomid-Enantiomere grundsätzlich unterschiedlich binden [6]. Da dies nicht der Fall war, müssen sich die beiden Enantiomere

im Organismus bei 37°C schnell ineinander umgewandelt haben (Racemisierung) (Abbildung 2).

2. Kapitel

Ja, die Katastrophe hätte verhindert werden können! Die Thalidomid-Enantiomere racemisieren nicht.

Es war schon eine kleine Sensation, als G. Blaschke, F. Köhler und Mitarbeiter 1979 an Mäusen und Ratten genau das gegenteilige Resultat erhielten: *„Es erwies sich nach intraperitonealer* [7] *Applikation nur das (−)-Enantiomer als teratogen*

ABB. 2 | RACEMISIERUNG VON THALIDOMID

(R)-Thalidomid   *(S)*-Thalidomid

Das am Kohlenstoffatom mit den vier verschiedenen Substitutenten gebundene Wasserstoffatom dissoziiert besonders im Basischen leicht als Proton ab. In der konjugierten Base, dem resonanzstabilisierten Anion ist das entsprechende Kohlenstoffatom nun sp²-hybridisiert, die drei verbliebenen Substituenten also mit einem Bindungswinkel von 120° planar angeordnet. Die Reprotonierung des Anions kann von beiden Seiten mit gleicher Wahrscheinlichkeit erfolgen. Eine Racemisierung ist die Folge.

wirksam". Auch in der kurz danach in den *Chemischen Berichten* erschienenen Arbeit des Autorenteams hieß es [8]: *„Während (–)-Thalidomid im Vergleich zum Racemat stärker teratogen wirkt, ist die (+)-Form selbst bei höchster Dosierung nicht teratogen"*

Obwohl dies nicht explizit von den Autoren gesagt wurde, folgerten die Leser daraus, dass die Contergan-Katastrophe hätte verhindert werden können, wenn anstelle des Racemats das beruhigend wirkende und nicht-teratogene (*R*)-(+)-Enantiomer verabreicht worden wäre [9]. Das war die Geburtsstunde des „guten" und des „bösen" Thalidomids, von denen seither in unzähligen Artikeln [10], Lehrbüchern [11] und populärwissenschaftlichen Publikationen [12] immer und immer wieder erzählt wird.

Daran änderten auch viele vorgebrachte ernste Zweifel nichts [13]; die Geschichte scheint unvergänglich zu sein.

3. Kapitel
Nein, die Katastrophe hätte nicht verhindert werden können! Die Thalidomid-Enantiomere racemisieren schnell.

Von zwei Untersuchungen mit gegensätzlichen Schlussfolgerungen kann nur eine korrekt durchgeführt bzw. interpretiert worden sein. Aber welche?

Die Tierexperimente von Blaschke, Köhler et al. beruhten auf einem Versuchsprotokoll, mit dem schon 1970 die teratogene Wirkung von *racemischem* Thalidomid in Mäusen und Ratten nachgewiesen worden war [14]. Leider konnte das von F.

Köhler entwickelte Tiermodell von anderen Autoren nicht reproduziert werden. Unter dem Titel *„Non-confirmation of Thalidomide Induced Teratogenesis in Rats and Mice"* erschien schon 1977 eine Untersuchung, nach der Thalidomid in Ratten und Mäusen überhaupt keine Fruchtschädigungen hervorrief, diese Tiere für den Nachweis einer Teratogenität also völlig ungeeignet waren [15]. Heute werden Teratogenitäts-Studien nur mit wenigen Kaninchensorten und am zuverlässigsten mit Affen durchgeführt [16].

G. Blaschke, der Erstautor einer der sich widersprechenden Arbeiten, untersuchte zur Klärung des Widerspruchs die Geschwindigkeiten der Racemisierung beider Enantiomere *in vitro* und nach intravenöser Gabe *in vivo* [17] (Tabelle 1). Das Ergebnis

---

DER „CONTERGAN-PROZESS"

1968 begann der Prozess vor der Strafkammer des Aachener Landgerichts gegen den Firmeninhaber und acht leitende Angestellte im Falle der Nervenschädigungen wegen fahrlässiger und vorsätzlicher Körperverletzung und im Falle der Missbildungen wegen fahrlässiger Körperverletzung, teilweise mit Todesfolge. Es war ein Mammutprozess: fast tausend Seiten Anklageschrift, 29 Sachverständige, 352 Zeugen und über 400 Nebenkläger. Am 18. Dezember 1970, nach 283 Verhandlungstagen, wurde das Verfahren eingestellt. Zwar sah das Gericht die Kausalität zwischen Thalidomid und den Nervenschädigungen und Missbildungen für erwiesen an, jedoch bewertete es die Schuld der Angeklagten als „geringfügig" und stellte fehlendes öffentliches Interesse an der Weiterführung des Prozesses fest. Dieser auf den ersten Blick unverständliche Prozessausgang war die Folge einer außergerichtlichen Einigung zwischen den Vertretern der Opfer und der Chemie Grünenthal. Die Herstellerfirma zahlte 110 Millionen DM in eine Stiftung zur Unterstützung der überlebenden Contergan-Opfer ein [31]. Dadurch bekamen die bereits schulpflichtigen Kinder und deren Eltern endlich eine finanzielle Unterstützung und nicht erst nach jahrelangen zivilrechtlichen Auseinandersetzungen. Zudem hatte die Firma Chemie-Grünenthal Rechtssicherheit, denn alle angemeldeten zivilrechtlichen Ansprüche waren mit der Einstellung des Verfahrens erloschen.

In der Begründung des Einstellungsbeschlusses lässt das Gericht erkennen, dass es sich der

schwierigen Situation von leitenden Mitarbeitern eines Wirtschaftsunternehmens sehr wohl bewusst ist: „Soweit die Angeklagten Kaufleute sind, war ihnen naturgemäß in erster Linie die Wahrnehmung der wirtschaftlichen Interessen des Unternehmens übertragen. Hinzu kam eine durch den beruflichen Werdegang bedingte enge Bindung gerade an diese Firma und damit die Gefahr der Einengung des Gesichtskreises. Die Versuchung, die vermeintlichen Interessen des Unternehmens gegenüber den Bedenken von meist nachgeordneten Mitarbeitern mit ganz anderer und weitergehender Ausbildung durchzusetzen, war groß. Die Mediziner und Chemiker dagegen sahen sich in ein Unternehmen eingebunden, dessen Organisation und Zielrichtung wissenschaftlichen Mitarbeitern und ärztlichen Gesichtspunkten eine nachgeordnete Rolle zuwiesen. Der Kampf um eine angemessene Position verlangte die nachdrückliche Förderung der kaufmännischen Unternehmensziele".

Dies spräche für die Angeklagten, deren individueller Entscheidungsspielraum begrenzt war, niemand hätte uneingeschränkte, alleinige Verantwortung getragen.

„Demgegenüber ist fahrlässiges Verhalten [..] insoweit zu bejahen, als das Gesamtverhalten, wie es aus der Firma Chemie-Grünenthal nach außen in Erscheinung getreten ist, nicht den Anforderungen entspricht, wie sie an einen ordentlichen und gewissenhaften Arzneimittelhersteller zu stellen sind."

Entlastend wurde dabei bewertet:

„dass die Angeklagten nicht wesentlich anders gehandelt haben, als es in der pharmazeutischen Industrie damals größtenteils üblich war. Sie haben weder später gewarnt, als es die Mehrzahl der anderen Arzneimittelhersteller zu tun pflegte, noch unterschieden sich ihre Warnhinweise nach Inhalt und Form von denen anderer Hersteller. Haben die Angeklagten somit weitgehend branchenüblich gehandelt, so ist ihr Verhalten [..] deshalb nicht rechtmäßig. Nicht die Branchenüblichkeit entscheidet, was rechtens ist; maßgeblich ist allein, welche Sorgfalt bei objektiver Betrachtungsweise geboten ist."

Die Contergan-Tragödie zog erhebliche politische und gesetzgeberische Konsequenzen nach sich. Die Gesundheitsbehörden des Bundes und der Länder wurden reorganisiert. Die Novellierung 1964 und vor allem die Neufassung des Arzneimittelgesetzes im Jahre 1976 wurden unter dem Eindruck der Contergan-Tragödie verfasst. Insbesondere sind die Anforderungen für die Herstellung und Zulassung eines Arzneimittels wesentlich erhöht worden. Von Seiten des Herstellers müssen umfangreiche vorklinische und klinische Untersuchungen zur Zulassung vorgelegt werden, wobei die Prüfung auf Fruchtschädigung (Teratogenität) heute Standard ist. Auch der Isomerenreinheit wird heute große Aufmerksamkeit geschenkt. So wurden im Jahre 2000 fast 40% aller Wirkstoffe weltweit mit einem Marktwert von über 100 Milliarden Euro [32] enantiomerenrein hergestellt.

TAB. 1 | **HALBWERTSZEITEN VON (+)- UND (–)-THALIDOMID**

Medium	Substrat	Halbwertszeit [min]
Phosphatpuffer	(+)-Thalidomid	288.8
	(–)-Thalidomid	260.5
Phosphatpuffer mit Humanen Serumalbumin	(+)-Thalidomid	18.5
	(–)-Thalidomid	9.5
Blutplasma	(+)-Thalidomid	11.5
	(–)-Thalidomid	8.3

Die Halbwertszeit beider Enantiomere in Phophatpuffer mit 289 und 260 Minuten ist im Rahmen der Messgenauigkeit identisch. Im menschlichen Blutplasma verringern sich diese Werte auf 11.5 bzw. 8.3 Minuten. Da annähernd die gleichen Halbwertszeiten in Phosphatpufferlösungen nach Zusatz von humanem Serumalbumin (HSA) beobachtet werden, kann die Verkürzung der Halbwertszeiten auf eine katalytische Wirkung des HSA zurückgeführt werden [40].

war eindeutig: in Blut beträgt die Halbwertszeit [18] der beiden Enantiomere nur einige Minuten, es findet also eine schnelle Umwandlung (Racemisierung) statt: „*Folglich, muss die Enantioselektivität von Thalido-mid in Hinblick auf teratogene Effekte neu bewertet werden.*" [19]

4. Kapitel

Nein! Die Enantiomere wandeln sich zwar schnell ineinander um, dabei entsteht aber nur beinahe ein Racemat, trotzdem hätte die Tragödie nicht verhindert werden können.

Bei einer Halbwertszeit von einigen Minuten macht es keinen Unterschied, ob das Racemat oder ein Enantiomeres verabreicht wird. Es steckt aber noch etwas mehr dahinter. In Abbildung 3 oben ist die zeitliche Änderung der Plasmakonzentration von racemischem Thalidomid nach oraler Aufnahme dargestellt. Der Verlauf spiegelt das typische Zusammenspiel zwischen Absorption und Eliminierung [20] wieder: zunächst steigt die Plasmakonzentration durch die Aufnahme im Magen-Darmtrakt an, überschreitet einen Maximalwert und nimmt durch Eliminierung bzw. Abbau wieder ab.

Während die zeitliche Konzentrationsänderung des Racemats (oben) völlig unauffällig ist, erbrachte die orale Gabe von *nur einem* Enantiomer eine Überraschung (Mitte und unten): beide Enantiomere werden zwar gleich schnell aufgenommen und wandeln sich rasch ineinander um, aber das (S)- wird signifikant schneller eliminiert als das (R)- Enantiomer. Dies führt nach einigen Stunden zur Einstellung eines Pseudogleichgewichts mit einem Konzentrationsverhältnis $(R)/(S)$ von etwa 1.7. Die Konzentration von (R) ist größer als die von (S), und zwar unabhängig davon, ob ursprünglich das reine (R)- oder das reine (S)-Enantiomer oral aufgenommen wurde. Es tritt also keine vollständige Racemisierung im strengen Sinn ein, jedoch ist dies für die Bewertung des Wirkstoffs ohne Bedeutung, eine beruhigende bzw. teratogene Wirkung kann nicht einem der beiden Enantiomeren zugeschrieben werden [21].

THALIDOMID HEUTE

Thalidomid gilt heute als ein hochpotenter Wirkstoff, dessen Anwendungsbreite noch nicht ausgeschöpft ist [33]. Die Renaissance verdanken wir einem fast unglaubhaft klingenden Zufall: 1964, also drei Jahre nach der Marktrücknahme, wollte der israelische Arzt J. Sheskin in seinem Krankenhaus in Jerusalem spät abends einem schwer leprakranken Patienten helfen, der wegen seiner großer Schmerzen keinen Schlaf finden konnte. Der Patient litt unter einer typischen Sekundärkomplikation, dem Erythema nodosum leprosum (ENL), mit schmerzhaften Hautentzündungen, die letztlich zu den typischen Verkrüppelungen an Händen und Füßen führen. Er fand in der Krankenhausapotheke eine Schachtel Contergan und gab dem männlichen Patienten die übliche Dosis. Der Patient fand nicht nur Schlaf, sondern zur großen Überraschung ließen die äußerst schmerzhaften Symptome nach und der Patient stand am nächsten Morgen erstmals seit Wochen aus eigener Kraft auf. Eine klinische Studie bestätigte, dass 70% der Patienten positiv auf den Wirkstoff ansprachen [34]. 1998 wurde Thalidomid von der US-amerikanische Zulassungsbehörde FDA für die Behandlung von Leprakranken [35] zugelassen und die WHO verteilt kostenlos den Wirkstoff an viele der ca. 3 Millionen Leprakranken in Drittweltländern [36].

Erst über 20 Jahre nach Zufallsentdeckung konnte die Wirkungsweise des Thalidomids aufgeklärt werden [37]: Thalidomid hat eine ausgesprochen immunosuppressive Wirkung, in dem die Produktion des Tumornekrose-Faktor TNF_α verringert wird, einer Verbindung die in der Kontrolle des Immunsystems eine zentrale Rolle einnimmt. ENL-Patienten haben einen extrem hohen TNF_α – Spiegel, der nach Gabe von Thalidomid sinkt und zum Abklingen der entzündlichen Prozesse führt. Daraufhin wurden auch andere Krankheiten mit hohen TNF_α - Werten behandelt. Über erste beachtliche Heilerfolge bei Autoimmunerkrankungen wie rheumatische Arthritis, Lupus erythematodes, Morbus Behçet, Sjogren Syndrom, Multipler Sklerose, Morbus Crohn und zur Unterdrückung von chronischen Abstoßungsreaktionen bei Knochenmarks-Transplantationen wurde berichtet.

Aber auch die eigentliche Ursache der Missbildungen des Fötus, nämlich die Störung der Bildung neuer Blutgefäße wird heute therapeutisch genutzt [38]. Tumore ab einer Größe von einigen Millimetern induzieren für ihr schnelles Wachstum die Bildung neuer Blutgefäße. Thalidomid hemmt diese Neubildung und dies führt zum Absterben der Tumore. Ein typisches Beispiel ist die Hemmung des krankhaften Wachstums von Blutgefäßen im Auge von Diabetis-

Patienten, das häufig zur Blindheit führt. Auch über erste Anwendungen bei Geschwüren im Mund- und Rachenraum und dem Karposi Sarkom bei HIV-Patienten [39] und bei vielen anderen Tumorerkrankungen (Prostata-, Nieren- und bestimmte Hirntumore) ist berichtet worden. Hervorzuheben ist besonders der Einsatz in Patienten mit multiplem Myelom, einer besonders aggressiven Form des Knochmarkkrebses. Selbst mit hochdosierten Chemotherapien sind viele Patienten nicht mehr therapierbar und in diesen Fällen ist Thalidomid die einzige Behandlungsalternative. Zwar ist für diesen Patientenkreis Thalidomid in einigen Ländern (Australien, Israel, Türkei) zugelassen, aber in Deutschland steht dies noch aus.

Bei allen neuen Therapien muss auf die bekannten Nebenwirkungen, insbesondere die Nervenerkrankungen in den Extremitäten besonders geachtet werden. Ironischerweise ist die beruhigende Wirkung des Thalidomids heute eine unerwünschte Nebenwirkung. Die Patienten bekommen das Mittel vorzugsweise spät abends verabreicht, damit ihr normaler Tagesablauf möglichst wenig beeinträchtigt wird.

ABB. 3 | THALIDOMID-KONZENTRATION IM MENSCHLICHEN BLUTPLASMA

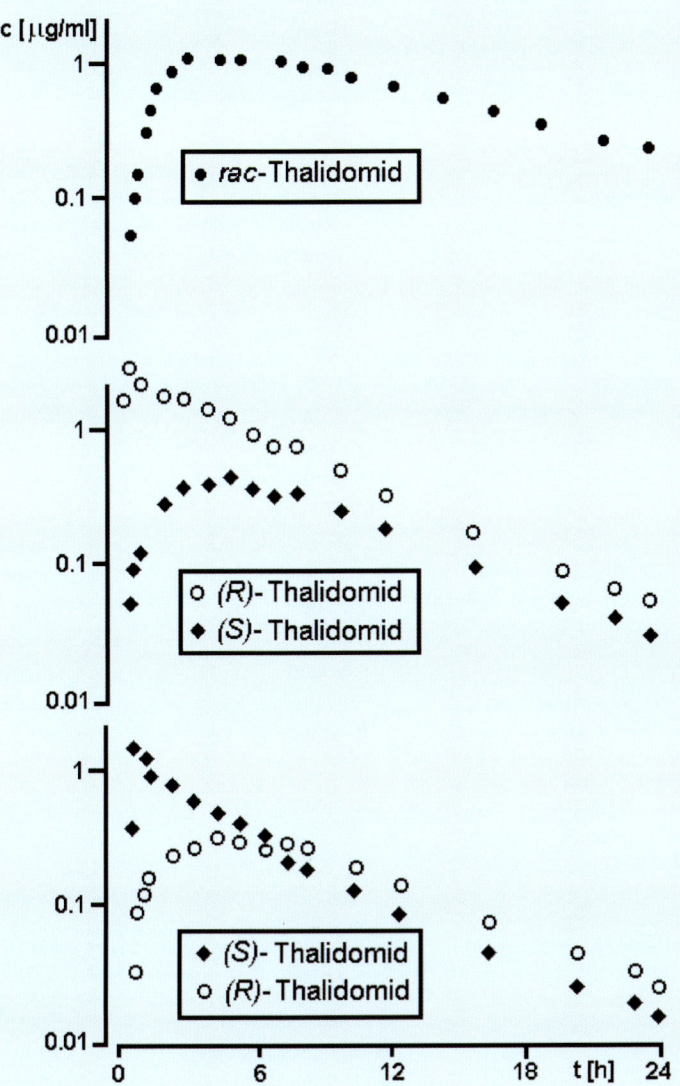

oben: Nach oraler Gabe von 200 mg (rac)-Thalidomid entspricht die Zeitabhängigkeit der Thalidomid-Konzentration im Blutplasma dem typischen Verlauf eines Wirkstoffs. Zunächst führt die Aufnahme (rac)-Thalidomids (Summe beider Enantiomere) im Magen-Darm-Trakt zum Anstieg der Plasmakonzentration, erreicht nach etwa 4 Stunden ein Maximum und nimmt dann durch den hydrolytischen Abbau (Eliminierung) ab [41].

Mitte: Nach oraler Aufnahme von 100 mg reinem (R)-Thalidomid erreicht dessen Konzentration nach kurzer Zeit ein Maximum und nimmt dann rasch ab. Dabei wird das aufgenommene (R)-Thalidomid nicht nur hydrolytisch abgebaut, sondern wandelt sich in sein Enantiomer um. Dies spiegelt sich im entsprechenden Konzentrationsverlauf des (S)-Enantiomers wider. Nach einigen Stunden wird aber nicht eine vollständige Racemisierung, d.h. eine 1:1-Mischung beider Enantiomere beobachtet, sondern es stellt sich ein Pseudogleichgewicht von etwa $(R)/(S) = 1{,}7$ ein, da das (S)-Enantiomer schneller abgebaut wird als das (R)-Enantiomer [42].

unten: Nach oraler Aufnahme von 100 mg reinem (S)-Thalidomid ergibt sich eine analoge Abhängigkeit. Durch den schnelleren Abbau des (S)-Thalidomids und gleichzeitiger Umlagerung in das (R)-Enantiomer stellt sich nach einigen Stunden zwischen den beiden Enantiomeren ein Pseudogleichgewicht von $(R)/(S) = 1{,}7$ ein. Im Falle der Aufnahme von reinem (S)-Enantiomer wird dabei nach etwa sechs Stunden tatsächlich ein Punkt erreicht, bei dem im Blutplasma eine völlige Racemisierung eingetreten ist.

Zusammenfassung

Das Beruhigungsmittel Contergan® enthielt den Wirkstoff Thalidomid als racemische Mischung, d.h. als 1:1-Mischung beider Enantiomere. 1979 veröffentlichten deutsche Wissenschaftler eine Studie, nach der allein das (S)-Enantiomer fruchtschädigend wirken sollte. Diese an Ratten und Mäusen durchgeführte Studie wurde später, auch von den Autoren selbst, kritisch bewertet. Zwar ist die Pharmakologie des Thalidomids im Detail kompliziert, jedoch steht schon seit vielen Jahren fest, dass die Contergan-Katastrophe durch die Verabreichung des reinen (R)-Enantiomers nicht hätte verhindert werden können, da im Blutplasma eine schnelle Umwandlung zwischen beiden Enantiomeren erfolgt. Trotzdem findet die Geschichte vom „guten" und „bösen" Thalidomid-Enantiomeren immer wieder Erzähler. Bei einigen Wirkstoffen ist tatsächlich ein Enantiomer therapeutisch wirksam und das andere schädlich [22], beim Thalidomid aber eben nicht: **die Gabe eines reinen Thalidomid-Enantiomers hätte die Contergan-Katastrophe *nicht* verhindert** [23]!

Danksagungen

Der Autor dankt den folgenden Kollegen für viele wertvolle Hinweise und Hilfen: Dr. H. Bauer, Schering AG Berlin, Prof. G. Blaschke, Universität Münster, Prof. D. Neubert, FU Berlin, Dr. N. Rippel, Pharmion, Hamburg und Dr. K. Zwingenberger, Aachen.

Literatur und Anmerkungen

[1]   W. Kunz, H. Keller und H. Mückter, *Arzneimittel-Forschung*, **1956**, *6*, 426.

[2]   Bei Arzneimittel unterscheidet man den Marken- bzw. Handelsnamen des Präparats, z.B. Contergan und den international nicht geschützten Namen des Wirkstoffs (INN), z.B. Thalidomid. Der rationale Name der chemischen Verbindung lautet: 2-(2,6-Dioxo-3-piperidyl)-1H-isoindol-1,3-(2H)-dion.

[3]   *Der Contergan-Fall*, B. Kirk, **1999**, Wissenschaftliche Verlagsgesellschaft Stuttgart; H.-J. Luhmann, *Umweltmed. Forsch. Prax.* **2000**, *5*, 295.

[4]   Y.F. Shealy *et al.*, *Chem.& Industry* **1965**, 1030.

[5]   S. Fabro *et al.*, *Nature*, **1967**, *215*, 296.

[6]   Ein Bild verdeutlicht dies: ergreift man bei geschlossenen Augen mit der rechten Hand (Enzym, Rezeptor) eine Hand (ein Thalidomid-Enantiomer), spürt man sofort, ob man eine linke oder eine rechte Hand (Enantiomer) ergriffen hat.

[7]   Dabei wird der gelöste Wirkstoff in die Bauchhöhle injiziert.

[8]   G. Blaschke et al, *Chem. Ber.* **1980**, *113*, 2318.

[9]   Diese Vorstellung ist allerdings unrealistisch, denn um 1960 waren klassische Racematspaltungen im technischen Maßstab nur sehr schwierig zu bewerkstelligen.

[10] Die Geschichte vom „guten" und „bösen" Enantiomer wird in den renommiertesten Journalen erzählt, z.B. J.M. Brown und S.G. Davies, *Nature*, **1989**, *342*, 631; A. Prasanna des Silva, *Nature*, **1995**, *374*, 310 ; J. Rubner, *Nature* **1996**, *382*, 104. Selbst das Nobel-Komitee konnte es anlässlich der Verleihung des Nobelpreises für Chemie 2001 an W.S. Knowles, R. Noyori und K.B. Sharpless in seiner Presseerklärung nicht lassen : (http://nobelprize.org/chemistry/laureates/2001/public.html). Prompt landete die Geschichte in der Tages- und populärwissenschaftlichen Presse (*Spektrum der Wissenschaften*, **2001,** Heft 12, 22).

[11] Die Liste wäre lang, hier nur wenige Beispiele: *Stereochemie*, S. Hauptmann und G. Mann, **1996**, 223, Spektrum Akademischer Verlag, Heidelberg; *Organic Chemistry*, R.C.Atkins und F.A.Carey, **1997**, 200, McGraw-Hill, New York; *Chemistry and the Living Organism*, M.M. Bloomfield und L. J. Stephens, 6th edition, **1996**, 386, Wiley&Sons, Chichester; *Organische Chemie*, A. Wollrab, **2002**, 287, Springer Verlag, Heidelberg; *Organic Chemistry*, M.A. Fox und J.K.Whitesell, 2nd edition, **1997**, 19-28, Jones & Bartlett, Sudbury; *Fundamentals of General, Organic, and Biological Chemistry*, J.R. Holum, 6th edition **1998**, 513, Wiley, Chichester.

[12] Eine kleine Auswahl: *Chemie der Zukunft – Magie oder Design*, P. Ball, **1996,** 87, VCH Weinheim; *Facetten einer Wissenschaft*, H. Brunner (A. Müller, H.-J. Quadbeck-Seeger, E. Diemann, eds.), **2004**, 176, Wiley-VCh, Weinheim, G.L. Anderson und S.T. Page, *J.Chem.Educ.* **2004**, *81*, 971; R. Demuth und O. Reiser, *Spektrum der Wissenschaften* **2005** (Februar), 70.

[13] Deutlich formulierte Richtigstellungen findet man z.B. bei: W. Winter und E. Frankus, *The Lancet*, **1992**, *339*, 365; E.L. Eliel, *Chirality*, **1997**, *9*, 428. Damit kein falscher Eindruck entsteht: natürlich stellen viele Lehrbücher den Sachverhalt richtig dar.

[14] F. Köhler et al, *Experientia* **1970**, *26*, 1157, 1236.

[15] W.J. Scott et al. *Teratology*, **1977**, *16*, 333.

[16] R. Neubert und D. Neubert in *Handbook of Experimental Pharmacology 124, II*, **1997**, 41, Springer Verlag, Berlin.

[17] B. Knoche und G. Blaschke, *J. Chromatogr. A*, **1994**, *666*, 235.

[18] Die Halbwertszeit gibt an, nach welcher Zeit nur noch die Hälfte der Ausgangskonzentration vorhanden ist.

[19] „*Thus, the enantioselectivity of thalodomide in relation to teratogenic effects has to be re-evaluated.*"

[20] Die Eliminierung des Thalidomids erfolgt im wesentlichen über eine nicht-enzymatische Hydrolyse der labilen Amidgruppen, wobei über ein Dutzend verschiedene Abbauprodukte entstehen können. siehe H. Schumacher et al, *Br. J. Pharmacol.* **1965**, *25*, 324 und 338.

[21] Viele Studien an zum Thalidomid strukturell verwandten Verbindungen, die langsamer oder nicht racemisieren können, deuten darauf hin, dass eventuell doch das R-Enantiomer beruhigend und das S-Enantiomer das viel wirksamere Enantiomer sein könnte, das z.B. in das Immunsystem eingreift. Wir wissen es aber nicht sicher. Aber selbst wenn wir es wüssten, würde es uns nichts nutzen, denn durch die schnelle Umwandlung sind im Blut immer beide Enantiomere präsent. Siehe z.B. J. Knabe et al. *Arch. Pharm.* **1989**, *322*, 499; *Arzneimittelforsch.* **1990**, *40*, 32 ; T. Eriksson et al, *J. Pharm.Pharmacol.* **2000**, *52*, 807.

[22] J. Knabe *Pharm. Unserer Zeit* **1995**, *24*, 324.

[23] Zu dieser eindeutigen Bewertung kam auch die US-amerikanische Zulassungsbehörde für Arzneimittel FDA (Federal Drug Administration): siehe W. H. DeCamp, *Chirality*, **1989**, *1*, 2.

[24] Die Contergan-Tragödie wurde von Beate Kirk in Ihrer pharmaziehistorischen Dissertation an der Universität Greifswald mit dem für eine neutrale Bewertung notwendigen historischen Abstand sehr gelungen aufgearbeitet. Auf dieser schönen Doktorarbeit beruht die hier gegebene Darstellung ganz wesentlich. siehe [3]

[25] In der Bundesrepublik entschied damals der Hersteller selbst, wie neue Arzneistoffe vor der Markteinführung pharmakologisch untersucht wurden. Eine Prüfung auf Fruchtschädigung war in den fünfziger Jahren nicht üblich.

[26] Contergan und andere thalidomidhaltige Präparate waren in der damaligen DDR nie erhältlich.

[27] H.-R. Wiedemann, *Die Medizinische Welt*, **1961** (September), 1863.

[28] Lenz war sich sehr wohl darüber bewusst, dass er nur einen Verdacht äußerte, der sich wissenschaftlich noch nicht beweisen ließ. Noch am 19. November 1961 sagte

er: „*Ein ätiologischer Zusammenhang zwischen der Aufnahme der Substanz und den Missbildungen ist durch nichts bewiesen. Vom wissenschaftlichen Gesichtspunkt aus wäre es verfrüht, darüber zu sprechen. Ein Zusammenhang ist aber denkbar. Als Mensch und Staatsbürger kann ich es daher nicht verantworten, meine Beobachtungen zu verschweigen.*"

[29] McBrides Bericht erschien Ende Dezember 1961in „*Lancet*" (**1961**, 1358). Zu diesem Zeitpunkt war Contergan zumindest in Deutschland bereits zurückgezogen.

[30] Obwohl die Gesundheitsbehörden aller Bundesländer im Juli 1961 über eine Empfehlung zur Einführung der Rezeptpflicht des Bundesgesundheitsamtes informiert worden waren, schafften es Bayern, Berlin und Niedersachsen bis zur Marktrücknahme nicht, Contergan unter Rezeptpflicht zu stellen.

[31] Zusätzlich zu den 110 Mio DM zahlte die Bundesrepublik Deutschland (=Steuerzahler) bis Januar 1997 über 551 Mio DM an die Betroffenen aus.

[32] G.L. Anderson und S.T. Page , *J.Chem.Educ.* **2004**, *81*, 971.

[33] R. von Moos et al, *Swiss. Med. Wkl.* **2003**, *133*, 77.

[34] J. Sheskin, *Clin. Pharmacol. Ther.* **1965**, *6*, 303; J. Sheskin und J. Convit, *Der Hautarzt*, **1966**, *17*, 548.

[35] J.R. Bernstein, *Clin. Toxicol.Rev.* **1999**, *21* No 5.

[36] Dies ist nicht unproblematisch. Zwar müssen sich gebärfähige Patientinnen verpflichten, zwei wirksame Verhütungsmethoden gleichzeitig einzusetzen, trotzdem wurden in Brasilien zwischen 1963 und 1994 über 60 Kinder mit Missbildungen geboren, die nachweislich durch die Einnahme von Thalidomid während der Schwangerschaft bedingt waren. Diese an sich segensreiche

Maßnahme der WHO wird deswegen kontrovers diskutiert: J. Cutler, *Lancet* **1994**, *343*, 795.

[37] G. Kaplan et al. *Proc. Natl. Acad. Sci. USA* **1993**, *90*, 5974.

[38] Die Ursachen der Teratogenität sind nach vierzig Jahren immer noch nicht vollständig aufgeklärt. Zu unterschiedlichen Vorstellungen siehe:

C.J. Tabin, *Nature* **1998**, *396*,322; R. Neubert et al. *Nature* **1999**, *400*, 419 und C.J. Tabin, *ibid.* 420.

[39] P. Richardson, *Ann.Rev. Med.* **2002**, *53*, 629.

[40] B.Knoche und G. Blaschke, *J.Chromatogr. A*, **1994**, *666*, 235.

[41] T.-L. Chen et al., *Drug. Metab. Dispos.* **1989**, *17*, 402.

[42] T. Eriksson et al., *Eur.J.Clin.Pharmacol.* **2001**, *57*, 365

Die Chemie eines kleinen Spinners

Schmetterlinge haben aus gutem Grund Angst vor Spinnen, schließlich sind sie deren Lieblingsspeise. Einmal im Spinnennetz gefangen, versuchen sie, durch hektisches Flügelschlagen zu entfliehen. Der kleine Bärenspinner Utetheisa ornatrix bleibt in dieser Situation völlig cool. Die Spinne stürzt herbei, betastet kurz die Beute und schneidet sofort um den Bärenspinner ein Loch ins Netz. Der Schmetterling fällt herunter und bevor er den Boden erreicht, spannt er die Flügel auf und flattert von dannen. Er war sich seiner Sache von Anfang an sicher, sein Geheimnis: von klein auf die richtige Ernährung, ordentlicher Sex und eine gute Portion Chemie.

Abb. 1 Utetheisa ornatrix. Der kleine Schmetterling aus der Familie der Bärenspinner ist in Mittelamerika und den Südstaaten der USA beheimatet und zeichnet sich durch eine auffällige rosa-weiß-schwarzen Flügelzeichnung aus (links: Weibchen, rechts: Männchen). *[Alle Fotos aus T. Eisner For Love of Insects]*

Fast alle Lebewesen, vom Einzeller über Pflanzen und Wirbellosen bis zu Primaten, kommunizieren mit der Sprache der Chemie, z.B. bei der Partner- oder Nahrungssuche und zur Abwehr von Feinden. Besonders bei den fast eine Million Insektenarten hat die Evolution verblüffende chemische Strategien im Überlebenskampf entwickelt, so dass man mit Superlativen vorsichtig sein sollte. Trotzdem ragt ein kleiner Schmetterling aus der Familie der Bärenspinner ganz besonderes heraus (Abbildung 1): Verfängt sich *Utetheisa ornatrix* in einem Spinnennetz, befreien selbst hungrige Spinnen die scheinbar leckere Mahlzeit aus ihrem Netz und der Schmetterling fliegt unversehrt fort (Abbildung 2).

Warum verschmähen hungrige Spinnen diese Beute? In jahrelanger,

mühseliger Arbeit haben Thomas Eisner und seine Arbeitsgruppe von der Cornell Universität dieses ungewöhnliche Verhalten studiert. Zunächst wurden mehrere männliche und weibliche *U. ornatrix* ins Spinnennetz geworfen. Resultat: kein einziger wurde gefressen, während andere Schmetterlinge mit großem Appetit verspeist wurden. Am Spinnenhunger lag es also nicht und so entschloss sich Eisner zu einem, wie er es nennt, „Travestie"-Experiment: Er ersetzte die Flügel eines für Spinnen schmackhaften Schmetterlings durch Utetheisa-Flügel [1]. Das Resultat überraschte: nachdem die Spinne mit ihren Beinen die Flügel berührt hatte, wurden auch die „Travestie"-Motten aus dem Netz herausgeschnitten. Da Spinnen mit ihren Beinen auch schmecken können, war klar: *Utethei-*

sa ornatrix schmecken widerlich, zumindest für Spinnen! Aber warum?

Ernährung

Die Geschichte der Chemie des Bärenspinners beginnt mit einer strauchartigen Pflanze, dem Schmetterlingsblütler *Crotalaria mucronata* (Abbildung 3). Wie alle Lebewesen müssen auch Pflanzen im täglichen Überlebenskampf bestehen. Da sie tierischen Pflanzenfressern nicht weglaufen können, scheinen sie schutzlos zu sein. Wäre dem so, könnte man kaum erklären, wieso nach Jahrmillionen eines Nebeneinanders von Insekten und Pflanzen die Erde immer noch grün ist, obwohl die meisten Insekten und viele andere Tiere den ganzen Tag Pflanzen vertilgen. Pflanzen können also keineswegs so hilflos sein, wie sie uns erscheinen. Im Gegenteil, im Laufe der Evolution haben sie chemische Waffen von hoher Raffinesse entwickelt [2].

Diese Abwehrsubstanzen gehören zu den Sekundär-Metaboliten [3], da sie zum Wachstum und zur Fortpflanzung der *einzelnen Pflanze* nicht notwendig sind, jedoch im Überlebenskampf *der Art* von Vorteil sind. Weit über 20 000 Sekundär-Metaboliten von großer struktureller Vielfalt sind heute bekannt, wobei die einzelnen Verbindungen jeweils nur von wenigen Arten synthetisiert werden. Die chemische Kriegs-

führung der Pflanzen und Pilze richtet sich vor allem gegen Mikroorganismen und Insekten und bleibt uns deswegen meist verborgen. Manchmal sind auch wir das Ziel: aus gutem Grund stehen Herbstzeitlose, Knollenblätterpilze, Brechnüsse, Maiglöckchen und Schierling nicht auf unserem Speiseplan [4].

Crotalaria mucronata erscheint uns besonders heimtückisch zu sein, denn diese Pflanze enthält mit Monocrotalin **1** ein Gift, das für alle Lebewesen cytotoxisch und mutagen und auf Wirbeltiere hepatotoxisch und carcinogen wirkt [5] (Infokasten S. 183). Monocrotalin ist ein Alkaloid [6] mit einem ungewöhnlichen 11-Ring und zählt wegen des heterocyclischen Grundkörpers zu den Pyrrolizidin-Alkaloiden [7]. Es ist vor allem der bittere Geschmack des Monocrotalins, der *C. mucronata* gegen Fressfeinde geschützt. Fressen Tiere trotzdem die bittere Pflanze, können sie eine akute oder chronische Vergiftung nur verhindern, wenn sie Monocrotalin im Körper rasch zum ungiftigen N-Oxid **2** oxidieren [8]. Meerschweinchen und Schafe können das, denn in ihren Leberzellen haben sie eine effektive Oxygenase, die diese Reaktion katalysiert. Beide Säugetiere vertragen daher größere Anteile an *C. mucronata* im Futter. Jedoch sind Ratten, Rinder und Menschen wesentlich empfindlicher, da ihnen das entsprechende Enzym fehlt.

Zurück zu unserem kleinen Bärenspinner. Der Chemiker Jerrold Meinwald konnte nachweisen, dass *Utetheisa ornatrix* durchschnittlich 0,4% Monocrotalin enthält. Das ist enorm viel, auf einen 70 kg Menschen hochgerechnet, wären das 280 (!) Gramm. Woher kommt das Alkaloid? Wozu braucht der Schmetterling das viele Gift? Warum verträgt er soviel davon?

Zur Beantwortung der Fragen folgen wir dem Lebenszyklus eines Schmetterlings von Beginn an: Die Weibchen von *U. ornatrix* legen ihre Eier fast ausschließlich auf Blätter von *Crotalaria mucronata* ab. Nach dem Schlüpfen knabbern die Raupen

Abb. 2 *Schnappschüsse eines Insektendramas. Der im Netz einer Goldseidenspinne (Nephila clavipes) gefangene Bärenspinner U. ornatrix bleibt völlig bewegungslos (oben). Die Spinne nähert sich (2. von oben) und betastet die Beute. In Sekundenschnelle schneidet sie die offensichtlich ungenießbare Beute aus dem Netz (unten). Der Schmetterling fällt unverletzt heraus und die Spinne repariert das Netz.*
Foto aus T. Eisner For Love of Insects, S. 351

zunächst an den Blättern und beißen, wenn sie etwas größer geworden sind, ein Loch in die Schotenfrüchte und ernähren sich für den Rest ihres Raupendaseins von den Samenkörnern. Die Raupen tolerieren nicht nur monocrotalin-haltige Nahrung, sie sind reineweg verrückt danach. Tatsächlich haben die Raupen eine empfindliche „Zunge", sie schmecken Monocrotalin selbst in Konzentrationen unterhalb von 10^{-11} mol/l, das ist selbst für Insekten rekordverdächtig [9]! Mit diesem hochempfindlichen Geschmackssinn ausgestattet, verwundert es nicht, dass die Raupen die Samenkörner mit ihrem extrem hohen Monocrotalingehalt zielsicher finden. Durch ihre einseitige Ernährung akkumulieren sie Monocrotalin im Körper und werden zu einer äußerst bitteren und giftigen Mahlzeit.

Wie schafft es die Raupe, mit der fatal hohen Konzentration von Monocrotalin in ihrem Körper umzugehen? Alles Chemie: der Bärenspinner besitzt im Gegensatz zu anderen Tieren eine extrem wirksame Oxygenase [10], die selektiv die Oxidation von cytotoxischen Pyrrolizidin-Alkaloiden katalysiert. So wandelt er das ganze Monocrotalin in ihrem Körper in harmloses N-Oxid um [8].

Die nach der Verpuppung [11] schlüpfenden Schmetterlinge enthalten immer noch ausreichende Mengen an Monocrotalin, um auf Lebenszeit gegen Fressfeinde geschützt zu sein. Thomas Eisner gelang die Aufzucht von *U. ornatrix* im Labor, sowohl mit monocrotalin-haltigem als auch mit monocrotalin-freiem Futter. Mit den äußerlich nicht unterscheidbaren (+)- und (-)-Tieren konnte er eine Reihe pfiffiger Experimente durchführen. Zunächst wurden (+)- und (-)-Schmetterlinge in Netze hungriger Spinnen geworfen. Das Ergebnis war eindeutig: die Spinnen verspeisten die alkaloidfreien (-)-Schmetterlinge ausnahmslos ohne Zögern und verschmähten umgekehrt alle (+)-Tiere. Damit war bewiesen, dass ausschließlich Monocrotalin pflanzlichen Ursprungs *U. ornatrix* ungenießbar macht.

Sex

Die chemische Lebensgeschichte des Bärenspinners ist aber noch nicht zu Ende. Kommen wir zum Höhepunkt: feiern wir Hochzeit. Die liebestollen Männchen umgarnen ihre Angebetete mit einem besonderen Dreh. Beim Umfliegen fahren sie zwei am Hinterleib befindliche Haarpinsel (Abbildung 4) aus, und berühren die Weibchen damit für knapp eine drittel Sekunde. Das genügt dem Weibchen, die Qualitäten des Liebhabers abzuschätzen, bei Gefallen hebt es die Flügel und die etwa neunstündige Kopulation beginnt.

Wie überzeugte das Männchen in Sekundenbruchteilen das Weibchen von seinen Liebhaberfähigkeiten? Natürlich chemisch! Auf dem Haarpinsel befindet sich ein Abbauprodukt des Monocrotalins, das Hydroxydanaidal 3 (Infokasten). Tatsächlich bauen die Schmetterlingsmännchen etwa 30% ihres Monocrotalins zu Hydroxydanaidal 3 ab. Biochemisch betrachtet ist das keine große Sache, denn es müssen nur zwei Estergruppen gespalten, das Pyrrolizidin-Ringsystem dehydriert und eine primäre Alkoholgruppe zum Aldehyd oxidiert werden. Eine kräftige Prise 3 lässt die Weibchen dahinschmelzen, aber es steckt auch ein wenig kühle Berechnung dahinter. Die Duftintensität des Hydroxydanaidals ist proportional zum Monocrotalingehalt des gesamten Männchens. Mit anderen Worten: mit einer kräftigen Prise Hydroxydanaidal signalisiert der Freier: ich stecke voller Monocrotalin [12]! Der Beweis: monocrotalinfrei aufgezogene (-)-Männchen, hatten bei den Weibchen keine Chancen.

Aber warum interessiert sich ein Weibchen überhaupt für den Monocrotalingehalt des Männchens? Bei der Kopulation überträgt das Männchen ein gewaltiges Samenpaket (Spermatophore), das 10% seines Körpergewichts ausmacht. Beim Menschen entspräche dies etwa 7 kg!

Abb. 4 *Die Haarpinsel des Utetheisa ornatrix Männchen. Vor der Paarung berührt das Männchen das Weibchen für einen Sekundenbruchteil mit zwei Haarpinseln (Coremata). Dem Weibchen gelingt dadurch eine bemerkenswerte quantitative Analyse: aus der Duftintensität des abgegebenen Hydroxydanaidals (3) schließt es auf die im Körper des Männchen gespeicherte Menge an Monocrotalin.*

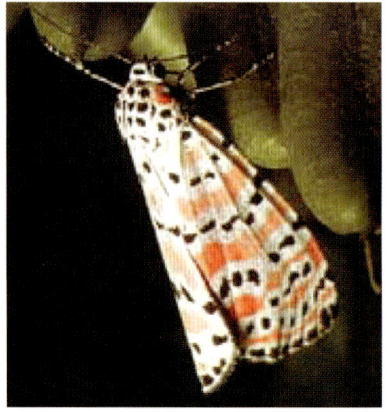

Abb. 3 *Der Bärenspinner Utetheisa ornatrix und seine Wirtspflanze, der Schmetterlingsblütler Crotolaria mucronata. Crotolaria mucronata wird volkstümlich auch als Klapperschote (engl. rattlebox) bezeichnet, da die getrockneten Schoten mit den darin befindlichen, harten Samen beim Schütteln ein rasselndes Geräusch abgeben. Das Bärenspinner-Weibchen legt seine Eier fast ausschließlich auf dieser Pflanze ab (oben). Die geschlüpften Raupen bohren sich in die Schoten (unten: Raupe in aufgeschnittener Schote) und ernähren sich dort von den stark monocrotalin-haltigen Samenkörnern.*

Das Samenpaket hat drei Funktionen: es enthält Spermien zur Befruchtung der Eier, Nährstoffe und eine kräftige Portion Monocrotalin. Ein wirklich brauchbares Hochzeitsgeschenk, denn das Monocrotalin geht teilweise auf die Eier über, die dadurch gegen Fressfeinde (z.B. Ameisen) geschützt werden [13]. Aber nicht nur die Eier, auch die Weibchen selbst profitieren, denn monocrotalin-frei aufgezogene (-)-Weibchen sind bereits Minuten nach der Kopulation mit einem monocrotalin-haltigen (+)-Männchen für Spinnen ungenießbar [14]. Das chemische Hochzeitsgeschenk entpuppte sich als lebenslange Lebensversicherung für das Weibchen.

Ein Weibchen kopuliert mit bis zu 20 Männchen jeweils für neun Stunden. Bei einer Lebenszeit von nur 30 Tagen ist das Weibchen damit voll ausgelastet. Da bei jeder Kopulation noch mehr Monocrotalin zum Schutz der Eier übergeben wird, dient ihr ausschweifendes Sexleben dem Fortbestand ihrer Art. Erst nach der letzten Kopulation entscheidet das Weibchen, wer Vater der nächsten Generation werden soll. Für die vielen Hochzeitsnächte wählte das Weibchen die Partner nach ihrem Duft nach Hydroxydanaidal aus. Dabei kann sie nicht ausschließen, dass sie auf Hochstapler hereingefallen ist, die zwar kräftig gerochen haben, hinter denen aber sonst nicht viel steckt. Diesen Fehler kann das Weibchen nun korrigieren. Mit ihrem labyrinth-artigen Fortpflanzungsapparat vermisst sie die Größe aller empfangenen Spermienpakete [15] und wählt das größte aus. Blender haben zwar als Väter keine Chance, tragen aber trotzdem zum Fortbestand der Art bei, denn die Eier profitieren auch von ihren Monocrotalin-Gaben. Die chemisch beschützten Eier werden vom Weibchen auf *Crotolaria mucronata* abgelegt, ein neuer Lebenszyklus beginnt.

WARUM IST MONOCROTALIN CARCINOGEN?

Mit Krebs werden krankhafte Störungen des Zellwachstums und der Zellteilung bezeichnet [16], die durch Viren, energiereiche Strahlung oder durch chemische Verbindungen verursacht werden, wobei vermutlich der größte Teil der Krebserkrankungen auf künstliche (z.B. Rauchen) oder natürliche carcinogene (krebsbildende) Substanzen zurückgeführt werden kann. Von den über 500 in der Natur vorkommenden Pyrrolizidin-Alkaloiden sind nur ganz wenige carcinogen und zwar immer dann, wenn gleichzeitig, wie im Monocrotalin 1, veresterte Hydroxylgruppen in 7- und 9-Stellung und eine Doppelbindung in 1,2-Stellung vorhanden sind.

Monocrotalin selbst ist nicht mutagen und carcinogen. Erst im Stoffwechsel wird es in Gegenwart von Cytochrom P_{450} [17] mit Sauerstoff zum Dehydromonocrotalin 4 dehydriert [18] (Formelschema 2). 4 wird unter physiologischen Bedingungen in wenigen Minuten zu Dehydroretronecin 5 hydrolisiert. Im Gegensatz zum Monocrotalin sind beide Abbauprodukte, 4 und 5, cytotoxisch, hepatotoxisch, mutagen und carcinogen [19]. Dies hat eine chemische Ursache: wie viele andere Carcinogene sind auch diese beiden Verbindungen starke Alkylierungsmittel. Unter physiologischen Bedingungen wird z.B. Dehydroretronecin durch Abspaltung einer der beiden OH-Gruppen [20] in 7- und 9-Stellung in ein Mesomerie-stabilisiertes Kation überführt, das mit basischen Gruppen (-NH₂, -OH, -SH) der Proteine und DNA reagiert (Formelschema 3). Diese Reaktionen verlaufen völlig unkontrolliert und haben verheerende Auswirkungen, schwere Gewebeschäden sind die Folge. Da Monocrotalin vor allem in der Leber oxidiert wird, machen sich dort die Schäden bei akuten und chronischen Vergiftungen als erstes bemerkbar.

Etwa 50 Pflanzenarten enthalten carcinogene Pyrrolizidin-Alkaloide, von 10 Pflanzenarten sind akute und chronische Vergiftungen klinisch belegt worden. Trotz der Bitterkeit der alkaloidhaltigen Pflanzen werden sie in den Tropen als Nahrungsmittel oder Medizin verzehrt. In Südafrika traten Todesfälle nach „Brotvergiftungen" auf, die auf eine Kontaminierung des Weizens mit alkaloidhaltigen Pflanzen zurückgeführt werden konnten. Die größte Massenvergiftung durch kontaminierten Weizen wurde 1974 im nordwestlichen Afghanistan beobachtet. Fast 40 000 Menschen waren betroffen, 1600 (46% davon Kinder) waren in klinischer Behandlung und viele von ihnen starben nach wenigen Monaten. Alkaloid-haltige Pflanzen werden medizinischen Kräutertees beigemischt, wobei der Bitterkeit des Tees irrtümlich eine besondere Heilkraft zugesprochen wird. Eine Vielzahl von schweren Vergiftungen in den fünfziger Jahren auf den Westindischen Inseln konnte auf Crotolaria Pflanzenmaterial in „Busch-Tees" zurückgeführt werden. Akut wurden schwere Leberschäden mit venösen Gefäßverschlüssen beobachtet, die bei vielen Patienten später in einer Leberzirrhose endeten.

Alle Erfahrungen weisen auf einen kausalen Zusammenhang zwischen chronischer Aufnahme von Pyrrolizidin-Alkaloiden und Lebererkrankungen und Leberkrebs. Trotz verstärkter Aufklärung der Bevölkerung in den gefährdeten Tropengebieten werden z.B. geröstete Samen von Crotolaria mucronata in Indonesien gelegentlich als Ersatz für Kaffeebohnen verwendet. In exotischen Busch- oder Kräutertees finden giftige Pflanzenanteile auch ihren Weg nach Mitteleuropa und in die Vereinigten Staaten, da dort viele der sich bewusst „gesund" ernährenden Menschen natürlichen Heilmitteln blind vertrauen. Crotolaria mucronata erteilt uns eine eindrucksvolle Lektion: die Natur ist eben nicht immer gut zu uns.

Monocrotalin 1   Monocrotalin-N-Oxid 2   Hydroxydanaidal 3

Formelschema 1

Dehydroretronecin

+ H⁺
– H₂O

+ Desoxyguanosin

Formelschema 3
Die chemischen Ursachen der Carcinogenität von Dehydroretronecin (5). Nach Protonenaufnahme und anschließender Wasserabspaltung bildet Dehydroretronecin stark mesomeriestabilisierte Kationen, die im Zuge einer konventionellen nukleophilen S_N1-Reaktion schnell und unkontrolliert mit basischen Zentren von Proteinen und DNA-Bausteinen (hier der Guanosinrest) reagieren. Beide Hydroxylgruppen in 7- und 9-Stellung können auf die gleiche Weise reagieren. Dadurch sind auch Vernetzungen zwischen zwei DNA-Bausteinen möglich. Diese DNA-Änderungen haben für das Gewebe eine verheerende Wirkung.

1 $\xrightarrow[\text{Cytochrom P 450}]{+ O_2 - H_2O}$ **Dehydromonocrotalin 4** $\xrightarrow{\text{Hydrolyse}}$ **Dehydroretronecin 5**

Formelschema 2
Oxidativer Abbau von Monocrotalin zu carcinogenen Metaboliten

Zusammenfassung

Der kleine Bärenspinner *Utetheisa ornatrix* ist ein chemischer Überlebenskünstler. Er lebt auf einer Pflanze, die andere Insekten und Pflanzenfresser meiden. Der Bitterstoff der Pflanze, das cytotoxische Monocrotalin bekommt ihm hervorragend: Durch Speicherung des Alkaloids schützt sich der Bärenspinner in allen Lebensstadien (Ei, Raupe, Puppe und Schmetterling) gegen seine Fressfeinde. Mehr noch, das Männchen synthetisiert aus dem Giftstoff einen das Weibchen betörenden Sexuallockstoff. Bei der Paarung übergibt das Männchen ein Samenpaket, prall gefüllt mit Nahrung und schützendem Monocrotalin für die noch ungeborenen Eier. Aber auch die Mutter sorgt sich um den Nachwuchs, denn mit den bei vielen Paarungen empfangenen chemischen Gaben schützt auch sie den Nachwuchs. *Utetheisa ornatrix* Schmetterlinge sind also aus chemischer Sicht fürsorgliche Eltern, denn sie achten von Anfang an auf die richtige Ernährung der Kleinen, pflegen ordentlichen Sex und beherrschen eine gute Portion Chemie.

Danksagung

Prof. Dr. T. Eisner, Cornell University danke ich für seine Hilfe und der Erlaubnis, seine beeindruckenden Bilder abzudrucken. Prof. Dr. E. Wachmann, FU Berlin verbesserte mit seinem zoologischen Sachverstand meinen Artikel ganz wesentlich. Für die Abdruckerlaubnis danke ich T. Eisner, der Harvard University Press (Abbildung 2), und der National Academy of Sciences, USA (alle anderen Abbildungen).

Literatur und Anmerkungen

[1] Die Originalflügel wurden abgeschnitten und an deren Stelle *Utetheisa*-Flügel angeklebt. Bei solchen Experimenten erschaudern Nicht-Biologen und schütteln die Köpfe. Biologen fragen dann, wo unser Mitleid sei, wenn wir bei einem (für uns gesunden) Waldspaziergang Dutzende von Insekten zertreten oder, noch schlimmer, bei einer Autobahnfahrt Hunderte von ihnen sinnlos auf der Frontscheibe zerplatzen lassen.

[2] *Insect-Plant Interactions and Induced Plant Defence*, Novartis Foundation Symposium 223 (chair: J.A.Pickett), **1999**, Wiley & Sons, Chichester.

[3] Im Gegensatz dazu kann kein Lebewesen ohne die Primär-Metaboliten wie Zucker, Proteine, Fette, DNA etc. überleben. *Secondary Metabolites: Their Function and Evolution*, Ciba Foundation Symposium 171 (J. Davies, ed.) **1999**, Wiley, Chichester.

[4] Sekundär-Metaboliten erfreuen auch uns, z.B. mit dem Duft von Blumen- oder Kräuterbeeten.

[5] *cytotoxisch*= zellschädigend, *mutagen* = erbgutverändernd, *hepatotoxisch* = leberschädigend, *carcinogen* = erbgutschädigend

[6] Alkaloide sind stickstoffhaltige, meist pflanzliche Inhaltsstoffe von großer struktureller Vielfalt. Sie werden heute bevorzugt nach ihrem heterocyclischen Grundkörper klassifiziert.

[7] A. R. Mattocks, *Chemistry and Toxicology of Pyrrolizidine Alkaloids*,**1986**, Academic Press, London; T. Hartmann und D. Ober, *Top. Curr. Chem.* **2000**, *209*, 207

[8] Es ist etwas komplizierter: Monocrotalin liegt in den meisten Pflanzenteilen nicht als Neutralbase *1*, sondern in Form des N-Oxids *2* vor. Pflanzenfresser nehmen das Alkaloid als polares N-Oxid auf, das von der Darmflora zum unpolaren Monocrotalin *1* reduziert wird. Nur in der unpolaren Form kann das Alkaloid vom Darm resorbiert werden. Für die Giftigkeit ist daher nicht entscheidend, ob Monocrotalin oder das N-Oxid aufgenommen wird, sondern ob der Organismus Monocrotalin *im* Körper zum nicht-toxischen N-Oxid oxidieren kann.

Wie die Carcinogenität des Monocrotalins (siehe Infokasten) hat auch die „Nicht-Carcinogenität" des N-Oxids eine chemische Ursache. Im Gegensatz zum Monocrotalin kann das N-Oxid nicht zu einem stabilen, aromatischen Pyrrolsystem dehydriert werden, da das Stickstoffatom im N-Oxid sp^3-hybridisiert ist und damit die Bildung von reaktiven Kationen nicht möglich ist.

[9] E.A. Bernays, R.F.Chapman, C. W. Lamunyon und T. Hartmann, *J.Chem.Ecology*, **2003**, *29*, 1709.

[10] R. Lindigkeit et al. Eur. J. Biochem. 1997, 245, 626; T. Hartmann (TU Braunschweig) http://pharmbiol.phbiol.nat.tu-bs.de/ipb/

[11] Zur Verpuppung suchen die Raupen andere benachbarte Pflanzen auf. Das hat einen guten Grund: der hohe Monocrotalingehalt der Puppen würde futtersuchende *Utetheisa*-Raupen anlocken, die ihre eigenen Artgenossen auffressen würden. siehe F.X. Bogner und T. Eisner, *Experientia*, **1992**, *48*, 87.

Bei großem Mangel an Monocrotalin werden auch die arteigenen monocrotalinhaltigen Eier gefressen. siehe F.X. Bogner und T. Eisner, *J. Chem. Ecol.* **2001**, *17*, 2063.

[12] D.E. Dussourd et al, *Proc. Nat. Acad. Sciences USA*, **1991**, *88*, 9224. Eine Übersicht gibt: T. Eisner und J. Meinwald, *Proc. Natl. Acad. Sci. USA*, **1995**, *92*, 50.

[13] Woher weiß man das? Es würde den Rahmen dieses Artikels sprengen, die Raffinesse biologischer Forschungsmethoden darzustellen. Es soll hier nur auf das Buch von Thomas Eisner hingewiesen werden, in dem er seine aufregenden Studien an Insekten nicht nur verständlich, sondern auch spannend darstellt. *For Love of Insects*, T. Eisner, **2003**. Harvard University Press.

[14] A. Gonzolez, T. Eisner et al., *Proc.Natl.Acad. Sci.USA*, **1999**, *96*, 5570.

[15] C. W. LaMunyon, T. Eisner et al. *Proc. Natl. Acad. Sci. USA*, **1994**, *91*, 7081.

[16] Beim Menschen können etwa 100 verschiedene Krebstypen unterschieden werden. Über den aktuellen Stand der Krebsforschung informiert eine Artikelsammlung in *Nature* **2004**, *432*, 293 ff.

[17] Als Cytochrome P_{450} wird eine große Gruppe (Superfamilie) von Enzymen bezeichnet, die in fast allen Organismen vorkommen. Der Name stammt von der charakteristischen Absorption bei 450 nm des Kohlenmonoxid-Cytochrome-Komplexes. Unpolare Fremdstoffe R-H werden mit Hilfe von Cytochrom P_{450} zu Alkoholen R-OH oxidiert, die als stärker polare Verbindungen schnell über die Nieren ausgeschieden werden können. In seltenen Fällen schlägt diese Gewebeentgiftung ins Gegenteil um, wenn nämlich Substanzen wie Benz[*a*]pyren (Rauchen), Aflatoxin B_1 (aus Schimmelpilzen) und eben auch Monocrotalin in carcinogene Metabolite umgewandelt werden.

[18] C.C. Yan und R.J. Huxtable, *Toxicol. Appl. Pharmacol.* **1995**,*130*, 1.

[19] A.R. Mattocks, *Chemistry and Toxicology of Pyrrolizidine Alkaloids*,**1986**, Academic Press, London.

[20] Es handelt sich um normale nukleophile Substitutionsreaktionen (S_N1) am gesättigten Kohlenstoffatom, wobei das als Zwischenprodukt entstehende Kation von den freien Elektronenpaaren der -NH₂, -OR oder SH-Gruppen nukleophil angegriffen wird.

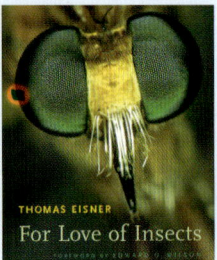

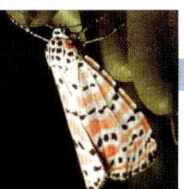

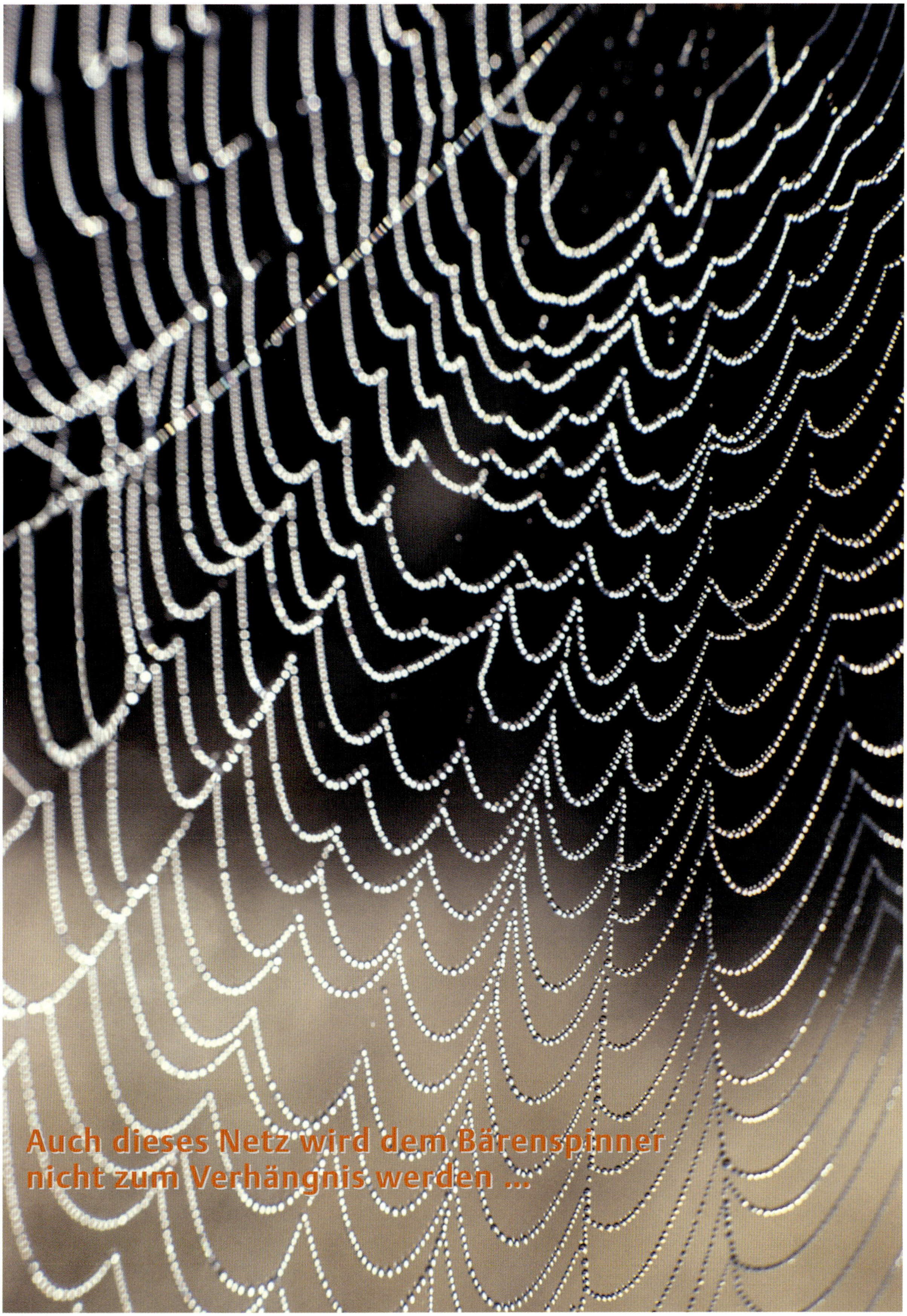
Auch dieses Netz wird dem Bärenspinner
nicht zum Verhängnis werden ...

Quelle: *Digital Vision*

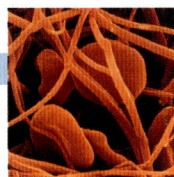

Der Christmas-Faktor

Verletzungen von Blutgefäßen sind für uns lebensbedrohend, und durch Verletzung entstandene Risse und Löcher müssen schnellstens abgedichtet werden. Durch die Blutstillung wird das Leck zunächst provisorisch verschlossen und durch die Blutgerinnung das Provisorium anschließend versteift, um die Wunde auch dauerhaft abzudichten. Dabei greifen über ein Dutzend als Gerinnungsfaktoren bezeichnete Proteine ein (Tabelle 1) und einer davon, der Faktor IX, wird nach dem kleinen Stephen Christmas benannt, denn durch ihn konnte dieser Faktor erstmals identifiziert werden. Entdecken wir die komplexe Chemie der Blutstillung und -gerinnung und wie uns ein kleiner Patient mit „seinem" Faktor bei deren Erforschung geholfen hat.

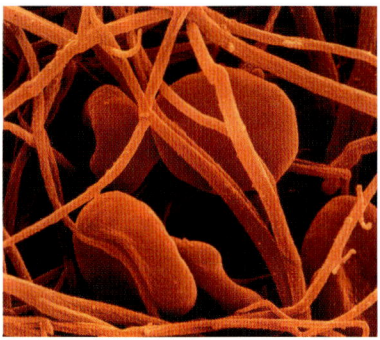

Blutpfropfen aus Fibrinfäden mit eingeschlossenen roten Blutkörperchen.

Bei der Verletzung eines Blutgefäßes geht es für uns um Leben oder Tod. Die Wunde muss schnell, sehr schnell verschlossen werden. In Minutenschnelle wird im Blut gelöstes Material am Verletzungsort (und nur dort!) biochemisch in eine unlösliche, fest haftende Dichtungsmasse umgewandelt. Diese Kombination aus kontrollierter Schnelligkeit und präziser örtlicher Begrenzung eines chemischen Prozesses ist eine der elegantesten Schöpfungen der Natur, deren chemi-

Stephen Christmas – hier mit seiner Mutter – ist Namensgeber für einen der Blutgerinnungsfaktoren

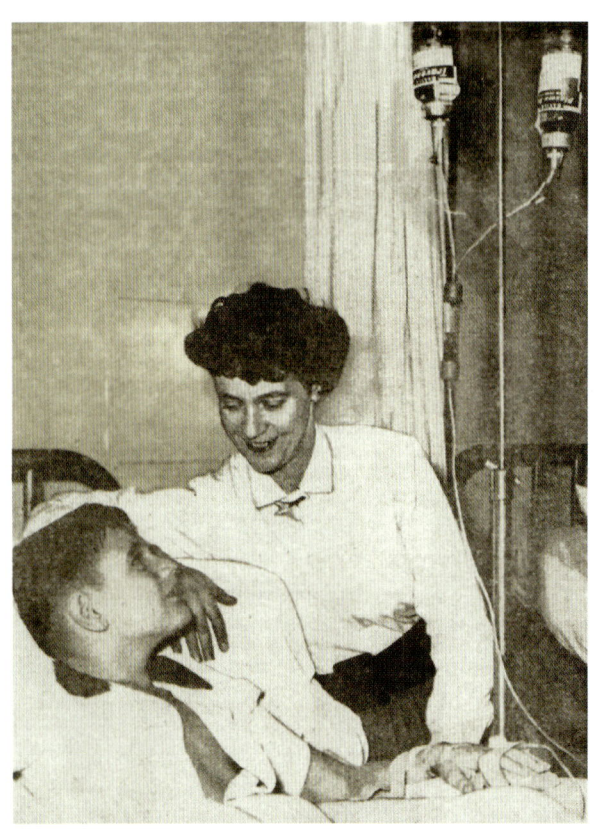

sche Basis wir im Folgenden ergründen wollen.

Die zellulären Hauptdarsteller der Blutstillung und -gerinnung sind die Blutplättchen (Thrombozyten), runde scheibenförmige Zellen (Durchmesser: einige µm; Dicke etwa 0,5 µm), von denen in jedem Milliliter Blut 300 Millionen enthalten sind. Durch intakte Blutgefäße strömen sie völlig ungehindert hindurch, sie kleben weder aneinander, noch an den Gefäßwänden, da deren innere Oberfläche mit einer Schicht Endothelzellen belegt ist, an die Blutplättchen nicht haften können.

Die Blutstillung

Was passiert bei einer Gefäßverletzung? Die innere Auskleidung eines Blutgefäßes, die Endothelzellenschicht, wird aufgerissen und Blut kommt mit tieferen Gewebeschichten in Kontakt. Dabei werden feine Kollagenfasern [1] der tieferen Gewebeschichten freigelegt, an denen die Blutplättchen sofort festkleben. Der Klebstoff dafür ist im Blut schon enthalten: zwei aneinander gebundene Proteine, der *von-Willebrand*-Faktor und der Gerinnungsfaktor VIII [2]. Dieser Proteinkomplex ist ein biochemisches Doppelklebeband und verbindet die Zelloberfläche von Blutplättchen mit den Kollagenfasern. Durch die Anheftung ändert sich die äußere Gestalt (Aktivierung) der Blutplättchen: aus flachen Scheiben werden Kugeln mit stachelartigen Fortsätzen (Abbildung 1). An der

Zelloberfläche der aktivierten Blutplättchen werden dabei bisher verborgene Bindungsstellen (Rezeptoren) für das Protein Fibrinogen (Gerinnungsfaktor I) freigelegt. Fibrinogen ist wasserlöslich und kommt im Blut in hoher Konzentration (9 µmol/l) vor. Auch Fibrinogen ist ein Doppelklebeband, das aktivierte Blutplättchen miteinander verklebt. So werden Blutplättchen an die schon an den Kollagenfasern haftenden angeklebt und miteinander vernetzt, bis schließlich ein Pfropfen (weißer Abscheidungsthrombus) die Wundstelle verschließt und die Blutung aufhört.

Die Blutgerinnung

Der anfänglich gebildete lockere Pfropfen aus Blutplättchen ist sehr labil und kann durch strömendes Blut leicht abgerissen werden. Um dies zu verhindern, wird der provisorische Wundverschluss in einer zweiten Phase, der Blutgerinnung, durch den Einbau des Proteins Fibrin stabilisiert. Die Fibrinmoleküle lagern sich zunächst locker aneinander und werden dann über kovalente Bindungen quervernetzt (Katalysator: Faktor XIII_a), wobei auch rote Blutkörperchen mit eingebaut werden. Am Ende entsteht ein haltbarer, harter, roter Abscheidungsthrombus, der das Gefäß für längere Zeit sicher abdichtet.

Biochemisch müssen bei der Blutgerinnung vier Probleme gleichzeitig gelöst werden: der Blutgerinnungsprozess darf nur nach einer

Chemische Delikatessen. Klaus Roth · Copyright © 2007 WILEY-VCH Verlag GmbH & Co. KGaA, Weinheim · ISBN: 978-3-527-31984-8

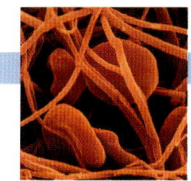

> oben links: *In einem intakten Gefäß können die Blutplättchen (Thrombozyten) nicht an den mit einer Endothelzellenschicht bedeckten Gefäßwänden haften. Ein von den Endothelzellen gebildetes Protein (von-Willebrand-Faktor, vWF) bildet mit dem im Blut gelösten Gerinnungsfaktor VIII einen Proteinkomplex (vWF/VIII). Dieser Komplex bindet an entsprechende Rezeptoren auf der Zelloberfläche der Blutplättchen. Neben vielen anderen Substanzen und Zellen zirkuliert im Blut das wasserlösliche Protein Fibrinogen.*

oben rechts: Nach einer Verletzung der Gefäßwand binden Blutplättchen sofort über den Proteinkomplex (vWF/VIII) an entsprechenden Bindungsstellen auf den Kollagenfasern des freigelegten Bindegewebes an. Die Blutplättchen verändern dabei ihre äußere Gestalt (Aktivierung) und bilden stachelartige Fortsätze. An erst jetzt freigelegte Rezeptoren an den Blutplättchen bindet sofort Fibrinogen, das aus zwei identischen Einheiten besteht und damit zwei Blutplättchen miteinander verbinden kann. Dadurch kommt es zur Bildung eines vernetzten Pfropfens aus Blutplättchen.

unten: Rasterelektronen-mikroskopische Aufnahme von inaktiven (links) und aktivierten Blutplättchen (rechts) [19].

Verletzung einsetzen, muss dann aber schlagartig und mit hoher Geschwindigkeit ablaufen, er muss nach Erreichen eines stabilen Wundverschlusses schlagartig stoppen und auf den engeren Wundbereich streng begrenzt bleiben. Eine harte Nuss, bei deren Lösung wohl selbst solide Kenner der chemischen Reaktionskinetik passen müssen. Sparen wir uns daher die Suche nach Lösungen und staunen über den von der Natur gefundenen Weg (Abbildung 2).

Der Anfang ist Chemie

Die Blutgerinnung wird durch die Bindung eines im Blut gelösten Proteins (Molekulargewicht 80 000), dem Gerinnungsfaktor XII (*Hageman Faktor*), an die durch die Verletzung freigelegten Kollagenfäden ausgelöst. Beim Bindungsprozess wird der Hageman-Faktor in seine aktive Form XII$_a$ umgewandelt. Jetzt beginnt

ABB. 1 | DIE BLUTSTILLUNG

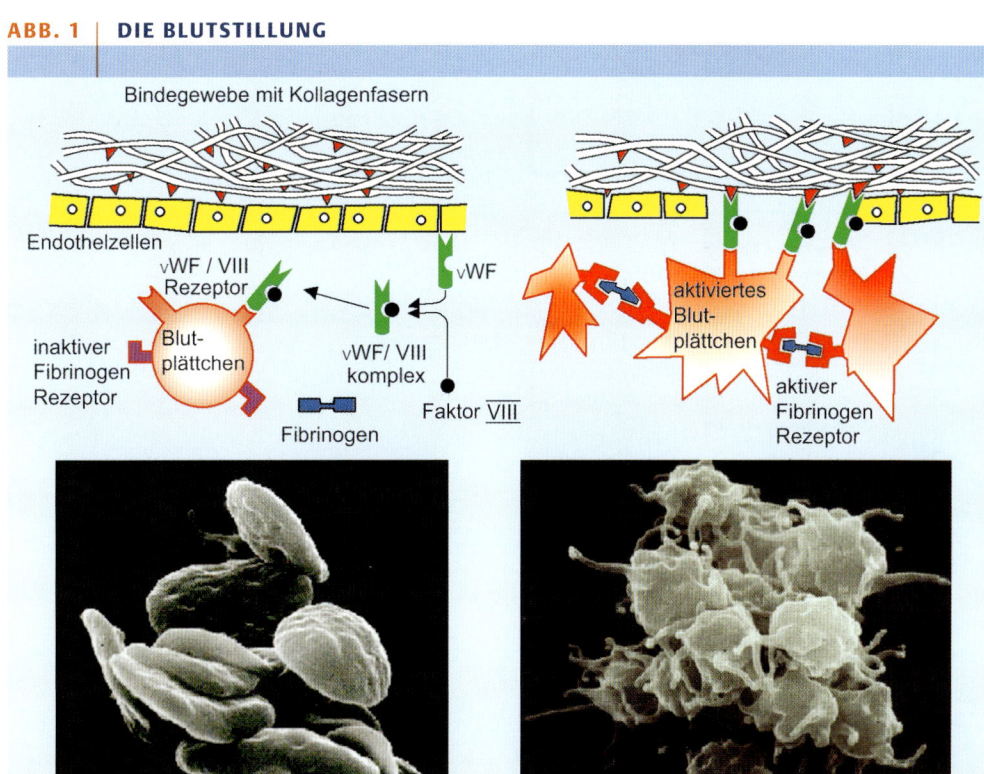

Bindegewebe mit Kollagenfasern

Endothelzellen

vWF / VIII Rezeptor — vWF

inaktiver Fibrinogen Rezeptor — Blutplättchen — vWF/ VIII komplex

Fibrinogen — Faktor VIII

aktiviertes Blutplättchen — aktiver Fibrinogen Rezeptor

TAB. 1 | DIE GERINNUNGSFAKTOREN

Fak-tor	Bezeichnung	MG	Eigenschaft	Konzentration [µmol/l]
I	Fibrinogen	340 000	Vorstufe des Fibrins	9,1
II	Prothrombin	72 000	Aktivierung zu Thrombin durch Spaltungen von Arg^{274}-Thr^{275} und Arg^{323}-Ile^{324}	1,4
III	Gewebefaktor/ Thromboplastin		Phospholipoprotein, Bestandteil des extravaskulären Gerinnungssystem	–
IV	Calciumionen		bei der Aktivierung vieler Gerinnungsfaktoren beteiligt	2 500
V	Accelerin	330 000	Aktivierung von Thrombin durch Spaltung von Arg^{709} und Arg^{1545}	0,03
VI	wird nicht mehr verwendet			
VII	Proconvertin	63 000	Teil des extravaskulären Gerinnungssystem, Aktivierung durch Spaltung bei Arg^{152}	0,01
VIII	Faktor A	285 000	liegt im Blut als Komplex mit *von-Willebrand*-Faktor vor, Thrombin aktiviert VIII durch Spaltung bei Arg^{1689}	0,0003
IX	Christmas-Faktor	57 000	aktiviert mit II, VIII$_a$ und Ca^{2+} den Faktor X durch Spaltung bei Arg^{194}	0,089
X	Stuart-Prower-Faktor	60 000	X$_a$ und V$_a$ aktivieren gemeinsam Prothrombin (Faktor II) zu Thrombin	0,136
XI	Plasma-Thromboplastin-Antecedent (PTA)	160 000	aktiviert Christmas-Faktor durch Spaltung bei Arg^{145} und Arg^{180}	0,031
XII	Hageman-Factor	80 000	beginnt die Gerinnungskaskade durch Bindung an Kollagen	0,375
XIII	Fibrin-stabilisierender Faktor	320 000	Transamidase, vernetzt Fibrin zum unlöslichen Polymer	0,031

Bis auf Calcium-Ionen (Faktor IV) sind alle Gerinnungsfaktoren Proteine. Nach einer Gefäßverletzung beginnt eine Reaktionskaskade, in der die Gerinnungsfaktoren aktiviert werden. Die Faktoren II, VII, IX (Christmas-Faktor), X und XI sind Proteasen und chemisch eng miteinander verwandt.

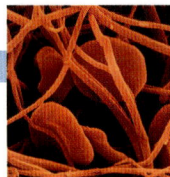

ABB. 2 | DIE CHEMIE DER BLUTGERINNUNG

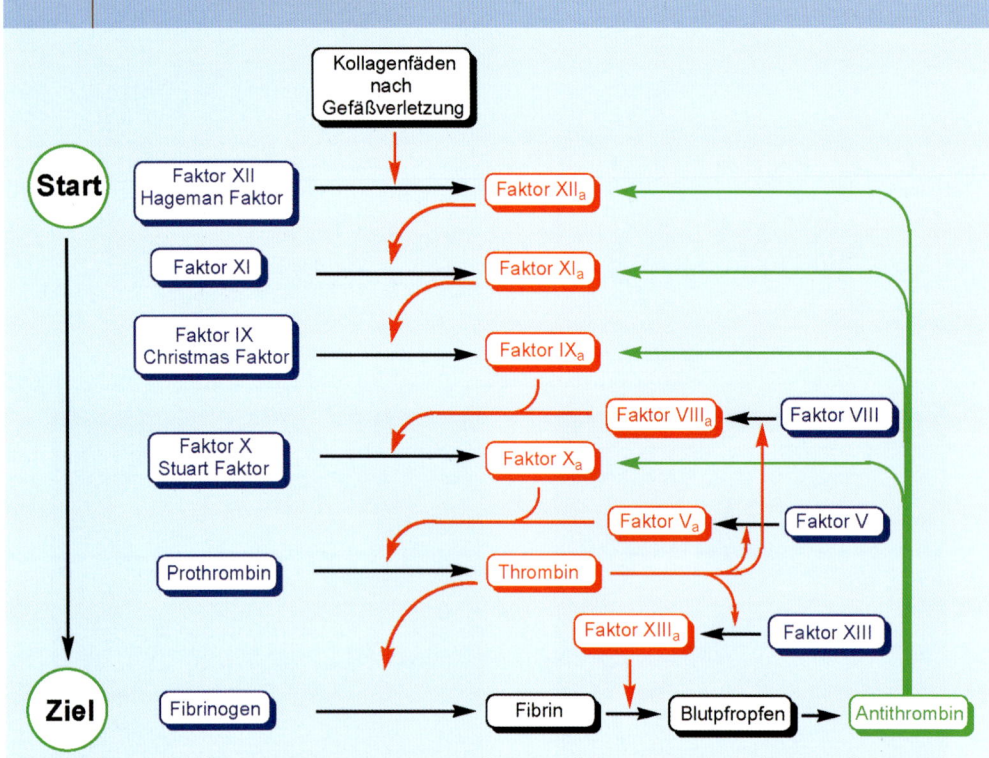

Ziel der Blutgerinnung ist die Bildung eines stabilen Blutpfropfes aus vernetztem Fibrin. Auf der linken Seite sind alle Proteine aufgeführt, die im Blut gelöst vorliegen, aber biochemisch noch nicht aktiv sind. Bei einer Gefäßverletzung kommt Blut mit den Kollagenfasern der darunter liegenden Bindegewebsschichten in Kontakt. An die Kollagenfasern bindet der Faktor XII (Hageman-Faktor) und wird dabei aktiviert. Nun beginnt eine atemberaubende Reaktionskaskade, in der nacheinander mehrere als Gerinnungsfaktoren bezeichnete Proteine aktiviert werden, die jeweils im nächsten Reaktionsschritt als Katalysator dienen. Dadurch erreicht die Fibrinsynthese bereits nach etwa einer Minute ihre maximale Reaktionsgeschwindigkeit. Umgekehrt kann die Reaktionskaskade schlagartig gestoppt werden. Da einige Gerinnungsfaktoren chemisch sehr ähnlich sind, können sie mit einem gemeinsamen Inhibitor (Antithrombin III) deaktiviert werden. Da Antithrombin III gleichzeitig auf mehreren Ebenen der Reaktionskaskade eingreift, stoppt die Fibrinsynthese praktisch schlagartig.

eine wasserfallartige Kaskade von vielen aufeinander folgenden und untereinander verwobenen chemischen Reaktionen.

Der Weg ist Chemie

Die Kaskade der Blutgerinnung ist ein reaktionskinetisches Gesamtkunstwerk (Abbildung 2), dessen Schönheit sich erst auf den zweiten Blick eröffnet: die Blutgerinnung ist nämlich keine übliche Kettenreaktion, in der das Produkt einer Reaktion das *Ausgangsprodukt* der folgenden ist; vielmehr ist jedes Produkt der *Katalysator* der nächstfolgenden Reaktion. Zum besseren Verständnis nehmen wir an, es fänden fünf aufeinander folgende Reaktionsschritte statt, wobei in jedem Reaktionsschritt

der gebildete Katalysator zur Bildung von 100 Molekülen der nächsten Reaktionsstufe führen würde. In einer solchen fünfstufigen Kaskade würde bereits eine Verstärkung von 10^8 erzielt. Mit diesem kinetischen Trick gelingt die fast explosionsartige Synthese des Fibrins am Ende der Kaskade.

Reaktionskinetische Gourmets sollen noch auf eine Delikatesse hingewiesen werden. Thrombin entpuppt sich als kinetischer Tausendsassa: es katalysiert nicht nur die für den Wundverschluss entscheidende Umwandlung von Fibrinogen in Fibrin, sondern auch die Bildung von XIII$_a$, dem Katalysator der danach folgenden Vernetzung des Fibrins zu einem ordentlichen Blutpfropfen. Das ist aber noch nicht alles: Thrombin

katalysiert mit der Bildung von V$_a$ einen der beiden Katalysatoren seiner eigenen Bildung (Autokatalyse) und über den Gerinnungsfaktors VIII$_a$ die Bildung des zweiten Katalysators (X$_a$) der Thrombin-Synthese. Einfacher ausgedrückt: Thrombin katalysiert nicht nur die Bildung eines der beiden Katalysatoren seiner eigenen Bildung, sondern auch die Bildung des Katalysators für die Bildung des zweiten Katalysators seiner Bildung. Alles klar [3] ?

Der Schluss ist Chemie

Die aktivierten Gerinnungsfaktoren IX$_a$ (Christmas-Faktor), X$_a$, XI$_a$ und XII$_a$ sind strukturell so eng verwandt, dass sie alle mit einem einzigen Inhibitor (Antithrombin III) blockiert werden können. Dieser Inhibitor wird nach dem erfolgreichen Wundverschluss gebildet und wirkt als kräftige Reaktionsbremse gleichzeitig auf mehreren Ebenen, die Blutgerinnung endet schlagartig.

Die Lokalisierung ist Chemie

Die Blutgerinnung darf sich nicht über den engeren Wundbereich ausdehnen, denn dies würde im schlimmsten Fall zum Gerinnen unseres gesamten Blutes führen. Studieren wir den chemischen Lokalisierungsprozess beispielhaft am Herzstück der Reaktionskaskade, dem Christmas-Faktor.

Der Christmas-Faktor (Faktor IX) wird in der Leber gebildet und besteht aus einer Kette von 415 Aminosäuren (Infokasten rechts) [4]. In dieser im Blut zirkulierenden Form ist das Protein biochemisch inaktiv. Wenn nach einer Gewebsverletzung die Gerinnungskaskade (Abbildung 2) in Schwung gekommen ist, wird u.a. auch der Gerinnungsfaktor XI$_a$ gebildet. Chemisch betrachtet ist XI$_a$ eine Protease, d.h. ein Enzym, das ein anderes Protein zwischen zwei Aminosäuren spaltet. Die Protease XI$_a$ spaltet den Christmas-Faktor selektiv zwischen Arg^{145}-Ala^{146} und Arg^{180}-Val^{181}, das dazwischen liegende Peptid aus 35 Aminosäuren (146 – 180) wird freigesetzt. So wird aus dem ein-

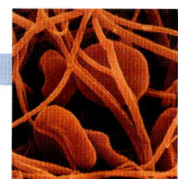

DIE STRUKTUR DES CHRISTMAS-FAKTORS [20]

Der Christmas-Faktor IX besteht aus einer einzigen Kette von 415 Aminosäuren (oben) mit 11 intramolekularen Disulfidbrücken. Das in der Leber zunächst hergestellte Protein erreicht seine biologische Aktivität erst nach chemischen Veränderungen in den Aminosäure-Seitenketten. So werden u.a. die ersten zwölf Glutaminsäuren in γ-Carboxyglutaminsäuren umgewandelt und erst dadurch kann der Christmas-Faktor Calcium-Ionen binden. Durch Vergleich der Aminosäuresequenz mit anderen, bekannten Proteinen können für einzelne Teilbereiche (Domänen) Vorhersagen über deren Funktion gemacht werden (links): eine calcium-bindende Domäne, zwei mit Wachstumsfaktoren verwandte Domänen und eine Serinprotease. Der Gerinnungsfaktors XI$_a$ spaltet im Christmas Faktor IX die Peptidkette zwischen Arg^{145}-Ala^{146} und Arg^{180}-Val^{181}. Der so entstandene aktivierte Christmas-Faktor IX$_a$ besteht aus zwei Aminosäureketten, die über eine Disulfidbrücke miteinander verbunden sind. Der Christmas-Faktor IX$_a$ hat ein Molekulargewicht von 14 755 und seine räumliche Struktur (rechts) konnte durch eine Röntgenstrukturanalyse bestimmt werden [21].

oben: In der Aminosäuresequenz von IX sind die beiden Peptidbindungen blau hervorgehoben, die bei der Aktivierung gespalten werden. Im Gerinnungsfaktor IX von Stephen Christmas war durch Punktmutation einer einzigen Nukleinbase auf seiner DNA die Aminosäure Cys^{206} (rot hervorgehoben) durch Serin ersetzt.

links: In dieser Darstellung sind zusätzlich zur Primärstruktur die kovalenten Disulfidbrücken zwischen jeweils zwei Cysteinen (gelb) und die verschiedenen Domänen dargestellt. Zusätzlich sind die γ-Carboxy-glutaminsäuren in der N-terminalen Calcium-bindenden Dömane rot hervorgehoben. Die Aktivierung des Christmas-Faktors wird durch Abspaltung des Peptids (146-180) erreicht, wobei die beiden Ketten von IX$_a$ über eine Disulfidbrücke Cys^{132}-Cys^{289} miteinander verbunden sind.

rechts: Die dreidimensionale Struktur des aktivierten Christmas-Faktors IX$_a$. Deutlich erkennt man die tulpenförmige Struktur des Proteins. Der untere Teil (Tulpenzwiebel) ist die Calcium-bindende Domäne, wobei die γ-Carboxy-glutaminsäure-Seitenketten an den rot hervorgehobenen Sauerstoffatomen der Carboxylgruppen zu erkennen sind. Den Tulpenstengel bilden die beiden Wachstumsfaktoren und die Blüte die Protease.

Aminosäure-Sequenz des Christmas-Faktors IX

H$_2$N-Tyr-Asn-Ser-Gly-Lys-Leu-Glu-Glu-Phe-Val-Gln-Gly-Asn-Leu-Glu-Arg-Glu-Cys-Met-Glu-Glu-Lys-Cys-Ser-Phe-Glu-Glu-Ala-Arg-Glu-Val-Phe-Glu-Asn-Thr-Glu-Arg-Thr-Thr-Glu-Phe-Trp-Lys-Gln-Tyr-Val-Asp-Gly-Asp-Gln-Cys-Glu-Ser-Asn-Pro-Cys-Leu-Asn-Gly-Gly-Ser-Cys-Lys-Asp-Asp-Ile-Asn-Ser-Tyr-Glu-Cys-Trp-Cys-Pro-Phe-Gly-Phe-Glu-Gly-Lys-Asn-Cys-Glu-Leu-Asp-Val-Thr-Cys-Asn-Ile-Lys-Asn-Gly-Arg-Cys-Glu-Gln-Phe-Cys-Lys-Asn-Ser-Ala-Asp-Asn-Lys-Val-Val-Cys-Ser-Cys-Thr-Glu-Gly-Tyr-Arg-Leu-Ala-Glu-Asn-Gln-Lys-Ser-Cys-Glu-Pro-Ala-Val-Pro-Phe-Pro-Cys-Gly-Arg-Val-Ser-Val-Ser-Gln-Thr-Ser-Lys-Leu-Thr-**Arg**^{145}-**Ala**^{146}-Glu-Ala-Val-Phe-Pro-Asp-Val-Asp-Tyr-Val-Asn-Ser-Thr-Glu-Ala-Glu-Thr-Ile-Leu-Asp-Asn-Ile-Thr-Gln-Ser-Thr-Gln-Ser-Phe-Asn-Asp-Phe-Thr-**Arg**^{180}-**Val**^{181}-Val-Gly-Gly-Glu-Asp-Ala-Lys-Pro-Gly-Gln-Phe-Pro-Trp-Gln-Val-Val-Leu-Asn-Gly-Lys-Val-Asp-Ala-Phe-**Cys**^{206}-Gly-Gly-Ser-Ile-Val-Asn-Glu-Lys-Trp-Ile-Val-Thr-Ala-Ala-His-Cys-Val-Glu-Thr-Gly-Val-Lys-Ile-Thr-Val-Val-Ala-Gly-Glu-His-Asn-Ile-Glu-Glu-Thr-Glu-His-Thr-Glu-Gln-Lys-Arg-Asn-Val-Ile-Arg-Ile-Ile-Pro-His-His-Asn-Tyr-Asn-Ala-Ala-Ile-Asn-Lys-Tyr-Asn-His-Asp-Ile-Ala-Leu-Leu-Glu-Leu-Asp-Glu-Pro-Leu-Val-Leu-Asn-Ser-Tyr-Val-Thr-Pro-Ile-Cys-Ile-Ala-Asp-Lys-Glu-Tyr-Thr-Asn-Ile-Phe-Leu-Lys-Phe-Gly-Ser-Gly-Tyr-Val-Ser-Gly-Trp-Gly-Arg-Val-Phe-His-Lys-Gly-Arg-Ser-Ala-Leu-Val-Leu-Gln-Tyr-Leu-Arg-Val-Pro-Leu-Val-Asp-Arg-Ala-Thr-Cys-Leu-Arg-Ser-Thr-Lys-Phe-Thr-Ile-Tyr-Asn-Asn-Met-Phe-Cys-Ala-Gly-Phe-His-Glu-Gly-Gly-Arg-Asp-Ser-Cys-Gln-Gly-Asp-Ser-Gly-Gly-Pro-His-Val-Thr-Glu-Val-Glu-Gly-Thr-Ser-Phe-Leu-Thr-Gly-Ile-Ile-Ser-Trp-Gly-Glu-Glu-Cys-Ala-Met-Lys-Gly-Lys-Tyr-Gly-Ile-Tyr-Thr-Lys-Val-Ser-Arg-Tyr-Val-Asn-Trp-Ile-Lys-Glu-Lys-Thr-Lys-Leu-Thr-**COOH**.

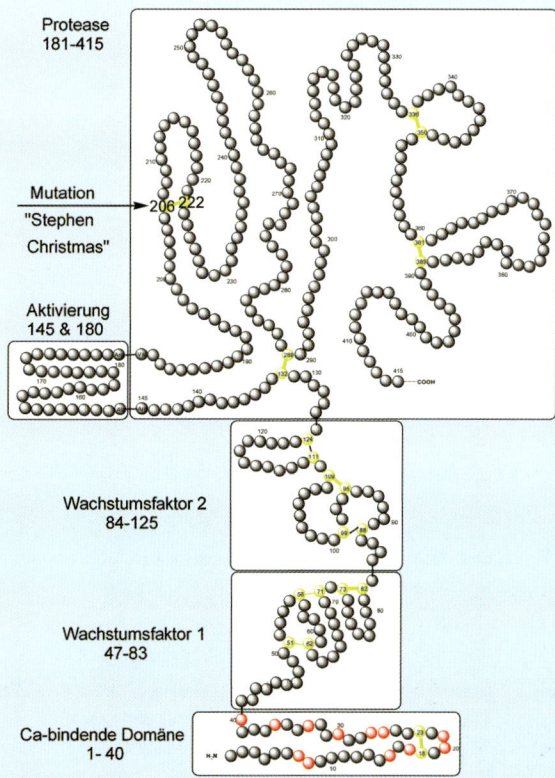

Protease
181-415

Mutation
"Stephen
Christmas"

Aktivierung
145 & 180

Wachstumsfaktor 2
84-125

Wachstumsfaktor 1
47-83

Ca-bindende Domäne
1- 40

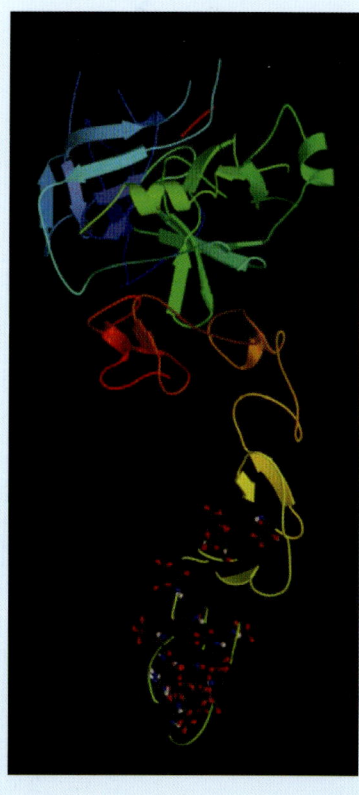

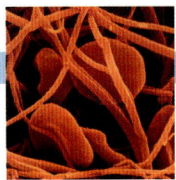

DIE HÄMOPHILIE (BLUTERKRANKHEIT)

Familienfest bei den Windsors

Links hinter Queen Victoria (Trägerin des defekten Gens) steht (mit einer Federboa) ihre Enkelin Alexandra (Trägerin) neben ihrem zukünftigen Mann Zar Nikolaus II. (mit Bowler). Deren späterer Sohn Alexis war hämophil. Hinter dem Paar steht Victorias jüngste Tochter Beatrice (Trägerin) mit schwarzem Hut. Deren Söhne Leopold und Maurice waren hämophil, ihre Tochter Victoria-Eugenie war Überträgerin und die beiden Söhne mit König Alfonso XIII. von Spanien waren beide hämophil. Rechts hinter Victoria steht ihre Enkelin Irene (Trägerin), die auch eine Boa trägt. Sie heiratete Prinz Heinrich von Preußen und ihre beiden Kinder Waldemar und Heinrich waren hämophil [18]. Links neben Queen Victoria sitzt ihr (nicht hämophiler) Enkel, der deutsche Kaiser Wilhelm II.

Die Hämophilie (gr. „Liebe zum Blut") ist lange bekannt. Der jüdische Gelehrte und Arzt Rabbi Judah empfahl Müttern bereits im 2. Jahrhundert n. Chr.: „Wenn sie ihren ersten Sohn beschnitten hatte und er daran starb, und der zweite Sohn auch daran starb, dann darf sie das dritte Kind nicht beschneiden." Aus dieser Anweisung spricht die Erkenntnis: Hämophilie ist erblich. Im 12. Jahrhundert dehnte der Arzt Moses Maimonides diese Empfehlung auch auf den Fall aus, dass das dritte Kind von einem zweiten Ehemann stammt [13], also: Hämophilie wird über die Mütter vererbt.

Hämophile sind fast ausschließlich Männer, da das Gen des Christmas-Faktors (wie auch des Gerinnungsfaktors VIII) auf einem X-Chromosom liegt [11]. Die Vererbung der Hämophilie kann an Queen Victorias Familie studiert werden, denn sie war Trägerin des defekten Gens. „Unsere arme Familie scheint von dieser schrecklichen Krankheit verfolgt zu werden, der Schlimmsten, die ich kenne.", klagte sie, denn ihr achtes Kind Leopold war hämophil und starb mit 31 Jahren und ihre Töchter Alice und Beatrice trugen das defekte Gen in andere Königshäuser.

Die Symptome

Die Krankheit zeigt sich meist schon im frühen Kindesalter an vielen Blutergüssen, besonders in den Gelenken. „Heute morgen bildete sich um den Nabel unseres kleinen Alexis ohne geringsten äußeren Anlass ein Bluterguss, der mit kleinen Unterbrechungen bis zum Abend sichtbar war", schrieb Zar Nikolaus II. über seinen sechswöchigen Sohn Alexis in sein Tagebuch [14]. Der Säugling zeigte die typischen Symptome eines Hämophilen, nicht endende Blutungen, wobei besonders häufig Blutungen in den großen Gelenken (Ellenbogen, Knie und Sprunggelenk) auftreten, die sehr schmerzhaft sind und langfristig zur Zerstörung der Gelenke und zu schweren körperlichen Behinderungen führen.

Therapien

Erste Versuche einer Bluttransfusion wurden schon Mitte des 19. Jahrhunderts durchgeführt, aber erst nach der Entdeckung der Blutgruppen und der Herstellung haltbarer Blutkonserven [15] Anfang des 20. Jahrhunderts konnte man von einer zuverlässigen Methode sprechen. Ende der 60er Jahre wurde die Bluttransfusion durch Konzentrate und gefriergetrocknete Präparate aus menschlichem Blutplasma abgelöst. Hämophile waren erstmals unabhängig von Krankenhäusern und Bluttransfusionen, denn die gefriergetrockneten Präparate konnten zu Hause im Kühlschrank aufbewahrt werden und bei Bedarf vom Patienten selbst verabreicht werden. Anfang der 80er Jahre kam der große Rückschlag: es wurde entdeckt, dass sich 50-70% der Hämophilen durch Blutpräparate mit HIV und die meisten mit verschiedenen Hepatiten infiziert hatten. Seit den 90er Jahren stehen durch verbesserte Testmethoden und durch thermische Nachbehandlung sichere Präparate zur Verfügung, so dass die Zahl der Infektionen heute praktisch bei Null liegt [16]. Heute stehen auch gentechnisch hergestellte, rekombinante Gerinnungsfaktoren zur Verfügung, bei denen die Synthese in nichtmenschlichen Zelllinien durchgeführt wird und die deswegen in Hinblick auf Infektionen absolut sicher sind. Allerdings ist die Herstellung noch wesentlich teurer als die herkömmliche Isolierung aus menschlichem Blutplasma. Aber auch die Kosten einer konventionellen Behandlung eines Hämophilen sind erheblich und können bei schweren Krankheitsverläufen leicht fünfstellige Eurobeträge im Jahr erreichen. Dies erklärt, warum 80% aller Hämophilen, insbesondere in den Entwicklungsländern ohne Therapie ihr Dasein fristen müssen.

Eine echte Heilung wäre durch Gentherapie möglich, und in Weiterführung von erfolgreichen Tierversuchen werden gegenwärtig eine ganze Anzahl von Studien durchgeführt [17]. Dabei wird in nicht-pathogene Viren (Vektoren) die genetische Information zur Herstellung des fehlenden Gerinnungsfaktors künstlich eingebaut. Durch intravenöse Gabe wird der Patient „infiziert", d.h. die Vektoren übertragen ihre Erbsubstanz auf menschliche Wirtszellen, die daraufhin den fehlenden Gerinnungsfaktor herstellen. Die bisherigen Versuche sind ermutigend.

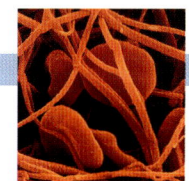
strängigen Christmas-Faktor IX ein zweisträngiges Protein mit einer leichten (1-145) und einer schweren (181-415) Kette, die über eine Disulfidbrücke zwischen Cys^{132} und Cys^{289} verbunden sind. *Das ist der aktivierte Christmas-Faktor IX_a.*

Welche chemischen Eigenschaften könnte der aktivierte Christmas-Faktor besitzen? Eine solche Vorhersage wäre bei kleineren organischen Verbindungen relativ einfach möglich, da sich die chemischen Eigenschaften aus den vorhandenen funktionellen Gruppen, wie Carbonyl-, Amino- und Estergruppen oder Doppelbindungen ergeben. Bei Proteinen ist dies nicht möglich, denn trotz der verschiedensten biochemischen Aufgaben, vom Cobra-Toxin bis zum Verdauungsenzym, sind alle Proteine immer eine Aneinanderreihung von Aminosäuren. Hier hilft ein Vergleich der Aminosäure-Sequenz des Proteins mit den in riesigen Datenbanken abgespeicherten Sequenzen aller bekannten Proteine mit bekannter Funktion weiter. Beim Christmas-Faktor IX können auf diese Weise vier Abschnitte (Domänen) mit wahrscheinlicher biologischer Funktion identifiziert werden: eine calciumbindende Domäne (1–40), zwei mit Wachstumsfaktoren verwandte Dömanen (47–83 und 84–127) und eine Protease (181–415).

Die Röntgenstruktur des aktivierten Christmas-Faktors [5] zeigt eine tulpenförmige dreidimensionale Gestalt. Die Zwiebel besteht aus der Calcium-bindenden Domäne, der Stengel aus den beiden Wachstumsfaktoren und die Blüte aus der Protease. Für den weiteren Verlauf der Reaktionskaskade ist vor allem die Proteasen-Domäne [6] von Bedeutung, denn die biochemische Bestimmung des Christmas-Faktors ist es, den Faktor X zu aktivieren. Biochemische Untersuchungen zeigen aber, dass der Christmas-Faktor IX_a eine schlechte Protease ist. Erst nach Bindung an den Gerinnungsfaktor VIII_a wird IX_a im entstandenen Proteinkomplex ($IX_a/VIII_a$) ein wirkungsvoller Katalysator, der die Peptidbindung

STEPHEN CHRISTMAS

Stephen Christmas wurde am 12. Februar 1947 in London geboren. Kurz nach der Geburt wanderte die Familie nach Kanada aus und im Hospital for Sick Children in Toronto wurde bei dem Zweijährigen Hämophilie (Bluterkrankheit) diagnostiziert. Bei einem Verwandtenbesuch in London 1952 musste er stationär behandelt werden. Eine Blutprobe wurde zur Untersuchung in die Arbeitsgruppe von Dr. Rosemary Biggs und Prof. R. G. Macfarlane in Oxford geschickt, die nachweisen konnten, dass Stephen ein bis dahin unbekannter Gerinnungsfaktor fehlte.

Nach seiner Ausbildung zum Fotographen arbeitete er zunächst als medizinischer Fotograf, dann als Taxifahrer, da er diese Tätigkeit mit seiner Behinderung besser ausführen konnte. Er engagierte sich bei der Canadian Haemophilia Society und wurde ein anerkannter Fürsprecher für die Belange der Hämophilen.

Er setzte sich für verbesserte Qualitätskontrollen von Blut und Blutprodukten ein und warb erfolgreich für eine gesetzlich verankerte, finanzielle Unterstützung von Hämophilen, die durch Bluttransfusionen oder Blutplasmaprodukte mit HIV oder Hepatitis C infiziert worden waren. Stephen Christmas war selbst auf diese Weise mit HIV infiziert worden und starb kurz vor Weihnachten, am 20. Dezember 1993.

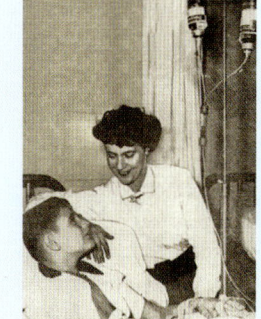

Der zwölfjährige Stephen Christmas mit seiner Mutter bei einer Bluttransfusion

Arg^{194}-Ile^{195} im Faktor X spaltet und dadurch in den aktivierten Faktor X_a chemisch umwandelt. Damit hat der Christmas-Faktor seine biochemische Schuldigkeit getan!

Wie gelingt es nun, die chemischen Prozesse der Gerinnung ausschließlich auf den Wundbereich zu begrenzen? Auch hier bietet die Natur eine genial einfache Lösung des Problems: viele chemischen Reaktionen der Reaktionskaskade laufen nur an den Membranoberflächen der von der Verletzung betroffenen Zellen bzw. deren Bestandteilen ab. Schon der Beginn der Reaktionskaskade, die Aktivierung des Hageman-Faktors XII, findet dort statt und dieses Konzept setzt sich fort und wird beim Christmas-Faktor besonders deutlich. Zwar zirkuliert der Christmas-Faktor im Blut, aber nur an den Zellmembranen im Wundbereich kann er mit dem ebenfalls dort gebundenen Faktor VIII_a einen wiederum membrangebundenen Proteinkomplex ($VIII_a/IX_a$) bilden. Nur dort bindet der Gerinnungsfaktor X und wird auf der Membranoberfläche, *und nur dort*, chemisch zum Faktor X_a aktiviert. Einfach genial [7]!

Fassen wir zusammen: Bei der Verletzung eines Gefäßes kommt Blut mit den Kollagenfasern der tieferen Bindegewebeschichten in Berührung. Blutplättchen binden sofort mit Hilfe eines Proteinklebstoffs daran fest. Diese und weitere Plättchen werden untereinander mit einem anderen Proteinklebstoff solange verklebt, bis ein Pfropfen die Blutung stillt. Dieser provisorische Wundverschluss wird durch Einlagerung des biopolymeren Baustoffs versteift. Dazu wird das Protein Fibrin zunächst locker in den Pfropfen eingelagert und anschließend durch kovalente Quervernetzung verfestigt. Gesteuert wird die Fibrinsynthese in einer brillanten Reaktionskaskade, die gewährleistet, dass die Blutgerinnung erst nach einer Verletzung beginnt, sofort mit voller Geschwindigkeit abläuft, nur auf den engeren Wundbereich begrenzt ist und nach solidem Wundverschluss schlagartig endet. So kompliziert die einzelnen Prozesse und deren Zusammenspiel auch sind, die *Blutgerinnung ist reine Chemie!*

Die Entdeckung des Christmas-Faktors

Im Jahre 1952 wurde der damals fünfjährige Stephen Christmas wegen nicht stillbarer Blutungen in London stationär behandelt; er litt an Hämophilie (Bluterkrankheit). Mit seinem Blut wurde in der Oxforder Arbeitsgruppe von Dr. Rosemary Biggs und Prof. R. G. Macfarlane folgender ein-

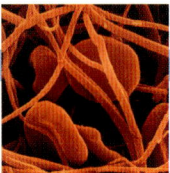

TAB. 2 | EINIGE VARIANTEN DES GERINNUNGSFAKTORS IX

Position	Mutation			Krankheitsbild	Bezeichnung
21	Glutaminsäure	→	Lysin	schwer	Nagoya 4
47	Asparaginsäure	→	Glycin	moderat	Alabama
60	Glycin	→	Serin	mild	Durham
53	Cystein	→	Arginin	moderat	Iran
145	Arginin	→	Histidin	moderat	Chapel Hill
180	Arginin	→	Glycin	schwer	Madrid
206	Cystein	→	Serin	moderat	Stephen Christmas
207	Glycin	→	Arginin	schwer	Luanda
248	Arginin	→	Glutamin	mild-moderat	Dreihacken
311	Glycin	→	Arginin	schwer	Amagasaki
333	Arginin	→	Glycin	schwer	Island 1
351	Alanin	→	Prolin	mild	Hong Kong 1
397	Isoleucin	→	Threonin	moderat-schwer	Vancouver

Der durch Mutationen im Gerinnungsfaktor IX verursachte Austausch einzelner Aminosäuren führt zur drastischen Abnahme der biologischen Aktivität. Bisher sind fast 150 verschiedene Mutationen mit unterschiedlicher Schwere der Krankheitsverläufen bekannt.

facher Versuch durchgeführt: das langsam gerinnende Blut von Stephen wurde mit dem auch langsam gerinnenden Blut eines anderen Bluters gemischt. Das Ergebnis überraschte: die Mischung beider Blutproben gerann normal. Damit war klar, dass es mindestens zwei auf unterschiedlichen Defekten beruhenden Bluterkrankheiten gibt.

Sie publizierten ihre Studie unter dem Titel „Christmas Disease" im Dezemberheft des *British Medical Journal* [8]. Das war nicht unproblematisch, denn im Dezemberheft erscheinen zum Jahresausklang bevorzugt skurrile oder leicht frivole Patientengeschichten. Die Publikation „Christmas Disease" wurde viel gelesen, denn die meisten Leser vermuteten *„die Arbeit hätte etwas mit Überfressen zu tun"*, berichtete R. Biggs später [9]. In Briefen wurde gegen die Verknüpfung einer Krankheit mit einem der höchsten christlichen Feste protestiert und einige Leser forderten die Neubenennung der Krankheit mit einer *„weniger lächerlichen"* Bezeichnung. Die Autoren um Rosemary Biggs bewiesen eine kräftige Portion britischen Humors und erklärten in einer Antwort, dass sie *„zu bescheiden seien, eine Abkürzung aus den sieben Anfangsbuchstaben aller Autoren vorzuschlagen"*, nur die Bezeichnung „hereditary hypoco-

prothrombinaemia" sei ihnen noch in den Sinn gekommen. Im Übrigen versprachen sie, dass sie einen noch zu entdeckenden Vorläufer vom Christmas-Faktor auf keinen Fall „Christmas Eve Factor" (Heiligabend Faktor) nennen würden. Heute spricht man vom Gerinnungsfaktor IX oder Christmas-Faktor, die Krankheit wird als Hämophilie B bezeichnet.

Die chemische Basis von Stephen Christmas' Krankheit

Im Blut von Stephen Christmas ließen sich zwar ausreichende Mengen eines Gerinnungsfaktors IX nachweisen, allerdings nur mit fünf Prozent der normalen Aktivität. Da in seiner Familie kein Fall von Hämophilie bekannt war, musste bei Stephen eine spontane Mutation aufgetreten sein [10], bei der Cystein[206] durch Serin ersetzt wurde. Diese geringe Strukturänderung machte „seinen" Faktor IX als Gerinnungsfaktor praktisch wirkungslos.

Der Gerinnungsfaktor IX von Hämophilen kann auf vielfältige Weise verändert sein. Heute sind fast 150 verschiedene Mutationen bekannt und in den meisten davon ist nur eine einzige Aminosäure verändert. Alle Varianten sind schlechter als das Original und zeigen geringere bis gar keine Aktivität. Die große chemische Bandbreite der Mutationen erklärt

die unterschiedliche Schwere der Krankheitsverläufe (Tabelle 2).

Hämophilie tritt in zwei Varianten auf: bei der Hämophilie A ist der Gerinnungsfaktor VIII, bei der Hämophilie B der Gerinnungsfaktor IX defekt. Betroffen sind ausschließlich Männer, da das defekte Gen auf einem X-Chromosom liegt [11]. Die Hämophilie B tritt bei einem von 30 000 männlichen Säuglingen auf, ist also eine relativ seltene Krankheit, während die Hämophilie A mit 1 : 5000 wesentlich häufiger ist.

Schlussbetrachtung

Die Blutgerinnung ist eine komplexe Reaktionskaskade, in der viele Proteine koordiniert in Wechselwirkung treten müssen, um eine lebensbedrohende Gefäßverletzung dauerhaft abzudichten. Dass eine Schnittwunde nach wenigen Minuten aufhört zu bluten, ist für uns selbstverständlich, für einen von 5000 männlichen Säuglingen aber nicht, denn er wird als Bluter mit Hämophilie A oder B geboren. Stephen Christmas war einer davon. Durch sein Blut konnte der zentrale Gerinnungsfaktor identifiziert werden und dieser trägt heute seinen Namen, Christmas-Faktor. Stephen starb 46-jährig, kurz vor Weihnachten 1993, an einer HIV-Infektion, die er sich bei einer seiner vielen Bluttransfusionen zugezogen hatte. Er lebte in Kanada und die Kanadische Hämophilie Gesellschaft, in der Stephen Christmas über viele Jahre ein politisch engagierter Mitarbeiter war, beendet ihre Korrespondenz mit einem netten Gruß, den ich gern an alle Leser weitergeben möchte: *Merry Christmas.*

Danksagung

Der Autor bedankt sich bei Dr. Ursula Hinz, Genf für ihre Navigationshilfe durch die verwirrende Nummerierung von Proteinen. Ein Artikel in der Weihnachtsausgabe 2003 der Internetzeitschrift Protein Spotlight [12] (Herausgeber: SwissProt Group des Swiss Institute for Bioinformatics) war Ausgangspunkt dieses Artikels. Der Autorin Dr. Vivienne Baillie Gerritsen, Genf und Prof. Paul L.F. Giangrande, Oxford danke ich für ihre Hilfe und der Canadian Hemophilia Society danke ich für die Überlassung des Fotos von Stephen Christmas.

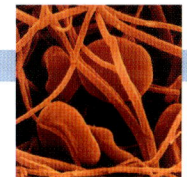

Literatur und Anmerkungen

[1] Kollagen bildet unlösliche Fasern, die das Bindungsgewebe mechanisch stabilisieren. Mit einem Anteil von 25% des Gesamtproteingehalts ist Kollagen das am häufigsten vorkommende tierische Protein.

[2] Die Gerinnungsfaktoren werden mit römischen Ziffern bezeichnet, wobei die jeweils aktivierte Form mit a gekennzeichnet wird. Der Ziffernwert spiegelt die historische Entwicklung wider und steht in keinem Zusammenhang mit der heute bekannten Reaktionsabfolge. So wurde Name Faktor VI zunächst für einen Gerinnungsfaktor vergeben, der sich später aber als V_a herausstellte; der Name „Faktor VI" wird daher nicht mehr verwendet. Einige Gerinnungsfaktoren werden alternativ nach Patienten benannt, mit deren Blut der entsprechende Faktor entdeckt wurde (siehe Tabelle 1).

[3] Zur hier betrachteten intravaskulären Blutgerinnung gibt es auch ein extravaskuläres Pendant, das vom subendothelialen Gewebe (z.B. Faktor II und VII) initiiert wird.

[4] Nach der Synthese an den Ribosomen wird das Protein anschließend chemisch erheblich modifiziert. So werden z.B. die ersten zwölf Glutaminsäure-Seitenketten (Glu = $-CH_2-CH_2-COOH$) in g-Carboxyglutaminsäure-Seitenketten [Gla = $-CH_2-CH(COOH)_2$] umgewandelt.

[5] H. Brandstetter, M. Bauer, R. Huber, O. Lollar und W. Bode, *Proc. Natl. Acad. Sci.* **1995**, *92*, 9796

[6] Als Protease ist der Christmas-Faktor mit unseren Verdauungsenzymen eng verwandt. Er ist allerdings auf die Spaltung der Arg-Ile-Peptidbindung im Faktor X spezialisiert, während unsere Verdauungsenzyme weniger wählerisch sind: Chemotrypsin spaltet Peptidbindungen von Aminosäuren mit aromatischen Seitenketten (Phe, Trp, Tyr), Trypsin bevorzugt basische Seitenketten (Arg, Lys) und Elastase schließlich kleine unpolare Seitenketten (Ala, Gly, Val).

[7] Didaktisch gut aufgearbeitete Darstellungen der Blutgerinnung finden sich in vielen Lehrbüchern der Biochemie und Physiologischen Chemie und bei F. Duckert, *Chem. unserer Zeit* **1975**, *9*, 1.

[8] R. Biggs, A. S. Douglas, R. G.Macfarlane, J. V. Dacie, W. R. Pitney, C. Merskey und J. R. O'Brien, *Br.Med.J.* **1952**, *2*, 1378.

[9] R. Lee und C. Rizza, *Haemophilia* **1988**, *4*, 769.

[10] Man schätzt, dass 30% aller Hämophilien durch spontane Mutationen entstehen, also nicht vererbt sind.

[11] Die Vererbung eines Merkmals auf einem X-Chromosom ist geschlechtsgebunden, denn Frauen haben zwei und Männer nur ein X-Chromosom (und ein Y Chromosom). Töchter erben von der Mutter und vom Vater jeweils ein X-Chromosom, Söhne von der Mutter ein X- und vom Vater das Y-Chromosom. Ist die Mutter Trägerin des defekten Gens auf einem ihrer beiden X-Chromosomen, erben ihre Kinder es mit einer Wahrscheinlichkeit von 50:50. Töchter *ohne* das defekte Gen sind völlig normal, Töchter *mit* dem defekten Gen bleiben zwar symptomfrei, da das zweite (vom Vater geerbte) normale Gen ausreichend Gerinnungsfaktor produziert, sind aber Überträgerinnen des Defekts in die nächste Generation. Söhne mit dem defekten Gen der Mutter sind hämophil, da auf dem vom Vater geerbten Y Chromosom kein Gen zur Herstellung des Gerinnungsfaktors liegt. Mit völlig analogen Überlegungen kann man sich leicht klar machen, dass Söhne von hämophilen Vätern immer gesund und Töchter immer symptomfreie Überträgerinnen sind.

[12] http://www.expasy.org/spotlight/

[13] *Blood, Bearer of Life and Death*, **1993**, The Howard Hughes Medical Institute, Chevy Chase, USA.

[14] Zar Nikolaus II. und seine Frau Alexandra bekamen 1904 ihren Sohn Alexis. Das Paar hatte bereits vier Töchter und der kleine Zarewitsch war der erste männliche Nachfolger eines regierenden Zaren seit dem 17. Jahrhundert. Da damals Hämophilie nicht therapierbar war, wandte sich die Mutter in ihrer Verzweiflung an den zwielichtigen Mönch Rasputin, der durch Hypnose versuchte, die Schmerzen des Kindes zu lindern.

[15] Die Haltbarkeit von Blut kann durch Zugabe von Citrat ganz wesentlich verlängert werden. Alles Chemie: Citrat komplexiert Calciumionen (Gerinnungsfaktor IV !) und verzögert so die Gerinnung.

[16] E. Tabor, *Transfusion*, **1999**, *39*, 1160.

[17] P.M. Mannucci, *J. Thromb. Haemost* **2003**, *1*, 1349.

[18] Das defekte Gen ist in den europäischen Königshäusern ausgestorben, da die männlichen Träger mangels Therapien früh starben und die russische Zarenfamilie mit allen Kindern 1918 ermordet wurde.

[19] http://ntri.tamuk.edu/homepage-ntri/lectures/clotting.html

[20] Christmas-Faktor in Protein-Datenbanken: SwissProt: P00740 und PDB: 1PFX.

[21] H. Brandstetter, M. Bauer, R. Huber, O. Lollar und W. Bode, *Proc. Natl. Acad. Sci.* **1995**, *92*, 9796.

Berliner Blau: alte Farbe in neuem Glanz

Die Entdeckung des Berliner Blaus war reiner Zufall. 1704 erhielt der Berliner Färber Diesbach wohl zu seiner eigenen großen Überraschung aus Eisenvitriol und Kalilauge eine dunkelblaue Lösung. Heute wissen wir, dass die verwendete Kalilauge mit dem damals noch unbekannten Kaliumhexacyanoferrat $K_4[Fe(CN)_6]$ verunreinigt gewesen sein muss. Über die Entdeckung wurde 1710 berichtet [1]: der Farbstoff war ungiftig und ließ sich trotz seiner Unlöslichkeit in Wasser, Öl und anderen Flüssigkeiten sehr fein verteilen. Insgesamt ein ideales Pigment, das als Berliner oder Preußisch Blau die Welt eroberte. Zwar änderte sich mit dem Herstellungsort der Name, aber egal ob Pariser Blau, Miloriblau, Antwerpener Blau, Persischblau, Turnbulls Blau, Hamburger Blau u.s.w., als Mal-, Druck- oder Textilfarbe, zum Färben von Leder oder Kunststoffen und in der Kosmetik, Berliner Blau blieb bis heute eines der farbintensivsten und schönsten Blaupigmente.

Abb. 1 *Die Germania von 1900 erstrahlt auf den Briefmarken des Deutschen Reiches in kräftigem Berliner Blau.*

Die Strukturaufklärung des Berliner Blaus war schwierig. Gmelins Handbuch zählt Hunderte von Herstellungsverfahren auf [2]. Mal changiert die Farbe ins Grüne, mal ins Violette, mal entsteht ein „lösliches" Berliner Blau, mal ein unlösliches. Die vielen Produkte unterschieden sich auch in der Zusammensetzung, so dass Berliner Blau als definierte Substanz nicht fassbar schien.

Erst 1973 gelang Ludi die Strukturaufklärung von hochreinem Berliner Blau der Summenformel $Fe(III)_4[Fe(II)(CN)_6]_3 \cdot 15 H_2O$ [3]. Im kubischen Kristallgitter wechseln sich auf den Ecken alle 5Å ein Fe^{2+} mit einem Fe^{3+}-Ion ab, wobei zum Ladungsausgleich jeder vierte Fe^{2+}-Platz leer bleiben muss. Nun wurde die Produktvielfalt verständlich: das Kristallgitter ist nicht sehr kompakt und die leeren Gitterplätze entsprechen Hohlräumen, in die Ionen leicht hineinwandern und gebunden werden können. Welche und wie viele kann über die Herstellungsbedingungen geändert werden; Berliner Blau ist ein kristallines Gesamtkunstwerk, das bei jeder Synthese neu und individuell kreiert wird.

Diese strukturelle Variabilität nutzt die Berliner Firma Heyl chemisch-pharmazeutische Fabrik GmbH & Co. KG: als weltweit einzige Firma stellt sie Berliner Blau in Form von

Arzneimitteln für die medizinische Anwendung her. Das medizinische Potential liegt in der Austauschbarkeit der während der Synthese des Berliner Blau gebundenen Kalium-Io-

nen gegen andere einwertige Metalle wie Thallium und Cäsium. Mit oral verabreichten Tagesgaben von 3-10 g Berliner Blau [4] können beide Metalle im Darm an dieses gebunden und zusammen mit dem Farbstoff im Stuhl ausgeschieden werden. Um die Toxizität dieses Wirkstoffs muss man sich keine Sorgen machen. Zwar sehen die vielen Cyanogruppen nicht sehr vertrauenerweckend aus, aber bei einem Löslichkeitsprodukt von etwa 10^{-40} durchläuft oral eingenommenes Berliner Blau den Magen-Darm-Trakt unverändert und ein Erwachsener könnte bedenkenlos 500 Gramm zu sich nehmen. Kochsalz dürfte im Vergleich dazu giftiger sein!

Thalliumvergiftungen erscheinen als Kuriositäten, sind sie doch zur fi-

nalen Lösung von Beziehungsproblemen oder Erbstreitereien seit den Siebziger Jahren aus der Mode gekommen, denn thalliumhaltige Rattengifte sind seitdem verboten. Aber sowohl Thallium als auch das an sich nichttoxische Cäsium besitzen radioaktive Isotope, die in der Forschung, Industrie und in vielen medizinischen Anwendungen eingesetzt wird und bei deren nicht sachgemäßer Handhabung es zu Kontaminationen kommen kann.

Bei einem tragischen Unglück in Brasilien hat Berliner Blau seinen therapeutischen Wert bewiesen [5]:

Am 13. September 1987 stahlen zwei Männer aus einer stillgelegten nuklearmedizinische Klinik in Goiânia, Brasilien, eine ^{137}Cs-Strahlenquelle, die sie an einen Schrotthändler verkauften. Das beim Zerlegen freigelegte Cäsiumsalz beeindruckte durch sein Leuchten Erwachsene und Kinder, die damit spielten und es in die Taschen steckten. Erst nach gehäuftem Auftreten von Hautschäden im Umfeld des Schrottplatzes wurde über ein lokales Krankenhaus die brasilianische Kommission für Kernenergie informiert. Zwischen Diebstahl und dem Beginn von Gegenmaßnahmen waren inzwischen zwei Wochen vergangen. 100 000 Menschen wurden überprüft, 250 waren kontaminiert und 29 Personen mit extrem hohen ^{137}Cs-Werte wurden mit Berliner Blau therapiert. Ziel der Therapie ist es, das über Hautwunden und Mund aufgenommene ^{137}Cs (Halbwertszeit 30 y) schnell aus dem Körper zu entfernen. 80% des ^{137}Cs werden über den Urin und 20% über den Stuhl ausgeschieden. Die geringe Ausscheidung über den Stuhl ist Folge des enterosystemischen Kreislaufs, bei dem das von der Leber über Galle und Zwölffingerdarm ausgeschiedene ^{137}Cs im Darm wieder resorbiert wird und damit im Körper verbleibt. Genau hier setzt die Wirkung des Berliner Blaus ein: das ^{137}Cs wird gegen Kalium ausgetauscht, fest im Kristall gebunden und mit dem Stuhl ausgeschieden.

Abb. 2 *Das Gemälde des britischen Malers Thomas Phillips entstand im Jahre 1816 und zeigt den 24-jährigen Michael Faraday beim Beobachten einer Berliner Blau Reaktion, die sein Lehrer Prof. W. T. Brande durchführt.*

Damit wird die biologische Halbwertzeit von 110 auf 10-36 Tage reduziert, für die Betroffenen die einzige Chance. Trotzdem starben vier Personen.

Zwar mag dieses Unglück als Einzelfall abgetan werden, doch im Mai 2002 wurde ein El-Kaida-Sympathisant verhaftet, der den Bau und Einsatz einer „Schmutzigen Bombe" geplant haben soll. Mit diesem Bombentyp kann eine hochradioaktive Substanz mit konventionellem Sprengstoff in der Luft fein verteilt werden. Die Detonation dieser relativ kleinen Bomben würde zu zahlreichen Kontaminationen führen [6]. Da zahlreiche ^{137}Cs γ-Strahlenquellen in Kliniken, Forschungseinrichtungen und Industriebetrieben auf der Welt im Einsatz sind, hat das amerikanische Gesundheitsministerium im Februar diesen Jahres die US-amerikanische chemisch-pharmazeutische Industrie aufgefordert, sich um die Zulassung von Therapeutika auf der Basis von Berliner Blau zu bemühen.

In der ersten Publikation über Berliner Blau von 1710 findet sich der Satz: „*Cæterum innocuus est, nihil hic arsenici est, nihil sanitati contrarium, sed potius medicina.*" (Im übrigen ist es unschädlich, nichts ist hier Arsenik, nichts ist gegen die Gesundheit, sondern mächtige Medizin). Dass Berliner Blau eine mächtige Medizin sei, war damals nur eine kühne Spekulation! Dank einfallsreicher Chemiker, Pharmakologen und Pharmazeuten dient Berliner Blau auch heute 300 Jahre nach seiner Entdeckung immer noch dem Wohle der Menschen.

Literatur und Anmerkungen

[1] Miscellanea Berolinensia ad incrementum scientiarum. **1710**, 1, 377. http://www.bbaw.de/bibliothek/digital/struktur/01-misc/1/jpg-0600/00000401.htm

[2] Gmelins Handbuch der Anorganischen Chemie, Eisen B, 670, Verlag Chemie, Berlin, **1932**.

[3] H.J. Buser, D. Schwarzenbach, W. Peter, und A. Ludi, Inorg.Chem. **1973**, 16, 2704; A. Ludi, Chem. unserer Zeit, **1988**, 22, 123.

[4] Antidotum Thallii und Radiogardase®-Cs werden in Kapseln zu je 500 mg Berliner Blau oral verabreicht.

[5] D.R. Melo, J.L. Lipsztein, C.A.N. de Oliveira und L. Bertelli, Health Phys. **1994**, 66, 245. D.F. Thomson und C.O. Church, Pharmacotherapy **2001**, 21, 1364.

[6] M.A. Levi und H. C. Kelly, Spektrum Wiss., **2003**, Heft 3, 28.

Stichwortverzeichnis

Chemische Delikatessen. Klaus Roth · Copyright © 2007 WILEY-VCH Verlag GmbH & Co. KGaA, Weinheim · ISBN: 978-3-527-31984-8

„Chemie – nein danke"
ist passee

Spannend und faszinierend – so kann Chemie sein! So ist Chemie! Denn sie zeigt und erklärt uns, was uns umgibt, wie etwas entsteht oder vergeht.

Mit der modernen Vermittlung der Chemie, die Phänomene aus der stofflichen Welt beschreibt und leicht verständlich erklärt, geht die Faszination Chemie nun auf alle über. Das Angebot an spannenden populärwissenschaftlichen Büchern und Zeitschriften, an für ein großes Publikum interessanten Hörfunk- und Fernsehsendungen aus Naturwissenschaft und Technik und die vielfältigen Informationsangebote, die das Internet bereithält, führen zu einer immer größeren Aufgeschlossenheit auch der Chemie gegenüber.

Chemikerinnen und Chemiker hat ihre Disziplin – einschließlich der Biochemie, Lebensmittelchemie oder Materialwissenschaften – schon immer begeistert. In der Gesellschaft Deutscher Chemiker (GDCh) haben sich mehr als 27.000 – nicht nur deutsche – Chemikerinnen und Chemiker, Chemielehrerinnen und -lehrer, Biochemikerinnen und Biochemiker, Lebensmittelchemikerinnen und -chemiker und seit Jahren zunehmend auch andere Naturwissenschaftlerinnen und Naturwissenschaftler, Ingenieure und Ingenieurinnen sowie Studentinnen und Studenten dieser Disziplinen zusammengefunden. Sie stellen hier ihre jüngsten Arbeiten aus Forschung und Entwicklung vor und diskutieren sie sachverständig und kritisch.

Die GDCh lädt alle an den molekularen Wissenschaften Interessierten ein, in ihrem lebendigen Netzwerk Mitglied zu werden. Davon Gebrauch machen jedes Jahr viele Abiturientinnen und Abiturienten, auch wenn sie nicht Chemie studieren. Darunter sind die Preisträger des GDCh-Abiturientenpreises, die sich so mit der GDCh-Zeitschrift *Nachrichten aus der Chemie* aktuell über das Neueste aus der Chemie und aus angrenzenden Disziplinen informieren können.

Die *Nachrichten aus der Chemie* erhalten GDCh-Mitglieder kostenlos, denen natürlich vieles andere mehr an Literatur oder an Tagungs- und Fortbildungsveranstaltungen deutlich günstiger angeboten wird als den Nichtmitgliedern. Aber auch diese können sich mit der GDCh über die Chemie informieren (www.gdch.de), sich einen faszinierenden Überblick über aktuelle Arbeitsgebiete aus der Chemie mit der Aktuellen Wochenschau der GDCh (www.aktuelle-wochenschau.de) oder den GDCh-Broschüren *HighChem hautnah* verschaffen oder Studien- und Ausbildungsmöglichkeiten sowie Berufsbilder in der Chemie mit www.chemie-im-fokus.de oder der Broschüre *Chemie studieren* erkunden.

Lernen Sie unsere vielfältigen Aktivitäten kennen!

Ihr
GDCh-Team

Gesellschaft Deutscher Chemiker (GDCh), Öffentlichkeitsarbeit, Varrentrappstr. 40-42, 60486 Frankfurt, Tel.: 069/7917-493, E-Mail: pr@gdch.de, www.gdch.de

Erlebnis Wissenschaft bei WILEY-VCH

Emsley, John
Liebe, Licht und Lippenstift
2007
ISBN 3-527-31638-8

Emsley, John
Better Looking, Better Living, Better Loving
2007
ISBN 3-527-31863-1

Schuster, Heinz Georg
Bewusst oder unbewusst?
2007
ISBN 3-527-31883-6

Salzmann, Wiebke
Der Urknall und andere Katastrophen
2007
ISBN 3-527-31870-4

Froböse, Rolf
Wenn Frösche vom Himmel fallen
2007
ISBN 3-527-31659-0

Zankl, Heinrich
Potzblitz Biologie
2007
ISBN 3-527-31754-6

Ball, P ((Schleitzer, A.))
Brillante Denker, kühne Pioniere
2007
ISBN 3-527-31680-9

Autorenkollektiv
10 Jahre Erlebnis Wissenschaft
2006
ISBN 3-527-31639-7

Bartels, Cornelia / Göllner, Heike / Koolman, Jan /
Maser, Edmund / Röhm, Klaus-Heinrich
Tabletten, Tropfen und Tinkturen
2005
ISBN 3-527-30263-8

Emsley, John
Best of Emsley
2006
ISBN 3-527-31638-0

Emsley, John
Fritten, Fett und Faltencreme
Noch mehr Chemie im Alltag
2004
ISBN 3-527-31147-5

Emsley, John
Mörderische Elemente
Prominente Todesfälle
2006
ISBN 3-527-31500-4

Froböse, Gabriele / Froböse, Rolf
Lust und Liebe - alles nur Chemie?
2004
ISBN 3-527-30823-7

Froböse, Rolf / Jopp, Klaus
Fußball, Fashion, Flachbildschirme
Die neueste Kunststoffgenertion
2006
ISBN 3-527-31411-3

Froböse, Rolf
Mein Auto repariert sich selbst
Und andere Technologien von übermorgen
2004
ISBN 3-527-31168-8

Gassen, Hans-Günter / Minol, Sabine
Die MenschenMacher
2006
ISBN 3-527-31640-3

Genz, Henning
Nichts als das Nichts
Die Physik des Vakuums
2004
ISBN 3-527-40319-1

Liedtke, Susanne / Popp, Jürgen
Laser, Licht und Leben
Techniken in der medizin
2006
ISBN 3-527-40636-0

Morsch, Oliver
Licht und Materie
Eine physikalische Beziehungsgeschichte
2003
ISBN 3-527-30627-7